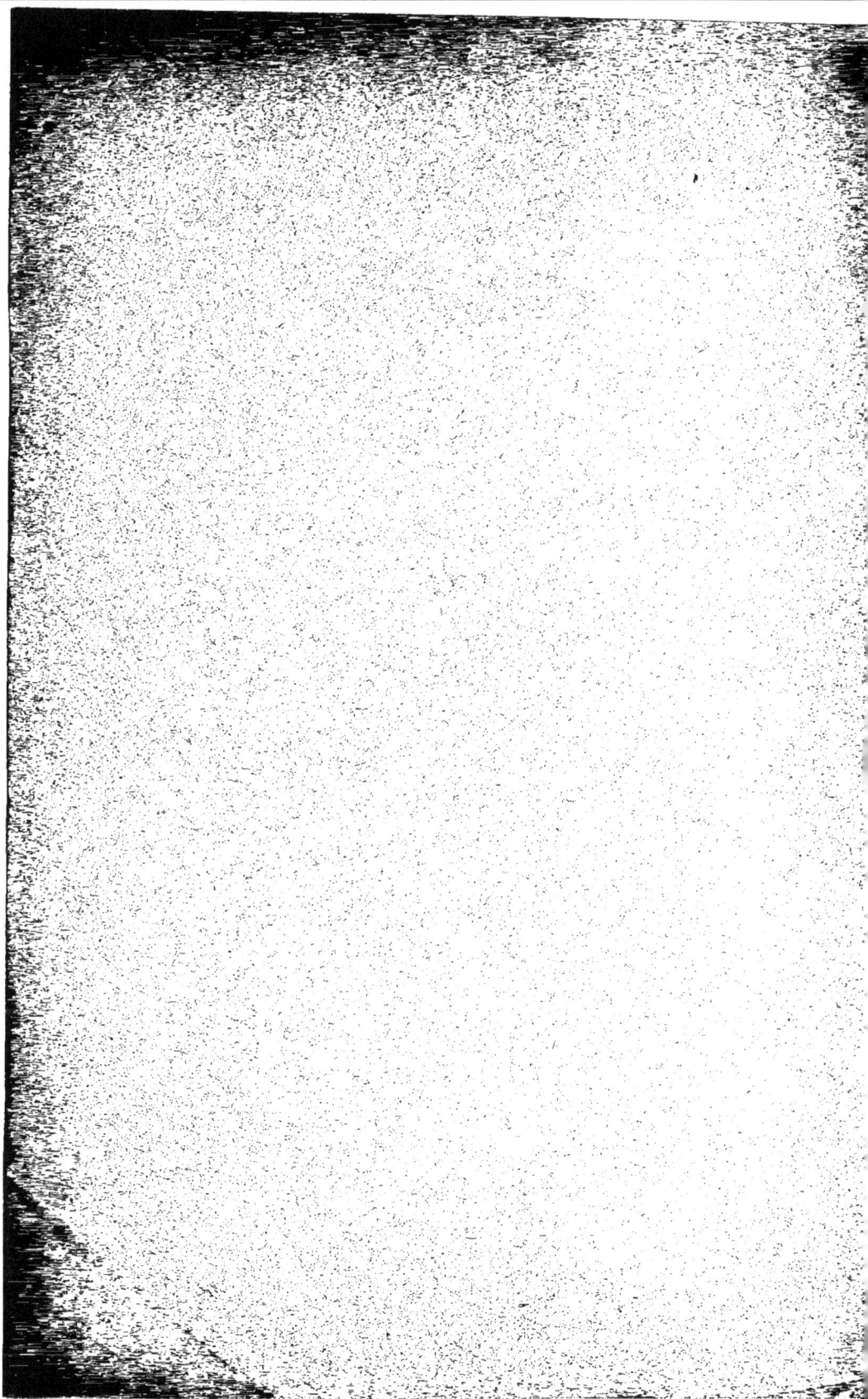

MINISTÈRE DU COMMERCE, DE L'INDUSTRIE
ET DES COLONIES

EXPOSITION UNIVERSELLE INTERNATIONALE DE 1889
À PARIS

RAPPORTS DU JURY INTERNATIONAL

PUBLIÉS SOUS LA DIRECTION

DE

M. ALFRED PICARD

INSPECTEUR GÉNÉRAL DES PONTS ET CHAUSSÉES, PRÉSIDENT DE SECTION AU CONSEIL D'ÉTAT
RAPPORTEUR GÉNÉRAL

CLASSE 73 *BIS*. — **Agronomie**. — **Statistique agricole**

RAPPORT DE M. LOUIS GRANDEAU

DIRECTEUR DE LA STATION AGRONOMIQUE DE L'EST
INSPECTEUR GÉNÉRAL DES STATIONS AGRONOMIQUES
PROFESSEUR SUPPLÉANT AU CONSERVATOIRE NATIONAL DES ARTS ET MÉTIERS
MEMBRE DU CONSEIL SUPÉRIEUR DE L'AGRICULTURE

PARIS

IMPRIMERIE NATIONALE

M DCCC XCII

4° S
1289

CLASSE 73 *BIS*

Agronomie. — Statistique agricole

RAPPORT DE M. LOUIS GRANDEAU

MINISTÈRE DU COMMERCE, DE L'INDUSTRIE
ET DES COLONIES

EXPOSITION UNIVERSELLE INTERNATIONALE DE 1889
À PARIS

RAPPORTS DU JURY INTERNATIONAL

PUBLIÉS SOUS LA DIRECTION

DE

M. ALFRED PICARD

INSPECTEUR GÉNÉRAL DES PONTS ET CHAUSSÉES, PRÉSIDENT DE SECTION AU CONSEIL D'ÉTAT
RAPPORTEUR GÉNÉRAL

CLASSE 73 *BIS*. — **Agronomie.** — **Statistique agricole**

RAPPORT DE M. LOUIS GRANDEAU

DIRECTEUR DE LA STATION AGRONOMIQUE DE L'EST
INSPECTEUR GÉNÉRAL DES STATIONS AGRONOMIQUES
PROFESSEUR SUPPLÉANT AU CONSERVATOIRE NATIONAL DES ARTS ET MÉTIERS
MEMBRE DU CONSEIL SUPÉRIEUR DE L'AGRICULTURE

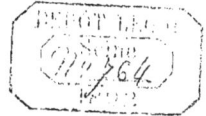

PARIS

IMPRIMERIE NATIONALE

M DCCC XCII

COMPOSITION DU JURY.

MM. Careil (le comte Foucher de), *Président*, sénateur, membre du conseil supérieur de l'agriculture, membre du jury des récompenses à l'Exposition de Paris en 1878.   France.

Florès (le docteur Manuel), *Vice-Président*. . . . .   Mexique.

Grandeau (Louis), *Rapporteur,* membre du Conseil supérieur de l'agriculture, membre du jury des récompenses à l'Exposition de Paris en 1878. . . . .   France.

Muntz (Achille), *Secrétaire*, professeur-chef des travaux chimiques à l'Institut national agronomique, membre du jury des récompenses à l'Exposition de Paris en 1878. . . . .   France.

Rossa (A.), ingénieur, membre du Conseil supérieur de l'agriculture, membre du jury des récompenses à l'Exposition de Paris en 1878. . . . .   France.

Grevenkop-Castenskiold (de), *suppléant*, grand-veneur de sa majesté le roi de Danemark. . . . .   Danemark.

Dodge (C. R.), *suppléant*. . . . .   États-Unis.

Savas (Enriquez), *suppléant* . . . .   Mexique.

Prego (Joao da Motta), agronome, *suppléant*. . . . .   Portugal.

Hardon (Alphonse), *suppléant*, ...   France.

1.

AGRONOMIE. — STATISTIQUE AGRICOLE.

AVANT-PROPOS.

Les splendeurs que l'Exposition universelle de 1889 a étalées, six mois durant, aux regards de vingt-cinq millions de visiteurs accourus de toutes les parties du monde, vivront dans le souvenir des privilégiés auxquels il aura été donné de les contempler. Cette grandiose manifestation du génie et de l'activité de l'homme ne saurait avoir pour résultat unique le plaisir des yeux, ni même le profit que les visiteurs ont pu tirer individuellement des enseignements qu'elle présentait. Il nous semble que l'exhibition de tant de merveilles, résultante d'efforts si puissants, représentation parlante des forces vives du monde entier, doit avoir une portée plus haute et, survivant à elle même dans les travaux qu'elle inspirera, servir de terme de comparaison et de point de départ à de nouveaux progrès. La tâche des rapporteurs des différents jurys consiste à tenter, chacun avec sa compétence propre et suivant son tempérament, de conserver les grands traits de l'inoubliable spectacle offert par le Champ de Mars, le quai d'Orsay et l'esplanade des Invalides, de mai à novembre 1889.

En ce qui concerne l'agriculture, source primordiale de toute civilisation et la première, en importance, des industries humaines, l'Exposition de 1889 a suscité, outre la réunion des produits naturels de tous les pays groupés dans les palais du Champ de Mars et dans les galeries du quai d'Orsay, la préparation et la publication d'un ensemble de documents statistiques et techniques sans précédent, mettant ainsi à même les économistes et les agronomes d'étudier, sur un espace de quelques hectares, les conditions de la production agricole dans le monde entier.

Coïncidant avec l'évolution de l'économie rurale, provoquée dans le vieux continent par la phase difficile que traverse l'agriculture européenne depuis quelques années, les révélations inattendues, pour la plupart, que les pays agricoles du Nouveau-Monde nous ont apportées, appellent au plus haut degré l'attention de ceux qui, avec nous, considèrent qu'il s'agit beaucoup moins pour l'agriculture européenne d'une *crise*, dans le sens propre du mot, que d'un état de choses nouveau. Il faut étudier sans parti pris, envisager sans craintes exagérées cet état nouveau; mais il est indispensable d'en analyser avec grand soin les principaux facteurs, afin de déduire de cet examen la conduite à suivre, pour tirer le meilleur parti de la situation faite à l'agriculture contemporaine par la transformation des relations internationales.

Pour être utile, cette étude ne doit pas être superficielle; les problèmes économiques qu'elle soulève ont un intérêt capital pour l'agriculture française, ce qui équivaut à dire pour le pays tout entier. Il faut donc serrer de près la question; l'aborder avec des chiffres, chaque fois qu'on en peut puiser à des sources autorisées, et ne pas reculer devant l'aridité des documents statistiques. Il ne s'agit point, en effet, d'écrire un roman plus ou moins mouvementé sur les mœurs des pays lointains, mais bien de préciser les conditions de la production dans les régions que la vapeur et l'électricité rendent plus voisines de nous que ne l'étaient, il y a un siècle, les uns des autres, les pays du continent. Cette étude sera l'objet principal du présent rapport.

La conclusion générale qui se dégage de l'examen et du rapprochement des expositions collectives et individuelles des agriculteurs des deux mondes peut se résumer en deux termes :

Progrès considérable de l'agriculture française dans la dernière période décennale;

Développement gigantesque des pays neufs d'outre-mer.

Le rapprochement de ces deux ordres de faits conduit à des conclusions importantes pour notre pays.

A aucune époque, l'étude comparée des ressources agricoles des différentes régions du globe, l'examen des systèmes culturaux, la connaissance exacte des conditions économiques des diverses nations productrices, la discussion des méthodes mises en œuvre, les résultats obtenus, l'organisation des institutions agricoles de l'ancien continent et de celles du Nouveau-Monde n'ont présenté, pour les agriculteurs, un intérêt plus manifeste.

En communication rapide les uns avec les autres, grâce à la vapeur et à l'électricité, les peuples les plus éloignés ont, entre eux, des relations qui deviendront chaque jour plus fréquentes, relations qui imposent à tous l'obligation de se rendre un compte exact des situations respectives des différentes nations. Qu'on les envisage du point de vue de la solidarité des intérêts ou de celui de la concurrence qu'elles rendent possible — suivant la manière de considérer les choses — la facilité et la rapidité des relations internationales méritent toute l'attention des économistes et des agronomes.

Il n'est heureusement au pouvoir de personne de s'opposer aux conséquences forcées des progrès scientifiques qui impriment au dix-neuvième siècle une grandeur tout à fait caractéristique. C'est à s'accommoder à ces progrès, à en tirer le meilleur parti pour le pays, que doivent tendre les efforts de ceux qui placent l'avenir de la patrie au-dessus des questions de théorie pure et qui cherchent, en dehors de toute passion doctrinaire, les moyens pratiques de surmonter les difficultés passagères qu'entraîne l'évolution, aussi intense que récente, au début de laquelle nous assistons. Or, la première condition, pour faire servir au progrès de notre agriculture, le progrès général dû à la science et à ses applications, et, au besoin, pour parer aux dangers momentanés qui résultent à quelques égards de ce progrès même, est incontestablement d'apprendre à connaître d'une façon précise la situation respective des diverses nations, sous le rapport de la production, du commerce et des transactions.

L'Exposition universelle de 1889, où se trouvaient représentés, comme ils ne l'ont jamais été dans les précédentes expositions, les pays neufs, tels que : les États-Unis d'Amérique, les Républiques Argentine, Mexicaine, Chilienne, etc..., offrait une occasion des plus favorables pour l'étude à laquelle nous faisons allusion. Les agriculteurs du vieux continent ont rencontré là des moyens d'informations et d'instruction extrêmement précieux. Les documents statistiques, les produits du sol, la présence au milieu de nous d'hommes connaissant à fond les pays qu'ils représentaient, tout nous conviait à faire plus ample connaissance avec l'agriculture des régions lointaines.

Quelques journées passées dans les galeries du quai d'Orsay, dans les pavillons du Champ de Mars et de l'esplanade des Invalides ont révélé, aux yeux de ceux qui savent voir, la puissance de production, l'intensité de développement des peuples neufs, dont la vieille Europe ne peut, sans crainte pour elle, envisager l'avenir, qu'à la condition de les étudier à fond et de mettre à profit les leçons auxquelles cet examen conduit un esprit non prévenu.

Je ne sais, pour ma part, rien de plus instructif et j'ajouterai tout de suite, rien qui puisse nous encourager davantage à tourner les forces vives de la nation vers la production agricole, que l'étude comparative à laquelle l'Exposition universelle nous a permis de nous livrer. D'une part, on assiste à la naissance et à la croissance rapide de l'industrie du sol dans des régions naguère absolument incultes ou improductives, et le sentiment d'admiration qu'inspire ce spectacle ne va pas sans quelque inquiétude pour le vieux monde; de l'autre, on se convainct aisément des éléments puissants de prospérité, résultant, pour l'ancien continent, de son climat, de la nature variée de son sol, de la valeur intrinsèque de sa population, de son degré d'instruction générale, de ses qualités de race, etc. On arrive ainsi à conclure qu'il dépend de nous, avant tout, de faire tourner au progrès de notre propre agriculture les enseignements que ce facile voyage autour du monde a mis à notre disposition. Il est indispensable pour l'agriculture européenne, cela est hors de conteste, de modifier ses allures routinières, de substituer, partout où elle le pourra *économiquement,* la production intensive et, surtout, la production des denrées de valeur élevée, à la culture extensive et à la préparation de produits à bon marché. Ce faisant, elle n'aura rien à redouter de la concurrence des pays neufs, tout entiers, pour longtemps encore, adonnés à la culture extensive et chez lesquels d'ailleurs, le rapide accroissement de la population laissera dans un avenir prochain une part de moins en moins considérable à l'exportation des produits.

Les États-Unis d'Amérique, les Républiques du Sud et l'Australie sont particulièrement intéressants à étudier, sous le rapport des conditions de la production des deux éléments fondamentaux de l'alimentation humaine : les céréales et la viande. C'est à montrer les ressources de ces pays pour les comparer à celles de l'ancien continent que sera consacrée la plus grande partie de ce rapport.

Sans m'astreindre d'une façon rigoureuse à suivre un ordre géographique, j'examinerai, l'une après l'autre, les grandes régions de production des céréales et du bétail, m'attachant à mettre en relief, à côté des faits relevés par la statistique, l'influence de l'organisation de l'agriculture et des institutions agricoles, en particulier, sur la production du sol et sur son avenir dans chacune des régions étudiées.

Je commencerai par la France, sur la situation agricole de laquelle l'exposition du Ministère de l'agriculture nous a fourni des documents statistiques du plus haut intérêt.

PLAN GÉNÉRAL DU RAPPORT.

Pour la première fois, à l'Exposition universelle de 1889, la *statistique agricole* et *l'agronomie* occupaient une place à part dans le classement des objets, produits et travaux inscrits au catalogue des expositions précédentes sous la rubrique générale : *Agriculture*. Il semble, d'après le titre de la classe, que le rapport devait envisager successivement la *statistique agricole* et *l'agronomie*; mais, j'ai pensé qu'il appartenait plus spécialement au rapporteur de la classe 73 *ter*, *Enseignement agricole*, de faire ressortir les progrès et l'état présent de l'agronomie, me réservant d'étudier surtout la production agricole envisagée dans son rapport avec les institutions rurales des divers pays.

Les organisateurs de l'Exposition universelle de 1889 ont été bien inspirés en adoptant cette classification : elle a permis aux visiteurs qui recherchent, dans ces grands concours, à côté du plaisir des yeux et de l'attrait des nouveautés industrielles ou artistiques, des moyens d'étude qu'offrent seules les grandes exhibitions internationales et la possibilité de se faire une idée précise des progrès de l'industrie et de l'agriculture dans le monde entier. En effet, après avoir parcouru les galeries où s'étalaient, à profusion, les productions du sol des différents pays, les matières fertilisantes et l'outillage perfectionné qui concourent à accroître les rendements de la terre et assurent les meilleures conditions à la récolte de ses produits, les agronomes et les économistes ont trouvé, dans les nombreux documents statistiques et scientifiques réunis dans la classe 73 *bis* et dans la classe 73 *ter*, contigue à la précédente au quai d'Orsay, des éléments d'étude que leur groupement rendait particulièrement intéressants, en en permettant la comparaison.

Un certain nombre de pays, parmi ceux qui ont pris part à l'Exposition universelle de 1889, ont, en partie, répondu au programme de la Commission supérieure d'organisation, par l'envoi de documents statistiques et agronomiques sinon complets, du moins suffisants pour permettre une vue d'ensemble et d'intéressants rapprochements sur la production agricole du globe et sur le développement de science agronomique chez les nations civilisées des deux mondes. Un résumé, si succinct qu'on s'efforçât de le faire, des matériaux accumulés au Champ de Mars et dans les galeries du quai d'Orsay concernant la statistique agricole, remplirait de nombreux volumes : il dépasserait, en tout état de cause, les dimensions d'un rapport dont le moindre intérêt n'est pas la concision.

Il nous a semblé possible de donner une idée exacte et suffisamment complète du mouvement agricole en 1889, en prenant comme point de départ et termes de comparaison la statistique agricole de la France, celle des États-Unis et des républiques du sud de l'Amérique autour desquelles viendront se grouper les renseignements que nous avons pu recueillir sur les autres pays.

A divers points de vue d'ailleurs, cette marche s'imposait au rapporteur de la classe 73 *bis* : seules, en effet, la France, les États-Unis, la République Argentine et quelques républiques du Sud ont exposé un ensemble de documents statistiques assez complets pour permettre une étude comparative des ressources, de l'organisation agricole, et de la production du pays. D'autre part, la France et les États-Unis occupent actuellement, celle-ci hors d'Europe et celle-là sur l'ancien continent, le premier rang sous le rapport de la production du blé [1].

Enfin, la comparaison de la situation agricole des deux républiques peut servir d'utile point de repère pour l'étude des autres régions de l'Amérique et de l'Europe.

Le Ministère de l'agriculture de France, le Département correspondant des États-Unis d'Amérique, la République Argentine, le Mexique et le Chili ont réuni, dans les galeries du Champ de Mars, un ensemble de rapports officiels, cartes, diagrammes, tableaux statistiques, à l'aide desquels nous tenterons de donner une idée aussi approchée que possible de l'organisation, des ressources et des institutions agricoles de ces pays.

Sans nous astreindre à un ordre difficile à suivre rigoureusement dans une étude de ce genre, nous envisagerons successivement pour la France et les États-Unis l'organisation de l'agriculture et celle des services publics qui s'y rattachent; la constitution de la propriété, les productions du sol, céréales, plantes industrielles, fourrage, bétail, etc... Un coup d'œil général sur les expositions des autres nations nous permettra ensuite de présenter, au moins en ce qui concerne l'aliment primordial, le blé, un relevé approximatif de la production du globe.

La connaissance des lois qui régissent la nutrition des êtres vivants a fait d'immenses progrès depuis un quart de siècle. Comment vit la plante? A quelles conditions d'alimentation l'animal domestique fournit-il à l'homme le maximum de produits : travail, viande, lait, fumier? Telles sont les questions fondamentales dans lesquelles se résume, pour ainsi dire, la science agronomique.

L'agriculture proprement dite est l'art de produire, au meilleur marché possible, la plus grande somme de matières utiles à l'homme.

L'agronomie comprend l'ensemble des connaissances physiologiques, chimiques, expérimentales, qui sont le fondement le plus certain de l'art agricole [2].

---

[1] États-Unis : 186 millions d'hectolitres; France : 110 millions d'hectolitres (1888).

[2] L'étude expérimentale de ces questions est l'objet principal des Stations agronomiques et des laboratoires de recherches dépendant des établissements d'enseignement supérieur. Les résultats acquis

et le bilan des progrès accomplis sont du domaine du rapporteur de la classe 73 *ter* et nous renverrons à son travail les lecteurs désireux de connaître, d'une façon plus précise, le progrès des applications de la science à l'agriculture.

En ce qui regarde les stations agronomiques et les

Nous signalerons enfin quelques-unes des expositions spéciales se rattachant par leur nature, soit à la statistique, soit à l'économie rurale, mais nous renverrons aux rapports sur les autres classes du groupe VIII le lecteur désireux d'étudier les exploitations rurales et forestières dont le quai d'Orsay présentait des spécimens si intéressants et dénotant les progrès considérables de la science agronomique et l'appoint qu'elle apporte aux praticiens.

laboratoires agricoles proprement dits, le Compte rendu que nous avons publié du deuxième congrès international des directeurs de ces établissements tenu à Paris en juin 1889, à l'occasion de l'Exposition universelle, contient tous les documents statistiques sur l'organisation et les travaux des stations des deux mondes. Nous y renverrons le lecteur. In-8°, avec planches, Berger-Levrault et Cie. Paris, 1891.

FRANCE.

I

MINISTÈRE DE L'AGRICULTURE.

La France agricole à cent ans de distance : 1789-1889. — La statistique agricole de la France. — L'œuvre générale du Ministère de l'agriculture. — L'enseignement agricole. — Les stations agronomiques. — Les syndicats agricoles. — La réfection du cadastre et le remembrement du territoire agricole.

STATISTIQUE GÉNÉRALE.

L'Exposition universelle internationale de 1889, coïncidant avec le centenaire de la Révolution française, appelait tout naturellement une comparaison avec la situation agricole de la France à un siècle de distance. Cette comparaison, je voudrais la tenter, comme préambule à ce rapport, en m'aidant notamment des documents numériques recueillis et groupés d'une façon si intéressante dans l'étude magistrale dont l'éminent directeur de l'agriculture, M. E. Tisserand, a fait précéder la publication des tableaux de la dernière enquête décennale.

Qu'était la France agricole en 1789? Quelle est-elle aujourd'hui? C'est ce que je vais essayer de montrer.

La liberté et la science, sources premières des prodiges accomplis depuis un siècle dans toutes les branches de l'activité humaine, ont ouvert à l'industrie nationale par excellence, — l'agriculture, — une ère de progrès dont la moindre conséquence n'est certes pas la sécurité absolue donnée aux nations civilisées, en ce qui regarde leurs moyens de subsistance. Par l'accroissement des rendements du sol de la patrie, d'une part, par la création et le développement des relations internationales, de l'autre, notre génération et celles qui la suivront sont à jamais délivrées de la famine, terrible fléau qui dévastait périodiquement encore des régions entières de la France, il y a moins de cent ans.

La liberté et la science ont réalisé cet immense bienfait : la liberté, en affranchissant le possesseur et l'exploitant du sol des entraves de toutes sortes qui pesaient sur eux au temps de nos pères; la science, en mettant au service de l'agriculture les merveilleuses applications de la chimie, de la physique, de la biologie et de la mécanique, qui lui ont permis de tripler la production indigène du blé et de doubler celle de la viande. Enfin, l'association de ces deux puissants leviers du monde moderne, créant, à l'aide de la vapeur et de l'électricité, les communications et les échanges rapides à travers les continents et les mers, a imprimé aux conditions de la vie matérielle et intellectuelle des nations le progrès le plus fécond qu'elles aient accompli à travers les âges.

La liberté et la science ont plus fait, en soixante ans, pour le bien-être de l'humanité et pour le développement de ses intérêts moraux et matériels, que la longue série des siècles antérieurs dont l'histoire inspire à l'observateur attentif une satisfaction profonde d'appartenir au temps présent.

La loi du 28 septembre 1791, sur les *biens et usages ruraux,* tout imprégnée du grand esprit de paix, de justice et de liberté de 1789, consacrant, sous l'inspiration de Turgot, les principes inscrits dans les fameux édits de 1774, 1775 et 1776, sur *la vente et les achats des produits du sol,* fut le premier jalon du progrès agricole. Signal de l'affranchissement du paysan, aurore de la liberté commerciale, la loi du 28 septembre 1791, qu'un citoyen français ne saurait lire sans un profond sentiment de gratitude envers ses auteurs, supprima les barrières de toute nature qu'opposait le régime d'alors à la libre disposition du sol, aux améliorations culturales et à l'utilisation des récoltes.

Les deux premiers articles de la loi, qui la contiennent presque en entier, sont ainsi conçus :

ARTICLE PREMIER. Le territoire de la France, dans toute son étendue, est libre comme les personnes qui l'habitent : ainsi toute propriété territoriale ne peut être sujette qu'aux usages établis ou reconnus par la loi et aux sacrifices que peut exiger le bien général, sous la condition d'une juste et préalable indemnité.

ART. 2. Les propriétaires sont libres de varier à leur gré leurs récoltes et de disposer de leur propriété dans l'intérieur du royaume et au dehors, sans préjudicier aux droits d'autrui et en se conformant aux lois.

Pour saisir l'importance de cette loi et mesurer la grandeur de l'évolution qu'elle devait imprimer à l'agriculture, il faut se faire une idée de l'organisation économique du pays avant Turgot et se souvenir de la situation misérable créée au cultivateur par l'état social antérieur à 1789, au grand détriment de la nation entière. La plume autorisée d'un éminent écrivain, homme de bien autant que savant agronome, L. de Lavergne, en a tracé le tableau que voici : « L'agriculture ne souffrait pas moins que l'industrie du défaut de liberté. De véritables douanes entre les provinces empêchaient la circulation des produits agricoles, que rendait déjà très difficile l'insuffisance des voies de communication, si bien que telle partie de la France manquait de tout, tandis que ses voisines regorgeaient de blé, de viande ou de vin. L'autorité publique autorisait ou défendait arbitrairement, soit l'importation, soit l'exportation des grains; elle s'arrogeait le droit de vider les greniers, de fixer le prix du blé et même de régler les ensemence-

ments. Toute modification à l'assolement établi était interdite par des intendants ignorants, comme une atteinte à la subsistance publique : on voulait des céréales avant tout
et on ne savait pas que la variété des cultures est le plus sûr moyen d'en obtenir.
Il était défendu, dans la même pensée, de planter des vignes sans autorisation; le
dernier édit qui renouvelle cette prohibition est de 1747, et ce n'était pas une lettre
morte. »

On peut augurer, d'après cela, du pas immense que l'agriculture eût franchi, dès la
fin du siècle dernier, sous l'empire d'un changement aussi radical dans la législation,
sans les fléaux déchaînés à l'intérieur et à l'extérieur sur notre pays, durant un quart
de siècle, par les passions des hommes, par le despotisme et par l'esprit de conquête.

L'économie politique n'est pas seule à participer au grand mouvement d'idées que
résume la date de 1789. Cette époque voit éclore les sciences physiques et naturelles
d'où sortira la science agronomique. Lavoisier crée la chimie; il introduit la notion de
mesure dans l'étude des phénomènes naturels; il établit l'indestructibilité de la matière.
Son génie devine le rôle de la plante dans la nature : déjà il voit, dans le végétal, le
laboratoire mystérieux où, sous l'action solaire, la matière minérale se transforme en
substance vivante pour servir d'aliment à l'homme et aux animaux et constituer les matériaux que la civilisation nous a enseigné à façonner et à appliquer à d'innombrables
usages. Pénétré de la nécessité d'introduire la méthode expérimentale dans l'étude des
problèmes agricoles, Lavoisier institue, dans l'une de ses fermes du Perche, des essais
culturaux contrôlés par l'emploi de la balance. Qui pourrait dire de quelles lumières
la mort à jamais odieuse de ce grand homme a privé la science et l'agriculture?

Dans le même temps, Haüy fonde la minéralogie; Buffon, Jussieu, Laplace, La-
grange, Carnot, Saussure, etc., posent les fondements des sciences qui, cinquante ans
plus tard, deviendront le point de départ des merveilleuses applications auxquelles le
XIXᵉ siècle devra sa caractéristique éclatante.

Les grands esprits de la Révolution ne pouvaient méconnaître la nécessité d'instruire
le peuple, et notamment de répandre dans les campagnes les connaissances indispensables pour permettre au cultivateur de bénéficier des prescriptions libérales de la loi
de 1791. L'admirable rapport de Talleyrand-Périgord à l'Assemblée constituante fait
foi de ces préoccupations : il énonce, dès cette époque, les principes généraux sur lesquels repose tout notre système d'instruction publique.

L'agriculture a sa place marquée dans les lois relatives à l'organisation de l'enseignement à ses divers degrés. Malheureusement, les années troublées et la période de
guerres extérieures qui les a suivies paralysent complètement ces généreux projets et
en ajournent la mise à exécution.

Les gouvernements qui se succèdent, après la chute du premier Empire, repren-
nent timidement le programme de la Constituante; mais c'est à la troisième République qu'appartiendra l'honneur de faire à l'agriculture, dans l'enseignement public,

la place trop longtemps refusée aux 18 millions de citoyens qui la représentent en France.

En comparant la situation agricole de notre pays à cent ans de distance, on peut juger, par les progrès réalisés depuis 1789, progrès dont le point de départ se trouve dans la législation libérale de 1791, du pas de géant qu'aurait fait l'agriculture, si l'instruction technique fut venue, dès l'origine, compléter l'œuvre de la liberté.

En 1789, 36 p. 100 du territoire agricole étaient en jachères ou couverts de landes improductives; on en compte aujourd'hui 15 p. 100 à peine. Les efforts de Parmentier pour propager la culture de la pomme de terre, ce précieux tubercule auquel Arthur Young, dans son voyage en France (1788), déclarait «que les quatre-vingt-dix-neuf centièmes des hommes ne voudraient pas toucher», avait abouti à la plantation de 4,000 hectares seulement. A l'heure actuelle, cette plante occupe 1,500,000 hectares, soit plus de 3 p. 100 de notre territoire agricole.

A la fin du siècle dernier, Lavoisier estimait à 31 millions d'hectolitres la récolte du froment sur 4 millions d'hectares, soit un rendement inférieur à 8 hectolitres à l'hectare, mettant à la disposition de chaque habitant, 1 hectol. 64 de blé seulement.

En 1889, le rendement moyen s'élève à 15 hectol. 6. Avec une emblavure de moins de 7 millions d'hectares, nous récoltons 109 millions d'hectolitres de blé, année moyenne, ce qui correspond à 2 hectol. 70 par tête d'habitant. Il serait facile, d'élever le rendement à 20 hectolitres, ce qui nous affranchirait totalement de recourir à l'importation étrangère, en nous permettant de suffire à notre consommation et de devenir exportateurs.

De même, comme nous le verrons plus loin, la production de la viande de boucherie a plus que doublé depuis 1789. La surface consacrée aux cultures fourragères a augmenté de 60 p. 100 environ, et le nombre des têtes de bétail a suivi la même progression.

Le matériel et l'outillage agricoles, presque nuls il y a cent ans, représentent aujourd'hui un capital de 1,300 millions. La moissonneuse et la machine à battre, inventées à la fin du siècle dernier, se substituent peu à peu, dans toute la France, à la faucille et au fléau, allégeant ainsi, au grand profit des travailleurs agricoles, les rudes labeurs de la moisson et du battage.

Le chiffre total des capitaux mis en œuvre actuellement par l'agriculture française dépasse 100 milliards de francs, dont le dixième environ représente la valeur du bétail, des semences, de l'outillage et des engrais, le sol figurant dans ce chiffre pour les neuf autres dixièmes. C'est à peine si le capital de toutes les autres industries réunies égale le capital agricole.

Les produits bruts de l'agriculture française s'élèvent annuellement à 13.500 millions de francs; les trois quarts de cette somme représentent la production végétale (céréales, fourrages, vins, liqueurs, fruits, etc.); l'autre quart s'applique à la production animale (viandes, lait, laines, etc.).

La valeur de la production du sol en cultures a suivi, depuis 1789, la marche ascendante que voici :

	Francs.	Augmentation p. 100.
1789....................	2,750,000,000 } 31.88	
1840....................	3,627,000,000 }	} 135.48 }
1872....................	7,664,000,000 }	} 212.73 }
1889....................	8.600,000,000 }	

La population ne s'étant accrue, depuis le commencement du siècle, que de 52 p. 100, on voit dans quelles proportions considérables a augmenté le bien-être des classes rurales.

Ce court aperçu justifiera, je l'espère, les détails dans lesquels je crois devoir entrer, en m'appuyant sur les documents statistiques de l'exposition du Ministère de l'agriculture, pour faire connaître les conditions agricoles de la France actuelle.

L'œuvre magistrale de M. E. Tisserand [1] nous fournira les éléments de cette étude.

L'accroissement de la production du sol sous culture, que nous venons d'indiquer, est la résultante d'un ensemble de progrès que nous étudierons plus loin; mais les quelques chiffres qui le représentent ne suffisent pas pour mesurer l'étendue du changement survenu, en un siècle, dans les conditions générales de la culture française; pour compléter la comparaison, nous allons mettre sous les yeux du lecteur quelques tableaux récapitulatifs d'un grand intérêt, concernant, à cent ans de distance :

1° La division culturale du territoire français;

2° La comparaison du bétail;

3° L'outillage et le matériel agricole;

4° La production, la consommation et le prix du blé;

5° La production et la consommation de la viande;

6° La valeur actuelle de l'ensemble de la production agricole.

La superficie du territoire français n'est pas rigoureusement connue. L'évaluation la plus approchée semble être celle qui résulte du travail planimétrique entrepris par le regretté général Perrier, qui donne 53,648,000 hectares, en prenant pour limite la ligne des basses-mers. M. E. Tisserand a admis le chiffre de 52,857,000 hectares, emprunté à l'*Annuaire statistique de la France* pour 1881. C'est celui que nous prendrons, afin de ne pas modifier les calculs du directeur de l'agriculture. La chose est d'ailleurs d'importance secondaire, puisque l'évaluation des surfaces en culture, assez exactement relevées par la statistique, est la seule qui nous importe réellement. En défalquant de la surface totale du pays les voies de communication, superficies bâties, tourbières, rivières, etc., qui représentent 3,531,000 hectares, il resterait pour les terrains cultivés (forêts comprises) 49,344,000 hectares.

[1] *Statistique agricole de la France*, in-4° avec atlas. Berger-Levrault et Cie.

Le recensement des diverses cultures dépasse légèrement le chiffre de 48 millions d'hectares en 1889. Comparons leur répartition à celle que les documents de la fin du siècle dernier permettent d'assigner à la France agricole de 1789 :

TABLEAU I. — DIVISION CULTURALE DE LA FRANCE.

DÉSIGNATION.	1789.		1889.	
	HECTARES.	CENTIÈMES du territoire.	HECTARES.	CENTIÈMES du territoire.
Céréales et graines diverses.........	13,500,000	28.34	15,400,000	31.95
Pommes de terre..................	4,000	0.09	1,488,000	3.09
Prairies artificielles...............	1,000,000	2.10	3,253,000	6.75
Racines et plantes fourragères.......	100,000	0.20	1,397,000	2.90
Plantes industrielles..............	400,000	0.84	515,000	1.07
Jardins et vergers................	500,000	1.05	570,000	1.18
Jachères.......................	10,000,000	21.00	3,644,000	7.56
Vignes........................	1,500,000	3.15	1,920,000	3.98
Châtaigneraies, oliviers, oseraies.....	1,000,000	2.10	842,000	1.75
Bois et forêts...................	9,000,000	18.89	9,457,000	19.62
Prés et herbages	3,000,000	6.30	5,827,000	12.09
Landes incultes.................	7,600,000	15.94	3,889,000	8.06
Territoire recensé.........	47,604,000		48,202,000	

Ce tableau appelle plusieurs remarques intéressantes. En 1789, la culture des céréales et graines diverses était déjà la culture dominante de la France. C'est à peine si la surface qu'elle couvrait a augmenté de 3.5 p. 100, tandis que le rendement à l'hectare a sensiblement doublé. On constate une très légère augmentation dans les surfaces couvertes de forêts (19.62 p. 100 en 1889 contre 18.89 en 1789) et de vignes : 3.98 contre 3.15 ; mais il ne faut pas oublier que le phylloxéra a détruit environ 600,000 hectares de vignes qui sont, en partie seulement, reconstituées.

Les changements les plus considérables survenus dans le siècle sont relatifs à la diminution des jachères et des terrains incultes et, en sens inverse, à l'accroissement très notable des prairies naturelles et artificielles et des récoltes fourragères. Arrêtons-nous y un instant.

La jachère morte implique l'assolement triennal, dont elle indique en quelque sorte l'importance numérique dans un pays. En y comprenant les landes, les surfaces *inutilisées* par la culture étaient, en 1789 et en 1889, les suivantes :

	En 1789.	En 1889.
Jachères	10,000,000 hect.	3,644,000 hect.
Landes	7,600,000	3,889,000
TOTAUX	17,600,000	7,533,000

La surface inutilisée a donc diminué de plus de moitié depuis un siècle (56.60 p. 100).

Inversement, par rapport à la superficie totale, l'étendue consacrée aux plantes fourragères de toutes sortes se répartissait, aux deux époques de comparaison, de la manière suivante :

TABLEAU II. — PRAIRIES.

DÉSIGNATION.	1789.	1889.	AUGMENTATION.
	pour cent.	pour cent.	
Prairies artificielles........................	2.10	6.75	3.2 fois plus qu'en 1789.
Racines et plantes fourragères...............	0.20	2.90	14.5 fois plus qu'en 1789.
Prés et herbages	6.30	12.09	1.96 fois plus qu'en 1789.
TOTAUX.................	8.60	21.74	

sans compter les pommes de terre (1,500,000 hectares au lieu de 4,000).

Si, à la surface des plantes fourragères, on ajoute les 3.09 p. 100 du territoire qui portent des pommes de terre, on constate que les surfaces destinées à fournir au bétail son alimentation s'élèvent, au total, à près du quart du sol cultivé (24.83 p. 100), soit sensiblement au triple de ce qu'elle était en 1789.

La progression du gros bétail a suivi une marche plus rapide encore; celle du nombre des chevaux a été moins vite; le nombre des moutons, longtemps stationnaire, a diminué pour des causes de diverses natures; quant aux porcs, on n'a aucune indication sur leur nombre en 1789.

Le tableau III résume la situation du bétail :

TABLEAU III. — COMPARAISON DU BÉTAIL.

DÉSIGNATION DES ESPÈCES.	1789.	1889.	AUGMENTATION OU DIMINUTION	
			DU NOMBRE DE TÊTES.	EN CENTIÈMES.
	têtes.	têtes.		pour cent.
Chevaline.....................	2,400,000	2,908,500	+ 508,500	20.88
Bovine.......................	7,655,000	13,395,000	+ 5,740,000	74.94
Ovine.......................	27,034,000	22,880,000	— 4,154,000	— 15.35
Porcine	Inconnu.	6,000,000		

En résumé, la France nourrit aujourd'hui une quantité de bétail beaucoup plus grande qu'il y a cent ans, et trois facteurs principaux ont concouru à ce progrès, savoir :

1° L'extension de la culture fourragère;

CLASSE 73 BIS.   9

2° L'accroissement des rendements du sol;

3° L'emploi des déchets industriels dans l'alimentation du bétail et une meilleure utilisation des fourrages.

Cette augmentation dans le chiffre de l'élevage a eu nécessairement un retentissement sur la production et sur la consommation de la viande.

Le tableau IV résume les principaux éléments de ce mouvement :

TABLEAU IV. — PRODUCTION ET CONSOMMATION DE LA VIANDE.

ANNÉES.	PRODUCTION EN KILOGRAMMES.	VALEUR EN FRANCS.	QUANTITÉ CONSOMMÉE par habitant et par an.
			kilogrammes.
1789...............................	450,000,000	203,000,000	17 00
1812...............................	503,000,000	402,800,000	17 16
1840...............................	670,000,000	536,500,000	19 94
1852...............................	833,000,000	850,000,000	23 19
1862...............................	945,000,000	1,110,500,000	25 10
1882...............................	1,190,000,000	1,632,000,000	30 36

La consommation moyenne de la viande a donc à peu près doublé; mais la faiblesse du chiffre de 1882 indique assez la marge considérable que l'élevage du bétail a devant lui, avant que le cultivateur n'ait à redouter les effets d'une production exagérée.

Nous groupons dans le tableau V les chiffres généraux relatifs à la production et à la consommation du froment en France :

TABLEAU V. — PRODUCTION ANNUELLE, RENDEMENT À L'HECTARE, ET PRIX DU BLÉ.

ANNÉES.	HECTARES EMBLAVÉS.	HECTOLITRES RÉCOLTÉS.	RENDEMENT À L'HECTARE.	PRIX MOYEN À L'HECTOLITRE.
			hectol. lit.	fr. c.
1789........................	4,000,000	31,000,000	7 75	19 48
1831-1841	5,353,841	68,436,000	12 78	19 02
1842-1851	5,846,919	81,041,000	13 86	19 34
1852-1861	6,500,448	88,986,000	13 68	23 11
1862-1871	6,887,749	98,334,000	14 27	21 68
1872-1881	6,904,503	100,245,000	14 52	24 80
1882-1888	6,958,200	109,453,000	15 73	17 76

Le fait le plus intéressant que révèle cette statistique est, à coup sûr, l'accroissement très notable du rendement à l'hectare, qui a plus que doublé depuis le commencement du siècle.

En 1789, le rendement moyen du blé à l'hectare, en Angleterre, était déjà presque égal au rendement actuel moyen du sol français (14 hectol. 30 à 15 hectol. 20). d'après Arthur Young. Comme en France, il a doublé, au delà de la Manche; il atteint actuellement, dans la Grande-Bretagne. couramment 27 à 28 hectolitres.

Lorsque nous nous occuperons des questions agronomiques proprement dites, il nous sera facile d'indiquer les raisons de ces différences et de montrer que rien ne s'oppose à ce que la France arrive à ces hauts rendements, ou, tout au moins, atteigne rapidement une production moyenne de 20 hectolitres à l'hectare. Mais poursuivons notre étude comparative de la France agricole à cent ans de distance.

Les renseignements font à peu près complètement défaut, en ce qui regarde l'outillage agricole du commencement du siècle : il se bornait, dans la presque totalité des exploitations rurales, à des charrues simples, du modèle le plus primitif et le moins parfait. La moisson se faisait à la faucille; le battage, au fléau : il n'existait aucun des instruments perfectionnés que possèdent, en trop petit nombre encore, les cultivateurs de nos jours. On évalue à moins d'un million le nombre des charrues simples qui constituaient tout l'outillage de nos pères. M. E. Tisserand a dressé l'inventaire approximatif de l'arsenal de nos fermes en 1889; en voici le résumé :

Charrues plus ou moins perfectionnées.........................	3,000,000
Bisocs (il en faudrait deux fois plus)........................	160,000
Houes à cheval (il en faudrait 2 millions)....................	200,000
Machines à battre..	215,000
Machines à battre à la vapeur................................	9,300
Semoirs (il en faudrait 300,000).............................	30,000
Faucheuses-moissonneuses (il en faudrait dix fois davantage)........	36,000
Rateaux à cheval; faneuses...................................	27,000

La valeur totale de ce matériel est estimée à 1,300 millions de francs.

La transformation de l'outillage agricole de la France s'est fait, au début et pendant un certain nombre d'années, principalement pour les faucheuses et moissonneuses, en recourant à la fabrication étrangère. En 1879, l'importation des machines agricoles s'élevait à 7 millions de francs, tandis que le chiffre de nos exportations atteignait à peine 2 millions de francs (1.933,000 fr.). Les choses ont bien changé depuis dix ans, en faveur de l'industrie française : en 1889, le chiffre de nos importations était réduit à 2,328,000 francs, celui des exportations dépassait 2 millions et l'écart, entre l'import et l'export, n'était plus que de 328,000 francs.

Si l'on jette un coup d'œil sur la valeur actuelle de l'ensemble de la production agricole de la France il est aisé de se convaincre qu'à elle seule, l'agriculture française ne le cède en rien aux autres industries nationales réunies, si elle ne les surpasse.

Le tableau VI fournit cette démonstration évidente.

2.

Tableau VI.

I. *Capitaux mis en œuvre par l'agriculture française (en millions de francs).*

1. Capital foncier. — Valeur des terres........................		91,584

2. Capital d'exploitation...

Valeur des animaux de la ferme..	5,775	
Valeur du matériel agricole.....	1,395	8,545
Valeur des semences..........	537	
Valeur du fumier............	838	

Capital total.................. 100,129

II. *Produits bruts de l'agriculture (en millions de francs).*

1. Production végétale :

Grains et fourrages......................	7,203	
Betteraves, houblon, tabac, lin, chanvre............	358	
Produit des vignes......................	1,137	10,133
Produit des jardins maraîchers.................	902	
Vergers, oliviers, noyers, châtaigniers............	199	
Bois et forêts........................	334	

2. Production animale :

Chevaux, ânes, mulets......................	80	
Animaux de boucherie......................	1,634	
Lait............................	1,157	
Laines..........................	77	3,328
Volailles et œufs......................	319	
Cocons de vers à soie....................	41	
Miel et cire.........................	20	

Valeur totale des produits............... 13,461

Ce relevé, qui porte à plus de *cent milliards* le chiffre des capitaux engagés dans notre agriculture et à treize milliards et demi le produit brut de nos exploitations, pourrait se passer de commentaires. Nous croyons utile cependant de le faire suivre de quelques remarques générales.

En premier lieu, on est frappé de la valeur énorme des semences et l'on entrevoit l'économie considérable que l'agriculture peut réaliser, dans cette catégorie de dépenses, notamment par la propagation de l'emploi du semoir en ligne, beaucoup trop restreint encore.

Le *septième* de notre récolte en céréales est employé à la semaille de l'année suivante ou, ce qui revient au même, le rendement final du blé est de sept grains pour un que l'on jette sur la terre.

Ce rapport est beaucoup trop faible : une culture faite avec les indications que l'expérience nous donne, permettrait d'employer beaucoup moins de semence et d'obtenir une multiplication de grains infiniment supérieure à celle que révèle le rendement moyen de la France [1].

En second lieu, on remarquera que la production du sol a été obtenue presque exclusivement jusqu'ici par l'emploi du fumier de ferme et qu'il y a lieu de développer énormément les fumures complémentaires à l'aide des engrais minéraux. C'est pour une large part à l'emploi répété des phosphates, depuis plus d'un demi-siècle, que le sol anglais doit sa supériorité au nôtre sous le rapport des rendements.

Une troisième remarque a trait à la possibilité d'accroître, dans une large limite, le revenu agricole, par l'extension de la culture maraîchère et arbustive et la mise en valeur, par les arbres fruitiers notamment, d'une partie des terrains vagues impropres à la culture des céréales ou des fourrages.

Enfin, l'importance du chiffre de la production du lait, des volailles et des œufs attire l'attention et, quand on examine de près les conditions de cette production, on se convainc aisément qu'elle est loin d'avoir atteint son apogée et qu'elle appelle la sérieuse attention des cultivateurs auxquels elle peut créer, presque sans dépense, d'importantes ressources.

Les associations laitières (fruitières) notamment, méritent d'être encouragées et développées dans les pays pauvres, dont elles seront le salut.

Les progrès énormes que nous venons de mettre sommairement en relief, par la comparaison de la France agricole de 1789 à la France actuelle, ont été amenés par un concours d'éléments variés, sans doute; l'initiative privée, les qualités de race qui font du cultivateur français le plus laborieux, le plus sobre et le plus économe qu'on puisse rencontrer, ont eu dans ces progrès une part très notable, mais on ne saurait sans injustice, omettre d'indiquer le rôle très utile de l'État qui, depuis vingt ans surtout, est largement entré dans la voie des subsides à nos institutions agricoles et, par l'organisation de l'enseignement agricole à ses divers degrés a contribué, dans une proportion digne d'être signalée, à l'évolution de l'agriculture française si brillamment révélée par l'Exposition universelle de 1889.

À l'entrée de la galerie du quai d'Orsay, où le Ministère de l'agriculture avait disposé les expositions de ses divers services, les visiteurs s'arrêtaient devant une pyramide formée de cubes en carton doré, de dimension décroissante de la base au sommet. Ces cubes représentaient les sommes dépensées par l'État en faveur de l'agriculture, pour les écoles, les concours, les primes culturales, les subventions aux comices, les encouragements aux savants, etc.

Quelques chiffres donneront une idée d la progression considérable de ces dépenses

[1] Le major Hallet obtient à Brighton, en grande culture, 47 fois la semence. Voir *Études agronomiques* chez Hachette et Cⁱᵉ, 5 séries, 1886 à 1891, et compte rendu du deuxième Congrès des directeurs des stations agronomiques et des laboratoires agricoles. (*Annales de la science agronomique française et étrangère* années 1889 et 1890. — Berger-Levrault et Cⁱᵉ.)

utiles entre toutes, depuis 1789 jusqu'à nos jours, et notamment sous la troisième république :

1789	112,800 francs.
1799 (an XII)	437,000
1829	297,823
1849	1,698,392
1869	4,054,838
1889	8,329,705

Si l'on tient compte de l'importance du capital agricole, ces subsides sembleront bien faibles encore et l'on ne pourra s'empêcher de souhaiter que la situation budgétaire de la France permette de doubler, de tripler les dépenses relatives à l'enseignement agricole : peu de capitaux sont placés à un intérêt comparable à celui que les applications de la science et la divulgation des bonnes méthodes de culture, jusque dans la plus humble commune, permettraient à la nation d'en retirer.

L'accroissement d'*un quintal de blé* dans le rendement d'un hectare représente un excédent de produit annuel de 200 millions de francs! On ne saurait donc être taxé d'exagération en affirmant qu'aucun emploi de capitaux ne saurait être, pour la nation entière, aussi rémunérateur que celui qu'on en peut faire pour propager les connaissances agricoles jusque dans nos campagnes les plus reculées.

Le gouvernement de la troisième république l'a compris, et dans la mesure des exigences budgétaires, il a déjà singulièrement amélioré l'organisation de l'enseignement agricole et concouru par des créations que nous nous bornerons pour l'instant à énumérer, à répandre l'instruction dans les classes agricoles.

J'emprunte au rapport sur l'enseignement agricole en France, présenté par M. E. Tisserand au Congrès international de l'agriculture (juin 1889) le tableau synoptique qui résume l'état de l'outillage scientifique actuel de la France agricole, comparé à celui qui existait en 1870.

TABLEAU DES ÉTABLISSEMENTS D'ENSEIGNEMENT AGRICOLE EN FRANCE.

EN 1870.	EN 1889.

I. ENSEIGNEMENT SUPÉRIEUR OU ÉCOLES D'ENSEIGNEMENT SCIENTIFIQUE PUR.

EN 1870.	EN 1889.
Aucun.	Institut national agronomique à Paris.
	21 professeurs.
	7 maîtres de conférence.
	4 chefs de travaux.
	17 répétiteurs.
3 écoles vétérinaires :	3 écoles vétérinaires :
18 professeurs.	24 professeurs.
9 chefs de travaux.	18 chefs de travaux et répétiteurs.

II. Établissement d'enseignement scientifique combiné avec un enseignement pratique donné dans une ferme ou domaine.

3 écoles nationales d'agriculture :
: 19 professeurs.
: 16 répétiteurs et préparateurs.

3 écoles nationales d'agriculture :
: 26 professeurs.
: 23 répétiteurs.
1 école nationale d'horticulture à Versailles.
: 22 professeurs.
: 3 chefs de pratique.
1 école des haras au Pin :
: 7 professeurs.

III. Établissements ou écoles d'enseignement agricole, théorique et pratique, appropriés aux besoins des jeunes gens appartenant à la petite culture et recevant les enfants à leur sortie des écoles primaires.

1 école d'irrigation et de drainage au Lézardeau :
: 1 professeur.

2 écoles pratiques d'agriculture et d'irrigation :
: 6 professeurs et maîtres.
14 écoles pratiques d'agriculture :
: 75 professeurs.
: 26 chefs de pratique.
: 14 instructeurs militaires.
2 écoles pratiques d'agriculture et de viticulture :
: 11 professeurs.
: 3 chefs de pratique.
: 2 instructeurs militaires.
3 écoles pratiques de laiterie :
: 11 professeurs.
: 6 chefs de pratique.
: 3 instructeurs militaires.
2 écoles primaires professionnelles d'agriculture :
: 4 professeurs.
: 1 chef de pratique.
: 1 instructeur militaire.

IV. Écoles pratiques ou d'apprentissage.

52 fermes-écoles, dont plus de la moitié périclitant.

17 fermes-écoles.
2 bergeries-écoles.
2 magnaneries-écoles.
1 école d'arboriculture.
6 fromageries-écoles.
2 écoles de laiterie pour filles.

V. Enseignement agricole annexé à des établissements d'enseignement général ou universitaires.

4 chaires de chimie agricole dans des facultés des sciences.

10 chaires départementales d'agriculture organisées par les départements.

5 chaires de chimie agricole dans les facultés des sciences.

90 chaires d'agriculture départementales organisées par l'État.

Cours d'agriculture organisés dans toutes les écoles normales d'instituteurs.

15 cours d'agriculture dans les lycées, collèges et écoles primaires supérieures.

Enseignement agricole *obligatoire* dans les écoles primaires.

VI. Établissements de recherches agronomiques.

6 stations et laboratoires agricoles.

41 stations et laboratoires agricoles [1].

1 station laitière.

1 station d'essai de graines.

1 station d'essai de machines agricoles.

1 station pour l'étude des maladies des plantes.

1 station pour l'étude des fermentations.

1 laboratoire de technologie, brasseries; sucreries, etc.

Champs d'expériences et de démonstrations organisés dans tous les départements.

Le développement très marqué de l'enseignement agricole à tous les degrés et la création des laboratoires de recherches et des stations agronomiques, sont d'excellent augure pour le progrès de l'agriculture française. Les institutions qui ont porté l'industrie française au degré de perfection que l'Exposition universelle de 1889 a mis en relief manquaient il y a vingt ans presque entièrement à l'agriculture. Le relevé qu'on vient de lire atteste le changement survenu de ce côté; nul doute que la diffusion de l'enseignement technique parmi les cultivateurs ne produise les excellents résultats dont l'industrie a tant à se louer.

CHARGES DE L'AGRICULTURE.

Nous n'avons parlé jusqu'ici que des produits de l'agriculture. Il nous faut dire maintenant quelles sont les principales charges qu'elle supporte. La statistique agricole, basée sur l'enquête de 1882, les établit comme suit :

---

[1] Le nombre des stations et laboratoires agricoles subventionnés par le Ministère de l'agriculture s'élève actuellement (1891) à 63 (voir la statistique de ces établissements dans le compte rendu du deuxième congrès).

En millions de francs.

Impôt { foncier principal..............................	119	} 297
Centimes additionnels............................	119	
Prestations....................................	59	
Impôts indirects.....................................	300	
Loyer (revenu foncier)...............................	2,645	
Intérêt du capital d'exploitation à 5 p. 0/0	427	
Gages-salaires	4,150	
Valeur du travail effectué par les animaux de ferme pour la culture . . .	3,017	
Total.........................	10,836	

Le chiffre des impôts directs et indirects s'élève donc au total de 597 millions, plus d'un demi-milliard ; on conviendra qu'il n'y a rien de plus juste que d'invoquer la part énorme de contribution de l'agriculture à l'entretien du budget, pour demander aux pouvoirs publics d'accroître, dans de larges proportions, les subventions que réclame le développement de l'enseignement technique et scientifique des populations agricoles.

Nous avons vu tout à l'heure que le produit brut de l'agriculture s'élève annuellement au chiffre de 13 milliards et demi environ. Ce chiffre correspond à un rendement brut de 255 francs par hectare du territoire total et à 387 francs, par hectare cultivé, déduction faite de la part afférente aux bois et forêts. Rapporté à la population totale de la France, ce produit brut répond à 337 francs par tête d'habitant et à 1,948 fr. par cultivateur. Nous venons de montrer que les charges principales de la culture s'élèvent à 10,836 millions de francs; si l'on retranche cette somme du produit brut, il reste 2,625 millions. Mais ce reliquat ne constitue pas le bénéfice réel du cultivateur, tant s'en faut : car on doit en retrancher les frais généraux et autres, non dénommés dans le tableau que nous avons dressé des charges que supporte l'agriculture. En évaluant à 40 francs par hectare cultivé et à 8 francs par hectare boisé ces diverses charges complémentaires, on arrive à une somme de 1,470 millions, à soustraire du bénéfice brut de 2,625 millions; il reste alors un chiffre de 1,155 millions qui représente, dans une année moyenne, comme 1882, le bénéfice net de l'agriculture. Comme le fait très justement observer M. E. Tisserand, grâce à l'esprit d'ordre et d'économie qui caractérise la classe du paysan français, une grande partie de cette somme et une portion notable des salaires passent à l'état d'épargne et constituent, pour la France, ces précieuses ressources qui sont un des gages les plus sûrs de son crédit et de sa puissance financière.

CONSTITUTION ET DIVISION DE LA PROPRIÉTÉ EN FRANCE.

La constitution de la propriété est l'un des éléments les plus utiles à étudier pour se rendre compte de la situation agricole d'un pays, de la nature des améliorations qu'appelle l'agriculture et de l'avenir qui l'attend. Le territoire français est possédé par 5 grandes catégories de propriétaires qui sont l'État, les départements, les communes, les établissements publics (hospices, établissements de charité, compagnies de chemins de fer, sociétés anonymes), et enfin les particuliers.

Au point de vue de l'étendue du sol, appartenant à ces divers groupes, il existe de très grandes inégalités, comme le montre le relevé suivant :

DIVISION GÉNÉRALE DE LA PROPRIÉTÉ.

	Nombre d'hectares.	Proportion centésimale.
1° État (forêts et quelques domaines)............	1.011,155	1.91
2° Départements...........................	6,513	0.01
3° Communes.............................	4,621.450	8.74
4° Établissements publics (hospices, etc.)..........	381.598	0.72
5° Propriétés particulières.....................	45,025,598	85.19
6° Non définies...........................	1,810,885	3.43
Totaux..................	52,857,199	100.00

Ce qui frappe tout d'abord, c'est la prédominance considérable de la propriété privée, qui représente, à elle seule, près des neuf dixièmes du sol français. L'État, proprement dit, ne possède pas 2 p. 100 du territoire et les communes en ont moins d'un neuvième. Près des neuf autres dixièmes appartiennent aux particuliers.

Cette répartition est la caractéristique d'une civilisation avancée, comme le fait remarquer M. E. Tisserand, l'État étant propriétaire de la presque totalité du sol, chez les nations arriérées ou tout nouvellement conquises à la civilisation.

Au point de vue agricole, le territoire français, d'après le relevé de 1882, se partage comme suit :

		Hectares.	En centièmes.
Territoire . {	agricole......................	50,560.716	95.7
	non agricole....................	2,296.483	4.3
	Totaux..........	52.857,199	100.0

Par territoire *agricole*, nous entendons avec M. E. Tisserand, *tout* le territoire productif, y compris les landes dont les plus pauvres donnent encore quelque produit (litière, broussaille ou pâture). Il suit de là, que tout le territoire agricole est soumis à l'impôt foncier, sauf les forêts domaniales qui ne payent que les centimes départementaux et communaux.

Au point de vue de l'impôt, le territoire de la France se divise en terrain imposable et en terrain non imposable :

		Hectares.	p. 100 en centiares.
Imposable. { Territoire agricole, moins les forêts domaniales.		49,561,861	93.76 } 94.66
{ Propriétés bâties, chemins de fer, canaux.....		473,298	0.90 }
Soit....................		50,035,159	
Non imposable. { Forêts de l'État.............	998,854 } 2,822,040	1.89 } 5.34
{ Autres terres non définies......	1,823,186 }	3.45 }
Superficie totale........		52,857,199	100.0

La constitution de la propriété s'établit par les *cotes agraires* (foncières); le relevé des exploitations correspond à la *division* de la culture : ces deux renseignements sont intéressants au point de vue de la répartition de la fortune territoriale privée.

En 1882, on comptait 12,115,277 cotes agraires, d'une étendue moyenne de 4 hect. 09 : ces cotes peuvent être groupées en 3 catégories correspondant à la petite culture (au-dessus de 10 hectares), à la moyenne culture (10 à 40 hectares), à la grande culture (40 hectares et au-dessus).

Tableau VII. — Répartition des cotes agraires.

CONTENANCES.	NOMBRE.	ÉTENDUE		RÉPARTITION PROPORTIONNELLE	
		MOYENNE.	TOTALE.	du nombre des cotes pour 1,000.	de l'étendue pour 1,000.
		hectares.	hectares.		
Au-dessus de 10 hectares........	11,255,374	1 56	17,573,550	921	355
10 à 40 hectares..............	696,579	28 31	12,758,161	66	258
Au-dessus de 40 hectares.......	163,324	117 74	19,230,150	13	387
Totaux et moyennes....	12,115,277	4 09	49,561,861	1,000	1,000

D'après cela, les cotes de moins de 10 hectares représentent les neuf dixièmes du nombre total et la surface qu'elles embrassent est à peine supérieure au tiers du territoire; les grosses cotes, qui correspondent aux deux autres tiers de la surface, ne figurent que pour un dixième dans le relevé total des cotes agraires. Ces chiffres donnent, de la division de la propriété en France, une idée qui ne correspond pas cependant au *morcellement* du sol. Celui-ci ne peut être révélé que par le nombre des parcelles, qui est prodigieux, car il ne s'élève pas à moins de 125,214,671. En moyenne, chaque cote agraire représente 10 parcelles (10.33). Dans les départements de l'Est, les moins favorisés au point de vue du groupement de la propriété, on compte jusqu'à 100 parcelles par cote.

Les inconvénients de ce morcellement sont extrêmement graves : ils entraînent le maintien forcé de l'assolement triennal dans plus de 40 départements.; les enclaves s'opposent à ce que les propriétaires puissent modifier leur assolement, dans l'impossibilité où ils se trouvent de pénétrer dans leur terrain pour y faire une récolte autre que celle de leur voisin.

Le remembrement du territoire, c'est-à-dire la réunion des parcelles avec suppression des enclaves par la création de chemins d'exploitation, constituerait pour l'agriculture française un des progrès les plus souhaitables. Nous consacrons plus loin à ces opérations un chapitre spécial.

DIVISION DE LA CULTURE.

La *division* de la culture, dans ses grandes lignes, peut se mesurer directement par le *nombre* et par l'*étendue* des *exploitations*. Par le terme *exploitation*, nous entendons, avec M. E. Tisserand, «l'ensemble des terres cultivées par un seul individu, que ces terres forment un tout compact où soient composées de parcelles éparses».

En dehors des trois catégories que nous avons indiquées plus haut, l'enquête de 1882 a permis d'en placer une quatrième, la *très petite culture*, qui comprend les exploitations de moins de 1 hectare (jardins potagers, petits vignobles, parcelles cultivées par les ouvriers ruraux). Cela étant, on peut répartir les exploitations, d'après leur nombre et leur étendue, comme l'indique le tableau VIII.

TABLEAU VIII. — RÉPARTITION DU SOL AGRICOLE D'APRÈS L'ENQUÊTE DE 1882.

DÉSIGNATION.	SURFACE.	NOMBRE des EXPLOI-TATIONS.	ÉTENDUE		RÉPARTITION PROPORTIONNELLE par catégories	
			TOTALE.	MOYENNE de l'exploitation.	du nombre des exploitations.	à l'étendue des exploitations.
	hectares.		hectares.	hect. cent.	pour cent.	pour cent.
Très petite culture........	0 à 1	2,167,667	1,083,833	0 50	38.2	2.2
Petite culture.............	1 à 10	2,635,030	11,366,274	4 30	46.5	22.9
Moyenne culture...........	10 à 40	727,222	14,845,650	20 41	12.8	29.9
Grande culture............	40 et au-dessus.	142,088	22,266,104	156 71	2.5	45.0
TOTAUX ET MOYENNES...		5,672,007	49,561,861	8 74	100.0	100.0

De la comparaison de ces chiffres ressortent deux faits frappants :

1° La prépondérance, en *nombre*, des très petites exploitations ;

2° La faiblesse, en *étendue*, de ces très petites exploitations.

p. 100 du nombre des exploitations.

En effet, la très petite et la petite culture réunies (jusqu'à 10 hect.), est de..   87.7

La moyenne culture (10 à 40 hectares), est de.....................   12.8

La grande culture (40 hectares et au-dessus) est de.................   2.5

TOTAL.........................   100.0

Au point de vue de la superficie, les exploitations se classent dans l'ordre inverse.

	p. 100 du territoire agricole.
Petite et très petite culture	24.9
Moyenne culture	29.9
Grande culture	45.0

Ces rapprochements permettent de tirer des déductions très nettes, en ce qui regarde les systèmes de culture d'une part et les questions d'enseignement, de crédit et d'associations syndicales, de l'autre. Mais pour aborder utilement ces importants sujets, il faut connaître préalablement la répartition de la population de la France, en ce qui regarde l'agriculture.

POPULATION AGRICOLE DE LA FRANCE.

La loi de 1791 a prescrit le premier dénombrement de la population de la France; mais c'est dix ans plus tard seulement que cette opération a pu avoir lieu. Le dénombrement exécuté en 1801 a donné un chiffre de 27 millions d'habitants; suivant les calculs les plus vraisemblables, on peut admettre que la population s'élevait au maximum à 25 millions d'habitants en 1789. Le dénombrement de 1886 a donné 38,219,000. Le recensement de 1881 portait à 37,672,048 le nombre d'habitants. C'est ce chiffre qui a servi à M. E. Tisserand pour fixer la répartition de la population agricole.

Comment se répartit cette population ?

On compte, en France, 36,000 communes (nombre rond) : si l'on adopte les conventions des statisticiens qui appellent *commune urbaine* toute agglomération de plus de 2,000 habitants, et *commune rurale*, toutes celles dont la population est inférieure à ce chiffre, on arrive à la division suivante :

Communes			
	urbaines (plus de 2,000 habitants)	2.695	7.5 p. 100
	rurales (moins de 2,000 habitants)	33.402	92.5
	Nombre total	36.097	100.0

La superficie territoriale et la population de ces 36,000 communes se répartissent comme l'indique le tableau IX :

Nous ferons remarquer que le terme de population *rurale* n'est pas synonyme de population *agricole*, puisque, d'une part, les agriculteurs exploitant dans la banlieue d'une grande ville sont dénombré *urbains,* tandis que les commerçants, industriels, rentiers, vivant à la campagne, sont dénombrés *ruraux,* bien que ne cultivant pas.

La population rurale va en diminuant d'une façon regrettable pour l'agriculture, au profit de la population urbaine, et cette tendance à l'abandon de la campagne pour l'habitation des villes s'accentue à chaque recensement, comme le montrent les chiffres suivants [1] :

DATE des recensements.	POPULATION urbaine.	POPULATION rurale.
1846	24.42 p. 100	75.58 p. 100
1851	25.52	74.48
1856	27.31	72.69
1861	28.86	71.14
1866	30.46	69.54
1872	31.06	68.94
1876	32.44	67.56
1881	34.76	65.24
1886	35.95	64.05

Dans l'espace de quarante années, la population rurale a donc diminué de 10 p. 100, au profit numérique de la population urbaine.

Comme nous venons de le dire, il y a lieu de distinguer la population agricole de la population rurale, ce que permet de faire approximativement le dénombrement officiel des professions, exécuté en 1881.

TABLEAU IX. — RÉPARTITION DE LA POPULATION.

PROFESSIONS.	POPULATION.	PROPORTION PAR PROFESSION.	NOMBRE D'HABITANTS par kilomètre carré.
	habitants.	pour cent.	
Agriculture	18,249,209	48.4	34.52
Industrie	9,324,107	21.7	17.64
Commerce et transport	4,644,188	12.3	8.79
Professions libérales, rentiers et professions non dénommées	5,454,544	14.6	10.32
TOTAUX ET MOYENNES	37,672,048	100.0	71.27

La France a perdu, depuis cinquante ans, 0.32 p. 100 de son territoire, soit 171,000 hectares. Agrandie, en 1860, par l'annexion des deux Savoies et du comté de Nice de 1,279,227 hectares, la France a perdu, en 1871, 1,450,942 hectares. L'annexion de la Savoie et de Nice a augmenté la population française de 689,000 habitants, la perte de l'Alsace et d'une partie de la Lorraine nous a enlevé 1,597,000 habitants.

(1) *La France économique*, par Alf. de Foville.

En résumé :

	HABITANTS.	TAUX
La population non agricole (1882) était de...........	19,422,839	51.56 p. 100
La population agricole (1882) était de..............	18,249,209	48.44

C'est dans la Lozère qu'on rencontre le taux le plus élevé de la population agricole (78.95 p. 100), et, dans la Seine, le pourcentage le plus bas (2.14 p. 100).

Dans tous les autres départements, la population agricole varie de 20.33 à 75,61 p. 100 sur la population totale. La population agricole (18,249,209) comprend, outre les agriculteurs à proprement parler, leurs familles, femmes, enfants et vieillards.

Si l'on cherche à dégager le nombre des véritables travailleurs agricoles, c'est-à-dire de ceux qui *opèrent* eux-mêmes, soit comme *chefs d'exploitations*, soit comme *salariés*, on arrive à la répartition suivante :

Individus exerçant eux-mêmes la profession agricole (travailleurs agricoles).........................	6,913,504	37.79 p. 100
Membres de leur famille, *sans profession*, mais vivant avec eux, et domestiques attachés à leur personne....	11,335,705	62.21
TOTAL...............	18,249,209	100.00

Les travailleurs agricoles se divisent en deux classes, très inégales en nombre :

Cultivateurs proprement dits.............................	6,711,911
Forestiers (bûcherons, charbonniers).......................	201,593
TOTAL ÉGAL.....................	6,913,504

En rapprochant les résultats de ce recensement de la surface cultivée de la France, on constate qu'il y a : 19.26 cultivateurs pour 100 hectares cultivés, soit 1 cultivateur pour 5 hectares 20 ares; 2.11 forestiers pour 100 hectares de forêts, soit 1 forestier pour 40 hectares 62 ares de bois. Voyons maintenant comment se répartissent les travailleurs agricoles. On peut les ranger dans les six catégories suivantes :

TABLEAU X. — RÉPARTITION DES TRAVAILLEURS AGRICOLES.

1° Chefs d'exploitations..	propriétaires cultivant eux-mêmes......	2,150,696
	fermiers....................	968,328
	métayers....................	341,576
	TOTAL.....................	3,460,600
2° Auxiliaires ou salariés	régisseurs et commis de ferme........	17,966
	journaliers....................	1,480,687
	domestiques de ferme..............	1,954,251
	TOTAL.....................	3,452,904

Les deux grandes catégories de travailleurs agricoles sont donc égales en nombre. Par rapport aux surfaces cultivées, on trouve 1 patron pour 10 hectares et 1 salarié ou auxiliaire pour la même surface.

On remarquera la prépondérance, très heureuse, de la catégorie du *faire valoir direct* (propriétaire ou métayer), sur celle des régisseurs ou commis dont le nombre (18,000 à peine) ne correspond qu'à 1/2 p. 100 du chiffre total des chefs d'exploitation.

C'est là une condition excellente de stabilité et de démocratisation du sol.

Finalement, les travailleurs agricoles se répartissent en :

Cultivateurs travaillant exclusivement pour leur compte................ 3/10
Cultivateurs travaillant exclusivement pour autrui.................... 5/10
Cultivateurs partageant leur temps entre la culture de leur propre bien et
    celle du bien d'autrui 2/10

On peut évaluer à plus de 2 milliards de journées le travail des 6,913,504 individus exerçant la profession agricole, soit à une valeur en argent d'environ 4 milliards cent cinquante millions de francs.

Rapportée à la superficie cultivée, cette somme correspond à une dépense de 119 francs par hectare (forêts non comprises). On voit quelle lourde charge supporte la culture, par cette main-d'œuvre rendue nécessaire par la division des parcelles, la prédominance de la petite culture et l'insuffisance du nombre de machines agricoles.

Il est intéressant de rechercher comment les 7 millions de cultivateurs se répartissent au point de vue de la propriété. Le relevé du tableau XI va nous édifier à ce sujet et nous montrer que plus de la moitié des travailleurs agricoles possède une portion plus ou moins considérable du sol qu'elle cultive.

TABLEAU XI. — CULTIVATEURS PROPRIÉTAIRES ET NON PROPRIÉTAIRES.

DÉSIGNATION.	PROPRIÉTAIRES.	NON PROPRIÉTAIRES.	RÉPARTITION PAR CATÉGORIES.		PROPORTION	
			Propriétaires.	Non propriétaires.	des PROPRIÉTAIRES.	des non PROPRIÉTAIRES.
			pour cent.	pour cent.		
Cultivant exclusivement leurs terres.	2,150,696	//	61.01	//	100.00	//
Fermiers	500,144	468,184	14.19	13.82	51.45	48.35
Métayers........	147,128	194,448	4.17	5.74	43.07	56,93
Régisseurs	//	17,966	//	0.53	//	100.00
Journaliers......	727,374	753,313	20.63	22.23	49.12	50.88
Domestiques de ferme..........	//	1,954,251	//	57.68	//	100.00
TOTAUX......	3,525,342	3,388,162	100.00	100.00	50.99	49.01
	6,913,504				100.00	

La répartition de la propriété rurale, en France, peut se résumer en deux ou trois chiffres très simples. Les 12 millions de cotes agraires représentent 125 millions de parcelles appartenant à 4,835,246 propriétaires ruraux, dont : 71.19 p. 100, soit 3,525,342 exploitant eux-mêmes, et 28.81, soit 1,309,904 n'exploitant pas directement.

Ces chiffres n'ont pas une valeur absolue étant donnée la difficulté de faire un départ, rigoureux, en catégories, d'après le nombre des cotes, mais ils suffisent pour donner une idée de la répartition de la propriété entre les travailleurs.

Nous avons vu que la France compte près de 5 millions et demi d'exploitations; le régime auquel elles sont soumises présente trois formes bien distinctes : 1° la culture directe, c'est-à-dire l'exploitation par le propriétaire et par ses aides; 2° le fermage (culture à prix d'argent et moyennant bail); 3° enfin, le métayage, qui est une sorte d'association entre le propriétaire et l'exploitant.

En 1882, les 5,422,334 exploitations se répartissaient comme suit, entre ces trois catégories :

	Nombre d'exploitations.	Taux pour 100.
Faire valoir direct	4,324,917	79.76
Fermage	749,559	13.82
Métayage	347,858	6.42
Total	5,422,334	100.00

Le mode d'exploitation varie avec les régions et les départements : la culture directe atteint le maximum dans la Seine et dans l'Hérault, où elle représente 97.79 et 97.20 p. 100 des exploitations. La culture indirecte a son maximum dans la Mayenne (67.10 p. 100) et dans la Seine-Inférieure (63.41 p. 100). Dans 41 départements, la culture directe représente plus de 85 p. 100 du nombre total des cultures; dans tous les autres, elle oscille entre 70 et 85 p. 100.

Les avantages du métayage sur le fermage se sont manifestement fait sentir durant la phase difficile que l'agriculture française a traversée, il y a quelques années. La crise a été beaucoup moins intense dans les régions où domine le métayage que dans les départements à fermage.

On a beaucoup parlé, dans ces dernières années, de la dépréciation de la propriété foncière, de la baisse des fermages et de la moins-value des terres. Sans méconnaître l'influence fâcheuse exercée par la série de mauvaises récoltes que la France a subies de 1880 à 1887 sur le prix des terres et sur le taux des fermages, il y aurait lieu de se demander si les uns et les autres n'ont pas eu à supporter une réaction provenant, pour une part, d'évaluations antérieures un peu exagérées et, en ce qui regarde les fermages, d'une sorte de coalition des fermiers, en vue d'obtenir des réductions plus considérables que ne l'eût comporté le retentissement des mauvaises récoltes sur les profits de l'exploitation de la terre.

Les chiffres révélés par l'enquête de 1882, quoique déjà anciens, présentent un grand intérêt, en ce qui touche la valeur foncière et locative du sol et les accroissements considérables dont elles ont bénéficié depuis quarante ans.

L'enquête agricole divise les terres en cinq classes, d'après leur qualité. Voici cette répartition proportionnelle en étendue :

Pour 100.

1re classe.	17
2e —	22
3e —	25
4e —	20
5e —	16
	100

On remarquera que les 2e et 3e classes réunies représentent presque la moitié du territoire agricole de la France. La même enquête attribue aux différentes classes la valeur vénale suivante, à l'hectare :

TABLEAU XII. — VALEUR VÉNALE MOYENNE DE L'HECTARE (1882), EN FRANCS.

NATURE DES CULTURES.	1re CLASSE.	2e CLASSE.	3e CLASSE.	4e CLASSE.	5e CLASSE.
Terres labourables.	3,442	2,644	1,863	1,289	826
Prés et herbages.	4,467	3,374	2,511	1,838	1,218
Vignes.	3,818	3,003	2,251	1,646	1,118
Forêts . . . . { Taillis.	1,569	1,202	947	725	509
{ Futaies.	2,330	1,836	1,433	1,116	762

Depuis 1882, dans certaines régions, la valeur vénale a baissé de 10 à 25 p. 100; mais cette diminution, qui tend d'ailleurs à s'atténuer beaucoup, laisse encore la terre à un prix très supérieur à celui qu'elle avait en 1852, comme l'indique l'exemple suivant :

DÉSIGNATION.	1852.	1882.	DIFFÉRENCES.	ACCROISSEMENT P. 100.
{ Terres labourables.	2,282	3,442	1,160	50
1re classe. . { Prairies	3,282	4,467	1,185	39
{ Vignes.	2,521	3,818	1,297	51,5

Les prix moyens extrêmes sont 826 francs et 3,442 francs à l'hectare, pour la

1re classe; dans le département des Landes, les écarts vont de 542 fr. à 1,242 fr.; dans la Creuse, de 515 francs à 2,095 francs. Le prix le plus bas de tous se rencontre dans la Haute-Marne, où l'enquête a constaté une valeur de 201 francs pour les terres de 5e classe; le prix le plus élevé appartient à la 1re classe des terres labourables du Lot, 6,175 francs à l'hectare. Les prairies varient dans des limites aussi grandes que les terres labourables : minima 201 francs (Corse), 613 francs (Hautes-Alpes); maximum 8,630 francs (Lot).

D'après les tableaux statistiques exposés par le Ministère de l'agriculture, dans la classe 73 *bis,* on peut établir comme suit le détail sommaire de la valeur foncière du sol français que nous avons dit dépasser 91 milliards :

TABLEAU XIII. — VALEUR TOTALE FONCIÈRE DU SOL DE LA FRANCE.

Terrains de qualité supérieure	3,829,030,098 francs.
Terres labourables	57,514,810,648
Prés et herbages	14,799,518,127
Vignes	6,887,902,998
Bois et forêts	6,256,930,960
Landes	1,394,522,180
Cultures non dénommées	901,232,663
TOTAL	91,583,947,674

D'où la valeur générale (moyenne) de l'hectare ressortirait à 1,830 fr. 39.

Le taux des fermages a suivi une progression parallèle à l'accroissement de la valeur vénale du sol, de 1852 à 1882. En voici le résumé :

TABLEAU XIV. — TAUX MOYEN ANNUEL DES FERMAGES.

CATÉGORIES.	1882.			1862.			1852.		
	TERRES.	PRÉS.	VIGNES.	TERRES.	PRÉS.	VIGNES.	TERRES.	PRÉS.	VIGNES.
1re	104	151	158	96	152	139	55	112	87
2^e	80	120	120	69	104	98	46	79	62
3^e	62	91	100	45	72	68	29	50	41
4^e	46	68	74	"	"	"	"	"	"
5^e	33	50	54	"	"	"	"	"	"

Les données relatives à la valeur vénale du sol et à son loyer se résument, pour la période 1852-1882, en deux chiffres éloquents : La valeur du capital foncier, dans cette période, s'est accrue de 46.80 p. 100; celle du loyer, de 45.12 p. 100.

D'après cela, on voit qu'une diminution de 25 p. 100 dans la valeur vénale et dans

3.

la valeur locative du sol, en admettant qu'elle se soit produite depuis 1882 dans toute la France, ce qui n'est pas démontré, et qu'elle se maintienne dans l'avenir, ce qui est moins probable encore, laisserait, malgré tout, la propriété foncière dans une situation supérieure de 20 p. 100 à ce qu'elle était en 1852. On ne saurait donc voir dans une crise passagère, provoquée principalement par une série de mauvaises années, crise qui d'ailleurs a sévi sur tout le vieux continent, un motif de découragement sérieux. Il faut, au contraire, s'efforcer, comme le font avec succès beaucoup de cultivateurs, de relever les rendements du sol et d'arriver, par une diminution dans le prix de revient, corrélative de cet accroissement dans les rendements, à une rémunération plus large des capitaux et du travail engagés dans les exploitations rurales.

En résumé, la situation comparative de l'agriculture à trente ans de distance (1852-1882) se traduit de la manière suivante :

DÉSIGNATION.	1852.	1882.	AUGMENTATIONS.
	francs.	francs.	francs.
Capital foncier......................	61,189,000	91,584,000	30,395,000
Loyer de la terre....................	1,824,000,000	2,645,000,000	821,000,000
Impôts............................	229,000,000	267,000,000	68,000,000

Le produit brut annuel a passé, dans le même temps, de 8,061,000,000 francs à 13,461,000,000 francs, en excédent de *cinq milliards et demi de francs* sur la période de 1852. N'y a-t-il pas là un encouragement puissant pour les cultivateurs?

Après avoir jeté un coup d'œil sur l'importance relative des principales cultures de la France, nous examinerons les moyens d'arriver à les accroître en rendement dans des proportions qui les rendraient tout à fait rémunératrices.

Si complexes que puissent paraître les conditions à remplir pour atteindre ce but, nous espérons pouvoir dégager de cette étude un certain nombre de règles dont l'application conduirait nos cultivateurs à un très grand progrès. profitable à la fois à leurs intérêts et à ceux du pays tout entier.

RÉPARTITION DES CULTURES EN FRANCE.

Parmi les statistiques des récoltes que le Ministère de l'agriculture exposait au quai d'Orsay, je choisirai celle de 1886, année qui correspond à une bonne récolte *moyenne*. Partant des données qu'elle fournit, je chercherai à dresser une sorte de bilan chimique du sol français, en comparant les quantités de principes nutritifs contenus dans les récoltes d'une année à la restitution faite au sol, dans la pratique, par l'apport de fumier de ferme. Cette comparaison aboutira à la nécessité de l'emploi des engrais industriels, pour le maintien et, *a fortiori,* pour l'accroissement de la fertilité du sol national. C'est dans l'étude des ressources qu'offrent à l'agriculture les engrais minéraux et le meilleur mode d'utilisation de ces derniers, comme complément et non comme remplaçants du fumier de ferme que les cultivateurs trouveront la voie la plus sûre de relèvement de leurs profits.

Commençons par grouper, en un tableau succinct, les principaux éléments de la récolte de 1886, par grandes catégories de produits :

CÉRÉALES.

TABLEAU XV. — RÉCOLTE DE 1886.

NATURE DES RÉCOLTES.	NOMBRE D'HECTARES cultivés.	PRODUIT en HECTOLITRES.	en QUINTAUX métriques.	RENDEMENT À L'HECTARE en hectolitres.	en quintaux métriques.	VALEUR TOTALE du grain.
						francs.
Froment............	6,956,167	107,287,082	82,357,588	15 42	11 84	1,775,127,389
Seigle.............	1,634,283	22,610,273	16,226,710	13 83	9 93	257,732,703
Méteil.............	337,025	5,169,722	3,811,908	15 34	11 31	71,594,929
Orge..............	946,700	17,893,146	11,491,326	18 90	12 13	180,598,713
Avoine............	3,736,094	89,288,731	42,237,261	23 89	11 30	731,373,517
Sarrasin...........	607,990	10,052,856	6,501,232	16 53	10 59	107,262,978
Maïs	549,336	8,909,810	6,430,553	16 21	11 71	106,778,873
Millet.............	50,388	662,596	459,973	13 15	9 13	"
TOTAUX ET MOYENNES.	14,817,983	261,874,216	169,516,551			3,230,469,042

La production totale des céréales qui occupe, en France, un peu moins de 15 millions d'hectares, s'élève à 262 millions d'hectolitres, correspondant à 170 millions de quintaux valant ensemble 3,230,000,000 de francs. Le rendement *moyen* en céréales à l'hectare, est de 16 hectol. 67 ou 10 q. m. 99. Le froment représente à lui seul 48,8 p. 100 de la production totale en céréales, avec un rendement moyen de 11 q. m. 84 à l'hectare.

Que représentent les prélèvements faits au sol, par les récoltes annuelles de céréales, en acide phosphorique, en azote et en potasse, c'est-à-dire dans les trois principes nutritifs que la fumure a pour but principal de restituer à la terre, après l'enlèvement des récoltes? L'évaluation approximative de ces quantités, rendue possible par la connaissance que l'analyse chimique nous a donnée sur la composition des végétaux est du plus haut intérêt pour le cultivateur; elle peut servir de point de départ positif pour la restitution à opérer par les fumures. Nous allons donc la tenter.

Les statistiques annuelles étant muettes sur les quantités de paille récoltées, nous prendrons, pour les calculer, les chiffres moyens donnés par les expérimentateurs les plus dignes de confiance, sur le rapport de la paille au grain :

Nous admettrons qu'un quintal de grains correspond aux poids suivants de paille :

	Kilogr.			Kilogr.
Froment	170		Avoine	285
Seigle	300		Sarrasin	135
Méteil	180		Maïs	580
Orge	140		Millet	100

Ces chiffres sont, il va sans dire, sujets à variations avec les sols, les années, etc. Mais tels qu'ils sont, ils suffisent pour une évaluation approximative du genre de celle que nous nous proposons et qui ne saurait prétendre à une exactitude rigoureuse.

En les appliquant aux récoltes du tableau XV, on arrive à une production de paille se décomposant comme suit, pour l'année 1886, prise comme terme de comparaison :

TABLEAU XVI. — QUANTITÉS, EN NOMBRE RONDS ET EN QUINTAUX MÉTRIQUES, DE PAILLE PRODUITES PAR UNE RÉCOLTE.

	de froment	140,000,000
	de seigle	49,000,000
	de méteil	6,860,000
Paille	d'orge	15,000,000
	d'avoine	95,000,000
	de sarrasin	8,800,000
	de maïs	37,800,000
	de millet	460,000
	TOTAL	352,920,000

Si l'on applique à chacune des catégories de grains et de paille, les teneurs moyennes que l'analyse chimique a révélées en acide phosphorique, azote et potasse, on arrive aux chiffres suivants pour les quantités de grains et de paille récoltés en une année, sur le sol français[1] :

TABLEAU XVII. — QUANTITÉS D'AZOTE, D'ACIDE PHOSPHORIQUE ET DE POTASSE CONTENUES DANS UNE RÉCOLTE.

DÉSIGNATION	AZOTE.	ACIDE PHOSPHORIQUE.	POTASSE.
	tonnes métriques.	tonnes métriques.	tonnes métriques.
Froment et sa paille	190,700	120,000	219,000
Seigle et sa paille	47,400	26,600	50,500
Méteil et sa paille	10,000	5,800	11,000
A reporter	248,100	152,400	280,500

[1] On trouvera le détail de ces calculs dans l'Épuisement du sol et les récoltes, ouvrage qui figurait dans l'exposition de la Station agronomique de l'Est. Classe 73 bis, un vol. in-12. Hachette, 1889.

DÉSIGNATION.	AZOTE	ACIDE. PHOSPHORIQUES.	POTASSE.
	tonnes métriques.	tonnes métriques.	tonnes métriques.
Report......................	248,100	152,400	280,500
Orge et sa paille.............................	28,700	12,000	29,500
Avoine et sa paille............................	126,700	51,000	175,000
Sarrasin et sa paille..........................	20,900	9,000	23,000
Maïs et sa paille.............................	30,000	17,800	63,000
Millet (pas de document analytique)...............	"	"	"
Totaux......................	454,400	242,200	571,000

En divisant respectivement chacun de ces totaux par le nombre d'hectares cultivés, (en nombre rond, 15 millions d'hectares) on trouve que la récolte enlève par hectare :

En kilogr.

Acide phosphorique.. 30 20
Azote.. 16 10
Potasse.. 38 00

PRAIRIES ET PLANTES FOURRAGÈRES.

Procédons pour les plantes destinées spécialement à l'alimentation du bétail, comme nous venons de le faire pour les céréales. La culture des plantes fourragères, comprenant les pommes de terre, la betterave fourragère, les prairies artificielles, les prairies naturelles et les herbages, a présenté, pour l'année 1886, les conditions générales suivantes :

TABLEAU XVIII. — PLANTES FOURRAGÈRES ET PRAIRIES.

NATURE DES RÉCOLTES.	NOMBRE D'HECTARES cultivés.	RÉCOLTE.	RENDEMENT À L'HECTARE.	VALEUR TOTALE.
		quintaux mét.	quintaux mét.	francs.
Pommes de terre.................	1,463,251	112,877,643	77 14	559,372,522
Betteraves fourragères..............	317,487	81,430,866	256 48	163,369,772
Trèfle.........................	910,260	37,865,902	41 59	204,086,438
Luzerne.......................	782,984	36,966,708	47 21	219,931,965
Sainfoin......................	611,000	21,386,029	35 00	120,715,300
Prés naturels et herbages...........	5,001,590	165,159,633	33 02	901,454,698
Regains......................	"	31,395,768	"	130,456,573
Totaux..............	9,086,572	487,082,549		2,299,387,268

Si l'on applique, à chacune de ces récoltes, les chiffres moyens donnés par l'analyse chimique des différentes plantes qui les constituent, on trouve qu'elles enlèvent au sol les tonnages suivants des trois principes fondamentaux de l'alimentation des végétaux, dont la restitution doit toujours préoccuper le cultivateur, en raison de leur rareté :

DÉSIGNATION.	AZOTE.	ACIDE PHOSPHORIQUE.	POTASSE.
	tonnes métriques.	tonnes métriques.	tonnes métriques.
Pommes de terre.	38,200	18,000	66,000
Betteraves fourragères.	15,000	7,000	39,000
Trèfle.	8,700	3,000	5,000
Luzerne.	8,500	2,000	5,400
Sainfoin.	4,600	1,000	2,700
Prés naturels et herbages.	25,400	7,000	26,400
Regains.	6,000	1,800	7,000
Totaux.	106,400	39,800	151,500

Restent à faire les mêmes évaluations pour les cultures industrielles.

CULTURES INDUSTRIELLES.

La statistique officielle de 1886 nous donne les renseignements suivants sur la culture des principales plantes industrielles qui suivent : le colza, le navette, l'œillette, le cameline, parmi les plantes oléagineuses; le chanvre et le lin pour les textiles, enfin la betterave à sucre, le tabac et le houblon.

NATURE DES RÉCOLTES.	SURFACES CULTIVÉES en hectares.	RÉCOLTE en QUINTAUX métriques.	RENDEMENT À L'HECTARE.		VALEUR TOTALE.
			Hectolitres.	Quintaux métriques.	
					francs.
Colza.	72,567	687,696	14 15	9 47	18,704,405
Navette.	12,041	62,989	7 77	5 23	1,966,751
OEillette.	18,645	177,819	14 39	9 53	6,766,635
Cameline.	1,219	10,553	13 77	8 06	265,720
Chanvre (filasse).	60,185	434,703	"	7 23	37,464,344
Chanvre (graines).	60,185	199,833	"	3 75	5,985,371
Lin (filasse).	42,114	301,592	"	7 16	29,560,638
Lin (graines).	42,114	220,639	"	6 32	10,779,539
Betterave à sucre.	213,338	68,919,459	"	383 02	141,300,876
Tabac.	15,043	223,855	"	14 88	19,941,566
Totaux.	537,451	71,239,138			272,735,845

La méthode de calcul, précédemment employée pour déterminer la teneur d'une

récolte en azote, acide phosphorique et potasse, a permis d'évaluer les emprunts faits
au sol, pour les cultures industrielles, aux chiffres suivants :

DÉSIGNATION.	AZOTE.	ACIDE PHOSPHORIQUE.	POTASSE.
	tonnes métriques.	tonnes métriques.	tonnes métriques.
Plantes oléagineuses et textiles....................	16,000	12,500	12,240
Tabac et houblon..........................	900	170	1,000
Betteraves à sucre..........................	20,700	17,509	41,000
Totaux..................	37.600	30,179	54,240

Nous sommes en mesure, à l'aide de cet ensemble de données, de dresser le tableau
récapitulatif des emprunts annuels d'une récolte moyenne sur le sol français et de
fixer, d'une manière suffisamment approchée, l'appauvrissement qui en résulte, par
hectare de terre en culture. Nous partirons du résultat général de ces évaluations pour
calculer, après avoir estimé la production du fumier de ferme, l'apport nécessaire à
faire en engrais minéraux pour combler les déficits et accroître la fertilité de ces terres.

Tableau XIX. — Récapitulation des cultures
ET DES EMPRUNTS FAITS ANNUELLEMENT AU SOL FRANÇAIS PAR UNE RÉCOLTE MOYENNE.

NATURE DES RÉCOLTES.	NOMBRE D'HECTARES sous culture.	POIDS TOTAL de la production.	VALEUR TOTALE de la production.	AZOTE en millions de tonnes.	ACIDE phosphorique en millions de tonnes.	POTASSE en millions de tonnes.
		quintaux métriques.	francs.			
Céréales. { Grain....	14,817,983	169,516,552	3,230,469,042	454,4	242,2	571,0
{ Paille....	"	352,920,000	124,522,000	(Paille comprise.)		
Plantes fourragères...	9,086,568	487,081,549	2,299,367,268	106,4	39,8	151,5
Cultures industrielles.	435,152	70,233,438	268,735,845	37,6	30,2	54,2
Totaux......	24,339,703	1,079,751,538	5,923,094,155	598,4	312,2	776,7

Les terres, sous cultures, qui couvrent une superficie de 24,340,000 hectares, produisant 1 milliard de quintaux de produits récoltés valant 6 milliards, le produit
en quintaux et en argent s'élève par hectare, aux chiffres de :

Poids moyen de la récolte, environ........................... 4,100 kilogr.
Valeur brute moyenne de la récolte.......................... 250 fr.

La teneur totale en azote, acide phosphorique et potasse d'une récolte s'élève, en
nombres ronds, à :

Azote.. 600,000 t. m.
Acide phosphorique 300,000
Potasse... 775,000

Chacun de ces chiffres, divisé par le nombre d'hectares en culture, donne comme
quantités moyennes enlevées annuellement à l'hectare :

Azote.. 25 kil gr.
Acide phosphorique.. 12
Potasse... 32

Si, à titre de renseignement, on attribue à l'azote, à l'acide phosphorique et à la
potasse, le prix de ces substances dans les engrais commerciaux, soit 1 fr. 60 le kilogramme d'azote, o fr. 30 le kilogramme d'acide phosphorique et o fr. 45 le kilogramme
de potasse[1], on voit que les quantités de ces trois principes contenus dans une récolte
représentent les valeurs suivantes :

Azote, 600,000 tonnes métriques à 1,600 francs............. 960,000,000 francs.
Acide phosphorique, 300,000 tonnes métriques à 300 francs..... 90,000,000
Potasse, 775,000,000 tonnes métriques à 450 francs.......... 348.000,000
                                        TOTAL................... 1,398.000,000

Le prix auquel l'agriculture pourrait se procurer les quantités d'azote, d'acide phosphorique et de potasse contenues dans les récoltes d'une année atteint donc le chiffre
colossal de près d'un milliard et demi de francs.

Comme c'est à l'état de combinaison et non sous la forme où nous l'avons admise
dans les calculs qui précèdent, que l'agriculture peut acheter l'azote, l'acide phosphorique et la potasse, il n'est pas sans intérêt d'indiquer à quel tonnage d'engrais du
commerce correspondent les quantités indiquées ci-dessus.

Les sortes principales et les meilleur marché d'engrais azotés sont : le nitrate de
soude et le sulfate d'ammoniaque. Le premier contient, en moyenne, 15.60 p. 100
d'azote, le second 20 p. 100.

Les phosphates naturels, les scories de déphosphoration et les superphosphates
constituent les matières courantes auxquelles l'agriculture peut avoir recours pour se
procurer l'acide phosphorique. Les phosphates naturels ont une richesse très variable
en acide phosphorique : pour fixer les idées, nous supposons qu'on s'adresse au phosphate à 22 p. 100 d'acide réel, ce qui correspond à une teneur d'environ 48 p. 100
de phosphate tribasique de chaux. Les scories renferment de 16 à 20 p. 100 d'acide
phosphorique : nous admettrons le chiffre moyen de 17 p. 100. Enfin nous supposons qu'on a recours à des superphosphates de chaux à 12 p. 100 d'acide phosphorique réel.

[1] Cours du marché de 1889.

La potasse nous est offerte au meilleur marché, soit dans le chlorure de potassium à 50-52 p. 100 de potasse réelle, soit dans la *kaïnite*, sulfate de potasse et de magnésie mélangé de chlorure de sodium et contenant environ 12 p. 100 de potasse.

Les quantités enlevées par la récolte correspondent, d'après cela, en tonnes métriques :

Nitrate de soude.	3,846,000 tonnes.
Sulfate d'ammoniaque.	3,000,000
Phosphate tribasique.	1,363,000
Scories de déphosphoration.	1,764,000
Superphosphate à 12 p. 100.	2,500,000
Chlorure de potassium 50 p. 100.	3,875,000
Kaïnite.	6,450,000

Tels sont les tonnages énormes d'engrais, dits *chimiques,* qui restitueraient au sol français les prélèvements annuels des récoltes. Mais, heureusement, une partie trop considérable à coup sûr, mais une partie seulement de ces matériaux est définitivement enlevée par l'exportation des récoltes. Le fumier de ferme constitué par les résidus de l'alimentation du bétail et la litière de nos étables ou écuries sert à ramener partiellement, dans nos champs, l'acide phosphorique, l'azote et la potasse assimilés par les plantes. Dans quelle mesure la production du fumier permet-elle cette restitution partielle? C'est ce que nous allons examiner.

L'enquête de 1882 indique pour la production totale du fumier de ferme en France le chiffre de 84 millions de tonnes métriques, chiffre trop faible suivant toute probabilité.

En partant de la composition moyenne du fumier frais, par 100 kilogrammes de fumier [1], savoir :

Azote.	3^k 900
Acide phosphorique.	1 800
Potasse.	4 500

Les 84 millions de fumier produit par le bétail français correspondraient aux quantités totales suivantes de ces trois substances :

Azote.	327,600 tonnes.
Acide phosphorique.	151,200
Potasse.	378,000

Mais, il s'en faut que la totalité des matières fertilisantes du fumier soient restituées au sol en culture. D'abord — cela n'est que trop notoire — une partie considérable du purin et du fumier est perdue par la négligence du producteur; en second lieu,

[1] Le fumier conservé est plus riche mais la production a dû être estimée en fumier frais (?).

les vignes, les cultures maraîchères et potagères, que nous n'avons pas fait entrer en ligne de compte dans nos calculs d'épuisement, reçoivent une grande quantité de fumier de ferme. Si donc, pour mettre les choses au mieux, nous partons de cette hypothèse exagérée, la répartition intégrale des 84 millions de tonnes de fumier sur les 24 millions d'hectares sous culture, précédemment énumérés, et que nous soustrayons des quantités d'azote, d'acide phosphorique et de potasse contenues dans une récolte, celles que rapporterait à la terre la *totalité de fumier* de ferme produit, nous arrivons aux rapprochements suivants :

DÉSIGNATION.	AZOTE.	ACIDE PHOSPHORIQUE.	TOTAUX.
	tonnes métriques.	tonnes métriques.	
Enlevés par les récoltes............................	600,000	300,000	775,000
Restitués par le fumier.............................	327,600	151,200	378,000
Déficit......................	272,400	148,800	397,000
Soit, en centièmes, déficit de............	45.4 p. 0/0.	49.6 p. 0/0.	51.2 p. 0/0.

On peut donc affirmer, avec la certitude d'être au-dessous de la réalité, que la quantité annuellement produite de fumier de ferme ne restitue pas au sol *moitié* des trois plus importants principes nutritifs de plantes : le sol doit, par sa désagrégation, mettre l'autre moitié à la disposition de la récolte suivante dans les exploitations rurales qui n'ont pas recours aux engrais complémentaires.

Il importe de remarquer qu'étant donnée la constitution chimique de la grande généralité des sols français, les restitutions les plus importantes sont celles de l'acide phosphorique et de l'azote. Les expériences culturales, d'accord avec la pratique, montrent qu'à part certaines cultures très exigeantes en potasse et certains sols particulièrement pauvres en cette base, le cultivateur a peu à se préoccuper, en général, de la restitution des sels potassiques à son exploitation.

Appliquons à la restitution les calculs que nous avons faits pour l'épuisement par les récoltes et nous pourrons déterminer approximativement : les quantités d'azote, d'acide phosphorique et de potasse manquant, *à l'hectare*, annuellement.

Le quotient des tonnages indiqués ci-dessus par le chiffre d'hectares cultivés donne un déficit moyen de :

Azote.. 11ᵏ 35
Acide phosphorique................................. 6 40
Potasse.. 16 60

Les quantités d'engrais nécessaires pour combler le déficit *minimum* de nos terres seraient les suivantes :

	Tonnes métriques.
Nitrate de soude	1,747,000
Sulfate d'ammoniaque	1,363,000
Phosphate tribasique	658,000
Scories de déphosphoration	876,000
Superphosphate	1,240,000
Chlorure de potassium	1,985,000
Kaïnite	3,300,000

Il résulte donc clairement de cette discussion que tous les efforts du cultivateur français doivent se porter sur l'emploi, sur une vaste échelle, des engrais minéraux, conjointement à la conservation et à l'utilisation la plus complète possible du fumier produit par notre bétail.

La situation de la France, son climat, sa constitution géologique et le caractère laborieux et sobre de sa population agricole lui permettent d'aspirer au premier rang, en Europe, pour la quantité aussi bien que pour la qualité des produits, les progrès réalisés depuis dix ans, progrès dont l'Exposition universelle de 1889 a révélé l'étendue, ne laissent aucun doute à ce sujet.

LE MORCELLEMENT DU SOL ET LE RENOUVELLEMENT DU CADASTRE.

On compte en France, nous l'avons dit plus haut, 5,672,007 exploitations rurales qui, d'après la surface de chacune d'elles, se répartissent dans les catégories suivantes :

PETITE CULTURE.

De moins de 1 hectare	2,167,667
De 1 à 5 hectares	1,865,878
De 5 à 10 hectares	769,152
Total de la petite culture	4,802,697

MOYENNE ET GRANDE CULTURE.

De 10 à 40 hectares	727,222
Au-dessus de 40 hectares	142,088
Total général	5,672,007

D'après cela, les quatre cinquièmes environ des exploitations françaises ont une superficie inférieure à 10 hectares et les deux cinquièmes n'occupent pas une superficie moyenne de 50 ares. Par rapport à la superficie totale du territoire agricole de la France, la petite culture représente 22.9 p. 100, la moyenne culture 32.1 p. 100 et la grande culture 45 p. 100. Le nombre des parcelles culturales relevé dans l'enquête de 1882 s'élève, comme on l'a vu, au chiffre de 125,214,671, soit, en moyenne, 22 parcelles par exploitation. L'étendue de ces parcelles varie du simple au quadruple, dans les départements; elle est de 20 ares seulement dans le département de la Seine et de 81 ares dans les Landes. On ne connaît pas exactement le nombre des propriétaires de ces 125 millions de parcelles; il serait, d'après les évaluations des hommes les plus compétents, de 5 millions environ.

La loi de 1807 a entendu par le terme *cadastre,* l'ensemble des opérations par lesquelles on détermine, en vue d'une répartition équitable de l'impôt, l'étendue, la nature et le produit des propriétés rurales; nous voudrions, avec ceux qui ont fait de ces questions une étude approfondie, que le renouvellement de ces opérations eût une base plus large et qu'il aboutît, comme dans certains départements que nous citerons en exemple, aux résultats suivants, sur l'importance desquels nous croyons utile d'insister :

1° Attribuer à chaque propriétaire des contenances proportionnelles à ses titres;

2° Rendre fixes les limites flottantes;

3° Redresser les parcelles courbes lorsque leur courbure n'est pas nécessitée par la configuration du sol ou pour l'écoulement des eaux;

4° Désenclaver les parcelles par la création de chemins ruraux sur lesquels elles aboutiraient;

5° Procéder à des réunions de parcelles pour atténuer les inconvénients d'un trop grand morcellement.

Nous montrerons plus loin comment ces améliorations ont été réalisées en Meurthe-et-Moselle, grâce à la collaboration intelligente et dévouée des trois directeurs des contributions directes qui se sont succédé depuis trente ans dans ce département [1] et d'un géomètre aussi habile que désintéressé [2]. Nous ferons connaître, avec les détails nécessaires pour indiquer clairement le progrès accompli, les moyens mis en œuvre et les résultats obtenus par une série d'opérations qui ont abouti, de 1860 à ce jour, à l'abornement général, avec cadastre, de près de 20,000 hectares, à la délimitation et estimation de 87,400 parcelles appartenant à 5,673 propriétaires et à la création de 360 kilomètres de chemins ruraux. Ces opérations ont eu, entre autres résultats, celui de donner au territoire aborné, désenclavé et remembré, une plus-value que les estimations les plus modérées portent à 5,500,000 francs.

Quelques remarques préliminaires sur l'importance capitale de la création de chemins ruraux et du désenclavement des parcelles qui en est la conséquence, doivent trouver place avant cet exposé.

La première condition de progrès pour un agriculteur est d'être maître de son terrain, d'y pouvoir pénétrer à sa guise sans troubler ses voisins; d'y faire telle culture qu'il juge la plus rémunératrice et d'adopter tel assolement de ses champs qu'il consi-

[1] MM. Bretagne, de Nicéville et Baudesson. — [2] M. Gorce.

dère comme le plus favorable à leur exploitation. Pour qu'il en soit ainsi, il est de toute nécessité que le champ aboutisse sur un chemin accessible à chaque instant de l'année. Or, dans 40 départements au moins, de l'est, du nord et du centre de la France, le morcellement parcellaire, aggravé par les enclaves, s'oppose d'une manière absolue à la libre exploitation du sol par ses propriétaires. Les territoires agricoles auxquels je fais allusion sont voués à l'assolement triennal pur : blé, avoine et jachère, tout progrès dans les rotations de récolte étant rendu impossible. Lorsque les champs appartenant à plusieurs propriétaires sont enchevêtrés les uns dans les autres, sans chemin donnant accès à chacun d'eux, les cultivateurs sont forcément conduits à partager la zone que ces champs occupent en trois parties à peu près égale, dont l'une portera, la même année, du blé, l'autre de l'avoine, la troisième demeurant en jachère pour recevoir les fumures d'automne et permettre, dans certains cas, la sortie des récoltes.

Les cultivateurs des départements en question sont donc, d'ores et déjà, par le morcellement parcellaire et l'absence de chemins, condamnés à suivre la routine de leurs pères. Un tiers de leur patrimoine demeure improductif une année sur trois; l'introduction des plantes sarclées, celle des prairies artificielles leur sont interdites, et, de l'impossibilité d'accroître les récoltes de fourrages, découle presque forcément celle d'augmenter le nombre des têtes de bétail.

L'usage a consacré cette culture routinière, en en faisant une obligation pour les preneurs de baux à ferme. Dans tout l'est de la France, une clause spéciale des baux édicte l'obligation pour le fermier de rétablir, en fin de bail, les trois soles de terre au cas où, par impossible, il aurait introduit sur la ferme un assolement perfectionné. Il est difficile qu'il en soit autrement dans des régions dépourvues de chemins d'exploitation. On conçoit, sans qu'il soit besoin d'y insister longuement, quelles entraves un pareil état de choses met au progrès agricole. A l'heure présente, en face des difficultés que crée à l'agriculture l'arrivage sur nos marchés des produits des régions les plus éloignées, il importe plus que jamais au cultivateur d'être libre de ses assolements; de pouvoir substituer l'élevage du bétail à la culture des céréales, si les conditions s'y prêtent. Il faut qu'il puisse, suivant les cas, remplacer la culture du blé par celle de la betterave ou de la pomme de terre; transformer en prairies artificielles les champs jusqu'ici adonnés à la culture des céréales, etc. En un mot, il doit pouvoir disposer à son gré de la matière première de son industrie, le sol, pour lui faire rendre le maximum de revenu. Ces progrès qui s'imposent, pour que l'agriculture sorte promptement de la phase douloureuse où nous la voyons engagée depuis une dizaine d'années, exigent, avant tout, cette libération de parcelles par la création de chemins. Les conditions générales de l'agriculture s'étant transformées du tout au tout dans la dernière période décennale, il faut que le régime de la propriété se modifie promptement dans le sens que nous indiquons.

La réfection du cadastre, accompagnée d'un abornement général et de la suppression des enclaves, sera pour l'agriculture un grand bienfait. Aussi ne saurait-on trop louer le Ministre des finances, d'avoir constitué une commission compétente pour l'étude des différentes questions que comporte cette œuvre nationale d'un si haut intérêt.

L'exemple de quelques départements de l'Est, et notamment de Meurthe-et-Moselle, est très propre à donner une idée des avantages que procure aux cultivateurs le renouvellement du cadastre exécuté concurremment avec l'abornement général, la réunion des parcelles et la création des chemins ruraux. Il peut servir également de modèle pour la marche à suivre dans tous les départements où le morcellement du sol présente de si graves inconvénients et met aux améliorations culturales des barrières presque infranchissables.

A l'aide des documents que nous a fournis M. Gorce, l'habile géomètre qui, depuis trente ans, de concert avec la direction des contributions directes, a été, en Lorraine, le promoteur et le principal agent de cette révolution dans le régime cultural de près de 20,000 hectares, nous allons faire connaître, d'une manière précise, l'ordre et la succession des opérations, les dépenses qu'elle entraîne et les avantages matériels et moraux qui en découlent pour les habitants des communes où elles ont eu lieu.

Comme nous l'avons dit, le but à atteindre est double.

Il s'agit premièrement d'effectuer le bornage des propriétés, souvent de réunir des parcelles appartenant sur divers points du territoire au même propriétaire et par-dessus tout, d'amener ces derniers à se dessaisir librement d'une partie de leur fonds pour la création de chemins ruraux, afin de désenclaver les parcelles. En second lieu, de reviser le cadastre et d'établir, en quelque sorte, un nouvel état civil de la propriété, en se basant sur les limites fixes et les contenances certaines résultant du bornage. On est conduit ainsi à une répartition équitable et vraiment proportionnelle de l'impôt, en même temps que ce renouvellement du cadastre fournit le titre authentique nécessaire à la loyauté des ventes, des échanges ou de toute autre mutation de la propriété.

Voici la marche des opérations pour une commune : la lettre C indique les travaux du cadastre proprement dit, surveillés par l'administration des contributions indirectes; la lettre B, ceux qui concernent le bornage où les intérêts privés des propriétaires sont confiés à la direction d'une commission syndicale élue par tous les adhérents ou signataires de l'acte d'association :

B. 1° Le maire convoque les propriétaires pour la signature de l'acte d'association.

B. 2° Cet acte étant revêtu de la signature des intéressés, représentant au moins les quatre cinquièmes de la superficie à aborner, on procède à l'élection d'une commission de douze membres, dont neuf habitant la commune et trois au dehors, mais ayant des intérêts dans le territoire à aborner.

C. 3° Le maire et le conseil municipal sollicitent l'autorisation de faire renouveler, aux frais de la commune, les documents cadastraux et indiquent les moyens de couvrir la dépense;

C. 5° Autorisation du conseil général;

C. 5° Versement, dans la caisse du trésorier-payeur général, d'une somme de garantie représentant au moins moitié de la dépense prévue pour le cadastre;

C. 6° Nomination du géomètre par le préfet.

B. 7° Le géomètre se rend dans la commune, prend connaissance de l'acte d'association concernant le bornage et traite avec la commission pour l'exécution des travaux prévus par ledit acte.

B. 8° Délimitation et bornage du périmètre de la commune, contradictoirement avec les maires et propriétaires de territoires visés, en se rapprochant autant que possible des jouissances constatées par la première délimitation du cadastre.

C. 9° Triangulation, rédaction du canevas trigonométrique et vérification du géomètre en chef.

B. 10° Délimitation provisoire des cantons ou lieux-dits par de forts piquets en bois.

C. 11° Levé de la masse par canton ou lieux-dits.

C. 12° Rapport des plans et calculs des contenances.

B. 13° Pendant ces opérations, le géomètre assiste la commission et l'aide à préparer le tableau général des contenances répétées par les titres des propriétaires et ce, par canton ou lieux-dits.

B. 14° Étude et tracé provisoire des chemins ruraux reconnus nécessaires.

B. 15° Adoption et bornage de ces chemins par de fortes bornes en pierre dure.

C. 16° Déduction de la contenance des chemins ruraux, de la surface des terrains à partager entre les propriétaires et, par suite, de la matière imposable.

B. 17° Comparaison des excédents ou des déficits entre le tableau des titres et la surface réelle; répartition proportionnelle à chaque propriétaire.

C. 18° Bornage définitif des cantons ou lieux-dits par des bornes semblables à celles des chemins et calculs des parcelles suivant la répartition arrêtée en commission.

C. 19" Application du parcellaire sur le terrain au moyen de la plantation de bornes ou piquets.

B. 20° Délai de huit jours accordé aux propriétaires pour la vérification des nouvelles limites de leurs parcelles ainsi que des contenances.

C. 21° Dessin des plans minutes avec cotes de longueur et de largeur et indication de toutes les lignes de bornage.

Rédaction des tableaux indicatifs et de la liste alphabétique des propriétaires.

C. 22° Remise de l'ensemble des documents au géomètre en chef.

C. 23° Vérification du plan.

C. 24° Établissement des bulletins de propriété, en double : l'un pour l'administration des contributions directes et l'autre pour le propriétaire.

B. 25° Indication des largeurs et longueurs de chaque parcelle sur les bulletins à remettre aux propriétaires.

C. 26° Communication et remise des bulletins aux propriétaires.

C. 27° Évaluation cadastrale ou expertises par l'administration des contributions directes.

B. 28° Rôle général de tous les frais résultant de l'opération de bornage, à payer par les propriétaires, en raison de la contenance et du nombre de leurs parcelles.

B. 29° Recouvrement de ce rôle par les soins de la commission et dissolution de celle-ci après le règlement de tous les comptes.

C. 30° Remise aux archives de la commune de toutes les pièces cadastrales, plans, états de sections et matrices.

Voilà enfin l'opération terminée; les résultats de cette double combinaison du cadastre avec bornage, réunion de parcelles et création de chemins ruraux sont faciles à saisir : le cadastre devient l'unique titre de délimitation et supprime tous les procès ou troubles; les chemins établis désenclavent les parcelles privées auparavant de chemins d'exploitation. De là, une augmentation considérable de la valeur vénale que les renseignements recueillis par M. Gorce, durant ses trente années de pratique de ces opérations, disent ne devoir jamais être moins d'un cinquième et atteindre souvent la moitié ou plus de la valeur primitive.

Que coûtent les opérations combinées du bornage et du renouvellement du cadastre? C'est ce qu'il me reste à faire connaître d'après les chiffres officiels que je dois à l'obligeance de M. Gorce.

DÉPENSES ET RÉSULTATS FINANCIERS DES ABORNEMENTS GÉNÉRAUX ET DU CADASTRE EN MEURTHE-ET-MOSELLE.

De 1860 à 1890, M. Gorce, géomètre en chef, a exécuté le bornage avec réfection du cadastre dans dix-neuf communes du département de Meurthe-et-Moselle. Les opérations ont porté sur 16,314 hectares, comprenant 74,858 parcelles appartenant à 4,773 propriétaires. 310 kilomètres de chemins d'exploitation ont été créés et, dans huit communes, le bornage a été accompagné de la réunion des parcelles, opération qui porte, dans l'Est, le nom *de remembrement du territoire*. Deux des élèves formés à l'école de M. Gorce, MM. Maillot et Jeannot, ont pratiqué l'abornement du territoire de six autres communes, sur une surface de 3,000 hectares divisés en 12,500 parcelles, possédées par 900 propriétaires, et il a été créé 50 kilomètres de chemins ruraux.

Il résulte de cette statistique que, dans l'espace de trente ans, le zèle et l'intelligence d'un seul géomètre, assisté de deux de ses élèves et appuyé du bon vouloir de l'administration des contributions directes a suffi pour régler légalement et irrévocablement la situation terrienne de près de 10,000 propriétaires possédant plus de 19,000 hectares, déchiquetés en 87,000 parcelles qui se sont trouvées presque toutes désenclavées, par la création de 360 kilomètres de chemins ruraux. Dans deux seules communes, du canton d'Haroué, Benney et Xiraucourt, 1,000 hectares formant 5,000 à 6,000 parcelles, ont été abornés; 62 kilomètres de chemins ruraux ont été ouverts, avec une largeur moyenne de 4 à 5 mètres, ce qui correspond à 28 hectares de sol abandonnés à la collectivité par leurs propriétaires, pour être convertis en chemins, donnant des sorties à plus des neuf dixièmes du parcellaire.

On voit, par ces quelques chiffres, le degré de confiance à accorder à la méthode suivie par M. Gorce qui nous a semblé mériter d'être offerte en exemple, au moment où le Ministre des finances met à l'étude le renouvellement du cadastre dans toute la France.

Les conditions pécuniaires et les résultats définitifs de cette réfection du cadastre ne sont pas moins intéressants à étudier que les opérations elles-mêmes.

Pour les dix-neuf communes, dont il a seul réglé l'abornement et le cadastre, M. Gorce a opéré comme je viens de le dire sur 16,314 hectares divisés en 74,858 parcelles. Les dépenses afférentes à la double opération de l'abornement et du cadastre qui a été effectuée dans ces dix-neuf communes, sont de deux ordres. Les unes, qu'on peut appeler dépenses cadastrales (triangulation, plan-minute, tableau des sections, évaluations par expertise du revenu net de toutes les propriétés bâties ou non bâties, matrice cadastrale en double expédition) se calculent par parcelle et par hectare; elles sont fixées, dans le département de Meurthe-et-Moselle, à 2 francs par hectare et 0 fr. 80 par parcelle.

Le cadastre des surfaces des dix-neuf communes a donc coûté, à ces taux, 92,514 francs.

Les dépenses du bornage comprennent les frais de l'autre série d'opérations que j'ai indiquées précédemment (honoraires du géomètre, achat et pose des bornes, ouverture des chemins, etc.). Cet ensemble a coûté aux propriétaires, à raison de 18 francs par hectare, 195,768 francs; le bornage, en effet, n'a porté que sur 10,876 hectares restant, après défalcation de la surface totale des bois, des terrains bâtis et des clos, qui ne subissent pas le renouvellement et représentaient dans les communes en question environ un tiers de la superficie totale. En définitive, l'opération totale a coûté :

D'une part (cadastre)..................................... 92,514 francs.
De l'autre (bornage)...................................... 195,768
  Ensemble pour les dix-neuf communes................ 298,282

Soit 18 fr. 28 par hectare.

Ce chiffre paraîtra sans doute fort élevé au premier abord; mais si l'on considère les immenses avantages qui résultent pour les propriétaires ou exploitants de l'abornement général du territoire d'une commune, effectué concurremment avec le renouvellement du cadastre, on se convaincra aisément de l'excellence du placement de capitaux résultant de ces opérations.

La possibilité, pour le propriétaire, d'entrer dans ses champs, d'en sortir les récoltes quand cela lui plaît, sans gêne pour les voisins et sans que ceux-ci le gênent davan-

4.

tage: la faculté de modifier, à son gré, les cultures et l'assolement de sa terre; la suppression de toute discussion, *a fortiori*, de tout procès au sujet des limites du patrimoine, en un mot le bénéfice qui résulte de la fixation légale de la propriété, de l'absence de contestations, de la liberté d'action due à la création de chemins d'exploitation, donne une plus-value au sol estimée, au bas mot, à 500 francs par hectare, dans les communes soumises au régime nouveau.

Appliquée aux 10,876 hectares cadastrés, cette plus-value atteint le chiffre de près de 5,500,000 francs (exactement 5,438,000 francs), pour une dépense totale de 298,000 francs, ce qui correspond à un revenu de 18 p. o/o du capital engagé. Il n'y a pas lieu, d'après cela, de s'étonner que l'exemple donné, en 1860, par la commune d'Altroff ait été suivi par près de 6,000 propriétaires que la dépense n'a pas arrêtés lorsqu'ils ont constaté que les fermes des communes abornées se louaient toujours bien, que les procès ou troubles avaient disparu, et que les produits brut et net à l'hectare avaient sensiblement augmenté, par la possibilité de modifier l'antique assolement triennal, notamment par la création de prairies artificielles ou temporaires.

Il est cependant nécessaire d'ajouter, pour rester complètement fidèle à la vérité, que si profitable qu'elle soit à l'agriculture, l'œuvre excellente à laquelle sont associés, en Lorraine, les noms de MM. Gorce et Bretagne, ne rencontre pas toujours, au début, l'adhésion de tous les intéressés. Une longue pratique a révélé des dissidents de deux ordres, dont l'opposition et le mauvais vouloir ont souvent entraîné des lenteurs dans la poursuite du remembrement et, parfois, fait échouer complètement le projet de renouvellement du cadastre avec abornement, formé par la majorité des propriétaires de certaines communes.

La première catégorie des dissidents comprend les propriétaires peu scrupuleux, qu'on désigne sous le nom de *retourneurs* : ce sont ceux qui, à chaque culture, reculent par un coup de charrue la limite de leur héritage, au détriment du voisin, et se soucient fort peu de restituer l'excédent qu'ils détiennent indûment. Pour eux, l'état présent paraît satisfaisant; ils n'ont même pas besoin de chemins; de même qu'ils s'annexent chaque année quelques décimètres carrés de terrain au moment du labour, ils ne se font aucun scrupule de passer au travers des récoltes du voisin pour sortir la leur, quand bon leur plaît.

L'autre catégorie de dissidents est souvent plus gênante encore, pour le succès de l'opération. Elle est formée de quelques grands propriétaires, n'exploitant pas par eux-mêmes et ne voyant dans l'acquiescement qu'on leur demande à la réfection du cadastre qu'une charge nouvelle, sur un revenu qui a subi parfois déjà une diminution sensible pour les causes que l'on sait. Le géomètre doit compter avec ces deux genres d'adversaires; c'est à leur inspirer confiance, à les convaincre du mal-fondé de leurs craintes, à leur démontrer les bénéfices de l'opération qu'il lui faut employer tous ses efforts. S'il échoue, reste le recours aux tribunaux; mais c'est le plus souvent, la ruine anticipée du projet. En présence de cette situation, des hommes compétents et animés des meilleures intentions ont pensé que l'on pourrait étendre au remembrement du territoire et à la création des chemins ruraux, les droits des associations syndicales, créées par la loi de 1865. Nous examinerons cette opinion après avoir étudié la législation des pays voisins à ce sujet.

LA LÉGISLATION ÉTRANGÈRE ET LES RÉUNIONS TERRITORIALES.

L'idée de remédier par les réunions parcellaires aux graves inconvénients du morcellement des terres labourables appartenant au même propriétaire, sur la surface du territoire d'une commune, est d'origine française. L'histoire de la propriété dans l'Est nous apprend, en effet, que dès la fin du XVIIe siècle, la Bourgogne prenait l'initiative de ces remembrements; le Dijonnais et la Lorraine suivaient l'exemple et, dans les départements qui formaient cette dernière province, le mouvement s'est continué jusqu'à nos jours.

Chose singulière, bien que l'histoire de toutes les réformes nous en offrent de fréquents exemples, l'idée de ces remaniements si profitables à l'agriculture ne s'est pas propagée en France, mais a été exportée en Suède, en Danemarck, et de là en Allemagne, pays dont la législation a sur ce point devancé la France, qui ne possède encore aucune loi spéciale sur la réunion des parcelles.

M. E. Tisserand, a été l'un des premiers à appeler l'attention des cultivateurs français sur les excellents résultats obtenus dans les pays que nous venons de nommer. En 1865, à la suite d'un voyage d'études en Saxe, l'éminent agronome, devenu quelques années plus tard, directeur de l'Agriculture, résumait ainsi qu'il suit, les effets de la loi saxonne, dans la commune de Hohenhaïda : « Le territoire de Hohenhaïda comprenait 589 hectares, appartenant à 35 propriétaires. On y comptait 774 parcelles, d'une étendue moyenne de 57 ares. La réunion réduisait le nombre des parcelles à 60, d'une superficie moyenne de 9 hectares, 89 ares, traversées pour la majeure partie, par un seul chemin. Le travail a été exécuté en un an et a coûté 8,126 fr. 25, soit 5 fr. 23 par hectare. Par la diminution de la surface consacrée aux routes et aux clôtures, on a gagné 9 hectares 71 ares 58 centiares, c'est-à-dire, plus que la dépense de la réunion territoriale; la conséquence de la réunion a été la nécessité d'agrandir tous les greniers pour recevoir l'augmentation des produits récoltés. »

Depuis cette époque, M. E. Tisserand a, de nouveau, à plusieurs reprises, insisté sur la nécessité d'arriver, en France, à étendre et à réglementer la pratique de ces opérations qui n'ont cessé de donner à l'étranger et notamment en Allemagne, des résultats excellents pour l'agriculture. La communication qu'il a faite à ce sujet, en 1874, à la Société d'économie sociale, les mémoires publiés par lui, dans le *Bulletin du Ministère de l'agriculture* (années 1884 et 1886), ainsi que l'étude de M. Kayser dans le même recueil (année 1886), seront consultés avec fruit par les économistes qu'intéresse cette question si importante pour l'avenir de notre agriculture.

Les lois qui régissent, dans les différentes provinces de l'Allemagne, la réunion des parcelles (*Verkoppelung*), remontent au premier quart du siècle; elles sont toutes, plus ou moins, empreintes d'un caractère dictatorial, en ce qu'elles obligent les propriétaires récalcitrants à s'incliner devant les intérêts de la majorité des cultivateurs. Nous nous bornerons ici, à rappeler très succinctement, les prescriptions des lois récentes, saxonne (23 juillet 1861), prussienne (13 mai 1887) et bavaroise (29 mai 1886).

L'esprit de la loi saxonne est contenu tout entier dans les articles suivants :

ARTICLE PREMIER. La réunion des parcelles consiste dans l'échange, entre propriétaires fonciers voisins, de parcelles de terre moyennant lequel s'effectue, pour chacun d'eux, une disposition de terrains la plus proche, la plus compacte et la plus favorable possible, surtout au point de vue de l'exploitation de leurs propriétés respectives, *et cela non seulement par une entente spontanée*, mais, dans les cas énoncés ci-après, et seulement dans ces cas, *contre la volonté d'une partie des propriétaires*.

ART. 2. Un propriétaire doit accepter la réunion : § 1er quand la moitié des propriétaires fonciers se prononcent favorablement à ce sujet; § 2 quand il doit en résulter l'abolition d'un pâturage communal, qu'il soit destiné à une ou plusieurs espèces de bestiaux, ou l'établissement d'un accès toujours libre vers certaines pièces de terre qui, à cause de leur situation, ne sauraient être mises en valeur qu'en prenant sur les propriétés voisines (terrains enclavés).

§ 3. Dans le cas des paragraphes 1 et 2, les suffrages attribués à chaque individu, parmi les propriétaires susceptibles d'être soumis à la réunion, seront en rapport avec le nombre et l'importance des parcelles comprises dans l'opération, et calculés en multipliant le nombre des parcelles par leur étendue totale.

§ 4. Dans le cas spécifié au paragraphe 2, article 2, tout participant a le droit de réclamer la réunion, mais seulement en tant qu'elle est réclamée pour l'abolition d'un communal ou l'établissement d'un libre accès à des enclaves.

ART. 5. La réunion est obligatoire pour les espèces de biens suivants : (*a*) terres labourables; (*b*) prairies; (*c*) landes et pâtis. Au contraire, elle n'est imposée aux terrains boisés et aux vergers que si le bien de la réunion ou des terrains désignés aux paragraphes 1, 2 et 3 le réclame absolument.

§ 8. Les études en vue de la réunion doivent avoir lieu, lors même que la proposition n'émane que d'un seul propriétaire ou n'a pour objet qu'une seule parcelle.

La loi saxonne prévoit également le cas où les opérations de réunion doivent amener les mêmes opérations sur le territoire d'une commune voisine : elle règle les relations de fermier à propriétaire, à l'occasion des réunions de parcelles et les mesures à prendre pour que les terrains rassemblés figurent au plan cadastral pour l'établissement de l'assiette de l'impôt.

Le but fiscal de cette loi n'est donc autre que celui auquel les départements de l'est de la France arrivent dans les opérations combinées d'abornement général et de reconstitution du cadastre. Seulement, les voies et moyens diffèrent essentiellement, en ce que, tandis qu'en Lorraine, le résultat est atteint par voie de syndicats libres, en Saxe, la loi autorise la dépossession du propriétaire, par voie d'échange, qu'il y consente ou non.

La loi prussienne du 13 mai 1867 vise : 1° le rachat des droits d'usufruit frappant la propriété sous forme de servitude (pacage, glandées, faucardage, récolte sur les terres et les cours d'eau appartenant à des particuliers); 2° le partage des terres qui sont la propriété indivise de plusieurs propriétaires ou communautés asservies à des servitudes du même ordre que ci-dessus; 3° la réunion des parcelles, en se conformant aux principes de l'économie rurale. Pour toutes les propriétés sujettes à privilèges ou à servitudes, la minorité des propriétaires, calculée d'après les parts à revenir à chacun, est, d'après cette loi, obligée de se soumettre à la décision prise par la majorité.

La loi de 1867 qui touche à des intérêts très divers, mais tous importants pour l'agriculture, mériterait une étude spéciale.

La loi bavaroise du 29 mai 1886, sur la *Flurbereinigung* est en vigueur depuis le 1er janvier de l'année suivante. Quelques courts extraits en feront connaître l'esprit;

ARTICLE PREMIER. On entend par *Flurbereinigung*, dans le sens de la présente loi, toute entreprise ayant pour but une meilleure utilisation de la terre, soit par la réunion des parcelles, soit par une appropriation plus rationnelle des chemins vicinaux;

ART. 2. La *Flurbereinigung* ne peut avoir lieu contre la volonté de certains propriétaires que dans les cas suivants :

1° Si les trois cinquièmes des propriétaires intéressés, au moins, donnent leur consentement à l'entreprise projetée, lorsque leur nombre est inférieur à 20, et si, la majorité absolue au moins y consent, lorsqu'il s'agit d'un plus grand nombre d'intéressés; 2° si la majorité des propriétaires intéressés possède, en même temps, plus de moitié de la superficie comprise dans l'amélioration projetée; 3° si cette majorité paye en même temps, plus de la moitié de l'impôt foncier affectant la superficie comprise dans l'amélioration; 4° si cette amélioration entraîne effectivement une meilleure utilisation du fonds et du sol et si ce but ne peut être atteint, sans y comprendre, en même temps, les terrains appartenant à la minorité.

Pour ce qui regarde les meilleures appropriations des chemins vicinaux, le consentement de la majorité des propriétaires intéressés suffira dans tous les cas, à condition toutefois que les indications prévues par les paragraphes 2, 3 et 4, soient remplies.

Tel est, en résumé, la législation récemment introduite en Bavière; beaucoup moins draconienne que la loi prussienne, elle implique cependant encore, bien qu'en l'entourant de précautions et d'exigences, la dépossession possible, par voie d'échange, du propriétaire.

LES OPÉRATIONS D'ABORNEMENT GÉNÉRAL ET LA LOI DU 21 JUIN 1865
SUR LES ASSOCIATIONS SYNDICALES.

L'agriculture, dans les régions où le sol est très morcelé, a retiré de tels avantages de la réunion des parcelles, du redressement des limites et de l'ouverture des chemins de communication, conséquences nécessaires de ces opérations, que l'Allemagne tout entière, l'Autriche-Hongrie, le Danemark et la Suède ont, comme nous venons de le voir, adopté une législation quasi-draconienne, en ce qui concerne les échanges. Plus ou moins atténué par les conditions de majorité exigibles pour la réalisation de ces échanges, le principe de la dépossession obligatoire en vue de l'intérêt collectif est inscrit dans les lois promulguées depuis vingt ans par les pouvoirs publics de ces différents pays.

En France, pouvons-nous et devons-nous aller aussi loin? Si grand que puisse être l'intérêt de l'agriculture, si évidents que soient les avantages que les remaniements de territoire ont amenés dans nos départements de l'Est, pour les communes qui se sont librement prêtées à ces remembrements, faut-il introduire dans notre législation l'obligation pour un citoyen, lorsque la majorité des habitants d'une commune l'aura décidé, d'abandonner le champ paternel contre un autre, fût-il de valeur supérieure? Faut-il consacrer par la loi, le droit de la majorité de déposséder, contre son gré, un propriétaire d'une parcelle de terrain, même en lui donnant une soulte en argent? Nous ne le pensons pas. De plus, il ne nous paraît pas nécessaire d'agir ainsi, dans l'intérêt même du but que nous voudrions voir atteint par la généralisation des opérations faites, avec tant de succès, dans certains départements et notamment en Meurthe-et-Moselle.

L'engouement de certains publicistes et économistes pour les lois qui régissent le remembrement du territoire en Allemagne et dans les pays que nous avons cités, s'explique par l'heureuse influence que cette opération a exercée sur le développement agricole des régions où elle a été pratiquée, mais il nous semble que le tempérament de notre pays s'accorderait mal avec des mesures aussi contraires à nos instincts de liberté et d'individualisme. Grâce à Dieu, le socialisme d'État n'a chez nous que de bien faibles racines, si tant est qu'il en aie et ce n'est pas nous qui voudrions aider à son développement.

Aussi convaincu que qui ce soit des bienfaits que l'agriculture doit attendre de la diminution du morcellement parcellaire du sol, nous pensons que le problème peut être résolu sans qu'il soit nécessaire de recourir à des prescriptions aussi dures que celles dont la législation étrangère a armé les communes, en vue des opérations agricoles d'intérêt général.

Une simple extension de la loi sur les associations syndicales du 21 juin 1865 nous paraîtrait suffisante. Cette opinion, soutenue, dès 1876, au sein de la Société centrale d'agriculture de Meurthe-et-Moselle que j'avais l'honneur de présider à cette époque, opinion développée dans un rapport dû à la plume autorisée de M. Puton, professeur de législation à l'École nationale forestière, n'a pas, jusqu'ici, prévalu dans les conseils de l'État. J'espère qu'un accueil favorable lui sera réservé par les pouvoirs publics lorsque les questions que soulève la réfection du cadastre viendront en discussion au Parlement. Les propositions de modifications à la loi du 21 juin 1865 formulées dans le rapport et adoptées à l'unanimité par les membres de la Société de Meurthe-et-Moselle me semblent de nature à résoudre la question des remembrements de territoire, de la façon à la fois la plus libérale et la plus efficace pour les intérêts de l'agriculture.

La discussion de la Société centrale de Meurthe-et-Moselle et le rapport de M. Puton, qui l'a très clairement résumée, n'ont reçu pour ainsi dire aucune publicité : c'est pourquoi une analyse et quelques extraits de ces documents me semblent de nature à intéresser ceux des lecteurs de ce rapport que leur situation ou leur goût conduisent à l'étude de cette importante question.

Comme nous l'avons établi plus haut, le but à atteindre par la réfection du cadastre, opérée concurremment avec l'abornement général du territoire, est multiple. En dehors de la question fiscale que vise surtout et presque uniquement la rénovation du cadastre, quatre points principaux appellent l'attention des cultivateurs : 1° le bornage et l'arpentage des propriétés, qui facilitent les relations entre ouvriers et patrons pour l'établissement des salaires, la répartition des semences et des engrais; les surfaces auxquelles on les applique étant exactement connues, la comparaison et l'évaluation des rendements, etc., ont, en outre, l'avantage capital de faire cesser dans les campagnes les débats et les rivalités qui naissent des anticipations; 2° le redressement et la régularisation des parties courbes ou sinueuses des limites qui, seuls, permettent la régularité des labours, économisent le temps et ouvrent la voie à l'emploi des machines; 3° la création de chemins d'exploitation dans les champs réunis en groupes ou *ténements*, création qui assure à chaque propriétaire, avec l'économie des transports, la liberté dans le choix des cultures que, faute de voies de sorties, il ne peut entreprendre sans gêner ses voisins et sans violer les habitudes de voisinage consacrées par l'usage; 4° l'échange des parcelles disséminées sur le territoire d'une commune au grand préjudice du travail agricole. Nous avons montré, par la plus-value des territoires remembrés, combien cette dernière amélioration foncière est appréciée par les intéressés.

Elle permet, entre autres avantages, une économie notable dans les frais généraux d'exploitation et vient aider singulièrement à l'introduction des machines agricoles, impossible dans les territoires trop morcelés. Enfin les grands travaux de nivellement, d'assèchement, de drainage ou d'irrigation ne peuvent être généralisés qu'à la faveur de ces échanges de parcelles. Ce sont tous ces avantages que la législation étrangère a visés en édictant l'*obligation* pour les propriétaires de se prêter à ces quatre ordres d'améliorations foncières, lorsque, suivant les pays, moitié ou les deux tiers des propriétaires sont d'avis de les réaliser.

C'est aussi à l'entente des propriétaires et à leur association que nous voulons, avec la Société d'agriculture de Meurthe-et-Moselle, faire appel pour réaliser ces améliorations, en ne perdant pas de vue qu'étant étroitement liées aux plus graves questions de notre droit civil et fiscal elles ne peuvent être résolues qu'avec la plus grande circonspection. Leur solution, comme le dit M. Puton dans son rapport de 1876, doit être secondée par la puissance publique, mais elle n'est possible qu'avec le temps, le progrès agricole et le développement de l'initiative individuelle.

Posé en germe dans la loi du 16 septembre 1807, le principe de l'association a été développé et réglementé dans ses détails par la loi du 21 juin 1865. Cet acte législatif n'a donné, toutefois, le bénéfice de l'association sous la forme de syndicats *libres* et de syndicats *autorisés* qu'à certains travaux de défense et d'amélioration limitativement indiqués et qui sont les suivants : 1° travaux de défense contre la mer, les fleuves, les torrents, les rivières navigables ou non navigables; 2° de curage, approfondissement, redressement et régularisation des canaux et des cours d'eaux non navigables ni flottables et des canaux de desséchement et d'irrigation; 3° de desséchement des marais; 4° des étiers et ouvrages nécessaires à l'exploitation des marais salants; 5° d'assainissement des terrains humides et insalubres; 6° d'irrigation et de colmatage; 7° de drainage; 8° *de chemins d'exploitation et de toute autre amélioration agricole ayant un caractère collectif.*

C'est l'extension de ce dernier paragraphe de l'article 1ᵉʳ de la loi du 21 juin 1865 qu'il s'agit d'appliquer explicitement aux trois premières catégories d'amélioration foncière rappelées plus haut : abornement, régularisation des limites courbes préjudiciables aux voisins, contribution à la création de chemins utiles à tous. Nous examinerons ensuite les mesures relatives à la réunion des parcelles qui constitue le dernier des *desiderata* que nous avons signalés.

La législation étrangère, concernant les remaniements territoriaux, a édicté, comme nous l'avons vu, *l'obligation,* pour le propriétaire, d'échanger son champ contre celui d'un autre, lorsque la majorité des habitants de la commune en aura ainsi décidé, dans l'intérêt général. Tout en reconnaissant les avantages que l'application des lois bavaroise, saxonne et prussienne, a procurés à l'agriculture des régions qui en ont été l'objet, nous persistons à penser que cette dépossession de l'héritage, transformée en article de loi, rendue obligatoire pour tous par conséquent, dépasse la mesure des réformes souhaitables à apporter à notre législation.

L'objectif à atteindre, dans la rénovation du cadastre, consiste, ainsi que cela a été fait pour 20,000 hectares, en Meurthe-et-Moselle, à faire coïncider l'abornement général du territoire avec la création de chemins d'exploitation en supprimant les enclaves de parcelles; sans doute, la réunion des parcelles appartenant au même propriétaire, dans le confin d'une commune, est très désirable, au point de vue des améliorations agricoles, mais l'essentiel est que chaque propriétaire devienne, par la création de chemins aboutissant à ses champs, maître du régime cultural auquel il les veut soumettre.

La Société centrale d'agriculture et le Conseil général de Meurthe-et-Moselle en ont ainsi jugé, lorsque, en 1876, ils ont, chacun de son côté, émis le vœu de l'extension de la loi du 21 juin 1865 aux opérations d'abornement général. Nous pensons que le Parlement, en accueillant favorablement les propositions que nous allons faire con-

naître, donnerait toute satisfaction aux intérêts agricoles des départements où le morcellement parcellaire excessif du territoire constitue, à l'heure qu'il est, un obstacle à
peu près insurmontable au progrès, et cela sans entrer, à moins de nécessité absolue,
dans la voie draconienne de la dépossession obligatoire qui répugne à nos mœurs libérales. On n'ignore pas, en effet, que le syndicat autorisé dont nous demandons l'extension aux opérations d'abornement peut, aux termes de l'article 18 de la loi de
1865, provoquer la déclaration d'utilité publique pour les cas, fort rares, où il serait
nécessaire d'acquérir autrement qu'à l'amiable ou par voie d'échange volontaire, certains terrains nécessaires aux travaux entrepris.

La proposition présentée à la Société centrale de Meurthe-et-Moselle comprend
quatre articles ainsi conçus :

ARTICLE PREMIER. Les dispositions de la loi du 21 juin 1865 sur les associations syndicales sont
applicables aux travaux d'arpentage et de bornage connus sous les noms de «règlement de limites,
remembrement, abornement général, etc. », avec ou sans redressement des périmètres des parcelles.

ART. 2. Ces travaux ne pourront, toutefois, donner lieu à des syndicats autorisés que lorsqu'ils
s'exécuteront sur tout ou partie de la commune, mais simultanément avec le renouvellement du cadastre : ils pourront alors comprendre les chemins agricoles d'exploitation.

ART. 3. Les syndicats créés en exécution des deux articles précédents seront dissous par le préfet
quand leurs travaux seront terminés et liquidés et quand les contestations seront jugées.

ART. 4. En cas de dissolution, les chemins seront remis, sans indemnité, à la commune et feront
partie des chemins ruraux. La commune sera également propriétaire des bornes, des «bènes, lieux
dits, groupes» ou «sections d'ensemble de propriétés»; il en sera de même des plans et documents,
sauf au cas de l'article 2 où leur dépôt et leur entretien seront régis par les lois et règlements sur le
cadastre.

Examinons les conséquences de cette extension de la loi de 1865, d'autant plus
souhaitable que la loi récente sur les syndicats des communes pourra aider singulièrement au but que nous poursuivons.

L'article 1er se borne à indiquer l'extension de la loi aux travaux d'arpentage, de
bornage avec ou sans redressement des périmètres des parcelles. Il était inutile d'y
faire figurer la création des chemins d'exploitation, puisqu'ils sont déjà indiqués dans
la loi de 1865. Cet article aurait pour effet d'adapter à ces travaux tout le système de
la loi et de permettre l'établissement de syndicats libres pour les travaux collectifs.
Sans doute, le consentement unanime des propriétaires ne se rencontrera pas pour
tout le territoire d'une commune, mais il pourra se manifester pour un confin ou un
ensemble de propriétaires. Le syndicat créé ainsi, à l'unanimité, ne sera qu'un *accord
conventionnel* pour aborner et régler les limites, au mieux des intérêts des mandants,
mais il aura, au moins, la personnalité civile; il pourra emprunter les sommes nécessaires à l'opération et jouira des facultés que donne la loi pour recueillir le consentement des personnes incapables de leurs droits, toutes conditions irréalisables dans
l'état actuel de la législation.

L'article 2, qui vise les travaux indiqués par l'article premier, mais non l'échange forcé de parcelles, concerne le droit de contrainte des propriétaires soigneux vis-à-vis des négligents ou des indifférents, droit placé, on le sait, sous la double garantie de l'autorisation administrative et d'une majorité considérable, des deux tiers en nombre et de moitié au moins en étendue, ou de moitié en nombre et des deux tiers en surface.

Cette majorité a semblé suffisante, car l'ordonnance de 1707 n'exigeait, en Lorraine, qu'une majorité de deux tiers, en nombre, pour forcer au remembrement général. Pour rassurer davantage les intérêts et pour donner à l'autorisation du syndicat son véritable caractère de mesure d'utilité générale, il a paru convenable à la Société centrale de Meurthe-et-Moselle, de limiter le pouvoir de la majorité au cas où les travaux d'abornement s'exécuteraient simultanément avec le renouvellement du cadastre et feraient corps avec lui. Ce concours assurera à l'opération la nouvelle garantie du contrôle de l'administration des contributions indirectes, sans alarmer les populations, puisqu'on ne ferait que mieux répartir l'impôt dans la commune, sans pouvoir en augmenter le chiffre [1]. C'est seulement dans ce cas, c'est-à-dire quand l'abornement général se fera avec le renouvellement du cadastre, que la création des chemins d'exploitation pourra donner lieu à un syndicat autorisé dont les travaux embrasseront alors l'arpentage et l'abornement, avec ou sans redressement des parcelles.

Le syndicat tranchera ainsi toutes les questions qui se rapportent à cette opération multiple, comme le ferait le juge civil. Cette attribution n'offre rien de bien dangereux pour la propriété : le juge civil n'est-il pas, en effet, obligé le plus souvent et par la force des choses, de s'en rapporter à la décision d'un géomètre expert? Les garanties ne sont d'ailleurs que déplacées et sont loin de faire défaut, car, outre, les règles spéciales que le syndicat devra suivre et qui seront formulées dans le statut arrêté par l'assemblée générale des propriétaires, outre la surveillance attentive de l'administration, les propriétaires auront le droit de se pourvoir devant le conseil de préfecture, pour toutes les contestations qui naîtront des travaux, du règlement des indemnités et des taxes établies.

Si, dans le courant de l'opération, il y a des échanges à opérer, ou des déplacements véritables à ordonner dans l'assiette des propriétés, le syndicat ne sera pas fondé à les prescrire de sa seule autorité : il devra réunir le consentement unanime des intéressés, car les conditions du sol sont bien dissemblables dans un même territoire, et il s'agit de contrats individuels que la volonté du nombre ne peut forcer, sauf la déclaration d'utilité publique.

Les articles 3 et 4 ont pour but de prévoir la dissolution d'un syndicat créé seule-

[1] En l'état actuel de la législation, les opérations cadastrales n'ont en vue que la répartition individuelle de la contribution foncière dans l'intérieur d'une même commune. Fût-il constaté, par le renouvellement des opérations cadastrales, que, du premier cadastre au nouveau, l'ensemble du territoire a décuplé de valeur, la part contributive de la commune ou contingent, en d'autres termes, n'en reste pas moins le même; la somme totale ne change pas; mais elle se distribue différemment et plus équitablement.

ment pour des travaux temporaires : une fois effectués, ceux-ci n'ont plus besoin de cet organe pour les maintenir ou les entretenir. Il a paru nécessaire de prévoir le sort de la succession de l'être moral ainsi créé. Cette succession est donnée, en principe, à la commune, sans indemnité, mais à charge d'entretien; par là, se trouve réglée une des questions qui intéressent le plus vivement l'assiette de la propriété, celle de l'immobilité des bornes utiles à un groupe de propriétés. Les bornes appartiennent, en droit commun, à ceux auxquels elles profitent; ceux-ci peuvent donc les changer, les supprimer mêmes, au gré de leur convenance ou des acquisitions qu'ils font. On peut toujours craindre de voir disparaître des points de repère utiles à la conservation des plans. En attribuant, au contraire, à la commune les bornes des groupes ou sections d'ensemble de propriétés qui seront désignées, d'ailleurs, par les plans du syndicat, on échappe à cette cause de destruction et on tend à conserver une œuvre utile à tous.

Il est constaté enfin, que la confusion faite par les habitants entre les «lieux dits» ou «sections cadastrales» est une des causes les plus fréquentes des erreurs dans les mutations. En abornant les «lieux dits» et en faisant entretenir les bornes par la commune, on tend à donner plus de précision aux désignations faites dans les actes et à éviter les erreurs de mutations.

Telle est l'économie de la proposition de la Société centrale de Meurthe-et-Moselle qui sera prise, nous l'espérons, en considération par les pouvoirs publics lorsqu'ils auront à s'occuper de la rénovation du cadastre.

II

LES SYNDICATS AGRICOLES.

La France possède aujourd'hui environ 700 syndicats agricoles comptant environ 400,000 adhérents, nombre très faible si on le compare à celui de la population agricole. Une soixantaine de syndicats était représentés dans la classe 73 *bis*. L'énumération des tableaux statistiques qui montrent leur vitalité ne saurait trouver place ici : il nous a semblé qu'une étude d'ensemble sur l'organisation des syndicats, leur rôle, les services qu'ils sont appelés à rendre offrirait plus d'intérêt.

La loi du 21 mars 1884, réglant l'organisation des syndicats professionnels, est une loi de liberté. En abrogeant le décret des 14-17 juin 1791, par lequel l'Assemblée constituante avait, par une mesure excessive, condamné à l'isolement absolu les travailleurs, en leur interdisant toute association pour la défense de leurs intérêts professionnels, la loi de 1884 a marqué une ère nouvelle dans la voie du progrès agricole. Elle est arrivée fort à propos pour aider au relèvement de l'agriculture nationale. Il appartient aux intéressés de retirer, par leur initiative, de l'exercice des droits qu'elle leur confère, les avantages nombreux que procure à l'homme le principe de l'association substituée à l'action isolée.

Pour apprécier l'utilité des syndicats agricoles et les profits que les cultivateurs sont certains d'en retirer, il suffit d'avoir présentes à l'esprit les conditions nouvelles faites à l'agriculture contemporaine, d'une part, par le développement merveilleux des moyens de communication et de transport de nation à nation, de l'autre par les progrès de la science agricole.

Le malaise dont souffre l'agriculture est dû à des causes multiples : à leur tête, figure l'invasion phylloxérique qui, depuis longues années occasionne à l'agriculture une perte annuelle de plusieurs centaines de millions ; la reconstitution de nos vignobles marche à grand pas et tout donne lieu d'espérer, dans un avenir prochain, la disparition du fléau ou tout au moins de ses désastreux effets. En ce qui regarde l'agriculture proprement dite, où la production des céréales occupe une place tout à fait prépondérante, deux conditions principales me paraissent exercer une influence dominante sur la situation difficile de l'agriculture.

La première est le prix de revient beaucoup trop élevé auquel la masse des cultivateurs français produit le blé, la viande et les autres denrées alimentaires, par suite de la faiblesse des rendements qu'il obtient de l'exploitation du sol : c'est l'élévation de ce prix de revient qui l'empêche de lutter avantageusement contre la concurrence des produits étrangers, importés sur le marché français, lorsque les besoins de la consommation l'exigent. N'est-il pas évident qu'il y a une étroite solidarité entre le prix de revient d'un hectolitre de blé par exemple et le nombre des hectolitres qu'on récolte à l'hectare?

Les frais généraux, de loyer, impôts, semaille, récolte, etc., demeurent presque invariables, que le sol produise huit à dix hectolitres seulement ou qu'il en donne vingt-cinq. Une faible dépense en engrais, suffisante pour augmenter d'un tiers ou de moitié le rendement du sol est rémunérée, parfois au décuple, par la plus-value de la récolte.

Une deuxième cause du malaise présent, notamment en ce qui concerne l'élevage du bétail, source de profits considérables dans une exploitation, réside dans l'intervention onéreuse des intermédiaires entre le producteur et le consommateur ; intervention qu'il importe d'autant plus de réduire au strict indispensable qu'elle élève le prix réclamé au consommateur sans profit aucun pour le producteur.

En résumé : prix de revient trop élevé des produits du sol, par suite du rendement trop faible que nous en obtenons : concurrence des denrées étrangères, résultant de l'insuffisance de notre production indigène, coïncidant avec l'abaissement du prix des transports et le développement du commerce extérieur ; enfin prélèvements des intermédiaires, dans des proportions presque toujours exagérées, telles sont les causes principales de la situation pénible de l'agriculture française depuis une dizaine d'années.

Quels sont les remèdes à cette situation ? En quoi les syndicats agricoles peuvent-ils aider à résoudre les difficultés présentes ? Que peut faire le cultivateur pour sortir de peine ? Il ne peut venir à l'esprit d'aucun homme sensé de proposer de revenir de cinquante ans en arrière et de fermer le pays à l'importation étrangère. Les moyens de transports et de communications qui relient les nations du continent et les continents entre eux, chemins de fer, navigation à vapeur, canaux, télégraphes, etc., ont éloigné à jamais des nations civilisées les horreurs de la famine. Un pays qui ne produirait que le tiers ou la moitié du blé et de la viande nécessaires à l'alimentation de sa population ne saurait trop se réjouir de trouver dans la production étrangère les ressources en farine et en viande qui lui font défaut.

C'est donc ailleurs que dans la prohibition de l'entrée des denrées alimentaires de première nécessité qu'il faut chercher le relèvement de l'agriculture. Lorsqu'on examine sous toutes ses faces la question agricole, on se convainc que l'élément le plus efficace du relèvement de l'agriculture européenne et en particulier de l'agriculture française, est l'accroissement du rendement du sol, qui conduit successivement à la diminution du prix de revient et par conséquent à l'augmentation des bénéfices, puisqu'il n'est guère possible d'attendre une élévation sensible dans le prix de vente actuel des produits, élévation dont souffriraient d'ailleurs les cultivateurs qui sont à la fois des consommateurs et des producteurs, on feint de l'oublier trop souvent.

Livrés à leurs propres ressources, les petits et les moyens cultivateurs dont les exploitations représentent numériquement les quatre-vingt-quatre centièmes de l'ensemble des exploitations françaises, éprouvent des difficultés presque insurmontables pour atteindre le but, c'est-à-dire pour augmenter sensiblement les rendements de leurs terres. L'association, dont les syndicats agricoles sont une des meilleures formes, leur offre, au contraire, les moyens de résoudre le problème. L'union des cultivateurs, dans les conditions prévues par la loi de 1884, est appelée, avec le concours de l'enseignement agricole, à ramener la prospérité dans nos campagnes, pour peu que l'initiative des intéressés s'y prête.

Il y a donc un intérêt capital à faire connaître à tous nos cultivateurs l'organisation des syndicats, les formalités simples qui président à leur constitution, les moyens aussi pratiques qu'économiques qu'ils offrent à chaque habitant de nos plus humbles villages, pour se procurer les engrais et les semences qui sont les deux facteurs essentiels de l'accroissement du rendement du sol.

On ne saurait trop s'efforcer de vulgariser les ressources précieuses que la loi de 1884 apporte à la défense des intérêts agricoles, à la propagation des bonnes méthodes culturales, des outils, machines, engrais, semences, dont l'emploi peut, en affranchissant le pays de l'importation étrangère, ramener l'aisance chez nos cultivateurs.

Les végétaux, comme tous les êtres vivants, ont besoin d'aliments pour vivre et se développer. A la différence des animaux, capables de se nourrir seulement de matières organiques, c'est-à-dire élaborées sous l'influence de la vie, les plantes tirent leur alimentation de substances minérales empruntées au sol et à l'atmosphère.

Un de leurs rôles importants dans le monde est de transformer la matière inerte qui constitue la croûte terrestre en substance vivante, apte à servir d'aliments aux animaux et à l'homme, qui peuplent notre globe.

Les trois conditions essentielles pour obtenir d'un sol, le maximum de récolte qu'il peut fournir sont : en premier lieu, la présence dans le sol, d'une quantité suffisante des matières minérales indispensables à l'alimentation des plantes; en second lieu, un état d'ameublissement et de culture aussi parfait que possible, afin de permettre aux racines de se développer pour chercher leur nourriture; en troisième lieu, enfin, une semence de bonne qualité.

Bien rarement, le sol depuis longtemps en culture, renferme, en quantité suffisante, tous les principes nutritifs nécessaires à la plante. Les végétaux exportant tous les ans, de la terre où ils ont crû, un poids plus ou moins considérable de matière minérale, il arrive que la provision du sol en aliments de la plante diminue notablement et finit par s'épuiser. La fumure a pour objet de restituer, sous une forme utilisable par la récolte, les substances que celle-ci lui a enlevées. Une dizaine de corps sont indispensables au développement de toute plante, savoir : l'oxygène et l'hydrogène qui forment l'eau; l'azote qui, en s'unissant aux deux premiers, constitue l'acide nitrique et l'ammoniaque; le phosphore, le soufre, la chaux, la magnésie, la potasse et le fer; enfin, le charbon, que la plante emprunte exclusivement aux faibles quantités d'acide carbonique contenues dans l'atmosphère.

La terre, à de rares exceptions près, ne renferme pas assez d'éléments phosphatés et azotés pour donner spontanément de hauts rendements en céréales et autres produits; parfois aussi, elle manque de sels de potasse. Dans la plupart des cas, au contraire, elle est assez abondamment pourvue des autres principes nutritifs qu'exigent les récoltes. C'est donc la restitution de l'acide phosphorique, des sels ammoniacaux, des nitrates et de la potasse que le cultivateur doit avoir en vue dans l'apport des fumures.

En somme, préparer le sol par des opérations mécaniques convenables (labours, hersages, défrichements, etc.) à recevoir la semence; employer des graines de bonne qualité et aussi prolifiques que possible, et ajouter à la terre, les éléments minéraux qui lui font défaut, en tenant compte des exigences différentes des plantes qu'il cultive, tel doit être l'objectif constant de l'agriculteur.

Un bon outillage, une semence de choix, des engrais bien adaptés à la culture qu'il se propose, tels sont, d'après ce que nous venons de dire, les agents indispensables au cultivateur pour tirer un parti avantageux de sa terre. Isolé, livré à ses propres ressources, le petit cultivateur est, la plupart du temps, dans l'impossibilité de satisfaire à ces exigences fondamentales de toute culture rémunératrice.

Le prix élevé d'un outillage perfectionné, la difficulté de se procurer, dans son voisinage, des semences améliorées, la crainte, trop justifiée, d'être trompé dans l'achat des engrais dits *chimiques,* par les fraudeurs éhontés qui parcourent les campagnes, sans compter l'impossibilité où se trouve le plus souvent le cultivateur, faute d'argent, d'acheter machines, semences et engrais, tels sont autant d'obstacles au progrès agricole dans nos villages.

L'association, rendue facile aujourd'hui par l'application de la loi sur les syndicats, peut changer du tout au tout, la situation si désavantageuse, faite jusqu'à ce jour, au cultivateur isolé. L'union des agriculteurs d'une commune, d'un canton ou d'un arrondissement, pour l'étude et la défense des intérêts économiques, industriels, commerciaux et agricoles, telle est, d'après l'article 3 de la loi du 21 mars 1884, la définition du but d'un syndicat. Ces associations professionnelles peuvent se constituer librement sans l'autorisation du Gouvernement (art. 2). La seule formalité à remplir par les fondateurs est le dépôt des statuts et des noms des personnes qui, à un titre quelconque, seront chargées de l'administration et de la direction du syndicat. Ce dépôt doit avoir lieu à la mairie de la localité où le syndicat est établi (art. 4).

L'institution d'un syndicat est donc chose des plus simples; les avantages de diverse nature qu'elle procure à ses membres sont tels qu'on ne comprend pas que chaque canton n'ait pas encore usé de la liberté que la loi de 1884 donne aux cultivateurs de s'unir, pour la défense de leurs intérêts et pour l'amélioration des conditions de leur exploitation.

Il suffirait, dans chaque commune, d'un homme de bonne volonté pour provoquer la création d'une union syndicale entre les communes du canton, en vue de l'achat des semences, des engrais et des outils perfectionnés, tels que semoirs, moissonneuses et faucheuses, etc. Les excellents résultats constatés dans la plupart des 700 syndicats organisés en France, depuis 1885, sont là pour montrer la puissance de l'association et les bénéfices qu'elle assure à ses adeptes.

En rapprochant les cultivateurs jusqu'ici isolés, en établissant des relations fréquentes au chef-lieu de canton entre des citoyens de fortune et d'origine diverses, mais dont les intérêts sont connexes et si souvent solidaires; en dissipant, par les rapports qu'ils créent entre leurs membres, des préjugés et des malentendus que l'isolement perpétue aux dépens de tous, les syndicats agricoles semblent le point de départ d'une réforme des plus heureuses dans l'esprit de nos populations rurales.

Ce côté moral des syndicats mérite d'attirer toute l'attention des hommes de bon vouloir : propriétaires, fermiers, ouvriers ruraux; l'exemple des associations fruitières de la Suisse, du Jura et des Alpes françaises est là pour montrer l'heureuse influence du principe de solidarité qui est la base du syndicat, comme il est la loi de la civilisation.

Mais ce n'est là qu'un des points de vue de la question, l'un des plus importants, mais non le seul. Les avantages matériels, certains et considérables qu'offre aux cultivateurs l'organisation de syndicats en vue de l'achat des matières premières et de la vente des produits de leur industrie, suffiront à justifier leur organisation.

En définissant l'objet des syndicats professionnels «l'étude et la défense des intérêts économiques, industriels, commerciaux et agricoles», la loi du 21 mai 1884 a laissé la plus vaste latitude aux intéressés pour la rédaction de leurs statuts et la fixation des buts divers qu'ils peuvent assigner à l'association en vue de laquelle ils se réuniront. Pour ce qui regarde les cultivateurs, leur première préoccupation me semble devoir être, en fondant un syndicat, de se procurer les moyens d'acheter, avec toute sécurité de n'être pas trompés sur leur valeur, les matières fertilisantes dont l'emploi seul peut aujourd'hui aider au relèvement de l'agriculture.

Tous ceux qui ont vécu au milieu des populations rurales ont pu constater la difficulté extrême qu'on rencontre à amener le petit cultivateur à l'emploi des engrais autres que le fumier de ferme. Cette obstination a des raisons d'être multiples et les syndicats sont appelés à la vaincre mieux que qui que ce soit. Les motifs qui rendent le paysan si réfractaire à l'achat des matières autres que le fumier de ferme sont d'origines diverses; il importe de les indiquer afin de montrer comment l'intervention du syndicat peut combattre la répugnance de nos petits cultivateurs à entrer dans la voie du progrès.

La première cause de cette répugnance vient de l'ignorance où se trouve le paysan, des conditions physiologiques qui régissent le développement des végétaux; en attendant qu'une organisation complète de l'enseignement agricole vienne modifier cet état de choses, ce qui sera long encore, il nous sera facile de montrer comment les syndicats peuvent y porter un prompt remède. Il n'est nullement indispensable, en effet, de pouvoir s'expliquer scientifiquement le rôle d'une substance donnée pour être amené à s'en servir.

Combien peu d'hommes connaissent le rôle physiologique de l'amidon, du sucre, de l'albumine et sauraient assigner à ces matières leur fonction dans la nutrition de l'animal! cela ne les empêche pas de consommer du pain, des œufs et de la viande; il leur suffit de savoir, par expérience, que ces aliments sont indispensables à l'entretien de la vie; peu importe, dans la pratique, leur mode de transformation et les procédés que l'organisme emploie pour s'en nourrir.

De même, pour nos récoltes; le cultivateur tirera un parti d'autant meilleur des matériaux que l'industrie met à sa disposition pour la fumure de ses terres, qu'il saura comment ils agissent et qu'il connaîtra les conditions les plus favorables à leur assimilation par les plantes; mais, à la rigueur, il peut se passer de ces connaissances, ignorer la constitution des phosphates et du nitrate de soude, les raisons d'ordre physiologique pour lesquelles ces composés chimiques sont indispensables au développement des plantes; l'essentiel, c'est qu'il sache que, sans eux, il est impossible d'obtenir du blé ou de l'avoine; qu'il n'ignore pas que le fumier de ferme, à l'emploi exclusif duquel il est habitué, est tout à fait insuffisant pour rendre au sol les principes que la plante y a puisés; enfin, qu'il apprenne que le commerce peut lui fournir ces phosphates, ce nitrate à des prix assez peu élevés pour que leur emploi soit rémunérateur.

Mais l'ignorance des lois de la nutrition des plantes n'est pas peut-être le plus grand obstacle à la propagation des engrais commerciaux dans les petites exploitations rurales; beaucoup de paysans déjà connaissent, de nom au moins, l'acide phosphorique, les matières azotées, les nitrates, la potasse, et savent qu'ils exercent une influence favorable sur la végétation; cette ignorance, en tout cas, n'est pas la seule cause du peu de faveur dont jouissent encore les engrais dits *chimiques,* auprès des habitants des campagnes.

C'est l'exploitation éhontée, scandaleuse, dont trop d'entre eux ont été et sont journellement l'objet de la part du commis-voyageur en engrais, qui est le plus grand ennemi de la propagation dans nos villages de ces indispensables compléments du fumier de ferme. Concluant du particulier au général, le paysan, volé par cette troupe de forbans qui s'abat sur nos campagnes aux approches des semailles d'hiver et de printemps, le cultivateur englobe toutes les matières fertilisantes qu'on lui propose dans la juste réprobation qu'il a vouée aux poudres inertes, aux engrais frelatés qu'on lui a vendus cinq ou six fois plus cher souvent qu'ils ne valent lorsqu'ils valent quelque chose.

Il faut avoir constaté, comme je l'ai fait tant de fois, l'audace de ces fripons et le désappointement du cultivateur quand vient la récolte, pour s'expliquer la répulsion des paysans pour les engrais commerciaux. Le syndicat, qui compte parmi ses membres les hommes qui connaissent le mieux les terres du pays et leurs besoins, suivant les récoltes qu'on leur demande, est à même de renseigner très exactement le paysan sur la nature et sur la quantité de fumure qu'il convient d'introduire dans son champ.

Je considère donc comme l'une des tâches les plus utiles des syndicats, l'achat des engrais. Si le cultivateur veut se soustraire définitivement aux exactions des fraudeurs, il n'a qu'à s'affilier au syndicat de son canton ou de son arrondissement. Moyennant une modique cotisation de quelques francs par année, il trouvera, dans l'association, le moyen de se soustraire à tous les déboires auxquels l'expose la bande noire de tripoteurs qui exploite la crédulité des campagnards depuis si longtemps. Il apprendra à la fois, quels sont les engrais qu'il doit acheter, comment il doit les employer, et il sera certain de ne plus être trompé sur la qualité, ni sur le prix des engrais commerciaux.

Les syndicats peuvent aussi rendre les plus grands services aux agriculteurs pour l'utilisation des produits de l'exploitation, leur transformation et leur vente.

Les associations fruitières du Jura, des Alpes, etc. sont là pour le démontrer. L'exposition de la classe 73 *bis* nous a donné un exemple très intéressant de ce que peut produire l'association dans la petite culture. Nous allons le rapporter.

Les syndicats peuvent conduire à la solution de la question si délicate du crédit, au moins en ce qui regarde la classe des agriculteurs les plus intéressants, celle des petits et moyens cultivateurs, nous en donnerons pour preuve les services rendus dans cette voie par le syndicat de Poligny.

Dans le courant de l'année 1884, quelques propriétaires de l'arrondissement de Poligny (Jura), après s'être constitués en syndicat agricole, conformément à la loi du 21 mars de la même année, eurent l'heureuse idée de fonder l'Association du crédit mutuel de l'arrondissement de Poligny, Société anonyme à capital variable. Cette association définissait dans ses statuts, de la manière suivante, le but qu'elle se proposait : « venir en aide spécialement aux cultivateurs honnêtes et laborieux, au moyen de prêts et d'escompte et leur faciliter l'épargne ». L'Association s'interdisait formellement toute affaire de pure spéculation et toute opération avec des personnes autres que ses actionnaires. Ces derniers se divisent en deux catégories : 1° ceux qui s'interdisent la faculté de demander des avances à la Société : ce sont les *actionnaires fondateurs;* 2° ceux qui peuvent jouir de la faculté d'emprunter : ce sont les *actionnaires sociétaires.*

Le capital, qui pouvait être porté dans la première année à 200,000 francs, ne dépasse pas, à l'heure qu'il est, 25,000 francs en parts de 500 francs, dont moitié seulement a été appelée. Nous verrons plus loin les résultats surprenants obtenus avec ce faible capital.

Le conseil d'administration, dont les fonctions sont gratuites, a les plus larges pouvoirs; il statue sur l'admission des sociétaires, qui tous doivent faire partie du syndicat agricole de l'arrondissement; il fixe le maximum des avances à faire aux emprunteurs et les conditions de leur remboursement; il règle le service des dépôts et détermine l'intérêt à payer aux déposants, etc. Sur la proposition du conseil, l'assemblée générale prononce l'exclusion de tout actionnaire qui ne remplit pas fidèlement ses engagements envers la société ou qui est convaincu d'un acte pouvant faire mettre en doute sa solvabilité ou sa moralité. L'actionnaire qui quitte l'arrondissement peut également être exclu de l'Association par un vote de l'assemblée générale.

En signalant, à son origine, la création de l'Association de Poligny, je félicitais ses fondateurs. Leur principe me paraissait excellent : des propriétaires s'associant pour constituer un capital auquel peuvent seuls faire appel les cultivateurs et ouvriers ruraux, membres du syndicat agricole, à l'exclusion des capitalistes fondateurs. L'honorabilité de l'emprunteur, ses qualités d'homme laborieux, fidèle à ses engagements, telles sont les premières conditions requises, pour ainsi dire les seules, pour son admission, comme sociétaire. Il ne saurait y avoir, disais-je en 1884, de bases meilleures pour une association destinée à resserrer les liens, trop relâchés aujourd'hui, qui doivent unir le propriétaire au fermier et à l'ouvrier rural.

L'appel des propriétaires de l'arrondissement de Poligny a été entendu des cultivateurs : un succès mérité a couronné leurs efforts; mes prévisions à l'endroit des services que cette association devait rendre à la petite culture, si intéressante, se sont vérifiées, et l'œuvre de quelques hommes de bonne volonté peut aujourd'hui être donnée en exemple, sinon comme la seule forme réalisable du crédit à l'agriculture, du moins comme l'une des meilleures et des plus pratiques,

M. Milcent, dont la part d'initiative et d'action dans l'organisation de cette association a été prépondérante, m'a communiqué, au sujet des résultats obtenus par le syndicat de Poligny, quelques chiffres de la plus haute signification. Le Crédit mutuel de Poligny, définitivement constitué en 1885, compte six années pleines d'exercice, et la marche ascendante qu'il a suivie montre, sans que des commentaires soient nécessaires, à quel besoin répond l'association et de quelle faveur elle jouit à juste titre, auprès des cultivateurs de l'arrondissement. Voici l'indication des sommes prêtées, chaque année, de 1885 à 1890, telle que me l'a communiquée M. Milcent :

1885..	5,420 francs.
1886..	31,234
1887..	39,380
1888..	56,000
1889..	75,000
1890..	130,034
Soit au total, en six ans.....................	337,068

C'est donc plus de 300,000 francs que les petits cultivateurs ont pu emprunter et rembourser, par voie de crédit mutuel, sans qu'il y ait eu — soulignons cette constatation — *aucune perte* pour les prêteurs.

Les prêts ont exclusivement pour objet l'achat de semences, d'instruments, d'engrais. Les demandes sont contrôlées, dans chaque canton, par un conseil spécial. Le taux des intérêts payés par les emprunteurs est de 4 p. 0/0. Les billets sont signés de l'emprunteur, de sa caution et du représentant du Crédit mutuel. Ainsi revêtus de trois signatures, les billets sont escomptés à la Banque de France.

On ne saurait donc trop louer le zèle et l'intelligence de la situation qu'ont déployés, dans l'organisation et le fonctionnement de cette association, quelques propriétaires de bon vouloir. Leur exemple montre ce que peut l'esprit d'initiative et d'association libre pour la solution de questions en apparence insolubles, ou tout au moins extrêmement difficiles à trancher dans la pratique. N'est-il pas tout à fait encourageant, en effet, de constater qu'avec un capital de 12,500 francs il a été possible au Crédit mutuel de Poligny d'avancer aux petits cultivateurs plus de trois cent mille francs en six ans et jusqu'à cent trente mille francs en une seule année, grâce à la solvabilité morale des emprunteurs, unie à la garantie donnée par la signature d'un représentant de l'association syndicale ?

De tels exemples sont faits pour susciter de nombreux imitateurs aux propriétaires de Poligny. Que chaque arrondissement où domine l'exploitation du sol par fermage, s'inspire des résultats obtenus dans le Jura, et la question tant agitée et toujours ajournée du Crédit agricole aura fait un pas décisif. Que le propriétaire français revienne à la terre, qu'il s'intéresse directement aux besoins de ceux qui la cultivent, qu'il leur prête aide, morale et matérielle, par des créations analogues à celle dont nous venons de rappeler le succès : là est la voie la plus sûre, l'une des meilleures pour aboutir à la constitution du crédit à l'agriculture. Deux autres exemples des bienfaits de l'Association soit entre producteurs, soit entre propriétaires et fermiers nous sont fournis par les expositions de M. de Toulza et M. le comte de Lariboisière dans la classe 73 *bis*.

Syndicat agricole de Roquefort (Aveyron).

M. le comte de Toulza a exposé dans la classe 73 *bis* (quai d'Orsay), au nom de la Société anonyme civile des producteurs de fromage de Roquefort, dont il est le principal fondateur et l'administrateur, une série de documents, plans et vues photographiques, très intéressants. L'origine, le développement et le succès de cette société, véritable syndicat d'un ordre spécial, fournissent un exemple des plus probants des bons résultats que l'initiative privée, jointe à l'association, peut amener en agriculture.

Je vais essayer de montrer comment quelques hommes de bon vouloir, bien dirigés, animés par le sentiment de *self-government*, unis par l'esprit d'association, trop peu développé encore dans nos populations rurales, peuvent, en quelques années, triompher des plus grandes difficultés et sauver l'industrie agricole de toute une région. On ne saurait trop recommander à l'attention des cultivateurs des exemples comme celui que nous offre le syndicat de Roquefort.

La fabrication du fromage de Roquefort est une des industries agricoles qui s'est développée le plus rapidement dans notre siècle : limitée d'abord au rayon de quelques petites communes, elle s'est étendue en très peu de temps, à presque tout le département de l'Aveyron et à certains cantons de l'Hérault, du Gard, de la Lozère et du Tarn. Des constructions modestes ont d'abord succédé à la grotte primitive où le berger disposait le fromage fait avec le lait de ses brebis. Puis ces constructions ont pris une plus grande importance; enfin, aujourd'hui, on a bâti de grandes usines dont l'outillage est mû par la vapeur et dont les galeries sont éclairées par l'électricité. Cessant alors d'être simplement agricole, la fabrication du roquefort est devenue une véritable industrie.

Lorsque la production était cantonnée aux environs de Roquefort, le fermier préparait lui-même son fromage et le vendait directement dans les marchés voisins. Mais, les produits augmentant chaque jour, des négociants sont venus proposer au fermier de lui éviter le souci de la préparation et de la vente du fromage. C'était plus commode pour le producteur et singulièrement plus avantageux pour l'intermédiaire. C'est alors qu'on a commencé à construire autour des grottes naturelles qui avaient suffi jusque-là. On a fouillé le sol, on a recherché dans les anfractuosités des rochers tous les courants d'air qui pouvaient être utilisés, on a bâti des caves pour la préparation du fromage et multiplié les étages de ces caves pour donner une plus large place à la fabrication.

Pendant cette période, les affaires se traitaient de la façon suivante entre le négociant et le producteur, fermier ou propriétaire. Ces derniers vendaient à un prix convenu soit pour la durée de leur bail, soit pour un laps de temps déterminé, soit même pour une seule année, tout le fromage qu'ils pourraient faire. Le prix, sur lequel étaient donnés des acomptes successifs en avril et en juillet, se soldait en octobre ou novembre.

Le négociant faisait recueillir le fromage frais, dans chaque ferme, deux ou trois fois par semaine, par des ramasseurs qui le recevaient, le pesaient et le transportaient à la cave moyennant un prix déterminé. Parfois, il arrivait que les ramasseurs achetaient le fromage pour leur compte et le revendaient aux usiniers, en prélevant un sérieux bénéfice. Malgré ce double intermédiaire, la situation n'était pas mauvaise et le prix du fromage frais augmentait chaque année.

Voici quels étaient les prix : de 1830 à 1848, les 100 kilogrammes se vendaient de 90 à 100 francs; de 1868 à 1878, le prix du quintal s'éleva à 120, 140 francs et atteignit même 150 francs. Pour quelques privilégiés, c'était l'époque florissante et l'apogée de cette industrie [1]. L'agriculture de la région n'a jamais été plus prospère.

Dans toute cette contrée, le revenu de la ferme est basé sur la production fromagère, on admet que le fermier peut donner au propriétaire, comme fermage, tout ce que rapporte le fromage : ses frais de culture et son bénéfice étant couverts par la valeur des céréales, le revenu des agneaux, de la laine et les autres profits que laisse le bétail. Ainsi une propriété valant 100,000 francs, s'affermait facilement à cette époque 4,500 francs et le fermier faisait bien ses affaires.

Les brebis, dans un petit troupeau bien soigné, de vingt à trente bêtes, donnaient chaque année un agneau, valant alors 3 et 4 francs et qu'on vendait trente-cinq jours après sa naissance; 25 kilogrammes de fromage valant 35 francs et une toison estimée 4 à 5 francs, soit au total environ 40 à 42 francs. Cette même brebis pouvait coûter à trois ans 40 francs, et après avoir rapporté 100 p. o/o pendant quelques années, elle se revendait encore, à l'âge de huit à neuf ans, 28 ou 30 francs pour la boucherie. Dans les grands troupeaux, le revenu baissait en raison inverse du nombre de têtes, mais chaque brebis rapportait encore facilement 28 à 30 francs.

Pendant cette période, le commerce du fromage s'était peu à peu centralisé dans les mains d'une société puissante, formée pour l'accaparer entièrement. Autour de cette société, maîtresse du marché, gravitaient une douzaine de petits industriels, n'osant ni ne pouvant entrer en concurrence. Cette sorte de monopole créait une situation inquiétante pour les producteurs, qu'elle menaçait de livrer, un jour ou l'autre, au caprice des puissants industriels qui gouvernaient Roquefort. En 1881, les traités d'achats de cette Société expirant, elle devait se dissoudre. En vue de reconstituer sur des bases avantageuses une nouvelle Société, on parla de stocks considérables, on répandit le bruit de pertes amenant une baisse énorme dans les prix d'achat des fromages. Le fermier était obligé de subir la loi du plus fort, n'étant pas outillé pour fabriquer. La panique était grande dans toute la contrée. C'est alors que quelques hommes d'initiative, à la tête desquels se trouvait M. le comte de Toulza, résolurent de réagir contre cette

[1] Des fortunes de plusieurs millions sortaient des caves de Roquefort. On citait dans le pays, avec un certain orgueil, des ouvriers qui avaient gagné 100,000 livres de rente et un charretier qui donnait 100,000 francs de dot à chacun de ses huit enfants, tout en se réservant une large aisance.

situation, en formant un syndicat de propriétaires. Un appel fut adressé aux fermiers et aux propriétaires : il fut entendu et les bases de l'association votées à l'unanimité. Il fut décidé que les adhérents mettraient en commun leur produit, loueraient ou construiraient des caves, prépareraient leur fromage, le vendraient directement au consommateur, et, déduction faite des frais, partageraient, au prorata de leur apport en nature, le bénéfice de la vente. Pour donner une forme légale à cette association et lui créer quelques ressources, une société civile au capital de 500,000 francs fut créée le 24 novembre 1881, sous le nom que j'ai inscrit en tête de cette notice. Le capital fut immédiatement souscrit. La grande préoccupation des fondateurs avait été d'écarter toute spéculation financière : aussi avait-il été décidé que les producteurs de fromage, propriétaires ou fermiers, seraient seuls admis à faire partie de la Société et qu'ils ne pourraient souscrire qu'un nombre d'actions proportionné à leur production, soit une action de 500 francs par production moyenne de 500 kilogrammes de fromage frais. Il fut, en outre, stipulé que le producteur porterait lui-même à la cave son fromage, ce qui supprimait l'industrie du *ramasseur*, si onéreuse pour lui. Enfin, on convint que les actions donneraient un revenu invariable de 5 p. o/o et que tout le prix résultant des ventes serait intégralement partagé entre les associés, au prorata de leur apport en fromage.

Ce n'était pas tout d'avoir organisé sur ces bases excellentes l'association des producteurs : il fallait écouler les produits (500,000 kilogrammes la première année), se créer une clientèle en France et à l'étranger. Le commis d'un jeune négociant de Roquefort, M. Carrière, que le conseil d'administration s'assura, résolvait la seconde partie du problème. M. Carrière céda ses relations commerciales et sa marque de fabrique au syndicat et fut placé à la tête de l'exploitation, qu'il s'est engagé à diriger pendant dix ans.

Telle est, à grands traits, l'histoire de la fondation du syndicat de Roquefort; voyons maintenant les résultats obtenus. L'exploitation du fromage par le syndicat était, en 1882, de 501,000 kilogrammes; elle s'est élevée à 1,228,000 kilogrammes en 1888, ayant plus que doublé dans l'espace de sept ans. Grâce à la bonne administration du syndicat, les dépenses d'installation des caves ont été réduites à un chiffre très faible, si on le compare à celles de l'ancienne Société. Dans cette dernière, le loyer de la cave s'élevait à 19 fr. 50 par quintal métrique, d'après les calculs de M. le comte de Toulza, tandis qu'il n'atteint pas plus de 5 francs pour le syndicat.

Les dividendes donnés aux associés par le syndicat de Roquefort ont varié, par 100 kilogrammes de fromage, de 110 à 145 francs.

Pour atteindre ce but et loger le fromage à bon marché, le syndicat a fait construire une usine dont les plans et photographies étaient exposés dans la galerie du quai d'Orsay.

Cette cour ou usine mesure 120 mètres de long, 16 mètres de large, et compte sept étages; ses machines sont mises en mouvement par la vapeur et ses longues galeries souterraines sont éclairées par l'électricité. On a dépensé pour cette construction 700,000 francs; cette dépense permet de traiter, dans une seule usine, 10,000 quintaux métriques de fromage.

Aujourd'hui, la Société des producteurs de fromage de Roquefort possède tous ses moyens d'action : elle rend à la région l'immense service de maintenir à un taux raisonnable le prix du fromage pris à la ferme. Elle ne fait pas de commerce : elle n'a aucun intérêt à acheter bon marché pour revendre cher; elle n'a à supporter ni bénéfice ni perte. Mais, en partageant toutes les sommes provenant de la vente du fromage préparé, déduction faite des frais généraux, elle arrive à donner à ses membres un chiffre que ses concurrents doivent forcément atteindre en restreignant leurs bénéfices, s'ils ne veulent pas être abandonnés par les producteurs qui leur sont restés fidèles.

Avec des ressources très modestes, quelques fermiers ou propriétaires ont pu défendre leurs intérêts et sauvegarder la valeur d'un produit qui fait la fortune des montagnes de l'Aveyron. Il y a là un excellent exemple à méditer : l'association est l'un des remèdes, un des moyens de salut les plus puissants pour notre agriculture.

COOPÉRATION DU PROPRIÉTAIRE ET DES FERMIERS.

(Domaine de Monthorin.)

Les deux grands leviers du progrès agricole à notre époque nous paraissent, de plus en plus, être la science d'un côté, de l'autre le capital. En associant au travail ces deux éléments fondamentaux de toute industrie rémunératrice, il est possible, c'est notre conviction ferme, de ramener la prospérité dans nos exploitations rurales, qui, en dehors d'eux, ne peuvent efficacement soutenir la lutte, en raison des changements profonds survenus dans les conditions économiques de tout ordre, avec lesquelles l'agriculteur, comme l'industriel, est obligé de compter.

Les pavillons du quai d'Orsay fournissaient de nombreuses justifications de cette manière de voir : il était facile d'y puiser des exemples tout à fait probants des bienfaits que l'agriculture retire de l'application des méthodes scientifiques à l'obtention de ses produits et des progrès qui résultent de l'association, sous diverses formes, des propriétaires, des fermiers et des cultivateurs entre eux. (Exposition de la classe 74 notamment.)

A côté de l'exposition des syndicats, figurait dans la classe 73 *bis,* l'exposition de M. le comte de Lariboisière, digne de servir de modèle de coopération du propriétaire et du tenancier pour le plus grand profit des deux.

Le domaine de Monthorin (arrondissement de Fougères) est considérable : il se compose d'environ 1,500 hectares répartis entre 80 ou 90 fermes de petite dimension (10 à 25 hectares, plus une retenue que M. de Lariboisière exploite lui-même).

Le sol de l'arrondissement de Fougères est granitique; le climat humide et tempéré. L'herbe pousse abondante et d'excellente qualité; fine et légère, elle convient particulièrement à la production laitière et à l'élevage des jeunes animaux. Depuis 1840, les cultivateurs ont restreint avec raison les emblavures des céréales et augmenté l'étendue des herbages. L'élevage des jeunes animaux a donné, de 1850 à 1878, de grands bénéfices. Mais la valeur du bétail ayant, depuis cette époque, beaucoup diminué, les bénéfices sont devenus presque nuls. M. de Lariboisière a alors songé à augmenter la production laitière, très rémunératrice dans cette région. Il a entrepris la fabrication du beurre sur une grande échelle et installé deux vastes laiteries à vapeur, d'après le système danois. Mais, comme il le fait observer, pour réussir il fallait avant tout obtenir des fermiers et des serviteurs un concours actif et intelligent, et le meilleur moyen d'arriver à ce résultat lui a paru d'associer leurs intérêts à ceux du propriétaire. Ce système a pleinement réussi comme on va le voir.

Les conventions suivantes ont été établies : elles se recommandent à l'attention des propriétaires qui pourraient y apporter telles modifications que la culture locale leur suggérerait.

Le fermier n'a plus de prix de location à payer et tous les produits de la ferme lui sont laissés, sauf ceux de l'étable qui sont partagés. Le fermier doit diriger son exploitation de manière à produire le plus de lait possible. Il doit apporter tout ce lait à l'usine. Le kilogramme de lait lui est payé o fr. o5 cent. et demi en hiver, et o fr. o4 cent. et demi pendant l'été. Mais, la somme annuelle qui est remise au fermier, comme prix du lait, est au moins égale au prix du fermage antérieur. Ainsi, un fermier qui avait une location de 1,000 francs n'a plus rien à payer, et il est certain de toucher du propriétaire au moins 1,000 francs. Le fermier reçoit, en outre, à titre d'indemnité, le tiers de la valeur de tous les animaux nés sur la ferme, au moment où ces animaux sont enlevés de la ferme; les serviteurs reçoivent le sixième de cette valeur.

Enfin, quand le montant net de la vente du beurre dépasse le total : 1° du prix du fermage antérieur; 2° de la somme versée au fermier pour le lait; 3° de l'intérêt et de l'amortissement de l'argent dépensé par le propriétaire pour aménager la ferme, le fermier reçoit encore un quart de ce surplus, et les serviteurs reçoivent aussi un quart.

Ainsi, sur une terre louée primitivement 1,000 francs, la somme garantie au fermier pour prix du lait étant aussi de 1,000 francs, si on évalue encore à somme égale (de 1,000 francs) l'intérêt et l'amortissement des sommes dépensées par le propriétaire, fermier et serviteurs ont droit à partage, quand le produit de la vente du beurre dépasse 3,000 francs.

Le propriétaire fournit sans indemnité le troupeau d'organisation, mais il a seul la propriété de tous les animaux nés et à naître, et il se réserve la direction absolue de l'élevage. Tous les troupeaux sont composés exclusivement d'animaux de la race jersiaise, qui semble le mieux convenir à la région de Fougères. La race jersiaise se nourrit bien, elle mange un tiers en moins que les animaux de race cotentine et les croisés durham-manceaux qui sont élevés dans les étables des environs de Monthorin Plus de cinq cents vaches jersiaises sont actuellement entretenues ou élevées sur le domaine de M. de Lariboisière.

En même temps que se formait un personnel dévoué et que s'acclimatait la race jersiaise, le propriétaire réorganisait successivement les bâtiments de fermes; des plates-formes à fumier, avec fosses à purin, parfaitement étanches, étaient établies sur chaque ferme : les vacheries reconstruites ou réaménagées. Les engrais soigneusement recueillis donnent aux terres de Monthorin une fertilité inconnue jusque-là : les récoltes de foin ont doublé et les récoltes de céréales augmenté dans un rapport plus considérable encore.

Le phosphate de chaux est répandu sur les prairies et mélangé avec la litière sous les animaux, dans les étables.

Une série de photographies exposées dans la classe 73 *bis* permettaient de suivre les améliorations apportées depuis dix ans dans les fermes de Monthorin. Quelques chiffres vont nous montrer combien M. de Lariboisière, suivant sa propre expérience, a eu raison d'avoir confiance dans le travail, l'intelligence et le dévouement des cultivateurs bretons. Nous ajouterons que les résultats obtenus prouvent non moins combien les fermiers de Monthorin ont à se louer d'avoir rencontré dans leur propriétaire l'intelligence, le savoir et le bon vouloir qui lui ont permis de réaliser une amélioration des plus marquées dans le sort des cultivateurs de son arrondissement.

Je laisserai de côté la retenue du propriétaire pour ne citer que quelques chiffres relatifs aux fermes du domaine : l'éloquence de ces chiffres me dispensera de tout commentaire.

Ferme du Grand Monthorin. — 34 hectares. Prix de location : 2,270 francs. Pour le dernier exercice 1887-1888, cette ferme a rapporté, comme beurre, 4,488 fr. 75, et comme vente et retrait d'animaux, 1,534 fr. 20. Total : 6,022 fr. 95. La part du fermier a été, fermage payé, de 2,961 fr. 75; la part des serviteurs, 190 francs; celle du propriétaire, 2,871 fr. 20. Dans le chiffre des bénéfices du fermier, rapporté plus haut, ne figurent pas les profits qu'il a tirés de ses récoltes autres que le lait.

Ferme de la Rouletière. — 26 hectares. Prix de location : 2,270 francs.
Exercice 1887-1888. Produit en beurre, 5,077 fr. 65. Vente des animaux, 1,573 fr. 20. Total : 6,550 fr 85. La part du fermier, fermage payé, a été de 2,974 fr. 40; celle des serviteurs, 240 francs; celle du propriétaire, 3,436 fr. 45.

Ferme de la Berhais. — 24 hectares. Prix de location, 1,540 francs.
Exercice 1887-1888. Produit en beurre, 2,867 fr. 20. Vente d'animaux, 1,418 fr. 80. Total : 4,286 francs. D'où part du fermier, fermage payé, 2,074 fr. 55; part des serviteurs, 145 francs; part du propriétaire, 2,066 fr. 45.

Ces quelques exemples suffisent pour montrer d'une façon saisissante les résultats d'une coopération bien entendue.

Tout le monde étant intéressé dans l'exploitation des fermes de Monthorin, au succès de l'entreprise, le personnel, associé au propriétaire, fait tout ses efforts en vue de la prospérité de l'association.

L'exemple donné par M. de Lariboisière est des plus probants en faveur des bons résultats que peut fournir l'association du propriétaire et du fermier pour l'accroissement des rendements et la bonne gestion du sol.

III

EXPOSITION DU COMITÉ CENTRAL AGRICOLE DE LA SOLOGNE.

Nous terminerons le chapitre consacré à la statistique agricole de la France en parlant des résultats si remarquables obtenus en Sologne, sous l'inspiration et la direction de M. H. Boucart, conservateur des forêts.

Faisons d'abord connaître la situation de cette région à l'aide des documents soumis à l'examen du jury de la classe 73 *bis*.

De 1830 à 1888, la Sologne s'est considérablement assainie et peuplée.

70,000 hectares de ces derniers, peuplés en pin maritime, ayant été entièrement détruits par les gelées de l'hiver 1879-1880, ce désastre épouvantable a été réparé, en moins de dix années, par de nouvelles plantations, dont une grande partie en pin sylvestre, essence qui ne gèle pas, et le tout a été exécuté par des procédés économiques qui ont donné de parfaits résultats.

Au fur et à mesure de ces améliorations, la population a augmenté en nombre, de sorte que la Sologne compte actuellement 46,200 habitants de plus qu'en 1830.

D'aussi grands travaux ne sont pas seulement fructueux pour les intérêts privés : en arrachant toute une région à l'insalubrité et à la pauvreté, ils ont servi les intérêts généraux du pays; ils ont contribué à augmenter la fortune de la France; ils ont amélioré le sort d'un grand nombre de ses habitants.

Tels sont les titres qui recommandaient à l'attention des visiteurs et du jury, les exposants qui représentaient dignement les propriétaires si méritants de cette région.

La Sologne comprend environ 500,000 hectares répartis comme suit :

Portion du département de Loir-et-Cher	259,255 hectares
Portion du département du Loiret	118,903
Portion du département du Cher	100,501
SURFACE TOTALE	478,659

Le sol consiste en un plateau de terrains de transport exclusivement argilo-siliceux et privés de chaux; ils sont généralement peu profonds et superposés à un sous-sol imperméable; par suite, leur culture est coûteuse et peu rémunératrice.

Dans ces conditions, une grande partie de la contrée est restée longtemps inculte, occupée par de hautes bruyères et couverte d'étangs marécageux; d'où résultaient une pauvreté et une insalubrité qui décimaient la population.

En 1852, le directeur de l'Agriculture écrivait encore de la Sologne, qu'elle n'appartenait que de nom à la France, et que c'était la stérilité et le désert.

En réalité, le cadastre donnait, pour l'année 1830, les chiffres suivants :

Terres	239,103 hectares
Prés	24,767
Bois	69,829
Étangs	11,693
Landes	122,024
Vignes	11,243

Depuis cette époque, de grands travaux de restauration ont été exécutés et, *très judicieusement : on a surtout cherché la régénération et l'avenir de la Sologne dans le boisement, en préférant le pin à toute autre essence*. Le pin a donné à la fois le rendement le plus élevé et le meilleur résultat pour la salubrité, car il a purifié l'air par ses émanations balsamiques, et il a assaini les terrains par le drainage naturel de ses racines.

En 1889, la Sologne transformée se compose comme il suit :

Terres	275,155 hectares
Prés	23,064
Bois	125,578
Étangs	8,946
Landes	33,644
Vignes	12,272

En moins de soixante ans, 91,000 hectares de bruyères humides et de queues d'étangs ont donc été convertis en cultures (céréales, prés, vignes), et surtout en bois feuillus et résineux.

Au fur et à mesure de ces améliorations qui apportaient aux habitants la santé (par l'assainissement) et la bonne nourriture (par le travail), la population a beaucoup augmenté en nombre.

En 1830, on ne comptait en Sologne que 103,225 habitants, il y en a maintenant 149,420; c'est pour cette période de cinquante-neuf ans, une augmentation de 50 p. 100.

Nous venons de dire que les gelées de l'hiver 1878–1880 ont détruit environ 70,000 hectares de pineraies maritimes.

La grande et légitime émotion causée par ce désastre, entraînant une perte

évaluée à 40 millions, faillit aboutir à la ruine de la Sologne ; on parlait de ne pas faire
la dépense d'exploiter ces bois gelés et de ne pas reboiser. C'est alors qu'à l'a suite
d'une tournée des préfets avec M. l'Inspecteur général des forêts Clément de Grand-
prey, on donna à M. Boucard, conservateur à Tours, la mission qui eut pour résultat
le relèvement de la sylviculture dans cette contrée.

Deux questions étaient posées par le Ministre à M. Boucard :

1° Utilisation des bois gelés et déblaiement du sol ;

2° Reconstitution des pineraies détruites.

La situation pouvait être envisagée à deux points de vue distincts :

Intérêt général : salubrité, travail à donner aux ouvriers ;

Intérêt particulier : secours à allouer aux sinistrés.

Utilisation des bois gelés. — Il parut à M. Boucard qu'il y avait grand danger à les
laisser pourrir sur pied ; invasions d'insectes, incendies et finalement ruine des propriétaires et de la population : ouvriers privés de travaux. C'était le retour à la misère
et à l'insalubrité. Par contre, on craignait de ne pas pouvoir vendre les bois gelés
après avoir fait les dépenses de leur façonnage.

M. Boucard ne se laissa pas arrêter par les objections qu'on lui prodiguait :

«M. Boucard, écrivait un forestier censeur, pense que le bois gelé pourra être vendu
comme bois de feu et débité en cotrets. Nous voudrions pouvoir partager cette espé-
rance, mais nous savons trop avec quelle facilité le bois de pin maritime sain s'altère,
pour admettre que des tissus désorganisés par le froid puissent offrir quelque résistance. Il faut que les propriétaires de la Sologne ne se fassent pas d'illusions à cet
égard, car le consommateur ne les partagera pas. »

A cela dans son rapport du 31 juillet 1880, M. Boucard répliquait : «Les bois gelés
se conserveront, si on les exploite avec certaines précautions — ils trouveront écoulement si on sait attendre — ils se vendront même très cher, pour la boulangerie de
Paris qui ne saurait s'en passer. » Le succès confirma ces prédictions et couronna les
efforts de M. Boucard. Les 100 falourdes (5 stères 1/2) ayant coûté 12 francs de façon,
se sont vendues, avec progression croissante, d'abord 22 francs puis jusqu'à 65 francs
et facilement 60 francs dans les gares du chemin de fer de Paris à Orléans. Le pin
gelé s'est conservé depuis 1880, jusqu'à ce jour, et il a été utilisé par la boulangerie
jusqu'au dernier morceau.

L'importance de l'opération fut grande, comme on en peut juger par les chiffres :
40 millions de falourdes furent vendues à 60 francs le cent, soit 24 millions de francs,
encaissés par les propriétaires. 40 millions de falourdes à raison de 12 francs de façon
et de 10 francs de conduite par cent ont donné 9 millions de travail aux ouvriers
locaux, sans parler des transports de chemins de fer.

Après avoir exploité les bois gelés, il fallait songer à reconstituer les pineraies détruites.

Trois buts furent visés par M. Boucard :

Substituer le pin sylvestre, qui ne gèle pas, au pin maritime qui gèle ;

Activer le reboisement ;

Fournir de l'ouvrage aux ouvriers et, pour cela, tout en aidant le propriétaire, l'obliger à faire les dépenses nécessaires.

Les moyens d'exécution auxquels on s'arrêta furent les suivants :

Faire préférer la plantation au semis. Motifs : nature des bois qu'il s'agit de restaurer, des graines données gratuitement pourraient être trop facilement jetées sans frais, c'est-à-dire risquées, sur terrains non suffisamment préparés, tandis que des plants même donnés, nécessitent, pour être utilisés, une dépense minimum de 30 francs par hectare.

Créer des pépinières dans les principaux centres de pineraies détruites et y élever directement et économiquement des plants ; car les pépiniéristes (du commerce) non préparés, n'ont pas les quantités suffisantes et d'ailleurs maintiennent leurs prix trop élevés (5 à 8 francs le mille).

Les résultats obtenus ont pleinement justifié la marche suivie.

Les pépinières créées par le service forestier ont donné d'excellents fruits ; on y a élevé de très bons pins sylvestres de deux ans, dont un de repiquage.

Avec 28,000 francs de subvention annuelle, on a délivré, en moyenne, 12 millions de plants par an, soit environ 2 fr. 30 de dépense par mille plants.

Les propriétaires remontés, stimulés, conseillés, ont fait tout le possible. Un grand nombre d'entre eux ont établi chez eux de petites pépinières sur le modèle de celles de l'État. Ils se sont également inspirés des méthodes économiques de reboisement du service des forêts. La contenance des pineraies détruites, actuellement reconstituées, est d'environ 70,000 hectares.

C'est une œuvre considérable et d'importance très grande au point de vue de l'intérêt général. Son exécution fait le plus grand honneur au forestier qui l'a conçue et dirigée, aux propriétaires et aux ouvriers de la Sologne qui l'ont réalisée.

Les résultats financiers des opérations du boisement ont été les suivants :

DÉPENSES.

Terrain. — Valeur du sol 300 à 400 francs en moyenne............ 350^f 00^c
Boisement. — 1 plant par 1^m 20 de distance, soit 6,500 plants par hectare :
    Achat des plants, 5^f le cent, pour 6,500 plant......... 32^f 50
    Frais de plantation. 2^f 75 par cent................. 17 87
                                  50 37   50 00[1]
         Capital engagé................... 400 00

[1] En chiffres ronds.

PRODUIT.

Rendement de 1 hectare de pins: 3,000 falourdes par hectare à l'âge de 25 ou 30 ans, suivant terrain et végétation : prix de 100 falourdes à Paris, 100 francs.

Prix de 100 falourdes dans les gares du réseau.....................		60ᶠ 00ᶜ
A diminuer { pour façonnage........................ 10ᶠ 00 { pour transport moyen.................... 6 00	} 16 00	
Produit net par 100 falourdes.		44 00

Produit net par hectare, 1,320 francs.

M. Boucard estime de 40 à 50 francs le rendement moyen annuel par hectare.

Nous donnons ici les indications qui accompagnaient les plans de reboisement de quelques propriétés.

NOTICE SUR LA PROPRIÉTÉ DE LA MINÉE.

La propriété de la Minée dépend de la commune de Brinon-sur-Sauldre, du canton d'Argent, arrondissement de Sancerre, département du Cher.

Elle est située sur la rive gauche du Beuvron et ses terres en pente vers cette rivière forment une vallée de trois kilomètres de largeur.

Elle est bornée à l'est et au sud-est par le canal de la Sauldre; une crête de collines d'une hauteur de dix-huit mètres environ borde cette vallée.

Elle est traversée de l'est à l'ouest par la route de Brinon à Chaon.

La propriété a été formée par la réunion des domaines de Fahy, du Pont, des Buissons et de la Riffaudière, réunion opérée de 1828 à 1845 par MM. de Mourle et Barbet. M. de Laage de Meux a acheté en 1865 la Thionnière.

En 1868 le propriétaire actuel M. Wallet trouvait 75 hectares de vieux bois de chêne dévastés par le pacage des troupeaux, 130 hectares de semis en pins maritimes et sylvestres, 245 hectares de terres cultivées et 380 hectares en landes et bruyères. En 1871, il faisait l'acquisition du domaine de la Thomelle et fixait son installation vers le centre des cinq domaines à la place d'une locature appelée la Minée.

Les grands étangs de la Thomelle, des Ratières, de la Plombade étant desséchés et défrichés, les meilleures terres, d'une étendue de 252 hectares furent laissées à la culture et marnées; 17 hectares de prairies furent créés tant au moyen d'une prise d'eau accordée par l'État dans le canal de la Sauldre, que par les écoulements des eaux provenant des sources naturelles et des pentes des Buissons et de la Thomelle. Ces 17 hectares réunis aux 30 hectares de prés du Beuvron et de la Sauldre peuvent fournir le foin nécessaire à l'alimentation des bestiaux des six fermes de la Thomelle, des Buissons, de la Riffaudière, de Fahy, de la Thionnière et du petit Poirier.

Les terres plus légères ont été plantées en pin sylvestre, bouleau et chêne, elles ont été réunies aux 75 hectares de vieux bois de chêne et forment six massifs de bois contigus :

1° Les bois du Pont comprenant 165 hect. 85 ares 69 cent.

2° Les bois de la Thionnière comprenant 95 hect. 9 ares 20 cent.

3° Les bois de la Minée comprenant 129 hect. 25 ares 19 cent.

4° Les bois de Fahy comprenant 48 hect. 47 ares 60 cent.

5° Les bois des Buissons comprenant 150 hect. 75 ares 15 cent.

6° Les bois de la Thomelle comprenant 179 hect. 54 ares 34 cent.

Des avenues de sept mètres de largeur ont été tracées au milieu des plantations et des bois, elles assurent l'écoulement des eaux par des fossés de 1 m. 33 de largeur sur 0 m. 70 de profondeur, elles règlent l'exploitation.

Par ces lignes directes, les cottrets, les cordes et les bourrées sont amenés à la grande route de Brinon à Chaon et dirigés, soit sur la gare du Vieux Péroüé pour être chargés en bateau, soit à l'usine voisine pour servir au chauffage des fours à feu continu de la *briqueterie du Vieux Péroüé* installée en 1880 dans la propriété, près du canal de la Sauldre.

TERRE DES VAUX, COMMUNE DE SALBRIS (LOIR-ET-CHER).

(Contenance 225 hectares. — Propriétaire : M. D. CANNON.)

M. Cannon a acheté cette terre au commencement de 1870. Son sol est sableux, tantôt aride, tantôt un peu frais, mais maigre presque partout, reposant sur un sous-sol d'argile, de tuf ou de cailloux siliceux. Il y avait une vingtaine d'hectares de pins maritimes, détruits depuis par les gelées de 1880 ; 5 à 6 hectares de taillis feuillus, et 3 hectares de prés naturels. Le reste se composait : un tiers de champs arables, pour la plupart épuisés par de longues années de mauvaise culture, les deux autres tiers de bruyères.

Pendant les dix premières années de sa jouissance, le propriétaire fit planter environ 120 hectares de bois, en pins sylvestre et maritime, en chêne, bouleau et châtaignier, mais l'essence dominante dans ses reboisements est le pin sylvestre, qu'il a planté avec succès sur 50 hectares de bruyères. Il fit construire une maison d'habitation, des communs, des maisons pour le jardinier et les ouvriers, créer un parc de 15 hectares, réparer et consolider les bâtiments de ferme et une maison d'ouvrier, seules constructions qu'il avait trouvées sur les Vaux. En même temps il faisait défricher par le fermier les bruyères qui ne furent pas plantées.

Mais d'un côté les gelées de 1880 sont arrivées, détruisant les bois de pins maritime plantés avant l'acquisition de M. Cannon ; d'un autre côté la détresse agricole pesait sur le fermier dont les cultures cessèrent d'être rémunératrices, vu la nature ingrate de la terre.

M. Cannon se décida donc à reboiser presque toute la propriété, et en 1881 il fit planter encore 50 hectares en pins sylvestres, toujours repiqués à la main, procédé qui lui a le mieux réussi.

Le comité central agricole de la Sologne a couronné les travaux de M. Cannon, en lui décernant son prix d'honneur.

En 1883 fut commencée, comme essai et sur une petite échelle, la formation de pépinières forestières destinées à fournir aux grands reboisements les plants d'une qualité supérieure. Secondé par un bon chef de culture, M. Cannon a agrandi graduellement ces pépinières, et aujourd'hui elles couvrent 12 hectares et fournissent annuellement plus de 10 millions de plants. Ceux-ci élevés sous un climat rude et dans une terre légère, ont un tempérament très robuste et développent des racines remarquablement chevelues; ils sont recherchés partout en France où s'opèrent de grands reboisements.

Ajoutons que sur la petite forêt qui couvre aujourd'hui les Vaux, M. Cannon a fait 15 kilomètres de fossés et de rigoles d'assainissement et percé plus de 20 kilomètres d'allées.

NOTICE SUR LA PROPRIÉTÉ DES AUBIERS, PAR SALBRIS (LOIR-ET-CHER).

(Département du Cher, 601 hectares; département du Loir-et-Cher, 440 hectares; total, 1,041 hectares, évitant les fractions.)

TRANSFORMATION TOTALE, DE 1876 à 1888.

La culture limitée autrefois aux terres maigres des hauteurs, est descendue dans les fonds transformés en bonnes cultures, par les chaulages et produisant de l'herbe; de là, amélioration des bestiaux; récolte relativement abondante à l'aide des fumiers devenus eux-mêmes plus abondants; complément des fumures par le superphosphate. Les bruyères ont complètement disparu. Tels sont les résultats importants obtenus par les propriétaires.

BOIS.

A la gelée de 1879-1880, 60 hectares de premiers semis fait en pins maritimes ont été gelés; 200 hectares qui se trouvaient sous la neige ont été sauvés. La totalité des bois aujourd'hui existants sur la propriété est de 700 hectares chiffres ronds.

Ils se décomposent ainsi :

200 hectares de pins maritimes, sous la plus grande partie desquels il y a des taillis de feuillus ;

500 hectares (mélange de pins sylvestres et maritimes) et, là où le terrain pouvait le comporter, des feuillus existent.

Une portion de 80 hectares sur bruyère a été faite comme suit :

1° Brûlage de la bruyère ;

2° Hersage fait au moyen d'une herse spéciale, ayant des dents du genre extirpateur ; trois hersages.

3° Semis en mélange de maritimes et de sylvestres : réussite inespérée.

Toutes les fois qu'on a coupé les taillis, le reboisement a été opéré au moyen de repiquage en pin sylvestre, ce qu'il faut faire en Sologne vu l'inégalité des terrains pour la venue du chêne. En plantations neuves, il faut recourir à des mélanges d'essences diverses afin que celles qui ne se plaisent pas dans un endroit trouvent leur place dans un autre.

Aucune allée ni chemins n'étaient limités, on a fait des fossés partout où cela était nécessaire pour rendre l'assainissement complet ; on a ouvert des allées dans les bois tous les cent mètres ; on a fait une grande quantité de prés pour les fermes par les moyens les plus économiques que réclame la Sologne ; les récoltes sont bonnes ; il existe des repiquages sur bruyères en quantité.

On voit, par l'exposé succinct qui précède, l'importance des services rendus à la Sologne par l'initiative hardie et dévouée de M. H. Boucard, dont l'entreprise si difficile a été couronnée d'un plein succès.

ÉTATS-UNIS D'AMÉRIQUE.

I

ORGANISATION DU DÉPARTEMENT DE L'AGRICULTURE.

Au premier rang des pays de production que l'on peut appeler *neufs*, en raison de la date récente de leur avènement dans les préoccupations des agriculteurs européens, se placent incontestablement les États-Unis de l'Amérique du Nord.

Ce rang, les États-Unis le doivent non seulement à l'étendue de leur territoire que les évaluations officielles du gouvernement de Washington fixent à 957,900 kilomètres carrés environ, soit une surface près de dix-neuf fois (18,78) égale à celle de la France; mais encore au prodigieux développement de la production du sol, des moyens de communication et de transport, enfin à l'organisation des institutions agricoles. Ce dernier point mérite une mention toute spéciale, car l'agriculture des États-Unis qui a dû jusqu'ici l'accroissement phénoménal de sa production à la possibilité d'étendre incessamment ses cultures sur des terres vierges, se prépare, par son organisation scientifique, à entrer dans la voie de la culture intensive, le jour où elle en sentira le besoin.

Ce vaste pays, dont 15 p. 100 à peine de la surface sont actuellement soumis à un régime cultural régulier, suffit à l'heure présente, à nourrir sa population de près de 65 millions d'habitants et peut, en outre, exporter près du quart de sa production annuelle en froment. La valeur de ses produits animaux atteignait, en 1888, le chiffre énorme de 7 milliards et la consommation indigène laisse disponible environ 10 p. 100 de cette somme, représentée par la viande et les divers produits du bétail exportés à l'étranger.

Réunis sous la direction du statisticien du département de l'agriculture M. J. R. Dodge, classés, et méthodiquement groupés par les soins de M. Ch. Dodge fils, commissaire à l'Exposition de 1889, les documents relatifs à la production des États-Unis présentaient un ensemble de chiffres, cartes, diagrammes des plus intéressants et de nature à donner une idée nette de la situation agricole des États-Unis. Une publication spéciale[1] et un atlas graphique dressé par M. R. Dodge complétaient très heureusement les documents exposés dans les galeries du quai d'Orsay.

Nous allons, à l'aide de cet ensemble de matériaux, des renseignements oraux qui nous ont été fournis avec le plus aimable empressement par MM. les commissaires

[1] Rapport sur les productions agricoles des États-Unis d'Amérique, préparé sous la direction du secrétaire de l'agriculture des États-Unis, en vue de l'Exposition universelle de 1889, à Paris. In-8°.

Riley et Ch. Dodge et des diverses sources que nous avons pu consulter, chercher à présenter un résumé aussi fidèle que possible de la situation agricole des États-Unis d'Amérique en 1889.

Disons d'abord comment est organisé le département de l'agriculture et notamment le service de la statistique agricole aux États-Unis, service qui a exposé les tableaux si instructifs qui figuraient au quai d'Orsay, en 1889.

Le département de l'agriculture, aux États-Unis, jusqu'en février 1889, était constitué, depuis quatre années, sur des bases voisines de celles qui ont présidé à l'organisation du Ministère de l'agriculture par Gambetta, avec cette double différence, qu'il ne formait pas un ministère spécial, mais qu'il disposait pour les services centraux, pour les subventions à l'expérimentation agricole (stations de recherches et fermes expérimentales), et pour la publicité donnée aux documents d'intérêt général, de ressources, en personnel et en argent, bien supérieures à celles de notre ministère.

L'âme du département de l'agriculture de Washington était le *Commissionner of Agriculture,* fonctionnaire dont le titre correspondait sensiblement à celui du directeur de l'agriculture au ministère de la rue de Varennes.

A dater du mois de février 1889, le département de l'agriculture de Washington comprend le secrétaire (ministre) avec ses bureaux, le secrétaire adjoint, le chef de service (chief clerck), qui veille aussi à l'entretien des bâtiments du département, la division de la comptabilité et des dépenses, la bibliothèque, le bureau des industries animales, ceux de statistique, entomologie, chimie, botanique, pomologie, ornithologie, microscopie et forêts; la division des semences et graines et celle des jardins et terrains. Quelques mots d'abord sur l'historique de ce département ministériel.

En 1862, le Congrès avait fait un premier pas dans cette voie; la loi du 15 mai, approuvée par le président Lincoln, posait les bases de l'organisation d'un département autonome de l'agriculture, mais le fonctionnaire placé à sa tête avait le titre de commissaire de l'agriculture et ne faisait pas partie du cabinet. Les services rendus par cette administration, confiée successivement à MM. Isaac Newton et J. Colman, de 1863 à 1889, ont été chaque année grandissant. Le département a gagné chaque jour davantage la confiance et la faveur des agriculteurs, des agronomes et du public, si bien qu'il a fini par recevoir, en étant érigé en département indépendant, «le rang officiel dû à une administration qui a dans ses attributions des intérêts qui sont ceux d'une moitié de la population et la source principale de la prospérité nationale». (Décret de civilisation).

Le 11 février 1889, le président Cleveland a choisi comme secrétaire de l'agriculture M. Norman Colman, le dernier commissaire de ce département. Au changement de l'administration, le 4 mars 1889, M. Colman a résigné ses fonctions, et M. Jeremiah Rusk, du Wisconsin, a été nommé secrétaire de l'agriculture par le président Harrisson. M. E. Willits, président du collège agricole du Michigan et directeur de la station expérimentale de cet établissement, a été nommé secrétaire adjoint.

L'organisation générale de ce département, les ressources budgétaires dont il dispose, ses rapports avec les agriculteurs et la direction imprimée à ses différents services sont intéressants à connaitre dans leurs traits généraux. La constitution de la propriété rurale et les conditions de l'agriculture aux États-Unis, si différentes à tous égards de celles des vieux pays de culture à population dense et agglomérée, appellent nécessairement une organisation particulière dans les services du ministère de l'agriculture. Je signale plus loin le développement si remarquable donné par le gouvernement de Washington aux informations statistiques de toute nature, destinées à guider le cultivateur et à le renseigner, pour ainsi dire au jour le jour, sur tous les faits de nature à servir ses intérêts. Il m'a semblé utile de faire précéder de quelques remarques générales cet aperçu sur l'organisation du département de l'agriculture que je puis présenter assez complètement, en mettant à profit les documents exposés au quai d'Orsay et les renseignements oraux qui m'ont été gracieusement donnés par MM. Riley et Dodge, commissaires de la section américaine.

Les États-Unis comptent actuellement quatre millions d'exploitations rurales : au point de vue de la gestion de ces fermes, la proportion moyenne générale des propriétaires exploitants, métayers et fermiers à baux, est la suivante [1] :

Sur 100 exploitations.

Propriétaires cultivant eux-mêmes........................ 74,5 ⎫
Métayers .... 17,5 ⎬ = 100
Fermiers payant en argent................................ 8,0 ⎭

La partie de la population adonnée à l'agriculture, correspondant à 44 p. 100 de la population totale des États-Unis, se répartit très inégalement dans les 46 États de l'Union de la façon que voici :

Pour 100 de la population.

Dans 6 États, elle est de .... 72 à 83
Dans 9 .... 57 à 69
Dans 15 .... 52 à 35
Dans 10 .... 33 à 18
Dans 6 .... 15 à 9

Dans 46 États, elle est en moyenne de. .... 44 p. 100

Les trois quarts de la terre américaine mise en valeur actuellement étant cultivés par ceux qui la possèdent, et le nombre de propriétaires et métayers représentant 92 p. 100 de la propriété rurale, on conçoit que depuis de longues années le gouvernement se soit attaché à multiplier, de toutes les manières possibles, les relations du service métropolitain avec la masse des cultivateurs disséminés à la surface de cet

[1] *Report of A. True.* 1889.

immense pays. Aussi, comme le dit le rapport officiel, «la besogne du département de l'agriculture ne se borne pas à celle qu'accomplit la routine journalière des bureaux. Les conférences, les articles, les mémoires préparés par les principaux fonctionnaires et les membres de l'état-major scientifique du département et qui sont lus devant les associations de cultivateurs, les sociétés savantes, le public agricole et le grand public, prennent chaque jour plus d'importance. Le département s'efforce de plus en plus de découvrir, de classifier et de décrire les faits et les principes de la science agronomique d'une manière approfondie, afin que ces faits et ces principes puissent être clairement entendus, intelligemment et heureusement appliqués dans la pratique sur les milliers de fermes des États-Unis».

Commençons par examiner le budget du département de l'agriculture de Washington, puis nous passerons sommairement en revue les principales attributions de ce département et leur répartition dans les divers services qui la composent.

Pour l'année fiscale expirant le 30 juin 1890, les crédits suivants ont été alloués, par le Congrès, au département de l'agriculture :

Bureaux du secrétaire.................................	415,300 francs.
Divisions — de botanique..............................	227,500
— de pomologie...........................	37,500
— de microscopie..........................	23,500
— de chimie...............................	114,500
— d'entomologie...........................	186,500
— d'ornithologie et mammologie..............	75,300
Jardins d'expériences et terrains......................	145,700
Musée..	20,600
Divisions — des semences..............................	542,200
— de statistique...........................	547,500
— des forêts...............................	50,000
Bureau des industries animales........................	2,075,000
Imprimerie du département............................	21,000
Livres, etc., pour la bibliothèque......................	10,000
Mobilier, etc., et réparations.........................	36,750
Frais de poste..	20,000
Dépenses imprévues...................................	75,000
Expériences sur la fabrication du sucre de sorgho et de betterave.....	125,000 [1]
Expériences de sériciculture (division entomologique)............	100,000
Stations d'expériences................................	2,925,000
Bureau des stations d'expériences......................	75,000
TOTAL.................	7,848,850

Le meilleur commentaire de ce budget sera l'indication rapide du fonctionnement de

[1] On sait de quelles préoccupations l'introduction de la betterave sucrière sur une grande échelle dans l'agriculture indigène est l'objet de la part du gouvernement des États-Unis.

chacun des services aux besoins desquels il pourvoit, sur une échelle qui peut faire envie aux agriculteurs de l'ancien continent.

Passons en revue les attributions du secrétariat général et l'organisation des principaux services :

Secrétariat de l'agriculture. — Les fonctions du secrétaire de l'agriculture sont, d'une manière générale, celles qui incombent aux membres du cabinet présidentiel. En tant que membre du cabinet du président, le secrétaire de l'agriculture est le conseiller du président, non seulement sur toutes les questions intéressant l'agriculture, mais encore sur celles qui concernent la direction générale de la la politique du gouvernement. Comme chef exécutif du département, il a la nomination des fonctionnaires subordonnés, agit comme intermédiaire entre le département et le Congrès, les autres branches du gouvernement et le public. Il a la direction générale du département; il est chargé d'assurer l'exécution des lois votées par le Congrès, concernant l'agriculture; il prend les mesures d'ordre divers, en vue des intérêts de l'agriculture, pour éclairer et guider les agriculteurs dans la théorie et dans la pratique de leur art. Le service du département est dirigé en grande partie au nom du secrétaire, et les crédits considérables alloués par le Congrès pour ses objets généraux et spéciaux sont employés sous sa direction et à sa discrétion. Comme tous les chefs des départements exécutifs aux États-Unis, il est responsable devant le président et lui doit compte des intérêts qui lui sont confiés. En même temps qu'on élargissait les pouvoirs et les attributions du département de l'agriculture, on a créé un secrétaire adjoint sous la dépendance duquel on a placé les huit divisions techniques du département. Le secrétaire adjoint surveille d'une manière générale et dirige les études et les opérations scientifiques de ces divisions.

La correspondance relative aux travaux scientifiques est soumise à sa signature et à son approbation.

Chaque année, en décembre, le secrétaire adresse au président de la Confédération un rapport général dont le Congrès vote l'impression au nombre de *quatre cent mille exemplaires*. Sur ce chiffre, 70,000 exemplaires sont distribués aux membres du Sénat, 300,000 sont mis a la disposition des membres de la Chambre des députés; les 30,000 exemplaires restants sont utilisés par le commissaire de l'agriculture pour la publicité américaine et étrangère.

La décision du Congrès porte qu'un crédit de 200,000 dollars (1 million de francs) est affecté à cette publication et prescrit la date du dépôt du manuscrit du rapport entre les mains de l'imprimeur (30 décembre au plus tard) et celle de la livraison du rapport imprimé (1er février suivant, délai de rigueur). Ce volume, qui, pour l'année 1888, compte 708 pages de texte et tableaux grand in-8°, est accompagné d'autant de planches noires ou coloriées, cartes et figures dans le texte que le comportent les documents qui le composent. Le rapport de 1888 contient 63 planches chromo-lithographiées, 8 figures noires et une carte grand-aigle de la répartition de la maladie de la pomme de terre (*potato rot*) sur le territoire des États-Unis.

Le rapport du commissaire de l'agriculture figure en tête du volume. Il résume les faits les plus saillants de chacun des services dont les rapports distincts, au nombre de 12, pour l'année 1888, sont publiés dans l'ordre suivant :

Rapports de l'entomologiste, M. C.-V. Riley; du chef du bureau de l'industrie animale, D.-E. Salmon; du chimiste, H.-W. Wiley; du botaniste, Géo Vasey; du statisticien, J.-R. Dodge; de l'ornithologiste, Hart. Merriam; du directeur de l'office des stations expérimentales agronomiques, W.-O. Atwater; du microscopiste, Th. Taylor; du pomologiste (arboriculture), van Deman; du chef de la division des forêts, E. Fernow, et du chef de la division des semences, W.-M. King. Quand il y a lieu, les documents officiels dont la liste précède, sont complétés par des rapports spéciaux émanant des hommes les plus compétents. C'est ainsi qu'en 1888 on trouve à la fin du *Report* une étude sur les exploitations rurales en Amérique de James Reeve, et une autre, fort intéressante, de T.-C. Duncan sur l'introduction de l'élevage de l'autruche aux États-Unis.

On voit, par cette énumération, que chacune des grandes branches de la production agricole est représentée au département de l'agriculture par un technicien dont la compétence est hors de discussion. Il suit de là que le *Report* met aux mains du cultivateur une étude aussi complète qu'elle peut l'être du mouvement de la science et des résultats pratiques de chacune des grandes catégories de production qui l'intéressent spécialement.

Bureau de la statistique. — À côté de ce *rapport annuel,* le bureau de statistique publie, le 20 de chaque mois, un rapport spécial tiré à 20,000 exemplaires et destiné à porter périodiquement, et *en temps utile,* à la connaissance des intéressés les renseignements de toute nature concernant la production, le commerce des principales denrées et du bétail. Pour donner une idée du grand profit que les agriculteurs retirent de cette publication, j'indiquerai l'objet principal des fascicules mensuels de l'année 1887 qui figuraient à l'Exposition.

Janvier et Février. — Rapport sur le nombre et la valeur des animaux de la ferme. — Statistique des existences au 1ᵉʳ janvier 1887 pour l'Amérique et les différents pays du globe. — Frais de transport (fret et autres) des animaux aux divers ports du nouveau et de l'ancien monde.

Mars. — Rapport sur la répartition des cultures, la production et la consommation du blé et du maïs dans le monde entier. — Exportation, frais de transports, tarif des différentes Compagnies de chemin de fer et de navigation.

Avril. — Rapport sur l'état des cultures des céréales d'hiver et sur la situation de l'industrie du bétail et les conditions de son transport par les Compagnies.

Mai. — Rapport sur l'état des cultures de céréales d'hiver et sur la progression de la plantation du coton, avec renseignements sur les tarifs des Compagnies de transport.

Juin. — Rapport sur l'étendue des emblavures de blé en 1887, dans le monde entier, et renseignements sur l'état des cultures de céréales. — Renseignements sur les prix de transports à cette date.

Juillet. — Rapport sur l'étendue des terres plantées en maïs, pommes de terre et tabac. — État des récoltes et tarifs de transports.

Août. — Rapport sur l'état des diverses récoltes dans les deux mondes. — Fret et conditions actuelles de transports.

Septembre. — Rapport sur l'état des récoltes en Amérique et en Europe, avec indication des tarifs de transports.

Octobre. — Rapport sur la récolte de 1887. — Rendement en grains des céréales à l'acre; salaires et prix à Mexico. — Frais de transport par les Compagnies.

Novembre. — Mêmes sujets. — Documents complémentaires.

Décembre. — Rapport général sur les récoltes de l'année. — États-Unis d'Amérique du Sud, Europe, Australie, etc. — Prix de transports [1].

Quelle mine de documents arrivant utilement aux cultivateurs et aux consommateurs! et combien nous sommes loin encore de cet état précieux d'informations!

Ces rapports mensuels, dit leur auteur, M. R. Dodge, sont distribués principalement aux écrivains, aux économistes et aux journalistes des différents États de l'Amérique, en vue de faire connaître le plus rapidement possible aux intéressés, par l'intermédiaire de la presse, la situation approximative des cultures et des récoltes et de soustraire producteurs et consommateurs aux agissements déloyaux de certains négociants. Les documents qu'ils renferment ne sauraient prétendre à une rigoureuse exactitude, en ce qui regarde les chiffres statistiques, puisqu'ils précèdent presque toujours la récolte. Mais ils n'en sont pas moins précieux comme prévisions assises sur des renseignements émanant des hommes les plus autorisés de chacune des régions qu'ils concernent.

Ceci m'amène à préciser l'organisation du service de la statistique dont la direction est confiée à M. J.-R. Dodge. L'éminent statisticien a 55 employés sous ses ordres; mais à ce nombre d'aides (vingt fois supérieur, disons-le en passant, à celui dont dispose la direction de l'agriculture en France) ne se borne pas le personnel des collaborateurs du département de l'agriculture. Le service des récoltes proprement dit comprend un corps de correspondants répartis dans les divers États, des agents salariés du département de l'agriculture et un agent spécial dans chaque consulat à l'étranger. Le nombre des correspondants de comté atteint le chiffre de 2,331; celui des aides de ces correspondants est au moins triple et les agents d'État ont eux-mêmes de nombreux assistants. M. Dodge fixe à *douze mille,* au moins, le nombre des personnes qui concourrent en Amérique d'une façon permanente à la confection de la statistique agricole.

Tous les mois (le 1er du mois), les correspondants de comté adressent à M. Dodge une feuille remplie conformément aux indications imprimées qui y sont portées. Comme ces indications sont, pour chaque mois, les mêmes que celles du mois correspondant de l'année précédente, chaque collaborateur connaît, à l'avance, la nature des rensei-

---

[1] *Report of the commissioner of agriculture* et *Reports of the Bureau of the department of agriculture.*

gnements qu'il doit fournir à jour dit, ce qui, tout en simplifiant son travail, le rend plus sûr.

Les agents de l'État sont en rapport continuel avec les correspondants libres dont ils contrôlent les renseignements : tous les documents arrivent ensuite au service central, qui les compulse, les contrôle à son tour les uns après les autres, dépouille les statistiques de l'étranger et groupe les résultats généraux dans le *Report of statistician.* — Grâce à cette excellente organisation, les agriculteurs des États-Unis connaissent avec une approximation suffisante, *tous les mois,* l'état des récoltes, celui de l'élevage et du commerce des animaux, les conditions des transports, les prévisions de la récolte de l'année dans le monde, etc. *Tous les ans,* au mois de février, ils ont en mains les relevés à peu près complètement exacts des ressources de leur pays dans toutes les branches de l'agriculture et, pour le reste du monde, un aperçu aussi voisin de la vérité que le permet l'organisation défectueuse de la statistique agricole de diverses nations du vieux continent. On sent quel puissant secours l'agriculture d'un pays reçoit d'un pareil système d'information, dont la moindre valeur n'est pas d'arriver à temps, alors qu'ailleurs la statistique, trop souvent par la date où elle est publiée, semble plutôt destinée aux historiens qu'aux praticiens de la profession qu'elle concerne.

Le *chef du service* (chief clerk) est directeur des bâtiments du département. Il est placé à la tête de tous les employés, statue sur toutes les demandes de congé et, d'une manière générale, dirige l'organisation active du département.

Le rôle du directeur de la division de comptabilité et des dépenses s'explique de soi sans qu'il y ait besoin d'insister : il est en même temps conservateur des archives.

La bibliothèque, qui comprend 18,000 volumes, a pour conservateur une femme, Mme H. Stevens. Le service de la papeterie et de l'enregistrement a une importance particulière au ministère de Washington, grâce à l'énorme publicité donnée aux publications officielles concernant l'agriculture. En 1888, il n'a pas été emballé, étiqueté et expédié, par les soins de ce bureau, moins de 749,500 exemplaires, savoir : 400,000 exemplaires du rapport annuel du département, 199,000 exemplaires du rapport de la division de statistique, et la différence, soit 150,500 exemplaires des travaux des autres divisions.

Bureau des industries animales. — Cette division a été établie par un acte du Congrès, du 29 mai 1884. Les divers travaux qui lui incombent sont les suivants :

1° Investigations et rapports sur la condition, la protection et l'emploi des animaux domestiques aux États-Unis ;

2° Recherches et rapport sur les causes des maladies contagieuses et infectieuses chez les animaux domestiques et sur les remèdes préservatifs et curatifs de ces maladies ;

3° Centralisation de toutes les informations relatives aux sujets précédents et qui peuvent être utiles aux intérêts agricoles et commerciaux du pays ;

4° Examens et comptes rendus des meilleures méthodes employées (aux États-Unis et à l'étranger) pour traiter, transporter ou soigner les animaux; moyens à adopter pour supprimer la pleuro-pneumonie et pour en empêcher la propagation;

5° Recherche et suppression de la pleuro-pneumonie par l'inspection, la mise en quarantaine et l'abatage des animaux atteints; désinfection des bâtiments, constructions et véhicules de transport;

6° Recherches scientifiques originales entreprises à la station expérimentale et au laboratoire de Washington sur les sujets précédents;

7° Direction et administration des stations de quarantaines établies pour les bestiaux importés;

8° Travail de bureau comprenant le classement des rapports des inspecteurs du bétail, avec index et résumés; la correspondance relative aux animaux malades et la préparation des rapports du bureau destinés à la publication.

Au début de l'année, le chef du bureau, d'accord avec le secrétaire de l'agriculture, choisit les sujets rentrant dans les paragraphes 1 à 3 qui doivent faire l'objet de recherches spéciales. Il désigne parmi les hommes les plus notoirement compétents dans chaque spécialité ceux auxquels il confiera ces recherches. Ces spécialistes résident dans diverses parties des États-Unis; ils sont tenus de se déplacer, s'il est nécessaire, pour mener à bien la mission qui leur est confiée.

Le service relatif à la pleuro-pneumonie dont on connaît les ravages, est organisé de la façon suivante : le secrétaire de l'agriculture, nommé, sur la présentation du chef du bureau; des inspecteurs, qui ont mission de s'enquérir de l'existence de la pleuro-pneumonie dans les localités qu'on suppose infestées. Des rapports hebdomadaires ou plus fréquents informent le ministère de tous les faits intéressant la mission. Partout où l'on découvre l'existence de la pleuro-pneumonie, on en prévient immédiatement le chef de bureau et l'inspecteur en chef de l'État où la découverte a été faite, et l'on met en quarantaine le troupeau dans lequel on l'a constatée. L'inspecteur en chef visite immédiatement le troupeau pour vérifier le diagnostic de l'inspecteur et envoie ses conclusions au bureau. Comme le diagnostic externe de la pleuro-pneumonie ne va pas sans difficultés, qu'il est rarement concluant, le chef de bureau est fréquemment obligé de vérifier personnellement le diagnostic de l'inspecteur en chef. Quand il est certain de l'existence réelle de la maladie, le troupeau est mis en quarantaine permanente. Les animaux affectés sont achetés et abattus de compte à demi avec les autorités de l'État où sévit le mal. Dès qu'on s'est défait du troupeau, les bâtiments et les étables sont soigneusement désinfectés, et la quarantaine est levée. En même temps, un inspecteur est chargé de s'assurer des origines de la maladie et de rechercher l'animal ou les animaux qui l'ont introduite dans les étables.

Quand on constate la pleuro-pneumonie dans plus d'un troupeau d'une même localité, on établit une quarantaine de localité, les limites du district mis en quarantaine étant fixées selon les ordres du chef de bureau. Les précautions les plus strictes sont prises pour empêcher la violation de la quarantaine et la diffusion de la pleuro-pneumonie, pendant qu'on est occupé à supprimer la maladie dans le district en quarantaine.

La mise en quarantaine du bétail arrivant des pays étrangers est placée parmi les attributions du bureau des industries animales. Les stations sont au nombre de cinq : elles sont situées à Littletown (Massachussets), à Garfield (New-Jersey) à Philadelphie (Pensylvanie), à Patapsco (Maryland), et à San Francisco (Californie). Les importateurs sont tenus de prendre un permis indiquant le nombre de têtes qui doivent être importées, et les ports d'embarquement et d'arrivée; le permis donne droit à l'admission dans les stations de quarantaine à l'arrivée des vaisseaux chargés de bétail; le receveur des douanes envoie un avis au directeur de la station de quarantaine du port, et le directeur se rend sur le navire, examine et prend en charge le bétail importé et le met en quarantaine à la station pour une période de 90 jours. Au bout de cette période, s'il est constaté que les animaux sont exempts de toute maladie, on lève la quarantaine, et les importateurs sont autorisés à expédier, sur les points qu'ils désirent, le bétail introduit. Il serait à souhaiter que le service sanitaire, au départ des viandes exportées fût, malgré cela, plus strictement fait qu'il ne l'est.

Telles sont les grandes lignes de l'organisation du bureau des industries animales dont le budget de deux millions et demi est justifié par les nombreux services dont il a la direction et la responsabilité.

Le rôle si utile des bureaux de botanique, d'entomologie, de chimie, n'a pas besoin d'être décrit. Le titre même, le chiffre des sommes allouées à ce service indiquent suffisamment leur but et leur mode de travail.

Les visiteurs de l'Exposition universelle ont pu apprécier, d'ailleurs, le service de l'entomologie agricole par l'exposition de M. Riley et se faire une idée de l'importance des travaux de l'éminent observateur auquel un grand prix a été attribué pour l'ensemble de ses recherches scientifiques et leur application à la viticulture et à l'agriculture.

Division des semences. — Ce service est l'un des plus importants du ministère de Washington.

On sait le rôle important que jouent, dans les rendements du sol, la nature et la qualité de la semence.

Où le cultivateur pourra-t-il apprendre quelles sont les fumures à choisir, les graines à propager? Il ne saurait deviner le choix à faire; c'est aux expériences suivies par les agronomes préparés par leurs études à résoudre ces problèmes que le praticien doit s'adresser : ce sont elles qu'il lui faut prendre pour guides dans son exploitation. Une des parties les plus intéressantes de l'exposition des États-Unis au quai d'Orsay était précisément celle qui a trait à l'introduction des données scientifiques, ou plutôt à leur vulgarisation, par le département de l'agriculture, dans ce vaste pays que l'on considère trop fréquemment, par ignorance de ce qui s'y passe, comme absolument adonné à la culture extensive, sans préoccupation des applications de la science, à la production végétale et animale.

La voie dans laquelle les États-Unis sont entrés depuis quelques années sous ce rapport, mérite toute attention : n'est-il pas certain, en effet, qu'un pays qui, en grande moyenne, par la seule fécondité naturelle de son sol, produit 12 hectolitres environ de blé et 24 hectolitres de maïs à l'hectare, arrivera aisément à doubler sa production le jour où, en sentant le besoin, il donnera le pas à l'agriculture scientifique sur la culture extensive? C'est alors que les vieux pays auront, si d'ici là ils ne se sont pas mis en mesure de suffire à leurs besoins, en élevant leur production indigène, à compter d'une façon désastreuse pour eux avec le nouveau monde.

Il est présumable que l'augmentation du rendement à l'hectare aura aux États-Unis le même résultat que chez nous, qu'il abaissera le prix de revient de l'hectolitre de blé et du maïs et permettra aux cultivateurs du nouveau monde de nous offrir, à des prix plus bas encore qu'aujourd'hui, les céréales que nous n'aurons pas su produire et qu'il nous faudra aller leur demander.

Que fait le gouvernement de Washington pour amener cette transformation de l'agriculture et imprimer à la production indigène une impulsion scientifique? Il est pour nous, je le crois, fort intéressant de le savoir d'une manière précise. J'ai fait connaître sommairement l'organisation générale du département de l'agriculture, celle de la statistique et du bureau des industries animales réglementant les services zootechniques. Arrêtons-nous un instant à la question des semences qui a paru mériter à elle seule l'organisation d'un service spécial. L'État a jugé qu'il y a un intérêt majeur à venir en aide à l'agriculture par la distribution de semences de choix appropriées à la région où on les envoie, graines de germination certaine, et dont les qualités au point de vue du rendement et de la nature du produit, ont été préalablement constatées. Ce service devrait être, à plus forte raison, organisé dans les pays où la question de rendement a une importance plus grande encore qu'aux États-Unis : là-bas, d'immenses territoires vierges peuvent encore être mis en culture, tandis que chez nous il y aurait plutôt lieu de restreindre les emblavures, en améliorant les rendements des sols qu'on continuerait à cultiver en céréales.

Il importe donc de faire connaître avec quelque détail l'organisation de la *division des semences* au département de l'agriculture de Washington.

Le premier crédit alloué pour la distribution des semences en vue d'expériences fut bien modeste (5,000 francs en mars 1839); on estimait alors cette somme suffisante pour permettre de réunir et distribuer des semences et poursuivre des recherches expérimentales. La somme moyenne dépensée annuellement pendant les quatorze premières années à partir de l'allocation du premier crédit ne dépasse pas 15,020 francs. En 1854, le crédit alloué pour le même objet était de 175,000 francs; ce crédit a été graduellement accru : maintenant, et depuis longues années, l'allocation pour la distribution des semences, plantes, betteraves, etc., est de 500,000 francs par an. Le poids moyen des semences qu'a envoyées le département, par petits paquets postaux, a été, dans les cinq dernières années, jusqu'au 30 juin 1888, de *deux cents tonnes!*

La division reçoit les semences achetées à des négociants et à des cultivateurs recommandables des États-Unis et de l'étranger, dont elle conserve la liste soigneusement revisée. Elle expérimente d'une manière approfondie les qualités de germination, la pureté de ces graines, et les examine soigneusement pour s'assurer qu'elles sont exemptes de plantes parasites dommageables, d'œufs ou de larves d'insectes nuisibles, avant d'en payer la valeur. Puis elle les emmagasine systématiquement. Chaque envoi porte une étiquette indiquant le nom de la semence, sa provenance et, lorsqu'il est nécessaire, des avis sur la semaille et sur la culture de la graine. Elle répartit les graines entre les sénateurs, représentants ou délégués au Congrès, qui en ont fait la demande pour le compte de leurs électeurs, répartition qui prend à peu près les deux tiers du total des semences ainsi préparées.

La division envoie le surplus des semences aux 4,200 agents statisticiens du département, dans les États et les comtés, et aux personnes habitant les pays étrangers qui désirent faire des échanges de semences avec les États-Unis. Un registre tenu à jour indique les entrées et les sorties des semences. A la fin de l'année fiscale, on publie le détail de l'emploi des semences, on condense, classe et conserve, en vue de l'avenir, les rapports envoyés par ceux auxquels les semences ont été adressées.

La division a pour principe fixe de distribuer les semences en favorisant la dissémination du plus grand nombre possible de variétés sur la plus grande surface possible, en vue de déterminer, aussi rapidement que faire se peut, leur faculté d'adaptation ou leur inadaptibilité à chaque localité des États-Unis.

Mais on ne se borne pas à cette distribution, on enregistre la provenance des semences qu'on envoie : les quatre mille individus qu'on appelle les statisticiens, qui sont attachés au bureau de la statistique dans les différentes régions de l'Amérique, ont pour devoir de suivre ces graines, de voir ce qu'elles donnent, et d'adresser annuellement un rapport au service des semences sur les résultats obtenus. Eh bien, l'on est arrivé par ces moyens à quintupler le rendement dans certaines régions, avec du blé de qualité supérieure, et l'on est conduit à appliquer les meilleures semences dans les régions qui leur conviennent le mieux, par un procédé extrêmement simple, qui consiste à envoyer simultanément les mêmes semences sur les points les plus différents et à enregistrer les résultats obtenus.

A l'heure qu'il est, en France il faudrait très peu de chose pour organiser ce service : il suffirait d'un peu d'argent pour instituer la distribution de semences. On pourrait confier la surveillance de ce service aux directeurs des écoles d'agriculture, à ceux des stations agronomiques, aux professeurs départementaux et à certains cultivateurs qui se chargeraient très volontiers de représenter le gouvernement pour des essais de ce genre.

Sur ce point, aucun doute : il nous faut arriver à augmenter notre production par un bon choix de semences, et chercher à déterminer, par des expériences nombreuses, la meilleure semence à employer, suivant le terrain.

Il est inutile, je crois, d'insister sur les bénéfices que l'agriculture française retirerait d'une semblable organisation.

Dans les pays neufs, où la végétation spontanée a, depuis des siècles, accumulé dans la couche arable du sol les matériaux indispensables à l'alimentation des plantes, un simple défrichement de la surface suffit, en général, pour mettre la terre en état de fournir des récoltes pendant un temps plus ou moins long. De l'ensemble des documents fournis à ce sujet par les expositions étrangères du quai d'Orsay et du Champ de Mars, il résulte que les sols vierges donnent, sans addition de fumure, de 10 à 12 hectolitres de froment à l'hectare, chiffre minime, mais que l'absence des grands frais qu'entraîne la culture dans les régions peuplées de l'Europe suffit à rendre rémunérateur. Cette fécondité naturelle a nécessairement des bornes : le système cultural qui consiste à demander au sol de produire, sans restitution aucune, du blé, du maïs, des pommes de terre, etc., système que Liebig caractérisait si justement du nom de *culture rampire*, n'aura qu'un temps. Déjà, certaines régions du nouveau monde commencent à se ressentir de l'épuisement résultant de l'absence de restitution, et les esprits éclairés prévoient le temps prochain où la fumure devra venir en aide aux ressources naturelles du sol. D'autre part, le mouvement scientifique qui a imprimé à l'agriculture du vieux continent le cachet progressiste dont on trouve la marque, à chaque pas, dans les galeries de l'Exposition universelle, n'est pas, comme on pourrait le croire, l'apanage exclusif de l'Europe; les expositions des États des deux Amériques et celle de l'Australie sont là pour attester l'importance que les gouvernements du nouveau monde attachent à la diffusion des connaissances scientifiques, parmi les cultivateurs et l'estime en laquelle ils tiennent l'expérimentation appliquée aux choses de l'agriculture. Ce que les États-Unis de l'Amérique du Nord, les républiques du Chili et du Mexique, la République Argentine, l'Australie, le Canada, ont réalisé dans cette voie, depuis dix ans, est une révélation pour la plupart des agronomes européens.

On ne saurait méconnaître l'importance économique de ce mouvement scientifique chez des nations où la terre cultivée représente, à l'heure actuelle, une part si faible encore du territoire cultivable. D'extensive qu'elle est, l'agriculture du nouveau monde se prépare à devenir intensive; on pouvait croire que de longtemps encore ces régions à population faible, étant donnée leur immense étendue, se contenteraient de demander aux conditions naturelles du sol et du climat l'accroissement de leur production agricole. La création de stations expérimentales de recherches, d'écoles théoriques et pratiques d'agriculture, témoigne de tout autres préoccupations de la part des gouvernants, qui, à l'instar des nations du vieux monde, font appel à la science pour aider au développement de l'agriculture.

Il y a là, si je ne me trompe, une indication dont les producteurs européens doivent tenir grand compte : la transformation, à plus ou moins brève échéance peut-être, du mode de traitement des terres, de l'amélioration des races de bétail au delà de l'Océan, est de nature à exciter toute l'attention des cultivateurs européens et à les stimuler dans la voie du progrès.

Écoles d'agriculture. — Au service des semences et aux renseignements fournis par le bureau de statistique ne se borne pas la part du gouvernement de Washington dans le développement des institutions scientifiques dont il a doté le pays. Dix écoles ou collèges ont été organisés en vue de donner à la jeunesse américaine une solide instruction agricole; quarante-sept stations agronomiques ont été créées depuis moins de quinze ans sur le modèle des stations européennes, et réparties dans les divers États.

Les écoles d'agriculture des États-Unis comprennent quatre années d'études; on y enseigne, outre les sciences fondamentales et leurs applications à l'agriculture; les lettres, le latin, les langues française et allemande, l'histoire et le dessin. Ce sont de véritables établissements d'enseignement secondaire, dans lesquels une part très large est faite à la science agricole et souvent à la pratique.

Stations agronomiques. — Elles sont instituées sur les bases suivantes : le gouvernement métropolitain alloue à chacun des États où est organisée une station une subvention annuelle de 75,000 francs; dans presque chacun des États, des allocations complémentaires viennent s'ajouter à cette somme. Le budget total des stations agronomiques américaines dépasse 3 millions et demi de francs (3,602,000 francs); dont 2,975,000 francs fournis par le gouvernement de Washington, et 625,000 francs par les divers États[1]. Le budget moyen de chacune des stations agronomiques des États-Unis est d'environ 76,000 francs. Dans aucun pays de la vieille Europe, si l'on en excepte le célèbre laboratoire de Rothamsted, en Angleterre, et une ou deux stations agronomiques de l'Allemagne, la science agronomique n'est, à beaucoup près, aussi libéralement dotée qu'aux États-Unis. Le personnel scientifique attaché aux stations américaines s'élève à 369 chimistes, botanistes ou agronomes. Avec de pareilles ressources en argent et en hommes, que de travaux, d'expériences et d'essais de tout genre peuvent être faits ! Trois établissements, les stations du Connecticut, de Californie et de la Caroline du Nord sont antérieurs à 1880. Les quarante-quatre autres ont été organisés depuis cette époque. A chaque station est annexé un champ d'expériences; les résultats obtenus et tous les travaux de laboratoire des stations reçoivent une large publicité. On ne saurait douter du profit que l'agriculture américaine retirera du fonctionnement de l'institution des stations, qui a reçu, par l'acte législatif du 2 mars 1887, une organisation définitive, appuyée sur le budget considérable dont je viens de donner le chiffre.

Les écoles et collèges agricoles sont également très largement dotés : les locaux

---

[1] On trouvera dans les *Comptes rendus du deuxième congrès international des directeurs des stations agronomiques*, in-8°, avec Planches, Berger-Levrault, 1891, une statistique détaillée et complète des budgets des stations américaines et de leurs travaux.

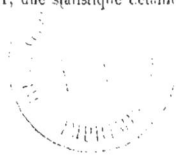

qu'ils occupent, à en juger d'après les photographies exposées au quai d'Orsay, sont très bien aménagés; ce sont de véritables palais élevés à l'instar des meilleures écoles similaires de l'Europe, dans les États suivants : Massachussets, New-York, Pensylvanie, Caroline du Sud, Alabama, Mississipi, Kansas, Illinois, Michigan et Californie. Des fermes d'étendue variable, de 100 à 150 hectares, sont annexées à ces écoles et permettent de mettre sous les yeux des nombreux élèves qui les fréquentent la démonstration des faits dont l'enseignement théorique leur donne l'explication.

II

EXPORTATION. — VOIES DE COMMUNICATION AUX ÉTATS-UNIS.

Chemins de fer. — *Navigation fluviale.* — *Canaux.* — Avant d'aborder l'étude de la production du sol aux États-Unis, il est utile de compléter les renseignements généraux qui précèdent par un exposé succinct des moyens de communications : voies ferrées et canaux et de donner quelques indications sur le prix des transports à l'intérieur et sur le coût du fret d'Amérique en Europe. Ces éléments puisés aux sources les plus sûres montreront l'un des côtés les plus intéressants de la question du commerce des céréales dans le Nouveau-Monde.

Dans la campagne de 1888-1889, les États-Unis d'Amérique ont récolté près de 119 millions d'hectolitres de blé (118,870,000); la consommation par tête d'habitant s'est élevée à 183 litres, et la quantité disponible livrée à l'exportation a atteint 25 millions et demi d'hectolitres seulement, soit 21.4 p. 100 du chiffre de la récolte. Dans la dernière période décennale, 1878 à 1889, cette proportion a été fréquemment dépassée; elle s'est élevée à 40.3 p. 100 à la suite de la mauvaise récolte de 1879 en Europe, et, en moyenne, dans cette période de dix ans, elle a correspondu à 29.2 p. 100 de la quantité de froment récolté.

On pressent, en présence d'un pareil chiffre, qui équivaut, année moyenne, presque au tiers de la production et monte, dans les mauvaises années de récolte du vieux continent, aux deux cinquièmes de la production américaine, le rôle prépondérant que doit jouer, pour l'agriculteur et pour le négociant des États-Unis, la question des transports et de leurs prix. Actuellement, le dernier terme du bon marché semble avoir été atteint, souvent au grand détriment des compagnies de transport dont la concurrence effrénée pour l'abaissement des tarifs n'a aucun analogue dans l'ancien monde.

Ce côté de la question du commerce de la matière première la plus importante de l'alimentation de l'homme, présente un intérêt considérable. Les constatations auxquelles donne lieu son étude aux États-Unis, l'influence du développement phénoménal des voies ferrées et des canaux, l'utilisation merveilleuse des fleuves (ces chemins qui marchent, suivant l'image de Pascal), méritent qu'on s'y arrête lorsqu'on s'occupe de l'approvisionnement en blé du monde.

Le blé est une marchandise encombrante et de peu de valeur relativement au volume qu'il occupe. Nous verrons plus loin que le prix de l'hectolitre de froment, vendu sur place au Dakota, c'est-à-dire fort loin des ports d'embarquement pour l'exportation, est d'environ 15 francs. D'après cela, un mètre cube représente une valeur d'environ 150 francs et un poids moyen de 750 kilogrammes. Il suit, de là, qu'une tonne de blé, occupant environ un mètre cube et quart, aurait, au point de départ, une valeur vénale voisine de 187 francs seulement, ce qui montre l'intérêt considérable, pour le producteur et pour le consommateur, de l'abaissement, à un minimum aussi faible que possible, des frais de transport.

Le commerce américain a fait appel, en vue de cet abaissement, à tous les systèmes de transport : voies ferrées, fleuves navigables, canaux. Il a cherché, par des installations mécaniques de tout genre, à diminuer la main-d'œuvre dans le chargement et le déchargement de cette matière encombrante. Les efforts des négociants, des ingénieurs et des transporteurs réunis ont abouti à des résultats qui tiennent du merveilleux, pour les citoyens de la vieille Europe, habitués à voir les produits qu'ils livrent au commerce, comme ceux qu'ils consomment, grevés de frais de transport souvent plus que décuples de ceux que supporte le commerce américain.

Examinons successivement le développement aux États-Unis des chemins de fer, celui de la navigation intérieure par eau, fleuves et canaux, et le fret, par vapeur et par voilier, d'Amérique en Europe.

En 1859, il y a trente ans, la longueur des chemins de fer exploités dans les États-Unis de l'Amérique du Nord était de 14,518 kilomètres. Dix ans plus tard, elle s'élevait déjà à 64,517 kilomètres; à la fin de l'année 1879, on comptait 139,146 kilomètres de voies ferrées, et au 1er janvier 1890, 259,510 kilomètres étaient livrés à la circulation. Les États-Unis ont donc aujourd'hui une longueur de voies ferrées près de *dix-neuf fois* plus grande qu'il y a trente ans!

Les grandes lignes transcontinentales, les « trunk lines », comme on les nomme de l'autre côté de l'Océan, et les réseaux secondaires, qui ont reçu récemment, au Kansas notamment, une extension considérable (il a été construit, dans cet État, de 1885 à 1888, 7,290 kilomètres de voies ferrées), parcourent le Nebraska, le Colorado, le Dakota, le Minesota, à l'Est; au Sud, le Texas, et vont gagner les côtes de l'Océan Pacifique. Combinées avec la navigation des fleuves et avec celle du réseau de canaux qui s'y relient, elles ont rendu possible le transport de masses énormes de céréales, rapidement et à bas prix, des États du nord-est et de la vallée de l'Ohio jusqu'aux ports de l'Atlantique. La Californie elle-même, l'Orégon et le territoire voisin de Washington, naguère encore en rapport seulement avec l'océan Pacifique, par de longs trajets par eau, peuvent envoyer leurs produits par le chemin de fer du Pacifique du Nord, en passant au-dessus des grands lacs, ou par le chemin de fer du Pacifique du Sud, à la nouvelle-Orléans et jusqu'aux ports de l'océan Atlantique.

La navigation par eau ne présente pas moins de ressources. Le Mississipi et ses quarante-cinq affluents navigables, dont le Missouri, l'Arkansas et la rivière Rouge sur la rive droite, l'Ohio et la Tannessee sur la rive gauche, sont les plus importants, offrent au trafic par eau une ligne non interrompue, mesurant 25,749 kilomètres, qui n'a, même de loin, aucun analogue à la surface du globe.

A ce gigantesque parcours fluvial viennent s'ajouter les nombreuses voies navigables des fleuves, tels que l'Hudson, et les grandes masses d'eau formées par les lacs du nord (lacs Supérieur, Michigan, Huron, Erié et Ontario). La création de canaux, complétant ces dons naturels que l'Amérique semble avoir reçus des fées des eaux, a relié les fleuves et les lacs, et fait en sorte que la masse de céréales produites dans les régions les plus éloignées les unes des autres peut, ou bien être transportée par voie d'eau sans transbordement ni interruption à travers les lacs, le canal Erié et l'Hudson, ou bien, partie par voie ferrée, partie par eau, de Chicago, Milwaukee et les autres centres commerciaux importants, sur Erié et Buffalo et, de là, par chemins de fer, à New-York, Baltimore, Boston et les autres ports de l'Atlantique.

Le plus important des canaux des États-Unis est le canal Erié, qui mesure 586 kilomètres de longueur. Il a été construit de 1817 à 1825. Il relie Buffalo sur le lac Erié avec Albany sur l'Hudson, et, par là, le bassin des grands lacs avec New-York et l'Océan.

Prochainement, des bras latéraux le mettront en communication avec le bassin du Saint-Laurent et du Susquehannah. Montréal sera alors en relation directe avec Baltimore.

A Cohoes (Albany), la branche du canal Champlain, longue de 104 kilomètres, ira à Whitheale. Les canaux d'Oswego, allant de Syracuse au lac Ontario, celui d'Utilkas, etc., sont en construction. Le canal de Genèse, reliant le canal d'Erié au fleuve Alleghany et celui-ci à l'Ohio et au Mississipi, est concédé.

Ces quelques indications suffisent à montrer les ressources prodigieuses dont dispose à l'heure qu'il est le commerce intérieur des céréales aux États-Unis. Il me reste à indiquer l'influence exercée par la multiplication des voies de communication et par la concurrence, plus d'une fois ruineuse pour les promoteurs de voies nouvelles, sur le bon marché vraiment fabuleux des transports de céréales, depuis le lieu de production jusqu'aux centres commerciaux, et de là en Europe.

Le gigantesque réseau de canaux et de voies ferrées dont nous venons de faire connaître le rapide développement devait nécessairement avoir un grand retentissement sur les prix du transport des lieux de production aux principaux ports américains. On peut mesurer l'étendue des sacrifices faits à la concurrence par les entrepreneurs de voies ferrées et de batellerie des États-Unis en comparant, à vingt ans de distance, le prix moyen du transport d'un hectolitre de blé de Chicago à New-York et Liverpool, par exemple, suivant que le transport est effectué par l'un des trois systèmes de voies de communication seul ou par les trois combinés. Voici les chiffres qu'accusent les rapports officiels :

PRIX DE TRANSPORT D'UN HECTOLITRE DE BLÉ EN EUROPE.

ANNÉES.	CHICAGO À NEW-YORK.			NEW-YORK À LIVERPOOL par vapeur.
	PAR MER et canal.	PAR MER et par voie ferrée.	PAR VOIE FERRÉE seule.	
	fr. mil.	fr. mil.	fr. mil.	fr. mil.
1868......................	3 246	4 126	5 997	2 047
1889......................	0 882	1 257	2 137	1 158

Il résulte de cette comparaison que l'hectolitre de blé, pour venir de Chicago à Liverpool, avait à supporter, en 1868, suivant le mode adopté sur les territoires américains, 5 fr. 293, 6 fr. 173 ou 8 fr. 044; en 1889, transport et fret ne coûtaient plus que 2 fr. 040, 2 fr. 415 ou 3 fr. 295, suivant les cas indiqués ci-dessus.

Ce bon marché extrême ne semble pas pouvoir être dépassé: il y a même lieu de croire que, si le fret de retour des navires venus d'Amérique fléchissait sensiblement, comme cela pourrait résulter de l'application du bill draconien Mac-Kinley, les producteurs américains verraient s'élever notablement le fret d'exportation de leurs denrées vers l'Europe. Mais la France est de toutes les nations européennes celle qui peut espérer s'affranchir le plus promptement, pour ainsi dire quand elle le voudra, du tribut qu'elle paye de ce chef à l'Amérique. C'est dans l'espoir de stimuler nos agriculteurs que nous croyons utile de leur faire toucher du doigt une situation qu'il dépend d'eux surtout de faire cesser. Notre production annuelle de blé a augmenté dans la dernière période décennale de 1881-1890, comparée à la décade précédente 1871-1880, de plus de *neuf millions d'hectolitres*, soit de 10 p. 100 environ; que ce progrès s'accentue encore légèrement et nous n'aurons plus de blé à demander à l'étranger. Arriver à suffire à l'alimentation du pays en pain et en viande, telle doit être la réponse de la France agricole aux mesures extrêmes que les États-Unis édictent contre notre commerce.

Une augmentation de un hectolitre et demi par hectare, année moyenne, ne l'oublions pas, suffirait, au point où nous sommes, à nous affranchir de l'importation étrangère. Dans les onze premiers mois de l'année 1890, l'importation totale, en France, des céréales alimentaires (froment, méteil et épeautre) a été de 8,250,000 quintaux (Algérie et Tunisie déduites), soit 10 millions et demi d'hectolitres au maximum, puisque nous ne défalquons pas 160,000 quintaux de farineux exportés. L'Amérique tout entière ne figure pas pour le quart dans le chiffre de nos importations. Or, un accroissement de 1 hectolitre et demi représente justement une augmentation de récolte de 10 millions et demi d'hectolitres. Qu'est-ce que ce chiffre de 1 hectolitre et demi pour un pays qui a vu passer son rendement de 8 hectolitres à 16, dans le siècle actuel, et qui compte bon nombre de cultures où l'on récolte de 30 à 35 hectolitres à l'hectare et plus, alors que le rendement moyen du pays atteint, à peine, la moitié de ces chiffres!

Mais revenons à l'Amérique. L'organisation des engins de manipulation, de chargement et déchargement, n'est pas moins prodigieuse dans ce pays que la question des transports. Tout ce qui touche aux opérations commerciales auxquelles donnent lieu ces immenses manipulations de grains a fait des progrès dont l'organisation du vieux continent ne donne aucune idée. Les grands centres de négoce auxquels aboutissent, de l'intérieur du pays, les masses de céréales à exporter, les *collecting points*, comme on les nomme : Chicago, Saint-Louis, Toledo, Milwaukee, Peoria, Detroit et Duluth sont pourvus d'installations gigantesques pour la réception et l'emmagasinage temporaire des céréales, jusqu'au moment où on les dirige sur les ports d'exportation.

Chicago, dont la population était, en 1860, de 112,000 habitants, s'élève aujourd'hui à 1,100,000. Elle possède vingt-sept greniers spéciaux à blé (*elevators*), munis de l'outillage mécanique le plus perfectionné qu'on puisse imaginer. Le grain est déchargé, vanné, élevé, déchargé de nouveau, le tout à l'aide de puissants engins mus par la vapeur, dans des locaux pouvant emmagasiner *neuf millions d'hectolitres* de grains, c'est-à-dire presque toute la quantité de blé importée en un an, en France, de tous les pays étrangers. A côté de ces élévateurs, existent en outre, à Chicago, de nombreuses maisons de dépôt de céréales, de farines, etc. Comme on doit s'y attendre, le développement prodigieux de ces greniers de transit a influé sensiblement sur l'extension du commerce des grains à Chicago. En 1873, la quantité de grains et farines reçus dans cette ville et réexpédiés, était de 67 millions d'hectolitres; en 1881, elle atteignait 115 millions d'hectolitres. Depuis cette époque, les mauvaises récoltes d'une part, et les conditions générales d'exportation de l'autre, l'ont fait rétrograder, mais elle s'élevait encore à 105 millions d'hectolitres en 1884. Des dispositions analogues ont été prises pour le commerce des grains, depuis 1875, à Toledo, Milwaukee et Saint-Louis. dont l'importance commerciale s'est récemment accrue considérablement.

A ces conditions matérielles déjà si favorables pour le cultivateur, qui peut se dispenser de tout engrangement des produits à la récolte, en les expédiant sur les villes munies d'élévateurs, se joignent des combinaisons financières non moins avantageuses pour le producteur. Les céréales abritées dans les élévateurs servent de *warrants* à des avances d'argent qui atteignent, suivant la qualité des denrées et suivant les cours de l'argent, de 80 à 90 p. 100 de la valeur du blé livré. Le capital de roulement du cultivateur se trouve ainsi reconstitué presque immédiatement après la récolte, et la création de billets de transit et de dépôt (*through lading Bills*) vient encore faciliter les relations du fermier avec le marchand de grains. Il y a là une indication d'un moyen pratique d'arriver à la constitution du crédit agricole en France.

De ces centres de concentration, les céréales sont enfin dirigées sur les ports d'embarquement : New-York, Baltimore, Boston, Philadelphie, la Nouvelle-Orléans ou Portland. Ces ports sont tous pourvus d'installations mécaniques les plus parfaites qu'on puisse rêver. De l'élévateur, le grain est chargé directement dans les wagons, déchargé, pesé et embarqué, le tout par voie mécanique, à l'aide d'outillage à la vapeur et à un bon marché extraordinaire. Les compagnies d'élévateurs comptent pour le déchargement du wagon, le pesage du grain, dix jours de magasinage et le chargement direct, dans un navire situé immédiatement à côté de l'élévateur, 6 centimes 4 dixièmes par boisseau, soit 17 centimes environ par hectolitre : pour un magasinage dépassant dix jours, 5 centimes un tiers par hectolitre, et pour le nettoyage du grain, 3 centimes et demi par hectolitre. En y comprenant les honoraires des experts chargés d'apprécier la qualité du grain, l'ensemble des frais ne monte pas à plus de 25 centimes par quintal métrique.

Les quelques chiffres suivants donnent une idée de l'importance du trafic en blé et farine des principaux ports de l'Amérique du Nord, trafic qui a diminué sensiblement comme on va le voir, depuis 1881, année où il atteignit le maximum :

	En 1881.	En 1889.
New-York...	51.0 [1]	40.0 [1]
Portland..	1.8	2.9
Boston..	12.5	11.0
Philadelphie......................................	10.5	7.0
Baltimore...	15.6	15.3
New-Orleans......................................	8.3	7.6
Montréal (Canada)................................	6.9	6.5
Total.................	106.6	90.3

L'année 1881 a été l'apogée du commerce d'exportation des céréales des États-Unis; l'année suivante s'est produit un recul de 25 p. 100, dû en partie à la mauvaise récolte. Jusqu'en 1887, il y a eu reprise dans le chiffre des exportations qui a atteint, cette année-là 9,800,000 hectolitres, puis, de nouveau, une forte baisse de 20 p. 100 environ.

En tenant compte des autres céréales, seigle, avoine et maïs, on constate que le chiffre maximum des exportations américaines a été atteint en 1881, soit environ 107 millions d'hectolitres. Les mauvaises récoltes comme 1881, 1885 et 1888, d'une part, l'accroissement des rendements dans les pays importateurs, de l'autre, ont très notablement réduit l'exportation américaine. En 1886-1887, elle a rétrogradé de 30 p. 100 sur ce qu'elle était en 1879-1880 et, en 1887-1888, de 47 p. 100 sur le chiffre de 1879.

La valeur en numéraire de l'excédent des exportations sur les importations, rend très sensible la décroissance du commerce extérieur des céréales des États-Unis. En 1879-1880, cet excédent s'élevait à 279 millions et demi de dollars, soit environ 1 milliard

[1] En millions d'hectolitres.

400 millions de francs. Il n'est plus que de 592 millions de francs en 1888, et tombe à 572 millions en 1889.

La part de l'Angleterre dans les exportations est tout à fait prédominante, comme on le sait. Le Royaume-Uni à lui seul, figure, année moyenne de 1887 à 1889, pour 60 p. 100 dans le prix d'achat des céréales venues d'Amérique en Europe. En 1878-1880, la France avait une très large part à l'exportation des États-Unis (300 millions de francs environ) : des causes diverses, dont la principale est l'amélioration de nos rendements, ont réduit nos importations de blé américain à 90 millions de francs d'abord, en 1882-1883, puis à 21 millions en 1887 et 1888. L'importation totale de l'année 1890 qui, en France, atteindra, en céréales, 200 millions de francs environ, pour 10 millions de quintaux métriques, ne donnera pas à l'Amérique un chiffre supérieur à celui de l'année précédente, soit 20 millions environ, soit encore quinze fois moins qu'il y a dix ans! Que d'encouragements pour l'agriculture française dans ces constatations! Combien on peut attendre d'elle à brève échéance, en comparant la situation présente à ce qu'elle était il y a dix ans! Mais aussi que de progrès encore à réaliser et que de raisons impérieuses pour les pouvoirs publics de contribuer par de larges encouragements à l'éducation technique de nos vaillantes populations rurales.

Abordons maintenant la production agricole des États-Unis.

III

COUP D'ŒIL GÉNÉRAL SUR LA PRODUCTION DES ÉTATS-UNIS.

Un vaste tableau placé dans les galeries du quai d'Orsay résumait la production agricole et l'exportation américaines, pour l'année 1886-87. Je vais d'abord le reproduire en transformant en valeurs françaises les données numériques qu'il renfermait, puis j'examinerai avec quelques détails les productions les plus importantes du sol américain.

PRODUCTION ET EXPORTATION EN FRANCS POUR L'ANNÉE 1886-1887.

PRODUITS.	VALEUR À LA FERME		POURCENTAGE.	CÉRÉALES.
	de LA PRODUCTION.	de L'EXPORTATION.		
FARINEUX.				
Maïs	3,162,636,758	61,101,913	1.9	
Froment.	1,628,476,245	454,343,737	27.9	
Avoine	964,660,185	1,780,655	0.2	
Orge	163,015,982	3,585,300	2.2	
A reporter	5,918,789,170	520,811,595		

| PRODUITS. | VALEUR À LA FERME | | POURCENTAGE. | CÉRÉALES. |
	de LA PRODUCTION.	de L'EXPORTATION.		
Report............	5,918,789,170	520,811,595		
Seigle.................	68,314,730	1,024,513	1.5	
Sarrasin..............	33,504,802	"	"	
Riz..................	25,912,500	136,000	0.5	
Total..........	6,046,521,202	521,972,118	8.6	37.0
Viandes..............	3,876,510,000	324,021,224	8.4	
Produits de basse-cour......	963,945,000	368,870	"	
Cuirs, poils, etc..........	481,972,500	4,280,237	0.9	
LAITAGE.				LAITAGE.
Beurre.................	995,040,000	7,710,383	0.8	
Fromages..............	165,840,000	33,455,307	20.2	
Lait..................	808,470,000	939,478	0.1	
Totaux..........	1,969,350,000	42,105,168	21.1	37.8
MATIÈRES TEXTILES.				TEXTILES.
Coton.................	1,333,433,048	924,943,429	69.1	
Laine.................	399,152,000	363,822	0.1	
Chanvre, lin, etc.........	46,642,500	"	"	
Totaux..........	1,779,227,548	925,307,251	51.8	9.2
LÉGUMES.				LÉGUMES.
Pommes de terre.........	406,525,354	1,237,032	0.3	
Patates douces...........	103,650,000	"	"	
Pois et fèves............	71,518,500	2,333,633	3.3	
Légumes potagers.........	352,410,000	1,329,404	0.4	
Fruits.................	906,937,500	8,302,256	0.9	
Foins.................	1,831,690,880	677,882	"	
Tabac.................	202,542,465	106,243,799	52.5	
Houblon..............	18,138,750	223,625	1.3	
Sucre, sirops (miel compris).	173,613,750	"	"	
Trèfle et fourrages.........	77,737,500	3,308,140	3.4	
Vin..................	51,825,000	669,076	1.3	22.0
Total général.....	19,315,316,136	1,939,379,705	10.1	100.0

Les grands traits de la production américaine ressortent très nettement de ce tableau. Les céréales représentent plus du tiers de la valeur totale de la production. Le bétail et ses produits figurent pour autant environ, le reste se répartit entre les produits des animaux, le coton, les fourrages et les légumes.

L'exposition du département de l'agriculture des États-Unis d'Amérique (classe 73 *bis*, quai d'Orsay : nations étrangères) méritait d'attirer au plus haut degré l'attention des économistes et des agronomes. Je serais étonné si un sentiment d'envie de bon aloi ne s'était pas mêlé à l'admiration, chez les hommes dans l'esprit desquels la prospérité agricole de la France tient une large place, lorsqu'ils ont étudié les documents qui la composent.

J'ai montré dans le premier chapitre de ce rapport quels progrès notables ont été accomplis depuis dix ans en France, sous l'impulsion du ministère de l'agriculture; on sait combien, avec les modestes ressources dont il dispose, il a su encourager et susciter de travaux importants par les applications, aider de savants dans leurs recherches, créer des vulgarisateurs distingués qui vont porter dans nos campagnes les enseignements du laboratoire et du champ d'expériences. Mais je ne crains pas d'affirmer que l'action du ministère sur le développement de notre agriculture serait décuplée, s'il nous était donné de le voir doté des moyens d'action dont le même département dispose en Amérique. Quelques millions de plus consacrés aux services dont les États-Unis nous offrent un spécimen extraordinaire, enrichiraient plus vite et plus sûrement nos agriculteurs que toutes les mesures dites protectrices. Celles-ci, d'ailleurs, amènent dans les caisses de l'État des sommes considérables que le Parlement devrait affecter, en partie tout au moins — un dixième du produit du droit sur les céréales suffirait à la rigueur, — à l'amélioration des deux grands services du ministère de l'agriculture : enseignement et renseignements (statistique).

Par les soins de l'éminent statisticien du département de l'agriculture, M. J.-R. Dodge, le ministère de Washington était représenté au quai d'Orsay par une série de cartes et diagrammes à grande échelle. Les cartes, au nombre de quatre, indiquent la progression, dans les vingt-huit dernières années, de la culture des céréales, du coton et du tabac et la répartition de chacun de ces produits par États, à trois dates différentes : 1859, 1879 et 1887.

Les diagrammes, au nombre de seize, montrent, pour les récoltes les plus importantes : la production, les variations annuelles et locales des rendements, le rendement total, la relation entre la production et la valeur des produits et la proportion de l'exportation à la production.

Il en est de même pour la répartition et l'accroissement des animaux de la ferme, la valeur annuelle, l'exportation des produits de l'espèce bovine et le chiffre total, par décade, de l'exportation de la viande de bœuf et des bœufs sur pied, ainsi que la marche de l'exportation des porcs et de leurs produits. D'autres diagrammes représentent les prix et salaires des travaux et travailleurs agricoles par groupes d'États; la valeur à différentes époques des principaux produits agricoles et les classifications des denrées agricoles et autres, au point de vue du commerce extérieur, avec indication du chiffre des importations et des exportations; enfin, l'accroissement des lignes de chemin de fer depuis 1850 jusqu'aujourd'hui.

Pour faciliter l'étude de cet ensemble si intéressant de documents, dont une partie a été réunie en un atlas colorié, je vais donner la traduction exacte du titre de chacun de ces vingt tableaux :

N° 1. Distribution de la culture du blé dans les États-Unis d'Amérique; récoltes de 1859, 1879 et 1887.

N° 2. Distribution du maïs aux États-Unis; récoltes de 1859, 1879 et 1887.

N° 3. Distribution de la culture de l'avoine, 1859, 1879 et 1887.

N° 4. Tabac et coton; distribution de la récolte 1859, 1879 et 1887.

N° 5. Production et exportation du maïs.

N° 6. Rendements moyens et prix du maïs, 1871 à 1877.

N° 7. Surfaces cultivées et production en blé.

N° 8. Production et exportation du blé.

N° 9. Accroissement de la production des céréales.

N° 10. Production, par tête d'habitant, du blé en Europe et aux États-Unis.

N° 11. Accroissement des animaux de la ferme.

N° 12. Exportation du porc et de ses produits.

N° 13. Exportation du bœuf.

N° 14. Production et exportation du coton de 1841 à 1887.

N° 15. Accroissement de la valeur des produits de la ferme.

N° 16. Valeur de la production agricole de l'agriculture américaine. Exportation de 1886-1887.

N° 17. Salaires moyens des travailleurs de la ferme.

N° 18. Commerce extérieur des États-Unis (1887-1888).

N° 19. Régime alimentaire des différents peuples.

N° 20. Accroissement kilométrique des chemins de fer des États-Unis.

On se figure aisément, sans qu'il soit besoin d'insister, le nombre gigantesque de données numériques qu'il a fallu recueillir, discuter et condenser pour arriver au groupement que présentent ces tableaux. D'une superficie égale à plus de dix-huit fois celle de la France, les États-Unis de l'Amérique du Nord s'étendent sur 958 millions d'hectares, dont 80 millions environ en terres cultivées. L'Amérique du Nord est divisée en 38 États confédérés et 8 territoires : chacun de ces États figure pour sa quote-part dans l'ensemble des résultats dont les graphiques sont la représentation. M. J.-R. Dodge a sous ses ordres, nous l'avons dit, pour le service central de la statistique agricole, 55 employés, et ce personnel sera bientôt insuffisant en raison du développement croissant de cette division du département de l'agriculture et de l'importance, chaque jour plus grande, que les agriculteurs américains attachent aux renseignements qu'elle leur fournit.

Pour se faire une juste idée de l'importance de la production agricole des États-Unis, il est indispensable de se rendre compte d'abord de la consommation générale du monde en céréales, ces dernières étant, au point de vue agricole qui seul doit nous occuper dans ce travail [1], la denrée de consommation de beaucoup la plus importante.

Au premier rang des matières qui font l'objet du commerce du monde, figurent incontestablement les céréales et la farine. C'est à ce titre que nous commencerons notre étude par elles.

[1] La question du coton sera examinée dans les rapports qui ont trait à l'industrie. Je la laisse donc entièrement de côté.

Le développement prodigieux des moyens de transport créé par la vapeur, moyens dont nous avons donné plus haut la mesure, a rendu l'alimentation de l'humanité pour ainsi dire absolument indépendante des conditions climatériques. Il a mis à jamais l'homme à l'abri de la famine, en plaçant comme à sa porte les greniers d'abondance de l'Amérique, des Indes, de l'Égypte et de l'Australie. Désormais aucun pays civilisé ne manquera de pain et n'aura même plus à subir sur cette denrée un renchérissement dépassant d'étroites limites. Ce qui s'est passé en 1879, l'une des plus mauvaises années de récolte dans l'Europe centrale, est là pour démontrer le bienfait de l'organisation actuelle du commerce des céréales. Cette organisation, en effet, rend plus facile et moins coûteuse l'importation du blé des terres noires de Russie, de l'Amérique du Nord et des côtes de l'Inde, que ne l'était, il y a soixante ans, l'approvisionnement d'une ville de France dans une région où le blé avait manqué, tandis que la récolte avait été bonne sur un autre point du territoire [1].

Pour couvrir le déficit en blé de la récolte de 1879, l'Amérique et la Russie ont envoyé 80 millions d'hectolitres de froment sur les marchés de l'Europe occidentale et les prix moyens du blé n'ont pas atteint, de septembre 1879 à octobre 1880, celui des mercuriales de 1878. Pour les pays exportateurs en temps normal, le commerce international n'est pas un danger dans les années de mauvaise récolte : en 1887, par exemple, l'Inde eût succombé à la famine, si elle n'eût pu, en réduisant de moitié son exportation de blé, nourrir sa population affamée par l'insuccès des autres cultures, la disette du riz, etc. L'extension qu'a prise la culture du blé et le développement du commerce international des céréales constituent donc une véritable soupape de sûreté qui soustrait pour toujours l'humanité aux horreurs de la famine, en lui assurant, à des prix sensiblement égaux, quelles que soient les intempéries, son approvisionnement en pain.

De plus, les prix s'égalisent d'un bout du monde à l'autre, grâce aux facilités que les transactions rencontrent par suite du développement des moyens de transport et des communications d'un peuple à l'autre.

Mais ce n'est pas seulement pour le nivellement des prix du globe qu'agit favorablement le commerce international, en réduisant les écarts du prix du quintal de blé à un chiffre bien inférieur à ceux qu'on constatait, il y a soixante ans, de département à département, par exemple : il est un autre ordre de bienfaits dont nous lui sommes redevables et qui mérite d'être mis en relief.

Autrefois, alors que les communications de nation à nation n'existaient pour ainsi dire pas, la demande ou l'offre pouvaient se produire seulement dans les quelques semaines de l'époque des moissons; le reste de l'année, les transactions étaient presque nulles, les produits récoltés étant vendus. Aujourd'hui on peut, sans exagération, dire

[1] Nous signalerons à nos lecteurs la reprise et la continuation par M. de Juraschek, professeur à l'université de Vienne, de l'excellente publication *Uebersichten de Weltwirtschaft*, interrompue depuis quelques années par la mort de son fondateur éminent, M. le professeur Neumann-Spallart. Cet ouvrage contient, entre autres, des documents du plus haut intérêt sur les conditions d'alimentation du monde entier.

que la moisson dure toute l'année, pour tous les pays civilisés en relations entre eux. Presque chaque mois, en effet, la récolte du blé a lieu sur un des points du globe, de telle sorte que l'exportation vers les pays dont l'agriculture ne suffit pas aux besoins de la consommation est, pour ainsi dire, ininterrompue : nouvelle cause du maintien des prix dans d'assez étroites limites.

On récolte le blé en janvier, en Australie et à la Nouvelle-Zélande, dans une partie du Chili et de la République Argentine : en février et mars, dans les Indes orientales; au mois d'avril, en Égypte, au Mexique, en Perse et en Syrie; en mai, en Chine et au Japon, dans l'Asie du Nord, en Tunisie, en Algérie et dans le Maroc; en juin, vient le tour de l'Espagne, de l'Italie, du Portugal, de la Grèce et du Sud de la France. Juillet voit les moissons se faire dans le reste de la France, dans le sud de l'Allemagne, en Autriche-Hongrie, dans la Russie du Sud et dans la plus grande partie des États-Unis d'Amérique. En août, c'est le tour de l'Allemagne du Nord, de la Russie moyenne et orientale, de la Belgique, des Pays-Bas, du Danemark, de l'Angleterre et des régions sud du Canada. La Suède, la Norvège, l'Écosse, la Russie du Nord et le Canada coupent le blé en septembre et la récolte s'y fait souvent jusqu'au milieu d'octobre. Novembre et décembre sont les deux seuls mois pendant lesquels on ne moissonne pas de froment.

La récolte des autres céréales ne coïncide pas absolument avec celle du blé, de telle sorte que l'approvisionnement en graines alimentaires offre une grande variété, suivant les pays et les époques de l'année, variété qui se traduit par la possibilité d'une alimentation régulière des marchés chez les nations importatrices. Il existe bien toujours quelques variations dans les prix de ces marchés, suivant les saisons, mais ces oscillations sont bien inférieures à celles qu'on constatait autrefois.

Les céréales et la farine occupent le premier rang dans les transactions internationales. Aucune des branches du commerce n'a pris aussi rapidement une extension comparable. Turgot, il y a un siècle, évaluait le commerce international des grains à 6 millions, 7 millions au plus de septiers, soit 11 millions d'hectolitres, ou environ 7,500,000 à 8,250,000 quintaux. En 1887, l'importation de grains a dépassé 174 millions de quintaux, dont 67 millions de quintaux de blé et 18 millions de farines; à ces chiffres, il faut ajouter les importations. M. de Juraschek évalue l'ensemble du poids des grains et farines livrés annuellement aujourd'hui au commerce au chiffre formidable de 500 millions de quintaux métriques. Les pays qui ont la part la plus grande à ce gigantesque mouvement commercial ont vu grandir leur participation dans des proportions défiant toutes prévisions. La Russie, au commencement du siècle, de 1800 à 1813, exportait annuellement 3,500,000 hectolitres; au milieu du siècle, 1844 à 1853, 11,500,000; de 1881 à 1889, près de 82 millions d'hectolitres!

Les États-Unis d'Amérique, de 1840 à 1850, passaient presque inaperçus dans le commerce des céréales, avec une exportation de 5 millions d'hectolitres représentant 20 millions de dollars : de 1879 à 1881, l'exportation moyenne annuelle a atteint

102 millions d'hectolitres (grains et farines), correspondant à 279 millions de dollars, soit *quatorze cent millons de francs* De 1881 à 1889, malgré la grande diminution subie par les exportations, l'Amérique a encore envoyé à l'étranger pour 787 millions de francs de céréales.

De 260,000 hectolitres, en 1872-1873, le chiffre de l'exportation des blés des Indes Orientales s'est élevé, en 1886-1887, à 15 millions d'hectolitre, d'une valeur de plus de 86 millions de roupies (205 millions de francs environ).

Inversement, l'Angleterre qui, de 1800 à 1810, recevait du dehors, années moyennes, 1.500,000 hectolitres de blé et quelques centaines de mille quintaux de farine seulement, a importé annuellement en moyenne, de 1881 à 1887, 37 millions d'hectolitres de blé, 19 millions d'hectolitres de maïs et 16 millions de quintaux de farine (mesure anglaise), sans compter des quantités importantes de seigle, d'avoine et d'orge destinés à l'alimentation de la population.

C'est ainsi que la valeur annuelle du commerce des céréales a atteint, en 1879, le chiffre de plus de 9 milliards de francs pour varier, par suite des fluctuations dues aux successions de bonnes et mauvaises récoltes et se fixer autour du chiffre de 6,375,000,000, en 1887, chiffre voisin du dixième du total du commerce du monde en tous produits, naturels ou manufacturés.

La répartition de la production du commerce et de la consommation des céréales nous permettra des rapprochements instructifs.

A quel chiffre s'élève la production des céréales dans le monde entier? A quelle quantité correspond, par tête d'habitant, la production indigène des divers pays? S'il est difficile de répondre à ces deux questions d'une manière rigoureuse, il est possible, grâce aux évaluations du bureau de la statistique du département de l'agriculture, de fournir à leur sujet des indications qui semblent se rapprocher beaucoup de la vérité.

Pour les États-Unis, la moyenne annuelle de la production des céréales a été la suivante dans les deux dernières périodes décennales :

De 1870 à 1880. . . . . 680,833.000 hectol.
De 1880 à 1887. 982,554,000

Le total, pour l'année 1888, est de 1,163,200,000 hectolitres. Sous le nom de céréales, il faut comprendre le blé, le seigle, l'avoine, l'orge, le maïs et le sarrasin. Ces graines figurent dans la production des États-Unis pour des proportions très différentes : le maïs à lui seul représente les cinq huitièmes des 1,200,000,000 hectolitres récoltés. Le froment et l'avoine forment, nous l'avons vu, la plus grande partie du reste; les récoltes réunies de seigle, d'orge et de sarrasin ne correspondent pas à plus de 3 p. 100 de la récolte totale.

Étant donnée la population actuelle des États-Unis d'Amérique, la production totale en céréales en 1888 s'est élevée à 18 hectol. 54 par tête d'habitant, en excédent de

2 hectolitres environ sur la production de la dernière période décennale. Les statistiques les plus autorisées évaluent, en nombre rond, à 2,500,000,000 d'hectolitres la production moyenne annuelle du globe en céréales (riz et millet non compris). Ce chiffre respectable se répartirait à peu près de la manière suivante entre les nations importatrices et les nations exportatrices, c'est-à-dire entre les pays qui, année moyenne, ne suffisent pas, par la production indigène, à leur consommation et ceux qui, au contraire, peuvent tous les ans venir en aide aux régions moins bien partagées sous ce rapport. Pour l'Europe, on donne les chiffres suivants en millions d'hectolitres ·

PAYS IMPORTATEURS.

	PRODUCTION.	IMPORTATION.
Royaume-Uni	121,0	68,1
Empire allemand	262,6	23,3
France	233,9	14,6
Autriche-Hongrie	166,9	4,1
Italie	97,0	3,1
Espagne	90,0	"
Portugal	13,4	6,0
Grèce	4,4	0,2
Suisse	6,5	3,0
Belgique	23,5	3,1
Pays-Bas	10,0	2,6
	1029,2	128,1

PAYS EXPORTATEURS.

	PRODUCTION.	EXPORTATION.
Russie	587,5	45,0
Roumanie	39,3	8,0
Turquie	"	1,5
Suède-Norvège	30,7	3,3
Danemark	25,5	4,0
	683,0	61,8
TOTAL GÉNÉRAL	1712.2	

Il résulte de ce tableau que la vieille Europe, produisant annuellement en moyenne 1,700,000,000 d'hectolitres de céréales, ne suffit pas à la consommation de sa population et à l'alimentation de son bétail. La différence entre l'importation nécessaire et l'exportation de quelques pays européens dans d'autres parties du continent, laisse un déficit de plus de 66 millions d'hectolitres que le Nouveau-Monde est appelé à lui fournir. La production totale du Nouveau-Monde peut être évaluée comme suit (1885) en millions d'hectolitres :

États-Unis d'Amérique......................................	581,4
Canada..	35,6
Égypte..	22,5
Algérie...	53,7
Australie...	13
Indes..	60
	766,2

Dont le dixième, à peine, suffit à combler le dé cit de l'Europe.

Pour donner à ces indications générales tout leur intérêt économique, il faut chercher ce que la production indigène met à la disposition de chaque habitant des différents peuples de l'Europe : les rapprochements que permettent les données que nous offre l'exposition des États-Unis sont très instructifs.

Prise dans son ensemble, la production européenne en blé, seigle, maïs, avoine, orge et sarrasin, représente par an 5 hectolit. 74, soit 574 litres de céréales, par tête d'habitant. La production des États-Unis d'Amérique correspond sensiblement au triple : elle est, en effet, de 1,610 litres (16 hectol. 10) par tête. Comme il y a lieu de le penser, d'après les chiffres cités plus haut, la répartition de la quantité de céréales, par tête, varie beaucoup dans les différents pays de l'Europe.

Il m'a paru utile de préciser ces écarts par les indications du tableau suivant :

Contrées.	NOMBRE D'HECTOLITRES récoltés par tête d'habitant.
Europe..	5,74
États-Unis..	16,10
Suisse..	2,22
Grèce..	2,29
Serbie,...	2,80
Portugal..	2,87
Grande-Bretagne.......................................	2,94
Italie..	3,02
Norvège..	3,38
Pays-Bas...	3,42
Turquie..	4,33
Irlande..	4,15
Belgique...	4,72
Espagne..	4,94
Autriche...	5,13
Allemagne..	6,22
France...	7,16
Roumanie...	7,23
Russie...	7,38
Hongrie..	7,49
Suède..	8,25
Danemark...	16,21

La France est, avec une production moyenne, par tête d'habitant, de 7 hectolitres, très près de suffire à sa consommation. Les cinq nations qui viennent après elle sont *exportatrices*; tous les autres pays sont tributaires de l'étranger pour les céréales.

J'ai déjà dit que ce ne sont pas les rendements élevés du sol qui, aux États-Unis, permettent l'exportation, mais bien la surface, considérable relativement à leur population, qu'ils consacrent à la culture des céréales. On pourrait croire, d'après cela que l'Amérique du Nord ne songe qu'à étendre ses cultures sur de nouvelles surfaces au fur et à mesure de l'accroissement des demandes de l'étranger, et que son système de culture extensive la voue nécessairement à jamais aux faibles rendements. On commettrait là une erreur qu'il est bon de combattre, en signalant les efforts faits en vue de l'amélioration des rendements.

Les progrès que nous avons constaté précédemment dans la production agricole de la France, montrent combien serait faible l'effort nécessaire pour que la France arrivât à suffire à son alimentation.

Il y a lieu d'espérer qu'avant la fin du siècle, il en sera ainsi; mais revenons au commerce des céréales :

Au point de vue de la production et de la consommation du blé, nous venons de voir que les nations civilisées se divisent en deux grands groupes : les pays où, dans les années moyennes, la production est plus ou mois supérieure aux besoins de la population, ce qui leur permet de venir en aide aux régions moins favorisées, et ceux, au contraire, dans lesquels, chaque année, existe un déficit variable en importance, entre la récolte et les exigences de la consommation nationale.

Le premier groupe, qu'on désigne sous le nom de pays exportateurs, comprend : les États-Unis d'Amérique, la Russie, l'Autriche-Hongrie, les provinces danubiennes, les Indes anglaises, l'Algérie, l'Australie, l'Égypte, le Canada, le Chili, la Tunisie et la République Argentine.

Les pays importateurs sont par ordre d'importance, la Grande-Bretagne et l'Irlande, la France, l'empire d'Allemagne, la Belgique, la Suisse, les Pays-Bas, l'Italie, l'Espagne, le Danemark, la Suède, la Norvège, la Finlande, le Portugal.

C'est l'étude des pays exportateurs qui présente le plus d'intérêt au point de vue de nos relations commerciales; la production, le prix de revient, les moyens de transport et leurs coûts, la valeur du blé aux lieux d'origine et dans nos ports, tels sont les points essentiels à préciser.

Les États-Unis, comme nous l'avons précédemment indiqué, occupant de beaucoup le premier rang parmi les pays exportateurs, présentent pour nous un intérêt tout particulier, examinons donc, avec quelque détail, l'historique du développement de la culture des céréales et de leur commerce dans ce pays.

La production des céréales, prise dans son ensemble, n'était aux États-Unis que de 258 millions d'hectolitres en 1849, savoir 36 millions et demi d'hectolitres de blé et 222 millions d'hectolitres de maïs : en 1870, elle atteignait déjà 680 millions d'hectolitres dont 120 millions d'hectolitres de blé et elle s'élevait progressivement depuis cette époque pour arriver, en 1889, au chiffre énorme de 180 millions d'hectolitres de blé et 770 millions d'hectolitres de maïs. La valeur en argent de la production totale des céréales n'a pas suivi, à beaucoup près, la même progression ; en 1870, la représentation en numéraire d'une récolte de 680 millions d'hectolitres était de 5,185 millions et demi de francs; en 1888, les 2.163 millions d'hectolitres de céréales récoltées ne valaient que 6,864 millions de francs.

Ces chiffres montrent à la fois l'énorme développement qu'a pris la culture des céréales aux États-Unis depuis 1760 et la chute non moins sensible des prix, depuis 1882 surtout : le maximum de la valeur atteinte par l'ensemble de la récolte a été de 8,644 millions de francs en 1881, pour une récolte de 1,350 millions d'hectolitres environ. Depuis cette époque, tandis que les quantités de blé et de maïs produits allaient en croissant jusqu'au point de doubler ou à peu près, les prix s'avilissaient. En rapprochant les rendements à l'acre de la diminution du prix des salaires et de l'extension des surfaces emblavées, on constate un certain nombre de faits intéressants.

Le rendement moyen du sol non seulement n'a pas augmenté, contrairement à ce qui s'est produit dans presque tous les pays européens, mais il a même manifesté une tendance à baisser : de 4 hectolitres et demi à l'acre, il est tombé à 4 hectolitres 25, de 1870 à 1889. C'est uniquement par la culture extensive que les États-Unis sont arrivés jusqu'ici à réaliser cette énorme quantité de céréales, mais les rendements obtenus laissent loin devant eux les rendements européens. Voici quelques chiffres probants à ce sujet. Les rendements moyens des États-Unis sont les suivants : en blé, 10 hectol. 5 à l'hectare; en maïs, 20 hectolitres; en seigle, 10 hectolit. 4 ; en orge, 19 hectolitres; en avoine, 23 hectolit. 1, pour la période 1880 à 1888. Ce sont là des rendements très médiocres, si on les compare à ceux de l'Europe.

Les salaires agricoles qui, à la fin de l'année 1860, après la guerre de sécession et par suite de la dépréciation du papier-monnaie, étaient très élevés, ont subi une dépréciation notable, fléchissant à leur minimum pour l'année 1879 et tombant de 25 o/o au dessous du chiffre qui les représentaient en 1866, année où ils ont atteint leur maximum. Le salaire moyen de l'ouvrier agricole (non nourri), a été le suivant pour l'ensemble des États : par mois : 1866, 113 francs ; en 1879. 85 francs; en 1890, il est de 95 fr. 30. On comprend que les frais de production du blé ont dû baisser très sensiblement avec cette diminution des salaires. Mais il ne faut pas perdre de vue que le système cultural de l'Amérique, qui ne comporte aucune restitution au sol des matériaux que leur enlèvent les récoltes et qui consiste essentiellement à étendre la culture des céréales sur de nouvelles surfaces, sans chercher à accroître les rendements du sol depuis longtemps cultivé, n'est pas un système progressiste, mais bien un sorte d'exploitation barbare de la terre qui n'aura qu'un temps.

Le véritable danger pour l'agriculture européenne commencera seulement le jour où l'Amérique, cessant de faire de la culture vampire, introduira dans ses champs les matières fertilisantes et emploiera les méthodes de culture perfectionnée; alors, joignant les hauts rendements aux surfaces énormes, les États-Unis pourraient arriver à produire à un bon marché qui défierait l'agriculture européenne. C'est à cette dernière à prendre les devants, en ce qui regarde notamment les céréales, et à arriver, ce qui est non seulement possible, mais relativement facile pour la France, a suffire amplement à sa consommation par l'accroissement des rendements. En attendant, il importe beaucoup aux agriculteurs français de se tenir exactement au courant de ce qui se passe aux États-Unis.

Un élément important de la question réside dans les rapports de la production du sol américain avec le chiffre de la population qu'il est appelé à nourrir. En 1844, les États-Unis produisaient par tête d'habitant 13 hectol. 08 de céréales de tout genre, en 1879, on a récolté 19 hectol. 62 par habitant.

L'accroissement de la production en blé seul est encore plus sensible comme le montrent les chiffres suivants :

1849 par tête..	1.60 hectolitre.
1859...	1.90
1869...	2.60
1879...	3.30

Dans cette période de 30 ans, la population n'ayant augmenté que de 110 p. 100, l'accroissement de la production du blé a plus que doublé. Depuis 1879, il y a eu un certain ralentissement et, en 1888, la récolte totale des céréales ne correspond plus qu'à 18 hectolit. 50 par tête d'habitant. Elle est de 3 hectol. 30 en 1879, de 2 hectolitres 35 en 1888, et 2 hectol. 60 en 1889, pour le froment seul. Mais, même dans ces conditions, l'exportation s'impose comme une nécessité, la consommation générale du pays ne s'élevant pas encore au niveau de la production.

Le rapport du secrétaire (ministre) de l'agriculture pour 1889, fixe à 1 hectol. 70 la quantité de blé nécessaire par tête d'habitant, ce qui laisse absolument sans emploi, pour l'alimentation indigène des États-Unis, 95 millions d'hectolitres de blé environ sur l'année moyenne de la période 1880-1888. Si l'on défalque de ce chiffre 19 millions et demi d'hectolitres nécessaires pour les emblavures de l'année suivante, on voit que les États-Unis ont encore 75 millions et demi d'hectolitres de froment disponibles pour l'exportation. Dans certaines années, de bonnes récoltes, les excédents dépassent beaucoup ce chiffre ; naturellement, ils lui sont, au contraire, très inférieurs dans les mauvaises années.

De 1867 à 1889, la quantité de blé employé en Amérique pour la consommation de la population a varié entre 1 hectol. 50 et 2 hect. 18 par tête d'habitant, tandis que la quantité de froment exporté a oscillé entre 12 1/2 et 40 p. 100 du chiffre de la récolte. L'exportation maxima (40 p. 100) correspond à l'année 1879-1880, où la récolte avait été si mauvaise dans la partie occidentale du continent. De 1886 à 1889, l'Amérique a exporté de 33 1/2 p. 100 (1886) à 21.4 p. 100 (1889) de la récolte du blé. En moyenne générale, le consommation indigène des États-Unis a donc exigé 75 p. 100 de la quantité de blé récolté; la consommation individuelle ayant peu varié relativement, correspond à environ 2 hectolitres par tête, ce qui veut dire qu'une récolte de 128 millions d'hectolitres (nombre rond) de froment est nécessaire à l'alimentation du pays.

La consommation du froment par l'habitant se règle essentiellement d'après le chiffre de la récolte. A la suite de bonnes années, comme 1874, 1880, 1882 et 1884, on la voit s'élever rapidement et atteindre 2 hectol. 1/4 à 2 hectol. 1/2; elle se restreint au contraire très vite à la suite des mauvaises récoltes, comme 1873, 1885 et 1888, où on la voit tomber entre 1 hectol. 50 et 1 hectol. 80.

Voici encore quelques documents généraux sur les conditions de la production du blé aux États-Unis qui sont pleins d'intérêt pour les pays importateurs.

La surface totale du sol des États-Unis est, nous l'avons dit plus haut, d'après l'évaluation officielle, d'environ 957,900 kilomètres carrés : en excluant le territoire d'Alaska, non encore organisé, la surface du territoire, entrant en ligne de compte pour la statistique, est réduit à 751,167 kilomètres carrés, soit un peu plus de 750,000 millions d'hectares. Un tiers au moins de cette surface (217 millions d'hectares) est partagé entre les fermiers, au nombre de 4 millions environ. La surface moyenne de chaque ferme qui, en 1860, était de 80 hectares environ, s'abaissait à 62 hectares en 1870 et descendait, en 1880, à 54 hectares. Il y a donc tendance à réduire la superficie des exploitations en vue d'une culture plus soignée. Ces fermes comprennent à la fois des terres en culture (*improved land*), terres labourables et prairies, et des terres encore vierges. La proportion des terres cultivées à ces dernières va en augmentant : elle était de 40 p. 100 en 1860, 46. 3 p. 100 en 1870; enfin elle atteignait 53.1 p. 100 en 1880.

La production nécessaire à la subsistance de 63 millions d'hommes et à l'exportation pour la consommation étrangère est donc obtenue par la culture partielle du tiers seulement du territoire total des États-Unis.

Les procédés culturaux en usage dans les grandes régions sont tout à fait primitifs. Leur principe fondamental consiste dans l'emploi minimum de main-d'œuvre et dans l'usage, sur une aussi grande échelle que possible, de machines et d'outillage mécanique.

L'État donne, pour ainsi dire gratuitement, les terrains qui lui appartiennent, chaque chef de famille pouvant obtenir une concession de 160 acres (64 hectares 75), sans autre dépense que celle des droits à payer à l'administration des domaines. Le défrichement donne tout de suite à ces terrains une plus-value considérable; il en résulte que le cultivateur américain a plus d'intérêt à étendre la surface cultivée de ses terres qu'à améliorer ses procédés de culture. Ce système, où l'engrais est à peu près complètement inconnu, conduit à des rendements faibles, presqu'exclusivement dus à la fertilité naturelle du sol. Loin de s'accroître, comme c'est le cas de presque tout les pays d'Europe, les rendements à l'hectare demeurent stationnaires, si même ils ne diminuent pas, ainsi que tendraient à le montrer les chiffres suivants, que j'emprunte aux tableaux exposés au quai d'Orsay :

	RENDEMENTS MOYENS À L'HECTARE.	
	1870-1880.	1880-1888.
Blé...	11.13 hectol.	10.78 hectol.
Avoine....................................	25.51	23.80
Maïs.......................................	24.34	21.38

C'est donc par voie d'extension sur des surfaces croissantes de terres nouvellement défrichées et non par suite d'améliorations culturales que les États-Unis d'Amérique sont rapidement arrivés à l'énorme production de froment et de maïs qui leur permettent, la première, de combler les déficits annuels de l'ancien monde en blé, la seconde, de nourrir un bétail dont le nombre a plus que triplé en quarante années.

Voici quel a été le mouvement ascensionnel de la culture du froment depuis quarante ans aux États-Unis :

ANNÉES.	SURFACES CULTIVÉES.	PRODUCTION.	RENDEMENT à L'HECTARE.
	hectares.	hectolitres.	hectolitres.
1849.............................	3,237,600	36,526,640	11 28
1859.............................	5,868,115	62,923,638	10 72
1869.............................	8,940,000	104,599,415	11 76
1879.............................	14,338,656	167,003,314	11 64
1884.............................	15,975,891	186,390,077	11 66

Depuis 1884, il n'y a eu aucun progrès ni aucunes différences importantes, si ce n'est celles qui résultent de saisons peu favorables. La récolte de 1888 a été faible; on l'a évaluée à 151 millions d'hectolitres seulement.

De 1859 à 1887, en vingt-huit ans, la population a augmenté de 95 p. 100 environ; mais la production du froment ayant beaucoup plus que doublé dans la même période, la quantité disponible pour l'exportation s'est accrue parallèlement.

En 1849, l'exportation du blé a été de 2 millions et demi d'hectolitres environ, correspondant à 7 p. 100 de la production totale des États-Unis; elle a suivi une marche rapidement croissante dans les décades suivantes :

	EXPORTATION en hectolitres.	RAPPORT POUR 100 de la production.
1859....................................	5,783,000	9.18
1869....................................	18,964,000	17.43
1879....................................	65,540,000	39.24
1887....................................	43.484,000	23.34

On remarquera que le maximum (39 p. 100) correspond à l'année la plus mauvaise du siècle pour l'Europe et pour la France, en particulier (1879). Si l'Amérique n'était pas venue combler le déficit de la récolte européenne, la famine ou du moins un très grand malaise ont sévi sur les vieux pays, en 1880.

Le prix du blé a peu varié dans les vingt dernières années : on l'estimait, à la ferme, à 10 fr. 26 l'hectolitre en 1859, et à 9 fr. 70 en 1887. Le prix moyen sur le marché de New-York a été de 13 fr. 70 l'hectolitre en 1887. De 1859 à 1879, la culture du froment a reçu aux États-Unis une impulsion extraordinaire due à des causes multiples. C'est d'abord l'accroissement de la population, qui, dans cette période, a été de 60 p. 100 ; ensuite la paix qui a suivi la guerre civile, pendant laquelle des millions d'hommes armés avaient dû quitter les travaux des champs, d'où la faible production de début de la première période, faute de bras ; enfin, dans les dernières années, l'affluence de demandes considérables de l'étranger, par suite des mauvaises récoltes de l'ancien continent.

Bien que le blé croisse dans presque tous les États de la Confédération, comme le montre la carte exposée au quai d'Orsay, sa répartition est très inégale. Les six dixièmes de la récolte sont obtenus dans douze subdivisions territoriales, sur quarante-sept. Pour les trois autres quarts de ces subdivisions, la quantité de froment qui entre dans le commerce n'a aucune importance et, dans beaucoup d'entre elles, il est nécessaire que les États grands producteurs de froment viennent suppléer à l'insuffisance locale. L'Illinois, l'Indiana, l'Ohio, la Pensylvanie, la Virginie, sont les grands centres de production du blé aux États-Unis.

IV

PRIX DE REVIENT DU BLÉ AUX ÉTATS-UNIS.

Une ferme dans le Dakota. — L'un des éléments de discussion les plus importants, en ce qui regarde le commerce du blé envisagé dans ses rapports avec la législation douanière, est certainement le prix de revient de cette céréale dans les divers pays. Il va de soi que s'il était possible de fixer exactement le coût réel d'un hectolitre de froment à son lieu de production, les législateurs trouveraient dans cette indication un point de départ très utile pour asseoir les droits dits *compensateurs.* Par ce terme, les économistes qui ont la prétention difficile à réaliser, de frapper, à l'entrée d'un pays, une matière similaire de celle que ce pays produit, d'un droit équivalent aux charges qu'elle supporte dans le pays importateur ; ces économistes, disons-nous, entendent un droit à l'entrée qui établisse une parité entre les frais de production du blé, par exemple dans les pays d'exportation et d'importation.

Malheureusement pour les partisans de cette doctrine, rien n'est plus difficile que la fixation exacte du prix de revient d'une denrée agricole. Les facteurs dont il est la résultante sont si nombreux et si variables, le mode de comptabilité adopté d'un point à l'autre d'une même région et *a fortiori*, d'un pays à un autre, diffère tellement, suivant le système de culture, les voies de communication, etc., qu'on n'entrevoit guère la possibilité d'arriver à préciser par un chiffre combien coûte un hectolitre de blé, en Amérique, en Russie, en France, etc. Nous allons cependant tenter, à l'aide de documents qui figuraient l'année dernière, à l'Exposition universelle dans la section des États-Unis, de donner une idée du coût, du prix de vente sur place d'un hectolitre de froment ainsi que du bénéfice du cultivateur, dans l'État qui occupe le premier rang pour la production du blé, l'État de Dakota.

Sur les 166 millions d'hectolitres de froment récoltés en 1887 par les 38 États et les 8 gouvernements qui forment la confédération, le Dakota seul a produit un peu plus de 19 millions d'hectolitres, soit près du *neuvième* de la récolte totale de l'Amérique. La propagation de la culture du blé dans cet état tient presque du prodige : en 1859 on y récoltait 343 hectolitres; vingt ans plus tard, en 1879, la quantité de froment produite s'élevait à un peu plus d'un million d'hectolitres et, en 1887, le Dakota livrait à la consommation, comme nous venons de le dire, plus de 19 millions d'hectolitres de cette céréale.

A l'Exposition universelle de 1889, figurait un grand tableau fort instructif dans lequel son auteur, M. Carl Guthers, avait groupé les principales conditions de l'exploitation rurale au Dakota. La plupart des renseignements numériques qui avaient servi à M. Guthers pour dresser ce tableau ont été empruntés à la comptabilité de la ferme de Helendale, appartenant à M. J.-B. Power. Ce gentleman farmer, administre une ferme d'environ 500 hectares, divisée en deux parties presque égales, dont l'une, d'une surface de 235 hectares est consacrée exclusivement à la culture du blé, de l'avoine et de l'orge; le reste de l'exploitation consiste en pâturages. M. Power a une tenue de livres très détaillée et très complète qui lui a permis de présenter à l'occasion de l'Exposition universelle, un résumé fort intéressant des résultats financiers de son exploitation. Quelques emprunts faits à cette comptabilité, en transformant tous les chiffres en mesures françaises, vont nous donner une idée du coût du blé, de l'avoine et de l'orge et de leur prix de vente dans l'état, qui tient la tête, pour la production des céréales aux États-Unis.

La culture des trois céréales occupe, chez M. Power, les surfaces suivantes en hectares :

Froment	101 30
Avoine.	97 10
Orge.	36 45
TOTAL.	234 85

Les rendements, en 1888, ont été, à l'hectare, de 13,5 hectolitres pour le froment,

2 1 pour l'orge et 2 1 hectolitres 60 pour l'avoine. La production totale des 235 hectares de céréales a été mesurée à la machine, adaptée à la batteuse :

En froment.. 1,363 hectol.
En avoine... 2,094
En orge... 767

La moyenne de la récolte totale a été de 1 9 hectolitres (18 hect. 66) à l'hectare. La machine à mesurer automatiquement le grain à sa sortie de la machine à battre donne, en général, un chiffre un peu inférieur à celui de la quantité réelle, ce qui fait que le rendement, ainsi mesuré, ne se trouve pas diminué par le nettoyage qu'on fait ensuite subir au grain en vue de la vente.

M. Power établit comme suit les frais de production de la récolte de ses 235 hectares :

TRAVAIL PAYÉ EN ARGENT.

Semailles.. 285 francs.
Moisson... 1,040
Battage... 1,340
Nourriture des ouvriers....................................... 1,130
Nourriture des chevaux.. 3,375
Réparation de machines et frais extraordinaires 1,310
Liens... 725
Semences au cours du marché................................... 2,600
Labours d'automne... 1,165

TOTAL des dépenses.................. 12,970

Les semences proviennent de la récolte de l'année précédente. On remarquera qu'il ne figure dans ce relevé aucune dépense pour engrais, le sol étant seul chargé d'assurer l'alimentation de la récolte, ce qui explique la faiblesse du rendement.

La dépense moyenne à l'hectare ressort à 55 fr. 25; le coût moyen d'un hectolitre de céréales à 3 fr. 04; l'hectolitre de blé à 4 fr. 13; celui d'avoine à 2 fr. 56, et de l'orge à 2 fr. 63.

Le blé s'est vendu net pris à la ferme, à raison de 10 fr. 32 l'hectolitre; l'avoine fr. 43, et l'orge 6 fr. 45.

D'après ces prix, la recette totale produite par la vente des 4,224 hectolitres de céréales récoltées s'est élevée à la somme de..... .... 26,225ᶠ 00
La dépense totale étant de.................................... 12,970 00
Il ressort de là un bénéfice net de.......................... 13,255ᶠ 00

La recette moyenne par hectare a donc été de.................. 111ᶠ 60
La dépense, comme je l'ai dit plus haut, étant de............. 55 25
Le produit net d'un hectare est de 56ᶠ 35

Encore faut-il ajouter, d'après les notes de M. Power, que les conditions climatériques de l'année ayant été peu favorables, le résultat final est beaucoup trop faible. Citons textuellement : « Le blé abîmé par la nielle était de troisième qualité; s'il avait été de première qualité, comme c'était toujours le cas jusqu'ici, il se serait vendu à la ferme 1 dollar le boisseau (soit 13 fr. 30 l'hectolitre). Pour les mêmes causes, l'orge réduite à la qualité n° 2 aurait rapporté, si elle eût valu autant que les autres années, 7 fr. 50 l'hectolitre. De même enfin pour l'avoine qui a subi une réduction de 50 p. 100 dans le rendement et une diminution notable sur les prix des deux dernières années.

Le fait essentiel, pour le producteur européen, qui se dégage de ces chiffres est que dans le Dakota, au centre des terres, loin des ports d'embarquement, le fermier américain vend son blé, pris à la ferme, à un prix supérieur à 10 francs l'hectolitre quand il est de troisième qualité, et près de 14 francs lorsqu'il est de première. A ce prix vient s'ajouter le transport du Dakota dans un port, le fret de ce port à un port anglais ou français et le bénéfice des intermédiaires. Cette situation est très encourageante pour le cultivateur français, car si l'on ajoute le prix des transports de l'intérieur des Etats-Unis à un port d'embarquement des céréales, on voit que l'hectolitre de blé ne peut guère être vendu moins de 18 francs, prix dans un des ports de l'Amérique.

« M. Power ajoute à ces données quelques indications et réflexions qu'il est utile de reproduire. Il estime que les terrains qui composent sa ferme, y compris la valeur des bâtiments et autres améliorations, valent de 166 à 185 francs l'hectare. L'intérêt à 8 p. o/o du capital qui représente l'exploitation est de 5,400 francs. Les impôts montent à 1,075 francs. Soit un total de 6,475 francs. Or, dit-il, avec la récolte de la plus mauvaise année, en Dakota, vous pouvez payer un impôt de 1 1/2 p. o/o et à vous même un intérêt de 8 p. o/o sur la valeur totale de la propriété et avoir encore un excédent de 6,776 francs pour payer l'intérêt du prix du bétail et des machines nécessaires à l'exploitation de la ferme. Certains des chiffres que je donne, c'est M. Power qui parle, représentent la valeur en argent des frais de nourriture dépensés en nature. Je ne fais pas entrer en ligne de compte l'intérêt de la terre, ni la dépréciation de l'outillage. Les déboursés comptés comme réparation et frais extraordinaires suffisent à entretenir les machines en un si parfait état qu'elles sont comme neuves; je me dispense donc d'en estimer la dépréciation.

« Les fermiers qui pratiquent la tenue des livres, la pratiquent à leur idée et suivant leur fantaisie. Mon idée à moi est de tenir mes comptes de façon à connaître à la fin de la saison le total exact de ce que coûte la terre et de ce qu'elle rapporte, le prix d'achat non compris. Le livre de compte spécialement destiné à mes propriétés immobilières contient d'une part le détail des débits — dépenses, impôts — et de l'autre celui des crédits. La balance finale montre si le total doit être porté à l'actif ou au passif. Il ne faut pas oublier, en ce qui concerne les chiffres afférents à l'année 1888 qu'une récolte moyenne portée à son maximum ajouterait largement 25 p. 100 au rendement de mes champs cette année, sans augmenter les frais d'un dollar, excepté en ce qui regarde le battage, la moisson et la nourriture des chevaux, ce qui grossirait la dépense ci-dessus de 10 p. o/o environ. »

Tel est le résumé de l'exploitation de Helendale.

V

LE MAÏS. — PRODUCTION ET EXPORTATION. — AVOINE ET ORGE.

De toutes les céréales, le maïs est, aux États-Unis, celle dont la culture couvre les plus vastes surfaces. En vingt ans, cette culture a doublé : en 1871, elle occupait 13,700,000 hectares; elle s'étend, en 1889, sur 31.700,000 hectares. La culture du maïs est plus générale que celle du froment; elle existe dans tous les États et territoires à des degrés divers. Les régions dont l'altitude est très élevée et dont le sol est pauvre donnent de faibles rendements. L'aire du maïs s'étend entre le 37ᵉ et le 43ᵉ degré de latitude et commence un peu à l'ouest du 81ᵉ degré de longitude, s'avançant irrégulièrement jusqu'au 100ᵉ degré. La zone la plus riche en maïs est traversée par l'Ohio, le Missouri et leurs affluents: le terrain d'alluvion y abonde entre 160 et 300 mètres d'altitude. Il y a là sept États, de l'Ohio au Nebraska, dont la production varie entre les six dixièmes et les deux tiers de la récolte totale des États-Unis, et qui fournissent au commerce général tout le maïs dont ce dernier dispose annuellement.

Le mouvement ascensionnel de la production du maïs se traduit dans les chiffres suivants (nombres ronds). Production annuelle moyenne en millions d'hectolitres :

Période 1870-1879.. 430
Période 1880-1884.. 572
Année 1889.. 768

La progression des surfaces cultivées en céréales, aux États-Unis, dans l'espace de trente ans, de 1850 à 1880, est vraiment prodigieuse. La contenance des fermes qui était, en 1850, un peu inférieure à 119 millions d'hectares, s'élevait au dernier recensement (1880) à près de 217 millions, sur lesquels un peu moins de moitié est en culture (106 millions d'hectares), le reste des fermes étant encore vierge ou en pâturages. Le maïs occupe donc, sensiblement, le tiers du territoire cultivé! On peut presque dire que la production de cette céréale dans l'Amérique du Nord est illimitée, ce qui explique le peu d'influence de l'exportation du maïs sur le prix de cette denrée que nous constaterons dans un instant.

La valeur totale de la récolte de maïs oscille, depuis quelques années, entre 3 milliards et 3.500 millions de francs. Les États-Unis consomment la presque totalité du

maïs qu'ils produisent : 20 p. 100 de la récolte, par suite de la concentration de la
culture de cette céréale dans la région comprise entre l'Ohio et le Nebraska, sont exportés du sol où elle a été produite vers les autres contrées de l'Amérique; mais l'exportation à l'étranger, qui correspond, en général, à 2 p. 100 du chiffre de la récolte
annuelle, dépasse rarement 4 p. 100 de ce chiffre, et n'a atteint qu'exceptionnellement
le taux de 6 p. 100.

Le diagramme qui représentait les rendements et les prix moyens du maïs, de 1871
à 1877, montrait d'une manière saisissante que le prix du maïs augmente quand le
rendement par tête d'habitant diminue et *vice versa*. On y voyait que les exigences de la
consommation indigène, en l'absence de tout trafic extérieur notable, règlent presque
exclusivement le prix de cette céréale, très variable par conséquent chaque année.
En 1874, où l'exportation n'a été que de 3.5 p. 100 de la production, mais où, en
revanche, cette dernière a été faible par suite des intempéries (308 millions d'hectolitres), le maïs a valu 9 fr. 22 l'hectolitre : l'année suivante, l'exportation restant
presque la même (3.9 p. 100 de la récolte) et la production s'étant élevée à 480 millions d'hectolitres, le prix est tombé à 5 fr. 88. Enfin, en 1885, avec une exportation
de 3.3 p. 100 de la production, la récolte ayant fourni 704 millions d'hectolitres, le
maïs n'a valu que 4 fr. 69. Aucun exemple ne pourrait mieux démontrer que le véritable régulateur du marché des céréales, comme de tout autre, quoi qu'en puissent
dire les partisans de droits élevés à l'entrée des denrées alimentaires, c'est l'importance
de la demande ou, autrement dit, l'insuffisance ou l'abondance de la récolte dans les
pays de consommation.

Le maïs en grain est la base de l'alimentation des animaux des fermes : l'ensilage
de la plante entière, récoltée avant maturité, fournit un excellent fourrage dont l'emploi commence à se généraliser aux États-Unis. Il n'est donc pas étonnant que l'accroissement du bétail des fermes ait suivi une marche parallèle à celui de la culture du
maïs. La comparaison des années 1850 et 1889 est probante à ce sujet :

	NOMBRE DE TÊTES.	
	1850.	1889.
Mules.......................................	559,331	2,257,574
Chevaux....................................	4,336,719	13,663,294
Bœufs et vaches...........................	17,778,907	50,331,042
Moutons....................................	21,723,220	42,599,079
Porcs.......................................	30,353,213	50,301,542

Dans ce recensement ne sont pas compris, bien entendu, les animaux existant à
l'état de liberté dans les «ranchos» et dont le dénombrement n'existe pas.

La population humaine consomme également beaucoup de maïs sous les formes les
plus diverses, que les ménagères savent varier, depuis les plats appropriés au premier
service jusqu'aux puddings et plats de dessert très goûtés des Américains. Tout cela

explique comment l'exportation entre pour une part très faible dans le chiffre de la production du maïs : de 1869 à 1888, année moyenne, elle ne s'est élevée (grains et farines ensemble) qu'à 19,500,000 hectolitres, soit à 3.8 p. 100 de la récolte. De 1867 à 1871, l'exportation n'a pas dépassé 1 p. 100 de la production; elle n'a été supérieure à 4 p. 100 que durant les cinq années de crise agricole de l'Europe septentrionale, de 1876 à 1880 inclusivement.

Comme nous venons de le voir, cette faible exportation n'a aucune action sur le prix vénal du maïs au lieu de production, et cependant le prix de cette céréale varie du simple au double en Amérique; ces variations tiennent uniquement à l'abondance ou à la rareté accidentelle de la récolte. La consommation annuelle du maïs, évaluée par tête d'habitant, oscille aux États-Unis entre 7 et 9 hectolitres. Si l'on dresse le diagramme des rendements et des prix moyens du maïs, de 1871 à 1887, on constate d'une manière saisissante que le prix du maïs augmente quand le rendement par tête diminue et *vice versa*. On reconnaît aisément que les exigences de la consommation indigène, en l'absence de tout trafic extérieur notable, règlent presque exclusivement le prix de cette céréale, très différent, par conséquent, d'une année à l'autre. Les quelques exemples cités plus haut en donnent la démonstration.

L'agriculture a tout intérêt à se procurer au meilleur marché possible ceux des aliments du bétail qu'elle ne produit pas en quantité suffisante : le maïs est du nombre : aussi, dans l'intérêt des éleveurs, avons-nous combattu, avec la conviction entière de défendre les intérêts bien compris de nos cultivateurs, l'établissement d'un droit à l'entrée sur le maïs étranger. La féculerie et la distillerie pourront se passer du maïs à brève échéance, si les cultivateurs savent profiter des précieux enseignements que la campagne menée si heureusement par les belles études de M. Aimé Girard, sur la pomme de terre industrielle, a mis à leur disposition. On a peine à comprendre que les efforts de tous ceux qui veulent protéger l'agriculture et Dieu sait s'ils sont nombreux au Parlement et ailleurs, n'aient pas convergé vers l'exemption des droits de douane de l'une des matières alimentaires les plus efficaces pour l'élevage et l'engraissement du bétail. Si nous imitions l'Amérique, nous arriverions aisément à produire la viande nécessaire à une consommation beaucoup plus large qu'elle ne l'est actuellement, et du même coup, à augmenter la fabrication des engrais de ferme, absolument insuffisante dans l'état actuel des choses, pour accroître le rendement de nos terres.

Bien que l'avoine ne soit pas encore un objet d'exportation pour l'Amérique du Sud, sa culture a suivi à peu près la même marche ascendante que celle du maïs : la production de ce grain a passé de 63 millions d'hectolitres en 1859 à 240 millions en 1887. Les États-Unis n'exportent pas d'avoine, sauf une petite quantité de farine de gruau. Cette céréale est surtout utilisée, comme le maïs, pour l'alimentation du bétail, et, sur une échelle assez vaste, pour celle de l'homme.

Contrairement à ce qui se passe pour le blé et le maïs, les États-Unis ne produisent pas assez d'orge pour leur consommation : ils sont tous les ans importateurs de cette céréale et, bien que la surface cultivée en orge ait beaucoup augmenté, les besoins ont crû plus rapidement encore, de sorte que l'importation de l'orge va en croissant chaque année, en même temps que la culture de cette céréale se développe. La culture de l'orge est limitée à un petit nombre d'États : la Californie fournit plus d'un quart, le Minnesota, le Dakota, le Nebraska, l'Yova, le Visconsin et l'État de New-York, plus de la moitié de la production totale. En moyenne annuelle, dans la dernière période vingtennalle, 1870-1889, l'importation de l'orge s'est élevée à près de 3 millions d'hectolitres (2,944,000) représentant une somme de 30 millions de francs.

L'importation a été en progressant régulièrement dans cette période : elle était de 1,780,000 hectolitres, valant 1,850,000 francs en 1870; elle s'est élevée à près de 7 millions d'hectolitres en 1888, correspondant à une somme de 40,500,000 francs. Pendant la période comprise entre 1850 et 1880, la récolte indigène de l'orge a passé, aux États-Unis, de 1,850,000 hectolitres à 16 millions d'hectolitres, mais la consommation (fabrication de la bière, etc.) s'est accrue suivant une progression bien plus rapide, rendant l'importation de cette céréale de plus en plus active.

Cette insuffisance dans la production amène, conformément au principe que nous rappellions tout à l'heure à propos du maïs, un renchérissement dans les prix : aussi, bien que l'orge n'ait pas échappé aux conditions générales qui ont amené une baisse notable dans la valeur vénale de toutes les denrées agricoles aux États-Unis, sa culture tient-elle encore la tête, au point de vue du revenu brut à l'hectare, comme le montre le petit tableau suivant, dans lequel nous comparons la valeur en francs de la récolte d'un hectare pour les diverses céréales, à vingt ans de distance.

Valeur moyenne de la récolte à l'hectare :

	1870-1879.	1880-1889.
Orge	208^f 86^c	163^f 78^c
Blé	166 48	127 68
Maïs	147 80	121 45
Sarrasin	157 06	105 51
Avoine	128 45	107 27
Seigle	126 03	94 64

On voit, entre autres choses, par ces chiffres, combien est faible le produit brut d'un hectare de terre aux États-Unis et l'on s'explique, en présence de la décroissance considérable de ce revenu dans la dernière période décennale, tandis que le protectionnisme a fait enchérir tous les objets de première nécessité, on s'explique, disons-nous, la colère de la Ligue des farmers. A bon entendeur, salut !

Pour compléter cet exposé sommaire de la production et du commerce des céréales aux États-Unis, j'extrais du tableau 16 de l'exposition américaine les valeurs de production et d'exportation des céréales; les chiffres de la production se rapportent à la récolte de 1886, et ceux de l'exportation à l'année budgétaire qui a fini le 30 juin 1887 :

| CÉRÉALES. | VALEUR À LA FERME | | EXPORTATION |
	de LA PRODUCTION.	de L'EXPORTATION.	P. 100 de production.
	francs.	francs.	
Maïs................................	3,162,936,700	61,101,910	1.9
Froment..............................	1,628,476,349	454,343,737	27.9
Avoine...............................	964,659,822	1,781,013	0.2
Orge................................	165,013,443	3,585,300	2.2
Seigle...............................	68,302,243	1,024,513	1.5
Sarrasin.............................	33,505,484	"	"
Riz.................................	25,912,500	136,217	0.5
Totaux..............................	6,048,806,541	521,972,680	8.6

Il résulte, de ces chiffres, que les États-Unis d'Amérique produisent près d'un tiers de froment en plus que n'en exige la consommation actuelle du pays. Cette production s'obtient avec des rendements à l'hectare inférieurs de moitié au rendement de la France, des deux tiers plus faibles que celui de l'Angleterre, et très voisins du produit des sols médiocres de l'Europe. En ce qui regarde la France, on ne saurait trop insister sur la possibilité de cesser de recourir à l'importation étrangère, comme j'ai maintes fois cherché à le démontrer. Le plus mince effort suffirait à la France pour s'affranchir complètement de la nécessité de demander aux États-Unis le blé indispensable pour combler le déficit de nos récoltes en certaines années. Le lent accroissement de notre population, si regrettable à tant de points de vue, nous permettrait d'atteindre aisément ce but, puisqu'en élevant de un à deux hectolitres le rendement moyen de notre sol en blé, nous suffirions et au delà aux exigences de notre alimentation. L'Amérique ne nous inonde pas, malgré nous, de ses céréales comme on se plaît à le répéter trop souvent; elle nous fournit, fort heureusement pour la masse de la nation, ce qui nous manque à un moment donné. Il ne dépend que de nous d'élever notre production indigène de la faible quantité que nous allons chercher au delà de l'Océan, en demandant à notre sol, mieux traité et surtout mieux pourvu des matières fertilisantes indispensables, un léger accroissement à sa fécondité.

RÉPUBLIQUE ARGENTINE.

I

COUP D'ŒIL GÉNÉRAL SUR L'ARGENTINE.

Le sol, la population, les cultures. — La République Argentine a une étendue superficielle de 2,894,257 kilomètres carrés, soit 289,425,700 hectares, surface égale à un
peu plus de quatre fois et demie celle de la France[1]. Bornée à l'Ouest et au Sud par
le Chili, au Nord par la Bolivie, le Paraguay et le Brésil, à l'Est par le Brésil et l'Uruguay, la République Argentine est située entre le 20° et le 56° degrés de latitude Sud
et le 53°71″ de longitude Ouest. Elle possède, par conséquent, à peu près tous les
climats. D'immenses fleuves l'arrosent. Le relief du sol est très variable : on rencontre
dans les Cordillères, qui la séparent du Chili sur la plus grande longueur, des sommets
qui atteignent près de 5,000 mètres et les plaines fertiles de la province de Buenos-
Ayres ont une altitude inférieure à 200 mètres. La plus grande partie du pays est
constituée par une plaine étendue, la Pampa, qui va graduellement s'élevant du Sud
au Nord-Ouest. Le terrain montagneux est essentiellement formé de roches anciennes:
gneiss, schiste cristallin, granit riche en quartz. On rencontre, en abondance, le
marbre et le calcaire dans diverses régions montagneuses. L'élément sableux est la
dominante des terres de la plaine. De nombreuses analyses des sols des provinces
cultivées ont été faites dans mon laboratoire. J'en tirerai quelques renseignements
importants, lorsque j'étudierai les cultures spéciales; pour l'instant, il me suffira de dire
que l'analyse a décelé une très grande richesse de la plupart de ces terres dans les trois
éléments fondamentaux : potasse, acide phosphorique et azote.

La République Argentine appartient en totalité, à l'exception d'une petite lisière au
Nord, à la zone tempérée australe. Au point de de vue du climat, il faut diviser l'Argentine en trois grandes régions : celle du littoral, celle de la Méditerranée et celle
des Andes. La première comprend les provinces de Buenos-Ayres, de Santa-Fé d'Entre-
Rios et de Corrientes: la température moyenne annuelle est de 19 degrés centigrades;
la moyenne de l'été (décembre, janvier et février), 25 degrés; celle de l'automne
(mars, avril et mai), 18 degrés: celle de l'hiver (juin, juillet et août), 12 degrés, et
celle du printemps (septembre, octobre, novembre), 17 degrés. Le maximum du mois
le plus chaud (janvier) est de 26 degrés, le minimum du mois le plus froid (juillet),
11 degrés. La quantité moyenne de pluie tombée à Buenos-Ayres est de 0 m. 865. Le

[1] 53,500,000 hectares. De Foville, *France économique*, 1889.

climat de la région méditerranéenne se distingue de celui de la région du littoral par une plus grande sécheresse et par des différences plus marquées dans les températures extrêmes. Hauteur de pluie, o m. 642; température maxima, 38 degrés; minima, 8 degrés; température moyenne, 16 degrés. Dans la région des Andes, le climat est très variable avec les altitudes : il ne pleut jamais sur le versant oriental et sur les plateaux du Nord. En été, chaleur intense au soleil, fraîcheur très grande à l'ombre; des variations de 20 degrés de température dans la même journée ne sont pas rares.

La population actuelle de la République Argentine (1889) est d'environ 4 millions d'habitants, dont 500,000 pour la ville de Buenos-Ayres. Étant donnée la superficie totale de la République, ce chiffre correspond à la très faible densité de 13 habitants par 10 kilomètres carrés. Les régions les plus peuplées, ville de Buenos-Ayres exceptée, comptent de 20 à 30 habitants par 10 kilomètres carrés.

La population rurale, l'agriculture n'étant encore qu'à ses débuts et l'élevage qui occupe la presque totalité des bons terrains n'exigeant qu'un faible personnel, ne représente que 20 p. 100 de la population totale. Les 80 p. 100 restant se trouvent concentrés dans les grands et petits centres d'habitation.

Les Argentins forment la majorité de la population rurale, et parmi les étrangers, les Italiens sont au premier rang, les Espagnols au second rang et les Français au troisième. Parmi les propriétaires ruraux, on observe le même ordre. La statistique dressée par les soins de M. Latzina, à l'occasion de l'Exposition universelle, a donné pour les provinces et territoires qui ont fait parvenir les renseignements à ce sujet et les résultats suivants :

Propriétaires	Argentins	48,980
	Italiens	4,768
	Espagnols	3,178
	Français	2,373
	Anglais	1,101
	Allemands	407
	De nationalités diverses	4,481
	Total	65,288

Avant d'aborder l'examen des conditions de l'agriculture et de l'élevage argentins, il convient de montrer par quelques chiffres le développement gigantesque du pays dans l'espace de dix ans.

La population de la République Argentine était de 2,500,000 habitants en 1878, le dénombrement de la fin de l'année 1888 donne 3,750,000. En 1878, 300,000 hectares seulement étaient en culture, la surface cultivée s'élevait au commencement de 1890 à 2,423,000 hectares. Avant 1878, la production indigène suffisait à peine aux nécessités de la consommation. En 1887, on put exporter 238,000 tonnes de blé, 6,392 tonnes de farine et 361,844 tonnes de maïs. L'élevage et les produits, il y a dix ans, donnaient 350 millions de francs, ils représentent près de 600 millions aujourd'hui. Le commerce extérieur était de 400 millions, il a atteint le triple de ce chiffre en 1888. Les relations d'échange représentaient un poids de 1,700,000 tonnes, elles s'élevaient, en 1889, à 9,200,000 tonnes.

La longueur des voies ferrées était de 1,950 kilomètres en 1878, elle atteint 7,760 kilomètres à l'heure qu'il est. Le revenu public a passé de 95 millions à 350 millions. On comptait 10 banques, il y a onze ans, représentant un capital de 150 millions; il y en avait en 1889, 51, avec un capital de 2,200,000,000. Quel prodigieux mouvement en avant, et combien il importe d'en étudier les conditions, principalement en ce qui regarde l'agriculture [1].

Il y a onze ans, les terrains en culture ne dépassaient pas, en superficie, 300,000 hectares, soit le *millième* environ de la superficie totale de la République Argentine. Le recensement effectué en 1887-1888, province par province, en vue de l'Exposition universelle, a permis de constater que la surface cultivée a sensiblement décuplé, s'élevant aujourd'hui à 2,423,000 hectares répartis dans 14 provinces et 5 gouvernements, comme l'indique le tableau suivant :

SUPERFICIE DES SURFACES AGRICOLES.

		Absolue en hectares.	Relative en centièmes du territoire habité.
	de Buenos-Ayres	932,591	3.1
	de Santa-Fé	586,537	5.9
	de Entre-Rios	136,151	1.7
	de Corrientes	46,631	0.5
	de Cordoba	234,395	1.3
	de San-Luis	19,869	0.2
Provinces	de Mendoza	88,546	0.5
	San-Juan	79,715	0.8
	de la Rioja	22,217	0.2
	de Catamarca	44,618	0.5
	de Santiago	120,400	1.2
	de Tucuman	35,943	1.5
	de Salta	40,256	0.3
	de Jujuy	18,994	0.4
	de Misiones	4,606	0.1
	de Formosa	648	″
Gouvernements	de Chaco	3,623	″
	de Pampa	5,964	″
	de Rio-Negro	1,291	″
	TOTAL	2,422,995	1.1

[1] La crise politique et financière qui est survenue dans le cours de l'année 1890 a modifié considérablement la situation de ce pays. Mais je n'ai pas cru devoir tenir compte de ces changements dans ce rapport qui devait présenter un tableau exact du mouvement agricole de l'Argentine en 1889.

Les gouvernements de Santa-Cruz et de la Terre de Feu sont encore déserts. Dans le gouvernement de Neuquen, l'immigration chilienne, qui augmente chaque année, cultive les vallées des Andes, mais l'on n'a pas pu obtenir encore de renseignements officiels sur la superficie et sur le genre des cultures de cette région. A 40 kilomètres au-dessus du Rio-Chubat (gouvernement du même nom) existe une colonie anglaise qui possède 39,000 hectares de terrain dont 4,000 sont cultivés, la principale culture étant le blé.

La superficie totale cultivée à la fin de l'année 1888 occupait donc 24,230 kilomètres carrés; comparée avec la superficie *totale* de la République Argentine, elle représente seulement 8 millièmes de cette surface; mais, abstraction faite des territoires déserts et de ceux sur lesquels on n'a pu recueillir aucun renseignement, comme les gouvernements de Neuquen et de Chubert, la proportion relative de la superficie cultivée est de 1.1 p. 100. Cette surface correspond, par rapport au chiffre de la population, à 64 ares 9 centiares, par tête d'habitant.

Les céréales occupent à elles seules les deux tiers de la surface cultivée dont voici la répartition par nature de produits :

	Nombre d'hectares.	Proportion en centièmes.
Blé.	815,438	33.7
Maïs.	801,583	33.0
Luzerne	390,009	16.1
Lin.	121,073	5.0
Orge.	28,672	1.2
Vigne.	23,345	0.9
Canne à sucre.	21,062	0.8
Pommes de terre.	14,137	/
Arachides.	6,794	/
Haricots.	6,775	/
Mandioca.	4,742	//
Patates.	3,757	2.1
Alpiste.	3,456	/
Tabac.	3,234	/
Avoine.	2,371	//
Riz.	1,286	/
Légumes et divers.	175,261	7.2
TOTAL.	2,422,995	100.0

Dans toutes les provinces on cultive le blé, le maïs et la luzerne; le lin se récolte principalement dans les régions des Andes ou dans les provinces de Mendoza, San-Juan, la Rioja et Catamarca. La canne à sucre dans les provinces de Tucuman, Santiago, Salta, Jujuy et Corrientes et dans les gouvernements de Misiones, du Chaco et de Formosa.

Le riz est cultivé dans la province de Tucuman et le tabac plus particulièrement dans celles de Cordoba et de Tucuman.

Les plantations d'arbres sont nombreuses, surtout dans les provinces de Buenos-Ayres et de Santa-Fé. Il y a, en tout, dans la République Argentine, 43,652 hectares de plantations, ce qui porte à 2,456,620 hectares la surface totale de la terre cultivée. Les forêts naturelles qui, à l'exception de la province de Buenos-Ayres, couvrent une grande étendue dans toutes les autres et principalement dans les territoires de Chaco, de Formosa et de Missiones, ne sont pas comprises dans l'évaluation précédente. Les pêchers sont l'espèce la plus fréquemment employée aux plantations; dans les provinces du climat sous-tropical, c'est-à-dire celles du Nord, les orangers et les figuiers dominent.

Dans les provinces du littoral, Buenos-Ayres, Santa-Fé et Entre-Rios, les fréquents changements atmosphériques qui provoquent des vents d'est fréquents assurent, en général naturellement, au sol, de l'eau en quantité suffisante. Dans les provinces de l'intérieur, qui se distinguent par leur climat sec, l'on ne peut se livrer à l'agriculture sans avoir recours à l'arrosage artificiel.

Il est absolument indispensable, pour rendre la terre productive, de pratiquer l'irrigation à l'aide des eaux fluviales. Les prairies naturelles sont rares dans cette région, c'est pourquoi l'on cultive la luzerne en si grande quantité, à force d'arrosages, dans les provinces méditerranéennes. Dans les provinces des Andes, l'on engraisse le bétail qui doit ensuite traverser la Cordillère à destination du Chili, où il est consommé.

D'après les documents du recensement de 1887-1888, la superficie arrosée dans les diverses provenances est la suivante :

Buenos-Ayres	115,351 hect.
Corrientes	18,893
San Juan	79,715
Rioja	13,421
Catamona	24,237
Tucuman	74,648
Salta	96,371
Jujuy	67,271
Missiones	92
Pampa	58
Rio-Nigro	1,440
Total	491,447

Le sixième environ des terres cultivées de la République Argentine est donc soumis à l'irrigation.

Les propriétés purement agricoles sont, en général, de peu d'étendue, tandis que celles qui sont destinées à l'élevage sont d'ordinaire de grandes dimensions.

9.

Sur 24,200 propriétés rurales qui figurent dans le recensement de la province de Buenos-Ayres, 1,771 sont purement agricoles, 16,922 destinées à l'agriculture et à l'élevage et seulement 5,776 purement réservées à l'élevage.

Dans les provinces de Corrientes, sur un total de 8,219 propriétés, 60 seulement sont purement agricoles, 6,559 destinées à l'agriculture et à l'élevage et 1,600 seulement particulièrement réservées à l'élevage.

Dans l'ensemble des autres provinces et territoires nationaux on observe les proportions générales suivantes :

Propriétés purement agricoles, 2,574 :

Propriétés agricoles et d'élevage, 15,840 ;

Propriétés d'élevage seul, 3,515.

Jusqu'ici, on le voit, les propriétés agricoles sont en minorité : mais la qualité du sol se prêtant admirablement à la culture proprement dite, il est certain que la surface consacrée aux plantes annuelles ira en croissant avec l'immigration dont nous parlerons plus tard. Le développement de plus en plus considérable de ce qu'on appelle *colonies* ou *centres* agricoles, suivant les provinces, tend à démontrer qu'il doit en être ainsi. Voici ce qu'on entend par ces dénominations : Une personne quelconque divise le sol de sa propriété ou le terrain qu'un gouvernement, soit national, soit provincial, lui a cédé à certaines conditions, en lots de 20, 25 ou 30 hectares pour les vendre aux agriculteurs qui émigrent continuellement dans les endroits où ils trouvent certaines facilités de payement. On consacre alors un ou plusieurs lots des terrains ainsi divisés pour former un centre de population. C'est ainsi que la spéculation privée a créé dans la province de Santa-Fé, en un temps relativement court (la première colonie Esperanza date de 1857), 189 colonies agricoles plus ou moins étendues et peuplées. Santa-Fé doit à cette institution, qui amena la subdivision de son sol, tous ses progrès et sa prospérité actuelle.

Il n'est pas inutile, pour donner l'idée du développement que prend l'institution des colonies agricoles, d'indiquer en quelques chiffres, pour les quatre provinces qui en possèdent, le nombre des établissements aujourd'hui existant et les surfaces de terrains qu'ils embrassent.

	NOMBRE des colonies en 1889.	SURFACE en hectares de ces colonies.
Buenos-Ayres	50	445,539
Santa-Fé	189	2,614,116
Entre-Rios	50	233,533
Cordoba	31	443,221
Totaux	220	3,736,229

Il y a, d'après cela, près de *quatre millions* d'hectares répartis entre un grand nombre de propriétaires qui les cultivent ou y entretiennent du bétail.

La population de ces colonies, dont la surface varie notablement suivant les localités (de 140 à 80,000 hectares), n'est pas à beaucoup près celles qu'elles pourraient contenir; mais il paraît hors de doute que si l'immigration continue dans les proportions qu'elle a prises dans ces dernières années, l'époque n'est pas éloignée où elles formeront des centres ruraux assez importants. Les terrains étant à bon marché et les délais de payement commodes, les premières familles d'agriculteurs qui arrivent dans une colonie, essayent naturellement de posséder beaucoup plus de terrain qu'elles n'en peuvent cultiver. Ainsi, par exemple, dans la plupart des colonies nationales, les lots ont une étendue de cent hectares. Une famille composée de cinq personnes ne peut, on le comprend, défricher et cultiver un terrain aussi étendu; elle n'en cultive souvent que la dixième partie, parfois moins et consacre le reste à l'élevage, en changeant chaque année, si cela est possible, dans le même lot, la situation de la partie qui doit être cultivée. L'augmentation de la population et la nécessité toujours croissante de tirer du terrain le plus grand parti possible, amèneront, avec le temps, de nouvelles subdivisions du sol jusqu'au moment où l'équilibre s'établira entre les nécessités réelles de l'agriculture et l'étendue de la petite propriété. Ceux qui arrivent maintenant à l'Argentine et ceux qui arriveront encore pendant quelques années profiteront naturellement des conditions favorables qui permettent à l'agriculteur européen de devenir propriétaire du terrain dont il a besoin. Aujourd'hui (1889), on vend à crédit à l'immigrant le terrain, les instruments de travail et les animaux; on lui fait même avance des vivres pendant la première année et il est exempt de la cote personnelle dans les mauvaises années.

Une loi très libérale, promulguée le 25 novembre 1887 sous le titre de : *Loi sur les centres agricoles* a introduit cette institution dans la province de Buenos-Ayres.

Ceux que le texte de cette loi intéresseraient particulièrement peuvent la consulter dans l'ouvrage récent de M. Latzina : *L'agriculture et l'élevage dans la République Argentine.*

Examinons maintenant de plus près le sol et sa valeur vénale et locative dans la République Argentine en 1889.

Dans toute la partie plane de la République, entre l'océan Atlantique et le versant oriental des Cordillières, s'étend presque sans interruption, une couche plus ou moins argileuse à laquelle on a donné le nom de formation *diluvienne*. Son épaisseur atteint 15 à 20 mètres.

Les provinces de Buenos-Ayres, Santa-Fé, Entre-Rios et Corrientes appartiennent à cette formation.

Il y a quelques années, M. A. Calvet, forestier distingué, ancien préfet, a été chargé par le ministre du commerce, d'une mission dans l'Argentine dont il a, un des premiers, en France, fait connaître dans un très remarquable rapport[1] la puissance de

---

[1] *L'immigration Européenne, le commerce et l'agriculture à la Plata*, par M. Calvet, 1886-88. Rapport à M. le ministre du commerce, avec atlas statistique et économique.

développement et les grandes lignes économiques, industrielles et agricoles. M. Calvet m'a remis, au retour de sa mission, un assez grand nombre d'échantillons de sols prélevés dans les provinces de Buenos-Ayres, Santa-Fé, Cordoba, Tucuman et Corrientes, ainsi que des terres provenant du Chaco austral, du Paraguay et de l'Uruguay. L'analyse de ces sols a été faite complètement pour chacun d'eux, dans mon laboratoire, par un de mes élèves, M. Bonâme, ancien directeur de la Station agronomique de la Guadeloupe. En attendant que ces analyses soient publiées dans leurs détails avec les renseignements culturaux que M. Calvet doit me fournir sur ces terres, je vais extraire des registres de mon laboratoire quelques chiffres qui me permettront de faire connaître suffisamment la diversité des sols des provinces en question et la richesse remarquable de quelques-uns d'entre eux.

Le premier fait qui se dégage de l'examen des sols de l'Argentine a trait à leur composition physico-chimique. Les proportions d'argile et de sable sont très variables, d'un point à un autre. Le second point à noter est la richesse, généralement très grande de ces terres en potasse, en acide phosphorique et en azote; mais là encore de grandes variations ont été observées.

Il me paraît intéressant de donner quelques chiffres pour fixer les idées des agriculteurs au sujet de la richesse des terres de l'Argentine.

Une terre de pâturages de la province de Buenos-Ayres, c'est-à-dire à végétation spontanée et n'ayant reçu aucune culture ni fumure de main d'homme, a été prélevée dans la commune de Florès. La profondeur de la couche végétale était de o m. 80, sans aucun caillou. En voici l'analyse physico-chimique et la teneur en principes fertilisants[1] :

Sol.		Pour 100 de terre.	
Argile	11.95	Azote	0,161
Sable	78,49	Acide phosphorique	0,146
Matières organiques	4,60	Potasse	0,328
Calcaire	0.96	Chaux	0,540
Eau	4,00	Magnésie	0,385
	100,00		

Cette terre est de première qualité et suffisamment pourvue de principes fertilisants pour fournir, sans addition d'engrais, de très belles récoltes pendant de longues années.

Le sous-sol de cette terre est sensiblement différent de la couche superficielle; il est beaucoup plus argileux, plus riche en potasse, comme cela est naturel d'après le taux d'argile, mais presque complètement dépourvu d'acide phosphorique et d'azote, ainsi que le montre l'analyse ci-après :

[1] On peut considérer comme une terre de qualité moyenne, un sol qui renferme 0,10 p. 100 d'azote et autant d'acide phosphorique et 0,15 p. 100 de potasse.

Sous-sol.		Pour 100 de terre.	
Argile	37,50	Azote	0,074
Sable	49,80	Acide phosphorique	0,048
Matières organiques	2,86	Potasse	0,540
Calcaire	0.87	Chaux	0,490
Eau	8,97	Magnésie	0.590
	100.00		

D'autres sols de Buenos-Ayres ont donné des chiffres plus élevés encore en principes fertilisants, témoin celui de l'Estancia la Tigra, qui renferme p. 100 :

Azote	0,275
Potasse	0.340
Acide phosphorique	0,217

Toutes les cultures dans ce sol sont possibles et donneront des rendements très élevés; je connais peu de sols comparables à celui-ci par leur richesse.

Un échantillon d'humus vierge de la province de Cordoba (station Vicenia Mackena) a donné des résultats tout à fait différents des précédents. C'est un terrain sableux pauvre. dans lequel la culture proprement dite ne serait possible qu'avec un apport d'engrais considérable. comme on va le voir :

Argile	1,87	Azote	0,058
Sable	94,44	Potasse	0,048
Matières organiques	1.49	Acide phosphorique	0,066
Calcaire	0.77	Chaux	0.430
Eau	1.43	Magnésie	0,150
	100,00		

Les sols de la province de Santa-Fé présentent aussi de grandes variations de richesse. Les échantillons de la colonie *Esperanza* que nous avons analysés sont assez argileux (12 à 15 p. 100), riches en potasse, mais beaucoup plus pauvres en azote (12 à 15 p. 100), et en acide phosphorique (0,08 p. 100) que ceux de Buenos-Ayres. Ceux de la colonie *Candelaria* se rapprochent au contraire, par leur richesse, des meilleurs lots de la province de Buenos-Ayres : azote 0,20 p. 100, acide phosphorique 0,15 à 0,20, potasse 0,34 à 0,50.

Dans la province de Tucuman, où la culture de la canne à sucre a pris de grands développements, le sol paraît très riche; en effet, une terre qui avait porté de la canne à sucre pendant quinze années consécutives contient encore les quantités suivantes :

Azote	0,13	p. 100.
Potasse	0,23	
Acide phosphorique	0,195	

La terre argentine la plus pauvre qu'il m'ait été donné d'examiner appartient à la province de Corrientes (commune de Beela Vista): en voici la composition :

Argile................	1,95		Azote................	0,046
Sable................	96,46		Acide phosphorique......	0,025
Matières organiques	0,86		Potasse...............	0,028
Calcaire	0,13		Chaux................	0,075
Eau	0,60		Magnésie	0,020
	100,00			

C'est, on le voit, un sable presque complètement dépourvu de matières organiques et de substances fertilisantes et dont il serait difficile de tirer un parti avantageux, sans de sérieuses avances de fumure.

Les terres du Chaco austral se rapprochent sensiblement, par leur teneur en principes fertilisants, des sols de moyenne qualité, en ce qui regarde l'azote (0.13 p. 100) et la potasse (0.12 à 0.15 p. 100), mais elles sont très pauvres en acide phosphorique (0.06 à 0.07 p. 100), et nécessiteraient l'addition de phosphate pour produire des récoltes élevées.

L'analyse d'une vingtaine d'échantillons de terre d'un pays aussi vaste que l'Argentine est tout à fait insuffisante, cela va de soi, pour permettre des conclusions rigoureuses à l'endroit de la composition du terrain. Toute généralisation serait prématurée : mais, il découle cependant des chiffres que je viens de rapporter, des conséquences d'une certaine valeur. Si l'on tient compte de l'origine géologique commune des sols de la plaine de l'Argentine, on peut, sans courir le risque de se tromper beaucoup, inférer des analyses qui précèdent que, d'une manière générale, le sol plateen est riche, notamment en potasse et en azote et fréquemment en acide phosphorique. Le premier et le dernier de ces corps dérivent des minéraux provenant de la décomposition et de l'entraînement par les eaux, qui vont en général des Cordillères à l'Océan, des roches anciennes et des feldspaths, riches en phosphore et en potasse qui constituent la masse des montagnes des Andes. L'azote provient de la végétation séculaire qui a accumulé à la surface du sol des détritus de plantes et d'animaux.

La diversité de composition qu'accusent les analyses peut être un élément important dans l'appréciation de la valeur vénale des terres; les exemples ci-dessus montrent que l'examen chimique du sol devrait précéder l'achat des terres vierges, cet élément d'information devant, à côté des conditions de viabilité, de proximité des centres de population, être pris en grande considération.

Le mouvement d'immigration vers l'Argentine, qui s'accentue si notablement depuis quelques années (plus de 200,000 immigrants en 1888) appelle l'attention vers l'étude des conditions intrinsèques de tout ordre que les nouveaux arrivants rencontrent en mettant le pied sur le sol argentin.

La composition chimique et la richesse du sol étant, à mes yeux, l'une des questions les plus importantes que puissent examiner ceux qui veulent aller entreprendre la mise en valeur, par la culture, des immenses régions aujourd'hui encore couvertes de végétation spontanée, j'ai cru utile de m'y arrêter quelques instants.

Les renseignements qui m'ont été fournis par les notes de voyages de M. Calvet, ceux que j'ai pu recueillir à l'Exposition universelle et dans les travaux originaux qu'elle a provoqués, jointes à l'examen d'une trentaine de sols des points les plus intéressants de l'Argentine, m'amènent à une conclusion que j'exprimerai avec toute la réserve que comporte l'étude d'un pays neuf qu'on n'a pas parcouru soi-même.

Prise dans son ensemble, étant données les conditions de climat et de sol que révèlent les observations publiées jusqu'à ce jour, le territoire de la République Argentine se prête aux cultures les plus diverses, et l'on peut espérer atteindre des rendements élevés par l'application de bonnes méthodes culturales; mais il y a lieu, en raison des différences notables qu'offre, dans sa composition chimique, le sol des diverses provinces, de poursuivre l'examen géologique et analytique de la pampa, et de chercher dans les résultats de cette étude une base solide d'appréciation sur la valeur agricole très variable de la terre argentine, comme celle, d'ailleurs, de tous les pays. Sous le bénéfice de cette réserve, je vais aborder maintenant la valeur vénale et la valeur locative du sol argentin, d'après les dernières statistiques réunies par M. Latzina, à l'occasion de l'Exposition universelle de 1889.

Au cours des travaux de la commission chargée de diriger les préparatifs de l'exposition argentine, tant admirée par les visiteurs du Champ de Mars, M. A. Davila émit, en 1887, l'idée d'un recensement des cultures agricoles et du bétail répandu sur la vaste superficie du territoire argentin. La proposition adoptée fut immédiatement mise à exécution. On vota une somme de 500,000 francs pour cette enquête, qui fut confiée à une commission composée des hommes les plus compétents. Le programme des recherches, aussitôt arrêté, comprenait deux parties, savoir : les renseignements personnels, c'est-à-dire concernant les agriculteurs et les éleveurs, et les renseignements généraux. Les premiers ont été fournis par les propriétaires et locataires respectifs du sol, les seconds étaient du ressort des commissions départementales.

Le recensement commença dans les premiers jours d'octobre 1888. C'était la première fois qu'on faisait une semblable opération dans la jeune République; aussi ne saurait-on s'étonner qu'il existe des lacunes et même des inexactitudes dans les nombreux chiffres réunis et groupés dans ce premier essai de statistique. Malgré cela, les tableaux et documents publiés par M. Latzina, qui a été chargé de la lourde tâche de coordonner les résultats de l'enquête, sont pleins d'intérêt et donnent une idée très approchée de la situation agricole de la République Argentine. Il ne faut pas oublier, qu'en raison du développement phénoménal de ce pays, les chiffres cessent bientôt, d'une année à l'autre même, d'être l'expression rigoureuse de la vérité. Aussi voisins que possible de l'état de l'Argentine, en 1888, les éléments statistiques publiés par

M. Latzina sont déjà au-dessous de la réalité, en ce qui regarde les surfaces mises en culture, le nombre des exploitations, l'exportation, etc. Quoi qu'il en soit, ces renseignements sont d'un haut intérêt et donnent une idée des ressources actuelles du pays : ils laissent présager le mouvement ascensionnel qui s'accusera chaque jour davantage, si des difficultés extérieures ou intérieures ne viennent s'y opposer.

Examinons les rendements moyens à l'hectare, constatés par cette enquête.

Avec son climat varié, l'Argentine se prête à presque toutes les cultures. L'époque des semailles et celle des récoltes varient naturellement dans les différentes provinces, suivant les conditions climatériques dépendant elles-mêmes, à la fois, de la situation géographique et de la configuration du sol.

Dans la province de Buenos-Ayres, dans celles d'Entre-Rios et de Santé-Fé, on sème le blé, l'orge et l'avoine, de mai à juillet; le maïs, de septembre à novembre; la luzerne en avril et mai, septembre et octobre. On récolte le blé, l'orge et l'avoine en décembre et janvier; le maïs de février à avril, et la luzerne de novembre à avril.

L'époque des semailles et des récoltes varie généralement très peu dans la partie peuplée de la République, parce que si, d'un côté, les provinces du Nord ont un climat plus chaud que celles du Sud, il arrive, de l'autre, que, sur les plateaux, l'élévation du sol compense la moins grande obliquité des rayons solaires.

La canne à sucre se plante dans les provinces de Santiago, Tucuman, Salta, Jujuy et Corrientes, et dans les Gouvernements de Chaco, Formosa et Misiones, de juillet à octobre, et se récolte de juin à octobre de l'année suivante. On sème le riz de septembre à octobre, et on le récolte de mars à mai. Le mandioca se sème en juin et se récolte d'avril à mai.

Le sol, dont j'ai fait connaître précédemment la richesse variable dans divers points, donne, en général, d'abondantes récoltes, à la condition que les pluies ne soient ni trop fortes ni trop rares.

La récolte de l'année 1889 a été mauvaise par suite des intempéries qui sont le facteur dominant des mauvaises années. On a constaté, notamment pour les céréales, une dégénérescence assez rapide de la semence, ce qui a conduit, récemment, à faire en Europe des achats considérables de semences de blé, destinées à être distribuées aux cultivateurs.

Voici les rendements moyens des principales récoltes, à l'hectare et en quintaux métriques, d'après les résultats de l'ensemble de l'enquête de 1888.

Blé.	11.00
Maïs.	30.00
Lin.	8.00
Riz non décortiqué.	30.00
Riz décortiqué.	15.00
Pommes de terre.	120.00
Tabac.	8.50

Canne à sucre...	450.00
Luzerne (sèche)...	25.00
Alberges...	12.00
Haricots...	12.00
Pois chiches	12.00

Il va sans dire que ces rendements sont ceux des terres de bonne qualité moyenne, suffisamment arrosés et pour une année normale. On a constaté dans certains territoires des rendements beaucoup plus élevés.

La mercuriale de Buenos-Ayres a donné comme prix moyens des ventes sur ce marché, en 1888, les chiffres suivants :

Luzerne, les 1,000 kilogrammes	128f 80
Orge, les 100 kilogrammes.................................	14 05
Blé —	23 05
Maïs —	16 80
Farine —	50 00
Sons —	12 50
Lin —	26 50
Semence de navet, le kilogramme	0 22

Quelle est la valeur vénale du sol? Il est difficile de répondre en quelques chiffres à la question ainsi posée. La valeur du terrain dépend d'un grand nombre de facteurs et varie nécessairement beaucoup d'une province à l'autre et même dans une seule province, suivant la situation, la qualité du terrain et la distance des débouchés. Par exemple, tandis que le prix de l'hectare dans l'arrondissement de Patagones (province de Buenos-Ayres) n'a pas dépassé 20 francs, il a atteint, dans un autre arrondissement de la même province (Barrocas), le chiffre énorme de 23,195 francs. La raison de cette différence est dans ce fait que l'arrondissement de Patagones se trouve à l'extrémité S.-O. de la province entre les rios Negro et Colorado, à la limite du gouvernement de Rio-Negro, tandis que celui de Barrocas n'est séparé de la capitale de la République que par le Riachuelo. Les arrondissements où la terre vaut 500 francs l'hectare et moins sont en grand nombre. Dans les petits arrondissements qui entourent la capitale, les terrains ont atteint déjà un prix si élevé qu'ils ne servent plus pour la culture proprement dite, mais seulement pour l'horticulture et le jardinage.

Dans la province de Santa-Fé, les terrains sont en général moins chers que dans celle de Buenos-Ayres. Dans l'arrondissement de la capitale, au nord, on obtient l'hectare à 10 francs quand on achète de grandes propriétés, tandis que, dans celui de Rosario, le prix moyen des ventes a été de 1,488 piastres, soit 7,240 francs.

Dans la province d'Entre-Rios, qui possède les meilleurs sols de la République, un sol recouvert de la plus épaisse couche de terre végétale et dans une région des plus favorisées par un réseau de fleuves et de cours d'eaux, le prix de l'hectare est à la portée de toutes les bourses, suivant l'expression de M. Latzina, puisque, sauf de rares exceptions, il ne dépasse pas 250 francs. C'est du côté de cette province que devra se porter particulièrement l'attention des agriculteurs européens.

Dans la province de Corrientes, la terre est également très bon marché. L'eau abonde et le sol, nous l'avons vu, est de bonne qualité. Le nord de la province possède un climat assez chaud. La valeur de l'hectare n'atteint pas, en moyenne, 100 francs.

Dans la province de Corboba, les terrains ne sont pas aussi bon marché que dans la précédente, tout au moins dans la région frontière de Santa-Fé. Dans la province de San Luis, la terre n'est pas chère, mais cette province a l'inconvénient d'un climat sec. Les terrains qui ne peuvent pas profiter de l'arrosage artificiel sont à bas prix dans les provinces des Andes (Mendoza, San Juan, la Rioja et Catamarca), tandis que dans les parties irrigables des mêmes régions ils se vendent très cher.

M. Latzina a dressé pour les différentes provinces des tableaux fort intéressants qui donnent le prix de la terre, d'après deux évaluations se contrôlant jusqu'à un certain point : une colonne indique pour chacune des terres recensées la valeur *déclarée* par le propriétaire lors de l'enquête de 1888, l'autre, les prix *obtenus*, pour la même surface, dans les ventes réalisées à la même date.

Se basant sur l'ensemble des chiffres ainsi obtenus, M. Latzina a calculé la valeur totale de la propriété rurale dans la République Argentine, en 1888.

La superficie totale figurant dans le recensement s'élève au chiffre de 289,429.481 hectares, possédant une valeur foncière totale de 3,720,902,440 piastres, ce qui, au taux nominal de 5 francs par piastres, représenterait en nombre rond, 18 milliards 600 millions de francs.

La capitale de la République seule figure, dans ce chiffre, pour plus de 5 milliards et demi de francs (5,539,000,000) avec une superficie de 18,141 hectares, ce qui correspond à une valeur vénale de 305,327 francs à l'hectare, soit 30 fr. 53 le mètre carré. Ces chiffres sont basés sur 6,949 ventes effectuées à Buenos-Ayres en 1888.

Dans la province de Buenos-Ayres (*extra muros*) la valeur moyenne de l'hectare est de 150 francs; dans celle d'Entre-Rios, 100 francs. Dans toutes les autres, il varie de 35 à 5 francs, et même moins (0 fr. 50 dans le gouvernement de la Terre-de-Feu).

L'enquête relative aux prix de fermage et aux salaires agricoles présente aussi de l'intérêt; nous nous y arrêterons pendant quelques instants.

Nous avons vu qu'on peut évaluer, d'après les recherches de M. Latzina, la valeur foncière totale du sol de la République Argentine, à l'heure actuelle environ à la somme de 4 milliards de piastres, soit 20 milliards de francs, valeur nominale. Le fermage étant à la Plata une forme assez répandue de l'exploitation du sol, il est possible d'estimer approximativement la valeur locative du territoire argentin. Le quart de la superficie totale des terrains affermés se trouve dans la province de Buenos-Ayres, qui est la plus importante comme population, superficie et richesse. Une surface de

7,494,997 hectares y est répartie entre 9,053 locataires. Les superficies affermées au même individu sont extrêmement variables. En général d'une étendue considérable, lorsqu'il s'agit de l'élevage du bétail, elles sont beaucoup plus restreintes, lorsqu'on les destine à la culture. Le prix annuel du fermage à l'hectare varie beaucoup d'un arrondissement à l'autre, suivant la qualité de la terre. On peut considérer toutefois comme prix extrêmes, un fermage de 3 et de 20 p. 100 de la valeur foncière du sol et, comme prix moyen, 8 p. 100. Les tableaux que M. Latzina a dressés pour les différentes provinces montrent que des prix éloignés de ceux que je viens de citer sont exceptionnels. Exprimé en argent, le fermage d'un hectare varie d'une piastre (5 francs) et moins dans certaines provinces, à 35 piastres (175 francs) dans quelques points privilégiés.

Les salaires agricoles présentent aussi, dans leur taux, d'assez grands écarts; on en jugera par le tableau suivant qui donne les salaires mensuels des hommes et des femmes :

PROVINCES.	HOMMES		FEMMES	
	NOURRIS.	NON NOURRIS.	NOURRIES.	NON NOURRIES.
	piastres.	piastres.	piastres.	piastres.
Buenos-Ayres	10 à 30	20 à 40	8,00 à 20	15 à 30
Corrientes	6 à 15	10 à 20	3,00 à 9	4 à 10
San Luiz	8 à 15	12 à 25	4,00 à 8	6 à 12
Mendoza	10 à 25	15 à 30	3,00 à 8	8 à 15
La Rioja	6 à 12	12 à 20	2,50 à 8	4 à 8
Catamarca	8 à 20	15 à 25	2,00 à 4	5 à 8
Tucuman	8 à 15	12 à 30	3,00 à 6	6 à 10
Salta	8 à 15	15 à 20	9,00 à 5	5 à 10
Jujuy	6 à 12	8 à 15	3,00 à 5	4 à 8

Dans les provinces de Santa-Fé et d'Entre-Rios, les salaires sont, en général, les mêmes que ceux de la province de Buenos-Ayres. La cherté de la vie dans les provinces du littoral, comparées aux provinces de l'intérieur, explique les différences que nous venons de constater dans le tarif des salaires. En somme, l'ouvrier agricole de Buenos-Ayres gagne, en moyenne, 75 francs par mois, s'il est nourri et 125 francs s'il doit s'entretenir à ses frais. La femme reçoit, suivant les mêmes conditions, en moyenne 70 francs ou 112 francs par mois, salaires élevés, si on les compare aux gages de nos ouvriers ruraux.

L'élevage du bétail est, comme on le sait, une des branches les plus importantes de la richesse de l'Argentine. Le recensement dont M. Latzina nous donne les résultats par arrondissement et par province n'a point la prétention d'être rigoureusement exact, mais il fournit des indications fort instructives, et qui, sans doute, grâce aux soins qui ont été apportés à les recueillir, ne doivent pas s'écarter beaucoup de la réalité.

II

LE BÉTAIL.

Le nombre total des animaux d'élevage existant, en octobre 1888, sur le territoire de la République Argentine s'élevait, d'après ce recensement, au chiffre de 95,956,665 se décomposant de la manière suivante :

Espèce ovine... 66.701,097 têtes.
Espèce bovine... 21,963,930
Espèce chevaline.. 4,262,917
Chèvres... 1,969,765
Ânes et mulets.. 430,940
Porcs... 403,203
Autruches... 177,075
Lamas... 47,738

Si l'on classe les animaux des espèces ovine, bovine et chevaline, d'après leurs conditions d'existence et de sang, on arrive au groupement suivant :

ANIMAUX.	ESPÈCE		
	BOVINE.	OVINE.	CHEVALINE.
De travail...................................	962,699	"	1,047,769
D'élevage (indigène).........................	17,573,572	24,317,214	2,951,182
De race croisée..............................	3,388,801	42,002,867	259,009
De race pure.................................	37,858	381,016	4,957
TOTAUX...................	21,962,930	66,701,097	4,262,917

L'amélioration de la race ovine est beaucoup plus avancée, on le voit, d'après la proportion des races pures ou croisées, que celle de l'espèce bovine. Quant à l'espèce chevaline, le progrès est moindre encore; l'importation des chevaux de race pure se fait, jusqu'ici, presque exclusivement en faveur du sport.

Les autruches domestiquées qui sont nombreuses, puisqu'on en compte 177,075, se divisent en autruches ordinaires (149,550) qui sont les autruches américaines et en autruches de race croisée ou autruches africaines, au nombre de 25,406, nées dans le pays et de 2,119 autruches africaines (d'importation directe). Toutes ces autruches vivent dans des parcs clos. La province de Buenos-Ayres en compte la majeure partie (154,000). L'autruche libre ne se rencontre qu'à l'extrémité ouest et sud de la République. La population qui s'avance de l'est à l'ouest et du nord au sud, a refoulées ces oiseaux vers le désert.

Les lamas qui sont en nombre considérable (47,000 dans la province de Jujuy) y sont employés pour les transports.

Les tableaux du recensement du bétail permettent de comparer la superficie occupée par l'élevage des espèces bovine et ovine, dans l'étendue des provinces et gouvernements. On trouve ainsi, par kilomètre carré, les chiffres suivants :

Provinces.	NOMBRE D'ANIMAUX.	
	Espèce bovine.	Espèce ovine.
Buenos-Ayres............................	28	171
Santa-Fé.................................	23	23
Entre-Rios...............................	55	65
Corrientes...............................	22	8
Cordoba.................................	12	13
San Luis.................................	6	3
Mendoza.................................	1	1
San Juan................................	1	1
La Rioja.................................	2	1
Catamarca...............................	3	2
Santiago.................................	6	8
Tucuman.................................	8	2
Salta....................................	2	2
Jujuy...................................	2	14
Gouvernement de Misiones.................	1	"
Gouvernement de la Pampa.................	2	12
Gouvernement de Rio-Negro................	3	1

Un simple rapprochement entre le chiffre de la population de l'Argentine, le nombre de têtes de bétail recensées en 1888 et les chiffres correspondants pour la France, permettra de juger de l'énorme quantité de viande et de laine disponible, pour l'exportation dans le premier de ces pays.

En France, nous comptons, par 100 habitants, 34 têtes et demie (34.5) d'animaux de l'espèce bovine et 63 têtes 2 dixièmes (63.2) de l'espèce ovine (enquête de 1882). Dans l'Argentine, il existe 580 têtes d'animaux de l'espèce bovine et 1,780 têtes de l'espèce ovine pour 100 habitants.

La province d'Entre-Rios est celle qui, relativement parlant, compte le plus grand nombre d'animaux d'élevage de l'espèce bovine et Buenos-Ayres le plus grand nombre de moutons. Dans la province de Corrientes et au nord de Santa-Fé, le climat chaud est contraire à l'élevage des brebis, tandis que, dans les provinces méditerranéennes, c'est au manque de pâturages naturels, dû aux grandes sécheresses, qu'il faut attribuer la faiblesse de l'élevage du bétail. La province de Jujuy, qui se trouve déjà dans la zone tropicale, doit à l'élévation de ses plateaux de pouvoir se livrer à l'élève du mouton. Les provinces de l'intérieur de la République sont, autant par leur climat que par leur sol et leur végétation, plutôt propres à l'élevage des chèvres qu'à celui des brebis ;

l'espèce bovine s'y élève dans des champs de luzerne arrosés artificiellement, à la fois pour la consommation de la contrée et pour l'exportation au Chili.

En ce qui regarde la *possibilité* des prairies naturelles, c'est-à-dire le nombre de têtes qu'on peut y élever et y nourrir par surface de 100 hectares, il y a de grandes différences dans les divers points de la même province, et bien plus encore d'une province à une autre. Par exemple, si, dans les provinces du littoral (Buenos-Ayres, Entre-Rios, Santa-Fé et Corrientes), bien supérieures aux autres par leurs pâturages naturels, on peut élever en moyenne 120 animaux de l'espèce bovine sur 100 hectares, dans la plupart des provinces de l'intérieur on ne peut atteindre la moitié de ce nombre.

Le meilleur climat et les meilleurs pâturages pour l'élevage du mouton se rencontrent dans la province de Buenos-Ayres, où 100 hectares peuvent nourrir, en moyenne, 700 animaux, tandis que, dans d'autres provinces moins favorisées par le climat et par la nature du terrain, ce chiffre s'abaisse d'un tiers, de la moitié et souvent plus. Ce que nous venons de dire de l'espèce bovine s'applique également à l'espèce chevaline.

L'augmentation de l'élevage du bétail, sauf de légères différences provenant de la variété du climat et des pâturages, est à peu près la même dans toutes les provinces. L'accroissement moyen annuel observé dans la province de Buenos-Ayres peut, sans erreur notable, s'appliquer à toutes les autres. La moyenne observée est la suivante : 25 p. 100 dans l'espèce bovine, 35 p. 100 dans l'espèce ovine, 20 p. 100 dans l'espèce chevaline.

Dans les provinces de l'intérieur où l'élevage des chèvres est prospère, on peut admettre comme augmentation moyenne annuelle le chiffre de 50 p. 100.

Il nous reste à parler des produits du bétail, laines, viandes et peaux, qui font l'objet principal du commerce d'exportation de la République Argentine.

Nous venons de constater la place prépondérante qu'occupe le bétail dans l'agriculture de la République Argentine. Pour compléter les indications relatives à cette branche capitale de la richesse naturelle du pays, il importe de citer quelques chiffres concernant la production et l'exportation de la laine, des cuirs et de la viande.

Le poids moyen des animaux qu'on élève pour la boucherie est, dans les provinces du littoral, de 125 à 150 kilogrammes pour les vaches, de 200 à 250 kilogrammes pour les bœufs, de 20 à 25 kilogrammes pour les brebis et de 30 à 35 kilogrammes pour les moutons.

Le poids vif, en ce qui regarde l'espèce ovine, est généralement plus élevé dans les provinces de l'intérieur, où les animaux sont parqués en hiver dans les pâturages de luzerne. L'alimentation étant meilleure, le poids des animaux s'élève; c'est une question de nourriture et non de race.

Le poids de la toison varie dans d'assez grandes limites d'un point à un autre; il tend à s'abaisser avec l'amélioration de la qualité de la laine, par suite des croisements et d'un meilleur traitement des troupeaux.

M. Latzina admet, pour la province de Buenos-Ayres, une production moyenne de

2 kilogr. 07 par tonte annuelle d'un animal. Ce chiffre paraît très élevé, si on l'applique au nombre total d'animaux de l'espèce ovine, sans distinction d'âge ou de sexe. M. Zeballos, dans son livre si intéressant [1], nous paraît devoir être plus dans le vrai en fixant à 11 kilogr. 500 le poids de la tonte de 10 brebis, soit 1 kilogr. 150 par tête.

Quoi qu'il en soit, la production totale de la laine dépasse actuellement 140 millions de kilogrammes, et l'exportation s'est élevée, pour la seule année 1888, à 131 millions de kilogrammes, alors qu'elle était de 62 millions en 1868, de 19 millions en 1858 et de 430,000 kilogrammes seulement en 1832! On peut mesurer, par ces quelques chiffres, le progrès colossal de l'élevage et du commerce de la République Argentine depuis un demi-siècle.

Le nombre des peaux de bêtes à laine exportées annuellement, depuis quelques années, oscille autour de 30 millions et celui des bêtes de l'espèce bovine dépasse 3 millions.

La population indigène étant bien loin de pouvoir consommer la viande produite annuellement par le bétail argentin, les efforts les plus considérables sont faits par les éleveurs et par le Gouvernement en vue de favoriser l'exportation des viandes conservées ou congelées. Quatre usines installées à Buenos-Ayres ou dans les environs sont spécialement affectées à la congélation des moutons, qu'on exporte en Europe dans des navires construits et installés dans ce but. En 1888, l'Angleterre seule a reçu, de ces usines, 924,003 carcasses de moutons argentins.

Pour stimuler les capitaux qui désireraient chercher une rémunération dans l'exploitation industrielle et commerciale des viandes bovines, le Congrès argentin a édicté deux lois, l'une de primes et l'autre de garanties, dont je crois intéressant de faire connaître les dispositions fondamentales.

La loi du 19 novembre 1887 affecte pour une durée de trois ans, à dater du 1er janvier 1888, une somme de 550,000 piastres (2,750,000 francs) au développement de l'exportation du bétail de l'espèce bovine vivant, des viandes de bœufs et de moutons ou viandes conservées par le système frigorifique, en boîtes ou d'autre manière, et pour donner des subventions et des prix aux expositions et fêtes rurales.

Cette somme se répartira de la manière suivante :

Pour primes à l'exportation de viandes de l'espèce bovine, 250,000 piastres;
Pour primes à l'exportation de viandes de l'espèce ovine, 150,000 piastres;
Pour favoriser l'ouverture de nouveaux marchés pour la viande salée, 50,000 piastres;
Pour subventions et prix aux expositions et fêtes rurales, 100,000 piastres.

Les sommes destinées aux primes à l'exportation du bétail vivant et viandes congelées ou conservées seront réparties entre les différents exportateurs, à raison de 20 piastres par 1,000 kilogrammes de viande de bœuf ou 3 piastres par chaque animal vivant d'espèce bovine et 6 piastres par chaque 1,000 kilogrammes de viande de mouton.

[1] *A travers les bergeries*, grand in-8°, Mouillot, Paris, 1889.

Ces primes seront payées par trimestres, après présentation par l'intéressé des documents justifiant l'embarquement des viandes.

La loi du 9 novembre 1888 est plus intéressante peut-être, en ce qu'elle a pour but d'attirer les capitaux étrangers en vue de la création dans la République Argentine de sociétés d'exportation de la viande indigène.

L'article 1ᵉʳ porte :

« Le Pouvoir exécutif est autorisé à concéder la garantie annuelle de 5 p. o/o, pendant une période de dix années, sur le capital des sociétés qui s'établiront dans la République pour exporter des viandes bovines fraîches ou conservées par des procédés ne pouvant nuire à la santé. Le maximum du capital appelé à bénéficier de cette garantie est fixé à 8 millions de piastres (40 millions de francs), ne pouvant garantir à chaque société un capital supérieur à 1 million de piastres, ni moins de 500,000 piastres. Le capital garanti se distribuera comme suit : pour les établissements qui s'installeront dans la province de Buenos-Ayres, dans la capitale de la République et sur le territoire de la Pampa, 3.500.000 piastres; pour les établissements qui s'installeront dans la province de Santa-Fé, 1,500.000 piastres: province d'Entre-Rios, 1,500,000 piastres; même chiffre pour la province de Corrientes.

« Aucune concession de garantie ne sera donnée avant que le Pouvoir exécutif n'ait approuvé les installations, le matériel, etc. »

Les entreprises garanties devront réserver au moins 20 p. o/o de leur capital à la souscription indigène; leur domicile légal devra être établi dans la République, etc.

Lorsque les bénéfices nets des entreprises excéderont 5 p. o/o, l'excédent sera applicable au remboursement des avances avec intérêts que le Gouvernement leur aura faites, en raison de la garantie.

Un décret de février 1889 porte que les capitaux et garanties mentionnés par la loi du 9 novembre 1888 sont en monnaies d'or, ainsi que ceux du service de garantie. Ce décret prévoit le mode de pétition des entrepreneurs, la forme des contrats, etc.

Quelques mots en terminant sur les établissements industriels qui reposent sur le commerce de bétail. Ces établissements sont ceux de salaisons et d'extraction de la graisse et les industries de conservation de la viande par le système frigorifique.

Les premiers élaborent le suif et la viande salée : ils sont au nombre de 19 dans la province de Buenos-Ayres. En 1888, il est passé par ces établissements 243,375 têtes de l'espèce bovine, 198,415 chevaux et 205,398 moutons.

La province d'Entre-Rios a 12 établissements pour les salaisons et les graisses. L'usine la plus importante, celle de Santa-Elena, où se prépare l'extrait de viande du docteur Kemmerich, a transformé, dans le cours de 1887, 25.755 moutons en 72,000 kilogrammes d'extrait de viande, 50,292 kilogrammes de peptone et 8.535 kilogrammes de viande salée.

A mesure que l'agriculture progresse, dans l'Argentine, avec le développement de l'instruction technique qui se donne déjà dans deux écoles agronomiques (Santa Catalina et Mendoza), la qualité et la quantité des produits du sol et de l'élevage iront grandissant.

L'importation de semences européennes, l'introduction de reproducteurs de choix français, anglais et autres, ont modifié déjà sensiblement le taux des rendements dans certaines provinces et la qualité de la viande et de la laine [1] dans les pays d'élevage. La vieille Europe ne saurait, sans danger pour elle, perdre de vue cette tendance générale du nouveau monde à entrer dans la voie de la culture intensive et à s'inspirer des principes scientifiques pour le développement de son agriculture. Si nous voulons, comme nous le pouvons et devons le vouloir, conserver notre rang et maintenir à l'agriculture la place que lui assigne son importance à la tête de nos industries, il faut, de toute nécessité, arriver à augmenter nos rendements en céréales et en viande, pour en diminuer le prix de revient, tout en leur conservant les qualités qui les placent fort au-dessus encore, tout au moins pour les viandes, des produits étrangers. C'est par la production des denrées de choix que nous pouvons soutenir la concurrence avec les pays neufs, mais à cette condition seulement qu'en leur conservant leur supériorité nous arrivions, par l'accroissement des rendements, à en abaisser le prix de revient. Telle est, à nos yeux, la leçon pratique qui découle des faits révélés à l'Exposition de 1889 par les surprenants progrès de l'agriculture du nouveau monde, et en particulier de celle de la République Argentine.

[1] J'ai dû laisser aux rapporteurs des jurys compétents le soin d'apprécier les produits de l'Argentine et notamment les laines et toisons représentés d'une manière si remarquable dans le pavillon de la République Argentine par les soins de l'organisateur de cette section, M. Lix Klett, à l'obligeance duquel je dois bon nombre de renseignements précis sur l'agriculture argentine.

URUGUAY.

L'Uruguay. — Élevage, agriculture et commerce. — Le bétail et les *saladeros*.
Le protectionnisme à l'Uruguay.

La côte du territoire urugayen a été découverte en 1516 par Juan Diaz de Solis.

Le premier centre de population a été fondé en 1550 sur la rivière San Juan, par le capitaine Juan Romero, mais il dut bientôt être abandonné, ses habitants ne pouvant résister aux attaques continuelles des Indiens. En 1624, Fray Bernado de Gusman fonda le centre le plus ancien que compte la république de l'Uruguay, à deux lieues de l'entrée du Rio Negro; et lui donna le nom de Santo Domingo de Soriano. La ville de Montevideo a été créée par le maréchal de camp don Bruno de Zabala, en 1726. Après bien des vicissitudes, l'Uruguay conquit son indépendance et, le 18 juillet 1830, la constitution de la République fut solennellement proclamée: cette constitution régit à l'heure actuelle la nation urugayenne.

La république orientale de l'Uruguay a une superficie d'environ 186,000 kilomètres carrés, soit près du tiers de celle de la France; une population voisine de 700,000 habitants, dont 70 pour 100 de nationaux d'origine espagnole et 30 pour 100 d'étrangers. L'accroissement de la population, depuis une quarantaine d'années, dépasse celui qu'on observe partout ailleurs. De 1852 à 1860, il a été de 74 pour 100, la population ayant passé, dans cette période de huit ans, de 132,000 à 230,000 habitants.

En 1887 on comptait 614,257 habitants, soit en 27 ans, une augmentation de 168 pour 100. Il y a, à l'heure présente, par kilomètre carré, 3.29 habitants; lorsque la densité de la population atteindra celle de la France, l'Uruguay aura 13 millions d'habitants; peuplé comme l'est la Belgique, il en compterait 35 millions. Ces chiffres montrent de quel développement est susceptible la population de la jeune république, dont le sol fertile et les pâturages assurent un avenir plein de promesses aux générations futures et aux immigrants.

Les produits exposés au Champ de Mars et l'ensemble des documents statistiques qui les accompagnaient permettent de se faire une idée exacte des ressources et du développement si remarquables de l'Uruguay.

Pays d'élevage avant tout, l'Uruguay tire sa principale richesse de ses troupeaux de bêtes à corne et bêtes à laine. Il n'existe pas, je crois, de pays au monde qui, sous ce rapport, puisse être comparé à cette république. Le siège de neuf ans que subit Montevideo durant la guerre qui prit fin en 1851, avait réduit les troupeaux dans des proportions énormes; le nombre des animaux de toute espèce révélé par le recensement de 1852 portait à moins de 4 millions de têtes l'ensemble des animaux des espèces bovine, ovine et porcine. En 1880, leur nombre avait augmenté de 60 pour 100, et six ans plus tard, en 1886, du chiffre de 4 millions de têtes on était passé à plus de 20 millions, soit une augmentation de 521 pour 100.

En 1889, on évalue à 32 millions de têtes le nombre du bétail existant dans les pâturages de l'Uruguay, leur valeur atteignant 407 millions de francs. Un bœuf vaut 60 francs; un cheval 30 francs, une brebis 4 francs, un porc 30 francs.

Rapporté à la surface territoriale, le recensement de 1888 donne, par kilomètre carré, 44.02 têtes de bétail à corne, 123 brebis et 3.16 chevaux; par habitant : 13.58 têtes de bétail à corne, 0.96 cheval et 37.45 bêtes à laine. En Europe, c'est la proportion de 0.3 (France) à 0.13 (Italie) par habitant qu'indique le recensement du bétail. L'Uruguay est, d'après cela, un peuple essentiellement pasteur. Ses plaines fertiles, ses gras pâturages sont divisés en *estancias,* établissements appropriés à l'élevage des troupeaux, qui a été jusqu'à ce jour l'industrie la plus lucrative et forme la principale richesse du pays. Aussi, malgré le développement qu'elle a pris dans les départements de Montevideo, Canelones et Colonia, l'agriculture n'a pas fait de grands progrès dans les autres contrées de l'intérieur. Il existe cependant déjà, dans les environs des villes et villages, un grand nombre de fermes et centres agricoles où se cultivent les céréales et les légumes pour la consommation locale. L'excédent s'expédie aux principaux centres commerciaux de la république, d'où il s'exporte à l'étranger.

Le pays produit, en effet, plus de céréales que n'en exige sa consommation, et, d'une année à l'autre, il reste un solde disponible qui, en 1887, représentait une valeur de près de 4 millions de francs. Le rendement du blé varie entre 10 et 15 fois le poids de la semence employée, celui du maïs est de 300 et celui de l'orge de 18 à 36, suivant les localités. Outre le blé et le maïs, qui sont les deux cultures les plus importantes de l'Uruguay, on cultive avec succès les haricots, les pois, les lentilles, les fèves et les pommes de terre qui donnent deux récoltes par an. La culture de la luzerne prend une notable importance ; le tabac, l'olivier commencent à être cultivés sur une certaine échelle ; mais, parmi les industries agricoles récemment importées dans la république, la viticulture mérite une mention toute spéciale.

La culture de la vigne, grâce aux exemples donnés par MM. Vidiella à Villa-Colim près de Montevideo, Pascal Hanriaque (de nationalité française) au Salto, Pretti et Marquez à Pando, prend un grand développement depuis quelques années. La république de l'Uruguay, qui, en 1887, a importé pour 20 millions de francs de boissons fermentées et particulièrement de vin, n'est pas éloignée de produire une quantité de vin suffisante pour sa consommation.

Près de 500 hectares de vigne ont été plantés depuis deux ans. M. Vidiella, créateur de l'industrie vinicole dans l'Uruguay, a importé les cépages, les méthodes culturales et les pratiques vinicoles français. L'impulsion étant donnée, il s'est constitué deux sociétés, l'Uruguayenne, au capital de 600,000 francs, et la Société vinicole du Salto (capital un million), pour la création de vignobles étendus. Le développement de la culture de la vigne dans les pays neufs, tributaires jusqu'en ces dernières années de l'ancien monde, ne laisse pas que d'appeler la très sérieuse attention des producteurs de l'Europe centrale et particulièrement celle des viticulteurs français. Le jour est proche, suivant toute apparence, où, d'une part, la République Argentine, l'Uruguay, les États du nord de l'Amérique récolteront assez de vin pour suffire à leur consommation ; où, de l'autre, l'Australie, et, peut-être, quelques-uns des pays que nous venons de citer, arriveront à récolter assez de vin pour en exporter sur une grande échelle ; ce jour-là, la situation des vignerons européens pourrait devenir critique. On ne saurait trop s'en convaincre, c'est par la qualité exceptionnelle des produits que la lutte deviendra possible. Grâce aux conditions privilégiées de sol et de climat qui ont placé les vins français au premier rang, et cela d'une façon incontestée, nous pouvons continuer à trouver sur le marché extérieur l'écoulement de nos produits ; mais il faut à tout prix, pour qu'il en soit ainsi, maintenir les qualités de nos vins, si nous voulons leur voir garder dans le monde entier la place prépondérante qu'ils y ont conquise.

L'Uruguay comptait, au recensement de 1886, 57,411 propriétaires, dont 27,394 Uruguayens, 30,017 étrangers, parmi lesquels 3,044 Français. La richesse territoriale était évaluée à 1,100 millions environ. Le principal revenu de la République uruguayenne, où fleurit dans son plein le protectionnisme le plus exclusif, on le verra tout à l'heure, est le revenu de la douane : il s'élève à 46 millions 1/2 de francs sur un budget total de recettes de 70 millions environ ; la contribution immobilière s'élève à 6 millions, le reste est le produit de ressources diverses (postes, patentes, etc.).

Quelques chiffres extraits de la loi de douane du 5 janvier 1888 vont nous montrer l'énormité des droits qui frappent tout produit étranger à son entrée sur le territoire de la République.

L'article 1er de cette loi porte que « toute marchandise étrangère qui s'introduit pour la consommation » payera à l'entrée un droit de 31 pour 100. ad valorem, à l'exception des marchandises suivantes qui payeront :

1° 51 pour 100 (armes, poudre, fromages, beurres, jambons, viandes, etc.);

2° 48 pour 100 (chaussures, confections, chapeaux, meubles, voitures, etc.);

3° 44 pour 100 (chocolat, chandelles, bougies. pâtes, comestibles, peaux, etc.);

4° 20 pour 100 (bois bruts, fer, lingots, métaux, fruits, fourrages, charbons, etc.);

5° 12 pour 100 (pommes de terre);

6° 8 pour 100 (livres et imprimés de toute nature).

En dehors de cette nomenclature, que j'écourte à dessein, voici quelques chiffres relatifs aux droits spécifiques :

Vins fins en fûts, 115 francs l'hectolitre ;

Cognacs et liqueurs alcooliques jusqu'à 20° d'alcool. par litre, 0 fr. 75.

La loi de douane du 5 janvier 1889 a réduit le droit spécifique pour tous les vins communs, en fûts, à 30 francs par hectolitre.

L'échelle mobile existe dans l'Uruguay pour les céréales : le blé paye de 6 fr. 25

les 100 kilogr. à o fr. 625, suivant que le cours des 100 kilogr. varie de 20 francs à 40 francs. Le blé entrera en franchise de droits quand le prix sur place dépassera 40 francs (8 piastres) ! Ainsi du maïs et des farines.

Un petit nombre d'objets, parmi lesquels les objets destinés au culte et ceux à l'usage particulier des agents diplomatiques accrédités et quelques produits métallurgiques ou agricoles, sont seuls exempts de droit.

Il n'y a pas lieu de s'étonner qu'en présence de droits de douane tellement exorbitants la vie et les salaires soient d'un prix élevé. Quelques indications vont nous fixer à cet égard. Les salaires actuels à Montevideo et dans la République sont les suivants :

Journaliers, terrassiers, de......................	4 à 6f	
Ouvriers maçons...........................	7f50 à 11	par jour.
Tailleurs de pierre.........................	6 à 11	
Jardiniers (logés et nourris).................	100 à 175	
Laboureurs (logés et nourris)................	60 à 70	
Cuisiniers (logés et nourris).................	100 à 150	
Cuisinières (logés et nourris)................	80 à 100	par mois.
Domestiques mâles (logés et nourris).........	90 à 110	
Servantes (logées et nourries)...............	65 à 90	
Employés de commerce (logés et nourris)......	100 à 350	

En dehors des aliments, tous les objets de consommation sont d'un prix élevé, ce qui explique le taux de ces divers salaires.

La république de l'Uruguay entretient des relations commerciales importantes avec les principaux marchés d'Europe et du continent sud-américain. Son commerce extérieur est représenté presque exclusivement par les produits d'origine animale : cuirs, laines, peaux de mouton, viandes sèches, extraits de viande, etc. et par les céréales et quelques produits agricoles.

L'Angleterre et la France tiennent la tête pour l'importation, l'Angleterre et la Belgique pour l'exportation uruguayenne.

En 1887, l'importation totale s'est élevée à 125 millions de francs, nombre rond, dont 34 millions pour l'Angleterre et 20 millions 1/2 pour la France ; l'exportation totale a été de 93 millions de francs, dont 20 millions 1/2 vers l'Angleterre, 17 millions vers la Belgique et 14 millions en France.

Les produits animaux figurent dans l'exportation, pour 110 millions, dont 107 en produits des troupeaux et *saladeros* et 3 millions seulement en animaux vivants.

Tout le monde connaît, de nom au moins, les *saladeros,* établissements où l'on abat les animaux dont on sale la viande et les cuirs et où l'on prépare l'extrait de viande.

En 1888, il n'a pas été abattu moins de 773,500 têtes de bétail dans les saladeros de l'Uruguay.

Le plus célèbre des saladeros est celui de Fray-Buentos, où se prépare en grand l'extrait de viande Liebig. Cet établissement, fondé en 1864, abat plus de 1,000 animaux par jour, dans la saison d'été; il consomme 7,5oo tonnes de charbon et 3,5oo tonnes de sel par an. Il occupe plus de 6oo ouvriers et possède 35,ooo têtes de bétail dans son *estancia*.

En visitant l'élégant pavillon de l'Uruguay, si bien organisé sous la haute direction du colonel Juan Diaz, ministre plénipotentiaire de l'Uruguay à Paris, on était frappé du développement rapide de la florissante république, à laquelle l'intelligence et l'activité de sa population ouvrent des perspectives d'avenir dignes de fixer dès à présent toute l'attention du monde agricole de la vieille Europe.

MEXIQUE.

L'exposition du Mexique, si remarquable à tous égards, était particulièrement intéressante au point de vue de la statistique, de la cartologie et de l'enseignement agricole. Mais avant d'aborder l'enseignement agricole si remarquablement représenté au quai d'Orsay, par les soins de M. Sentiès, l'habile directeur de l'École de Santiago, jetons, à l'aide des documents recueillis par notre collègue du jury, M. le député Florès, et publiés par M. Bianconi, un coup d'œil général sur la production agricole du Mexique.

Principaux produits. — La diversité des climats qu'on rencontre au Mexique a pour conséquence une variété extrême de productions végétales. Le sol du Mexique produit toutes les céréales, toutes les essences, tous les fruits d'Europe, et, en outre, toutes les plantes de la flore des zones tropicales.

Parmi les céréales, la plus abondante est le maïs que l'on récolte dans toutes les parties du pays, à quelque altitude que ce soit. C'est la plante mexicaine par excellence, celle qui sert également à la nourriture de l'homme et des animaux ; la majeure partie des habitants du Mexique a, en effet, adopté comme pain une sorte de galette (la *tortilla*) fabriquée avec du maïs cuit et moulu dans chaque maison : dans la classe indienne, un grand nombre d'individus n'ont jamais mangé que la tortilla, assaisonnée de sel et de piment et accompagnée quelquefois de haricots qui constituent, du reste, le complément presque obligé de tous les repas du Mexicain.

Plantes textiles. — Le Mexique est, par excellence, la terre propre au développement des plantes textiles : on les rencontre partout à l'état sauvage, peu et mal exploitées, et fournissant cependant du travail à une partie importante de la classe indienne ; parmi elles, on doit placer au premier rang le *Henequen*.

Le coton *Henequen* (*Agave Sacxi*) est, de toutes les plantes textiles qui abondent au Mexique, celle qui est le plus sérieusement exploitée : elle semble être originaire de la péninsule de Yucatan, dont elle a fait la fortune et paraît avoir été créée spécialement pour ce pays désolé qui, avant d'en avoir entrepris sa culture en grand, était considéré comme la partie la plus ingrate de la République, digne seulement de recevoir les forçats déportés.

Le *Henequen* du Yucatan, qu'il ne faut pas confondre avec une plante du même nom qui croît à Manille et qui est d'une autre famille, se développe surtout dans les terrains pierreux et jusque sur des roches que l'on creuse au moyen de la barre de mines : on a prétendu même qu'il tire toute sa nourriture de l'atmosphère et que ses racines ne servent qu'à le fixer au sol, comme les racines des aroïdées les fixent aux arbres, dont elles ne tirent aucune substance. Cette assertion mériterait une vérification sérieuse.

Le henequen se reproduit par drageons; il reçoit deux binages la première année et un autre, chaque année suivante; il arrive à son développement complet au bout de quatre ans. A partir de cette époque, on coupe annuellement un certain nombre de feuilles; la durée de l'exploitation d'une plante est en moyenne de six à huit ans et s'élève quelquefois jusqu'à quinze et vingt ans.

La fibre est très fine, plus flexible que celle du chanvre; elle ne durcit pas sous l'influence de l'humidité, elle ne gèle même pas aux températures les plus basses et n'exige pas autant de soins que le lin et le chanvre. La culture de cette plante augmente sans cesse au Yucatan. Le henequen occupe la première place dans les produits agricoles exportés. En 1884, la production fut de 4 millions de piastres. En 1888, l'exportation monta à 6 millions, et dans les six premiers mois de 1889, elle a été de près de 6 millions de piastres [1].

Les prix ont monté de 4 piastres 6 centavos en 1886 à 14 piastres en 1889 (janvier).

Le compte de frais de culture du henequen a été établi de la manière suivante pour 100 *mecates*, mesure locale qui équivaut à 4,825 ares :

Achat des drageons, frais de culture et intérêt de l'argent........	5.556,60 piastres.
Frais de récolte et de manufacture.......................	27,832,80
TOTAL.....................	33,589,40

Le henequen a commencé à être exploité sérieusement au Yucatan en 1860; avant cette époque, on l'exportait manufacturé seulement sous forme de hamacs, de cordages, etc. La blancheur et la souplesse de ces objets attira l'attention des commerçants étrangers et les États-Unis commencèrent à importer la matière première : les agriculteurs du Yucatan s'efforcèrent ensuite de faire connaître leurs produits sur les marchés européens; ils réussirent si bien, que l'exportation du henequen qui, en 1880, était estimée à 2,173.468 piastres, a atteint en 1887-1888 la somme de 6.641,255 piastres.

L'industrie transforme la plante du henequen en cordages pour les navires; mêlé au coton ou à d'autres textiles, il sert à faire des toiles grossières; il est employé enfin pour faire des tapis, des hamacs, des brosses, etc.

Le développement considérable de cette culture a donné lieu à l'établissement de plusieurs voies ferrées, notamment celle de *Merida* au port de *Progreso*. Cette ligne, qui était unique dans le pays, ne suffisant pas au mouvement commercial du henequen, on a été forcé d'établir une nouvelle ligne et à présent ces deux lignes font le transport du henequen des lieux de production au port de Progreso par où on l'exporte.

Le Maguey manso produit une fibre qui a reçu le nom de *Ixtle* et qui sert à confectionner des cordes et des toiles grossières. Cette fibre, ainsi que celle que l'on extrait

[1] La piastre mexicaine vaut 5 francs, valeur nominale variable.

des feuilles du même végétal, employée à la fabrication du papier, donne un produit d'une finesse et d'une solidité remarquables.

La Lechuguilla, fournie par une variété du *maguey* (l'*Agave heterocantha*), peut être employée de la même façon que l'*ixtle*. Les produits de l'exploitation de cette plante ont été calculés de la façon suivante : un *sitio* (emplacement de 25 millions de *varas* carrées) contient, à deux plantes par *vara* carrée[1], 5o millions de plantes. Chaque plante donne au moins 250 grammes de fibre; un sitio produit donc 12,5oo,ooo kilogrammes de fibres qui, à raison de 4 piastres les 100 kilogrammes, valent 5oo,ooo piastres. Or, les bonnes machines à défibrer produisent 1,000 kilogrammes par jour, avec 10 piastres de frais. De telle sorte que chaque machine en exploitation donne journellement un bénéfice de 25 à 3o piastres, bénéfice qui est augmenté quand plusieurs machines travaillent ensemble et duquel il faut déduire le loyer du terrain occupé par les magueys, loyer qui est relativement insignifiant. Un *sitio* peut être exploité en une année avec quatre machines. Les différentes espèces de maguey que nous venons de signaler ne produisent pas seulement des fibres, les racines de cette plante peuvent être employées comme savon, les feuilles servent de toiture aux cabanes des Indiens et sont fixées entre elles par leurs propres pointes qui font l'office de clous. Enfin, la plante du maguey est excellente pour former des clôtures infranchissables.

La Pita (*Bromelia silvestris*), qui abonde à l'état sauvage dans l'État de Oajaca, donne une fibre qui ressemble à celle de la ramie et peut servir aux mêmes usages. Les cordages faits avec la pita de Oajaca sont quatre fois plus résistants que ceux de chanvre: ils n'ont pas besoin d'être goudronnés et les variations atmosphériques n'ont presque pas d'influence sur eux: en outre, la pita pèse 25 p. 100 moins que le chanvre. Jusqu'à présent, il n'existe aucune machine pour la préparation de cette plante.

Le Coton est cultivé au Mexique sur les côtes des deux océans et à l'intérieur du pays dans certains districts des États de Chihuahua, Coahuila, Nuevo Leon et Durango. Si l'on considère tous les terrains placés dans les conditions les plus favorables à sa culture, la République mexicaine pourrait facilement devenir la rivale des États-Unis et des Indes. De temps immémorial, le coton y a été l'objet d'une exploitation importante, qui était beaucoup plus considérable sous la monarchie aztèque que de nos jours : l'usage des vêtements en coton était en effet général chez les anciens Mexicains, et, au début de ce siècle, le coton valait, à Vera-Cruz, trois ou quatre fois moins que partout ailleurs; mais le Mexique, au point de vue agricole, est resté stationnaire ou même a reculé de telle façon que non seulement il ne compte pas aujourd'hui parmi les pays qui exportent du coton, mais encore qu'il est obligé d'en acheter chaque année aux États-Unis. La supériorité du coton mexicain, de celui de Vera-Cruz notamment, sur le coton américain paraît cependant suffisamment prouvée par ce fait qu'il suffit de 13o à 14o plants de coton de Tlacotalpam pour obtenir une livre de filament, tandis qu'au

[1] La vara vaut o m.q. 70.

Texas, il faut plus de 200 plants pour obtenir la même quantité. Dans l'État de Guerrero, la différence en faveur du coton mexicain est encore plus grande, quoiqu'on y fasse à peine usage de la charrue pour sa culture et l'on peut dire que, sauf dans les États de Vera-Cruz, Durango, Chihuahua et Coahuila, les méthodes de culture sont tout aussi primitives que dans le Guerrero.

Le meilleur coton du Mexique est celui du district d'Acapulco (Guerrero), dont la fibre atteint une longueur de 37 millimètres, et le plus mauvais, celui de Simojovel (Chiapas), qui ne mesure que 26 millimètres et demi. La longueur de la fibre des cotons de San Pedro (Coahuila) et de Lerdo (Durango) atteint 35 millimètres. Le coton du canton de Vera-Cruz atteint 34 millimètres; ceux de Jalapa (Vera-Cruz), de Santa-Rosalia (Chihuahua) et Guaymas (Sonora) ont 20 millimètres et demi. Le coton de Mazatlan mesure 28 millimètres, celui de Tepic 31, celui de Colima et de l'État de Oajaca 32.

Dans l'État de Michoacan et dans quelques autres on cultive un coton en arbre dont la fibre atteint 29 millimètres.

La production annuelle du coton au Mexique est, d'après les dernières statistiques, la suivante :

Zone	du Golfe	20,000,000 kilogr.
	du Pacifique	12,000,000
	intérieure	13,000,000
	Total	45,000,000

Dans la zone du golfe du Mexique, c'est l'État de Vera-Cruz où les terres propres à cette culture abondent le plus. Les districts les plus productifs sont : Cosamaloapam avec 1,392,000 kilogrammes; Tantoyuca avec 1,152,000; Tuxpam, 1,200,000; et les Tuxtlas, 1,008,000. Ces chiffres, qui étaient ceux de la production, il y a quatre ans, ont presque triplé depuis lors.

Sur le versant du Pacifique la culture du coton comprend presque sans interruption tout le littoral. Dans l'État de Sonora les vallées du Yaqui et Mayo; dans le Sinaloa, la vallée de la Fuerte; à Tepic spécialement et à Santiago, les terres sont d'une fertilité étonnante. Il n'est pas rare, en effet, d'y voir une récolte de 300 à 400 *arrobas* (3,750 kilogrammes) sur une *fanega* en culture (0 hect. 566).

Dans la vallée de Santiago (Tepic) seulement on pourrait cultiver cinq fois autant de terres qu'aujourd'hui et on pourrait facilement arriver à leur faire produire 1 million de kilogrammes.

Les États de Jalisco, Michoacan et ceux de Oaxaca et Guerrero sont les plus favorisés par la nature. Ce dernier État a été, lors de l'établissement des premières fabriques de tissus de coton, le principal fournisseur de cette matière première. L'établissement des voies ferrées a été favorable aux autres zones productives.

Dans l'État de Oaxaca, les districts les plus propres pour la culture et les plus productifs sont : Pochutla, Tehuantepec, Juchitan, Tuxtepec, Jamiltepec. Ce dernier récoltait déjà, en 1885, 90,000 kilogrammes de coton. Un fait très intéressant démontre les conditions de supériorité de l'État de Oaxaca pour la production du coton. Il y a eu une époque à laquelle toutes les plantations de coton ont été perdues dans le pays. Le Oaxaca seul a résisté aux causes de destruction et on peut affirmer que tout le coton cultivé à présent dans la République mexicaine a été fourni par les graines de Oaxaca.

L'État de Chiapas est aussi un producteur d'avenir, mais son éloignement et son isolement l'ont empêché de prendre son essor. Dans l'intérieur du pays, bien qu'il n'existe aucune zone continue propice à la culture du coton, il y a néanmoins des centres producteurs ou capables de le devenir. Dans les États de Chihuahua, Durango, Coahuila et Nuevo-Leon, la récolte a été en dernier lieu de 1,500,000 kilogrammes. A Durango, région que les débordements du Nazas, le Nil mexicain, fertilisent, la production a atteint 5 millions de kilogrammes, à Coahuila, 1 million environ.

Le chemin de fer central, pour le pays de Durango, le Chihuahua et le Jalisco; le chemin de fer national, pour le Michoacan et la côte du Pacifique; le chemin de fer interocéanique, pour le Guerrero et le Morelos feront entrer la culture du coton dans une voie de prospérité dont il est difficile de préciser les limites. C'est donc, pour la république mexicaine, le moment de développer la construction des chemins de fer côtiers qui puissent permettre l'exploitation des zones les plus riches et faciliter l'exportation des produits. L'avenir du coton mexicain en effet n'est pas précisément dans les besoins de la consommation intérieure, bien qu'elle soit très considérable et susceptible d'augmenter : le véritable avenir de la culture du coton est dans le développement de l'exportation.

Il est encore plus économique de porter, par navire, le coton à la Nouvelle-Orléans ou à Liverpool que de le transporter par voie de terre à Mexico; et comme la consommation étrangère est illimitée, le tout dépend du prix de revient du coton au Mexique où le coût de production et les rendements des récoltes sont incontestablement des plus favorables.

Sur les côtes de l'Atlantique et du Pacifique, le coût d'une fanega de culture de coton faite à la main est de 60 piastres et l'on récolte 200 arrobas, valant 200 piastres, puisque l'arroba se vend au minimum une piastre. Si l'on ajoute les frais indispensables pour le dépouillement du grain et ceux du pressage, on peut obtenir du coton dont le coût des 100 kilogrammes varie entre 12 et 14 piastres. Ce coton est généralement d'une qualité supérieure, au dire des mexicains, à celui des États-Unis que l'on vend dans les plantations 18 piastres; il peut être transporté à la Nouvelle-Orléans presque pour rien, les frets de retour étant insignifiants.

La culture du coton sur les côtes mexicaines paraîtrait donc devoir être rémunératrice pour les capitaux employés à construire un simple chemin de fer Decauville de la plantation à Tuxpam, ou à Vera-Cruz, ou à Tampico sur l'Atlantique, ou bien à Acapulco, Zihuatanejo, San-Blas ou Manzanillo sur le Pacifique.

Voici, du reste, les prix de 100 kilogrammes de coton dans quelques États de la République au mois d'août 1889 :

Durango	30 piastres.
Colima	36
Mexico	40

La *Ramie* (*Urtica nivea*) est une plante dont les tiges ont de trois à cinq pieds de hauteur. Le climat le plus propice à sa culture est le climat chaud, soit une moyenne de température de 20 degrés centigrades et une altitude de 800 pieds à peu près sur le niveau de la mer. Les terres doivent être humides ou irrigables, riches en *humus* et parfaitement perméables, afin que l'humidité accumulée ne fasse pas pourrir les racines. Bien qu'analogue au chanvre, la ramie semble lui être préférable puisqu'elle est pérenne. On s'accorde assez à reconnaître que la fibre de la ramie est supérieure aux autres fibres végétales, comme longueur, comme résistance et comme beauté; elle est fine, soyeuse et brillante. Elle se prête, non seulement à la fabrication d'articles de cordellerie, mais aussi au tissage et à la fabrication des mouchoirs, des rideaux, de la tapisserie, de la bonneterie, du linge de table et, en somme, elle pourrait être substituée au coton, au lin, au chanvre. Elle peut être mêlée à la laine pour la fabrication des *mérinos* et même des draps. Les importations en Angleterre, qui étaient de 7.646,507 livres, ont décuplé depuis lors.

Dans le Yorkshire, plus de 70 usines sont consacrées à la manufacture de la fibre de la ramie et elles exportent une quantité considérable de leurs produits aux États-Unis. Les conditions générales de climat et de latitude du Mexique sont on ne peut plus favorables à la culture dont nous nous occupons. En effet, la latitude est un des facteurs les plus favorables au développement de la plante. La longueur de la fibre varie de trois à six pieds sous cette influence, et 2 degrés de latitude font varier la longueur de 100 p. 100. Ainsi, à Avignon, à 44 degrés de latitude, la longueur de la fibre est de 0,88 de yard, et à Gérone, en Espagne, à 42 degrés, elle est de 2,10 yards. Au Mexique qui est compris entre le 15e degré et le 42e degré de latitude, la fibre de la ramie peut atteindre une longueur considérable.

La richesse en humus des terres du Mexique, spécialement celles de la côte, ne laisse rien à désirer. L'irrigation et la perméabilité du sol sont assurées sur les côtes, lesquelles sont abritées par les montagnes, ce qui est convenable pour la culture de cette plante. Il est facile de trouver, dans le fond des innombrables et fertiles vallées de la Cordillère, les terrains les plus favorables à cette culture.

Rien n'est plus simple ni plus économique que la culture de la ramie, qui, du reste, a été décrite dans plusieurs traités spéciaux. Comme la plante est persistante, une fois développée, elle peut donner des récoltes pendant plusieurs années et non seulement

la fibre ne perd pas en vieillissant, mais elle gagne, au contraire, en finesse et surtout en résistance avec l'âge, à tel point que la première coupe ne s'utilise presque
jamais. Le nombre de coupes par année varie avec le climat. Dans les pays chauds, ce
nombre peut aller jusqu'à 4 ou 5. Au Mexique, on peut généralement faire trois coupes,
au minimum.

Le calcul du coût et des bénéfices qu'on peut obtenir dans cette culture, d'après
les documents publiés par le Ministère des Travaux publics du Mexique, pour une
lieue carrée de culture produisant, une moyenne de 1,936 tonnes de ramie donne, en
piastres, le résultat suivant :

Préparation des terres, plantation des racines et nettoyage pendant le développement de la plante		29,537ᶠ 40
Coupe et dépouillement des tiges		67,989 84
Transport des tiges jusqu'aux machines		30,250 00
Extraction de la fibre. { Salaires ... 7,548ᶠ	Combustible ... 2,000 }	9,548 00
Emballage		10,164 00
Transport jusqu'au chemin de fer (1.936 tonnes)		5,782 00
Chemin de fer à Vera-Cruz		13,120 00
Embarquement (service des chalands)		1,936 00
Fret de Vera-Cruz à New-York		32,254 50
Assurance contre les risques de mer		2,420 00
TOTAL en piastres du coût de la récolte transportée à New-York.		203,007 74

RÉSULTATS.

Produit de la vente de 1.936 tonnes de ramie, à New-York, à 250 piastres (L. 50) la tonne		484,000 00
Prime de l'or sur New-York en traites à 60 jours (15 p. o/o) [1]		72,600 00
TOTAL (en piastres)		556.600 00
À déduire : commissions et garanties de la vente, etc.. 27,830ᶠ	Coût de production, etc ... 202,078	229,908 00
BÉNÉFICES NETS (en piastres)		326.692 00

Voyons à présent quel est le capital nécessaire, toujours d'après les documents officiels, pour obtenir ces bénéfices :

Préparation, plantation, culture, extraction, transport, etc	202.078 12
Machines pour l'extraction et le nettoyage de la fibre, deux petits moteurs à vapeur, pompes, presses, etc	30.000 00
CAPITAL TOTAL (en piastres)	232.078 12

Les bénéfices sont donc le 145 p. o/o du capital de roulement.

[1] Cette prime est variable. Les chiffres ci-dessus se rapportent à 1889.

En admettant que la lieue carrée de terre ait coûté 100,000 piastres, chiffre presque fantastique, même pour l'État de Vera-Cruz, et en affectant à l'amortissement la moitié des bénéfices nets, soit 47,307 piastres, on aurait remboursé le capital au bout de deux ans et demi, et, pendant ce temps, on aurait un revenu net de 11 p. o/o : en trois ans on aurait amorti le capital. On aurait une plantation donnant un revenu de 94,000 piastres ou 22 p. o/o du capital employé; capitalisé à 6 p. o/o, le revenu représenterait 1,500,000 piastres.

L'hectare des terrains nationaux, de première classe, vaut 2 piastres 75 à Vera-Cruz; le prix d'une lieue carrée (1,755 hect. 61) est donc de 4,829 piastres 72; sur ce prix on peut obtenir du Gouvernement, le payement d'une partie, la moitié, en papier de la dette intérieure pour sa valeur nominale valant (en 1889) 31 p. o/o, ce qui réduit énormément le capital de premier établissement. Une Compagnie sérieuse et solvable pourrait encore obtenir d'autres avantages que le Gouvernement accorde toujours au capital destiné à augmenter la richesse publique, surtout s'il s'agit d'une combinaison dans laquelle la colonisation entre pour une part.

Dans ces conditions, on s'étonne que la ramie ne soit pas exploitée au Mexique sur une grande échelle, et qu'on en soit encore aux essais. Et ce n'est pas que les épreuves qu'on a faites n'aient donné des résultats satisfaisants : au contraire, partout où l'on a semé la ramie, à Puebla, à Vera-Cruz, en Sonora, on a obtenu tout ce qu'on pouvait désirer.

La cause, d'après les économistes mexicains, qui fait qu'on en est resté aux expériences est d'abord que la ramie est un produit d'exportation et qu'il ne faut pas aller la planter loin des côtes, et ensuite qu'on n'a pas osé risquer un capital suffisant pour une culture industrielle.

Zacaton (chiendent). — Le zacaton est une plante sylvestre que l'on trouve en abondance à Huamantla, S. Andres Chalchicamula, Perote, S. Felipe del Obraje, et dans plusieurs endroits de climat froid.

La racine du chiendent est très estimée sur les marchés européens et nord-américains pour la fabrication des brosses, balais, etc. Non seulement elle n'a besoin d'aucune culture, mais, au contraire, c'est une mauvaise herbe dont il faut purger les champs, sous peine de ne pouvoir les utiliser pour d'autres cultures. La quantité des terres abandonnées est très considérable au Mexique et, par conséquent, la réserve du chiendent y est énorme. Il n'y a pas longtemps, les propriétaires de terres payaient pour faire arracher le chiendent; à présent, et grâce au développement considérable de l'industrie qui utilise cette plante, les industriels sont forcés de payer le droit de l'arrachage; mais c'est une dépense insignifiante.

De 1884 à 1885, l'exportation du *zacaton* (chiendent) s'est faite exclusivement par le port de Vera-Cruz. Elle est montée à 800,000 kilogrammes avec une valeur de 125,000 piastres. Cette quantité atteint presque le double actuellement.

A ce qu'il paraît, la cause qui avait empêché le développement de cette branche de l'exportation a été jusqu'ici l'imperfection des moyens employés pour arracher la plante, la nettoyer et l'emballer. M. Charles Baur, un français, a monté, sur une grande échelle, une exploitation de chiendent sur les versants du Papocatcpélt et du Yxtacihualt, dans laquelle il emploie plus de cinq cents ouvriers. Les échantillons qu'il avait exposés au Champ de Mars ne laissaient rien à désirer. La fibre en est très blanche, très propre et l'emballage est soigné.

Le capital nécessaire pour s'établir est insignifiant, et le coût de production minime. Le prix aux lieux d'extraction revient de 14 à 15 piastres les 100 kilogrammes ce qui représente à peu près 15 p. o/o du coût total de production.

Café. — Le Mexique, qui compte à peine comme pays exportateur du café, pourrait facilement en fournir à lui seul autant que tous les autres pays producteurs réunis, sauf le Brésil. Le café pousse au Mexique dans toute la zone tempérée et en terre chaude; le café mexicain est de très bonne qualité : à l'Exposition de Philadelphie, le célèbre café d'Uruapam a été classé comme égal à celui de Moka; celui de Colima est aussi très estimé; Orizaba, Cordova, vendent chaque année leur récolte aux États-Unis, où elle est très demandée. Quelques chiffres feront comprendre l'importance qui doit être attachée au Mexique à la culture du café, qui a pris d'autant plus de développement que la hausse des prix du café s'est accentuée davantage sur toutes les places. Voici les prix du café par 100 kilogrammes dans le mois d'août 1888 sur divers points du pays :

États de : Colima, 54 piastres; Coahuila, 56 piastres; Chihuahua, 60 piastres; Sinaloa, 78 piastres; Vera-Cruz, 46 piastres; Jalisco, 50 piastres; Tabasco, 38 piastres; Chiapas, 28 piastres; Michoacan, 40 piastres.

Si l'on réfléchit que presque tous ces États, et spécialement ceux de Vera-Cruz, Michoacan, Jalisco, Tabasco et Chiapas, sont producteurs de café, on comprendra tout de suite que la demande intérieure de ce produit est disproportionnée avec la production, puisque les prix sont au moins le quadruple du coût de production.

Ne fût-ce que pour l'offrir à la consommation intérieure, la culture du café est une culture des plus productives et des plus sûres du Mexique.

Quant à l'avenir de l'exportation il est considérable.

Les États-Unis du Nord ont importé, dans l'année 1887-88, pour 60,307,000 piastres de café, et les provenances du Mexique ne figurent dans ce chiffre que pour 2,112,000 piastres. Le Brésil a importé aux États-Unis pour 33,460,000 piastres de café et le seul État de Oaxaca est capable de produire autant que le Brésil et à des prix presque moitié plus bas. En effet, le coût de production de 100 kilogrammes de café oscille dans le reste de l'Amérique entre 10 et 15 piastres, et au Mexique, et particulièrement à Oaxaca, il n'est que de 6 à 7 piastres.

Du reste le café mexicain est plus estimé sur le grand marché américain que n'importe quel autre du monde et y atteint des prix plus élevés que celui du Brésil notamment.

Ces prix dans les dernières années ont été de 5o à 55 piastres les 1oo kilogrammes.

Si l'on est au courant des circonstances et conditions locales, on peut semer le café à Oaxaca avec un coût minimum de 0,05 piastre par plante, en y comprenant le prix de la terre et tous les frais jusqu'à la quatrième année, c'est-à-dire jusqu'à la première récolte. Mais il serait téméraire de se baser sur ce chiffre qui suppose une connaissance parfaite des circonstances locales. Il est préférable de prendre pour point de départ le coût maximum qui est de 0,10 piastres par plante, tous frais compris. Dans ce cas, le capital nécessaire pour 5oo,ooo plantes et pour attendre qu'elles soient en plein rendement, est de 5o,ooo piastres soit 12,5oo piastres par an. A la fin de la troisième année on obtient déjà une récolte minimum d'une demi-livre par plante, ou 1,75o hectolitres qui, au prix dérisoire de 2o piastres les 1oo kilogrammes, donnent 25,ooo piastres soit 66 p. 0/0 du capital jusqu'alors engagé. A la fin de la quatrième année chaque plante produit une livre de café. La récolte totale se chiffre par 23o,ooo kilogrammes ou 5o,ooo piastres. En supposant qu'on ait dépensé pour la récolte et pour les frais généraux les 25,ooo piastres provenant de la première récolte, à la fin de la quatrième année, on est rentré dans les 5o.ooo piastres avancées et on possède une plantation qui vaut au moins 5oo,ooo piastres et qui est en plein rendement.

L'État de Michoacan est aussi un producteur considérable du café le plus estimé partout : le café Uruapam; il dispose d'une ligne de chemin de fer qui le relie à la capitale du Mexique.

L'État de Colima jouit de l'avantage de la proximité du port de Manzanillo, auquel il ne tardera pas à être relié par le chemin de fer en construction, qui s'avance déjà jusqu'à Tecoman.

En somme, pour le moment, c'est l'État de Oaxaca qui est le moins bien doté; c'est pour cela que nous l'avons cité particulièrement.

On peut admettre en moyenne pour évaluer le produit de la culture du café qu'une plantation de 1oo,ooo plants coûtera, de prix d'achat du terrain, des bœufs, des instruments d'agriculture et des frais de culture :

Première année...	5.567 piastres.
Deuxième année...	5,414
Troisième année...	1,754
Quatrième année...	3,000
Machine à nettoyer le café...................................	2,000
TOTAL...................................	17,735

A la fin de la troisième année, la plantation commence à donner environ 25o gr. de café par chaque plant; chaque plant donne ensuite, au minimum, 5oo grammes par an et les frais de culture s'élèvent à 5 centavos. Les résultats définitifs d'une exploitation de ce genre au Mexique et dans d'autres pays ont été établis dans le tableau comparatif suivant, par M. Romero, ancien ministre des finances du Mexique, grand propriétaire dans l'État de Chiapas :

DÉSIGNATION.	DANS L'INDE.	À CEYLAN	AU MEXIQUE.
	piastres.	piastres.	piastres.
Coût d'un plan de café......................	0,20 1/2	0,23	0,12
Produit annuel en livres d'un plant de café..........	0,4563	0,4563	0,500
Frais de culture d'un plant de café................	0,04	0,03 1/2	0,05
Bénéfice net, sur le capital engagé...........	25.49 p. o/o	25.15 p. o/o	90 p. o/o

Caoutchouc. — Jusqu'à présent, l'exploitation du caoutchouc a consisté, au Mexique, dans l'extraction de la gomme que les Indiens recueillent, d'une façon tout à fait primitive, dans les forêts où ils trouvent les arbres qui la produisent. Mais les plantes elles-mêmes n'ont pas été jusqu'ici cultivées, ni l'extraction de la gomme soumise à une exploitation rationnelle. Les Indiens piquent les arbres comme ils l'entendent, recueillent la sève dans le creux d'un morceau d'écôrce ou dans un pot, la font bouillir et le caoutchouc, réduit en boules, est porté au marché. Le caoutchouc mexicain mérite, néanmoins, d'être pris en considération. Les plantes qui le produisent se trouvent en quantités considérables dans toutes les forêts des terres chaudes, et spécialement dans celles des États de Vera-Cruz, Tamaulipas, Tabasco, et du côté du Pacifique, sur les côtes des États de Guerrero, Oaxaca, Tepic, Chiapas, etc. Elles croissent aussi dans les États de Michoacan et de Colima.

Les États-Unis ont importé, en 1888, pour 16 millions de piastres de caoutchouc, dans lesquels le Mexique figurait seulement pour la somme de 131,000 piastres et le Brésil pour 10 millions. Comme pour le café, comme pour le sucre, le Brésil, quoique beaucoup plus éloigné des ports des États-Unis, l'emporte cependant sur le Mexique qui est à la porte du marché, sans que la qualité des produits entre en ligne de compte. Pour se faire une idée de l'importance que l'exploitation du caoutchouc peut atteindre et des bénéfices qu'on en peut retirer au Mexique, supposons que ces arbres sont l'objet d'une culture régulière: le calcul est fait pour une plantation de 1,000 arbres, sur un terrain d'une étendue de 141 cordes, mesure locale qui équivaut à 6 hectares et demi.

	Piastres.
Achat du terrain, à 1 piastre l'hectare........................	6 50
Défrichement...	70 50
Plantation...	35 25
Cinq binages en six ans.................................	76 25
Total.......................	188 50

Pour 10,000 arbres, le chiffre des dépenses sera de 1,885 piastres. Ces 10,000 arbres donneront 6 livres de lait chacun, soit 60,000 livres qui, par la concentration, perdront au maximum 56 p. 100 et donneront 26,400 livres de caoutchouc, dont l'élaboration aura coûté o p. o3 par livre, soit 792 piastres. Le caoutchouc, vendu à o p. 3o sur place, donne 7,920 piastres, dont il faut déduire les frais, 3,677 piastres. Bénéfice net, 4,243 piastres. En six ans on aura donc payé un terrain apte à produire annuellement 26,400 livres de caoutchouc et fait le bénéfice que nous venons d'indiquer. A partir de la septième année le revenu sera 7,920 piastres, montant du caoutchouc, moins les frais d'élaboration, soit net 7,128 piastres.

Fruits tropicaux : oranges, ananas, bananes, etc. — Ces sortes de fruits offrent un vaste champ à la culture, par les exceptionnelles conditions de bon marché dans lesquelles ils se produisent et par les hauts prix qu'ils atteignent aux États-Unis du Nord qui en consomment énormément.

Les prix ont été pour l'année 1887-1888 les suivants :

Oranges : le millier, 2 p. 5o à 3 piastres en 1887 et 3 à 4 piastres en 1888.
Bananes : le régime, 2 p. 5o à 3 piastres.
Ananas : la douzaine, 5 à 6 piastres.
Limas (espèce de citron doux) : la caisse, 5 à 6 piastres.
Citrons : la caisse, 5 piastres à 6 p. 5o.
Tamar indien : le kilogramme, o p. 20 et o p. 22.

Ces prix sont encore plus remarquables quand on les compare à ceux des fruits similaires des États-Unis; ainsi, par exemple, les *limas* de la Californie se vendent à 1 p. 5o la caisse, tandis que ceux du Mexique atteignent 6 et 7 piastres, c'est-à-dire un prix cinq fois plus élevé. Les oranges de la Californie se vendent à 1 et 2 piastres la caisse et celles du Mexique 3 p. 25.

L'État de Sonora a exporté, en 1887-1888, 3 millions d'oranges à 10 piastres le mille aux lieux de production.

Voyons ce que peut coûter la culture de ces sortes de fruits. Tout le littoral mexicain produit spontanément ces fruits et en très grande abondance, le bananier et l'oranger étant la caractéristique de la flore de ces régions. Dans les terres situées près de la mer, à 600 ou 700 mètres d'altitude, on peut faire de vastes plantations de bananiers aux prix de o p. o5 par plant, tous frais compris, jusqu'au moment de la production. A la fin de la première année, le bananier produit déjà un régime qui peut être vendu aux États-Unis 2 p. 5o ou 3 piastres. Un millier de bananiers qui ont coûté 5o piastres produisent 1,000 piastres (*minimum*) au bout d'un an. L'année suivante, le rendement de chaque plante est au moins le double, et presque sans frais. C'est presque incroyable, et pourtant c'est l'exacte vérité. Ce sont justement ces résultats qui faisaient dire au journal *Estrella de Panama* : «En avant le bananier». L'exportation des Antilles et de l'Amérique centrale se chiffre par millions de dollars.

C'est à peu près le cas pour l'oranger. Un seul homme peut cultiver de ses propres mains 3 et même 4 hectares d'orangers. Le rendement dans la zone tropicale mexicaine d'un oranger peut aller jusqu'à 5,000 oranges; si nous prenons un chiffre plus bas de moitié, 2,500 oranges, le rendement de chaque arbre sera de 25 piastres, et par hectare (175 arbres), 4,275 piastres, soit, dans la plantation de 3 hectares 12,825 piastres.

Un hectare planté d'ananas produit facilement 10,000 fruits. La récolte du maïs, qui se plante au milieu des plants d'ananas, paye amplement les frais de la culture.

Les 10,000 ananas ne coûtent absolument rien. Sur les lieux de production les ananas se vendent 0 p. 38 la douzaine; mais exportés aux États-Unis, ils atteignent 6 piastres la douzaine, soit 5,000 piastres de revenu net par hectare cultivé, et un homme peut aisément en cultiver deux.

Les facilités sont grandes pour l'exportation de ces sortes de produits. Les lignes de vapeurs qui touchent deux fois par mois aux ports principaux du Pacifique, et plus souvent encore ceux du golfe du Mexique peuvent embarquer ces produits pour les États-Unis à des conditions de fret très avantageuses. En effet, le fret de retour est pour ces vapeurs une véritable aubaine et par conséquent ils font, afin d'obtenir des chargements, des rabais très considérables sur leurs tarifs. M. Carlos Gris, aux publications duquel nous faisons de nombreux emprunts, affirme que ces cultures peuvent se passer même des chemins de fer. Il faut seulement choisir le terrain près d'un port pour être en mesure d'exporter. Il affirmait et prouvait dernièrement, dans une lettre adressée au *Courrier du Mexique,* qu'avec 6 piastres de dépense, il avait acquis 2 hectares de terre et planté 400 orangers. Il lui avait suffi d'adresser au Ministère des travaux publics et à l'administration du cadastre de Oaxaca, à Mexico, une demande d'achat de deux hectares, soit 2 piastres les deux. Il planta en pépinière les noyaux de quelques sous d'oranges, qu'il transplanta au moment opportun. En attendant il put semer du coton, du tabac, du maïs, et obtenir une récolte. Aujourd'hui, il possède ces deux hectares avec 400 orangers, et il peut y semer et récolter d'autres produits. Les frais de transplantation et culture de ces orangers, la valeur de la terre comprise, se sont élevés à 6 piastres.

Le Tabac. — Pour se faire une idée de l'importance que peut avoir la culture du tabac au Mexique, il faut entrer, au préalable, dans certaines considérations.

Tout le monde considère le tabac de la Havane comme le meilleur; étant plus cher, il est d'autant plus recherché. Pendant de longues années, la Havane a fourni le tabac aux amateurs du monde entier. A Paris comme à Londres, à Vienne comme à Saint-Pétersbourg, tout amateur de bon tabac et consentant à le bien payer, a préféré le tabac havanais à n'importe quel autre. Sous l'influence d'une demande toujours croissante, les planteurs de tabac de Cuba ont été forcés de produire chaque jour davantage et de forcer la production en la portant à ses dernières limites. Malgré d'intelligents efforts, l'épuisement du sol est survenu, la production des feuilles choisies s'est restreinte au fur et à mesure, et il reste toujours une partie de la demande à satisfaire. Les prix ont monté et maintenant les fumeurs sont obligés de payer, des prix excessifs les cigares de choix. Il n'est pas facile de trouver un remède au mal. Des tentatives ont été faites un peu partout : à Java, à Sumatra, aux États-Unis, pour livrer à la consommation un tabac qui, comparable à celui de Cuba en qualité et en as, cet, soit à la portée des fumeurs qui ne disposent pas de ressources extraordinaires. Il semblait que dans toute la terre il n'y avait qu'un petit coin dont l'ensemble des conditions fût propice à la production de ces feuilles fines, soyeuses, aromatiques et savoureuses de la Vuelta Abajo, surtout les feuilles de *capa;* celles qu'on emploie pour envelopper les cigares (robe).

Vers 1868. pendant la guerre de Cuba, quelques réfugiés cubains commencèrent à fabriquer des cigares au Mexique. On y avait toujours planté du tabac et fabriqué des cigares, mais on n'en avait presque pas exporté. Peu après, les premiers cigares mexicains arrivèrent à Londres. Ils avaient une mauvaise apparence, mais ils brûlaient bien et avaient un parfum très agréable. Un journal de Londres, *The Tabacco,* se montra émerveillé des progrès accomplis au Mexique dans la fabrication des cigares, des qualités exceptionnelles du tabac de cette provenance et aussi de l'accroissement de la demande et de la hausse des prix. C'est en effet à partir de la guerre de Cuba que commença pour le Mexique ce qu'on pourrait appeler l'ère du tabac. C'est aux procédés de fabrication que les émigrés cubains importèrent au Mexique, que l'on doit les progrès croissants qu'on a faits dans cette branche de la production nationale. Actuellement et surtout après l'Exposition, l'avenir des tabacs mexicains semble fixé. Ils paraissent appelés à combler la lacune que laisse la diminution de la production de Cuba; ils sont appelés à fournir du tabac, égal en qualité à celui de la Havane, mais à meilleur marché. Les marchés d'Anvers et de Hambourg leur sont acquis.

Voici ce que disait à ce propos le consul du Mexique à Hambourg dans le courant de 1889.

Tabacs en feuilles. — Le marché a été très animé à l'égard des tabacs du Mexique, et ces derniers ont obtenus de bons prix. Il en a été vendu dans le mois 400 balles, dont 110 de cape achetées au prix de 2.30 M. la livre (soit $ 20 l'arrobe). La demande est très active, et récemment l'on a encore dû faire venir d'Anvers divers lots de provenance mexicaine. Comme on a positivement besoin de nos tabacs sur la place, il est regrettable qu'il n'en arrive pas davantage. Le commerce de Hambourg leur prédit un grand avenir, à une époque peu éloignée, si les exportateurs soignent le triage par classes et par couleurs, et évitent le mélange avec des qualités inférieures dans le but d'augmenter le poids des balles.

Tabacs fabriqués. — On a importé à Hambourg, au mois de mars, quelques milliers de cigares présentant encore les défauts déjà signalés dans nos revues antérieures. La confection est bonne, et les modules plaisent ici par leurs dimensions; mais la mise en boîtes est encore très défectueuse. Des caissons marqués *colorado* ou *colorado claro*, nuances recherchées de préférence sur ce marché, parce que le cigare est plus doux à fumer, montrent en réalité à l'ouverture, les couleurs *colorado maduro* et même parfois *maduro oscuro*. En outre, la majeure partie de ces cigares sont emballés sous des marques havanaises, et c'est là un grand tort.

La régie française a déclaré paraît-il, après avoir examiné un lot de tabac mexicain qui lui était présenté par M. Gabarrot, un Français planteur et fabricant au Mexique, que *jamais elle n'avait vu de tabac mexicain aussi beau, aussi bien classé*. En effet, le seul obstacle que la régie française avait mise à l'admission des tabacs mexicains avait été jusqu'à présent les défauts du classement. Grâce aux efforts de M. Schnetz, ancien employé de la Régie et aujourd'hui planteur au Mexique, ainsi qu'à ceux du Ministère des travaux publics du Mexique, les planteurs se préoccupent déjà de faire un bon classement de leurs produits et ils y ont fait des progrès réels. Le jour où le classement ne laissera rien à désirer, ce qui est en somme très facile à obtenir, la régie française achètera de grandes quantités de tabac mexicain. Les autres régies d'Europe en feront alors autant, c'est certain. On voit que ce n'est pas le marché qui manque au tabac mexicain, c'est plutôt le tabac qui manque au marché; la production actuelle, bien que considérablement accrue, est absolument insuffisante pour couvrir la demande. Dernièrement, on est allé redemander à Anvers du tabac qu'on y avait expédié pour satisfaire Hambourg qui en réclamait davantage. Dans un seul mois du printemps 1889, cette dernière place a demandé plus qu'elle ne l'avait fait dans l'espace d'une des années précédentes.

Cette insuffisance de la production ne dépend ni de l'épuisement ni du manque de terres propres à la culture du tabac. Il est vrai qu'on ne peut planter et récolter de bon tabac partout, mais il est certain que les terres propres à cette culture abondent au Mexique sur toutes les côtes et même dans les terres chaudes de l'intérieur qui, pour la plupart n'ont même pas été entamées.

Les limites que nous nous sommes imposées dans ce rapport nous empêchent d'entrer dans des développements concernant la culture du tabac et les procédés de fabrication. Nous renvoyons le lecteur à l'intéressant mémoire qu'un de nos compatriotes, M. Louis Lejeune, a écrit sur le tabac mexicain [1], mémoire duquel nous extrayons les calculs comparatifs entre la culture d'un hectare de tabac à Cuba et à Santa-Rosa (État de Vera-Cruz) dans la plantation de MM. Schnetz et Levy, français, et Cid de Leon, mexicain.

FRAIS D'INSTALLATION À CUBA (PAR HECTARE).

Bœufs de labour et instruments agricoles............................	100ᶠ 00ᶜ
Séchoirs..	1,000 00
Routes et matériel de transports....................................	200 00
TOTAL..................	1,300 00

[1] Voir *Annales de la science agronomique française et étrangère*, t. I, Berger-Levrault et Cⁱᵉ, 1887.

FRAIS À SANTA-ROSA (PAR HECTARE).

Instruments agricoles	12f 00c
Séchoirs	47 00
Routes	145 00
Matériel de transport	50 00
Établissement d'un magasin	220 00
Contremaîtres cubains	132 00
Voyages, etc	66 00
TOTAL	672 00

FRAIS ANNUELS À CUBA (PAR HECTARE).

Intérêt 6 p. 100 sur 1,300 francs	78f 00c
Amortissement de la valeur du matériel	106 00
Main-d'œuvre	855 00
Guano et autres engrais	300 00
Rente de la terre, impôts	Mémoire.
TOTAL	1,339 00

FRAIS ANNUELS À SANTA-ROSA (PAR HECTARE).

Intérêt 6 p. 100 de 672 francs		40f 32c
Amortissement de la valeur du matériel :		
1/5 sur 12 francs	2f 40c	
1/5 sur 47 francs	6 40	28 30
1/10 sur 195 francs	19 50	
Main-d'œuvre		990 00
TOTAL		1,058 62

Ces chiffres prouvent que l'établissement et la culture du tabac dans les vallées du haut Papaloapam (Vera-Cruz) coûte moins cher qu'à Cuba. Rapporte-t-elle plus qu'à Cuba? Oui, et dès la première année. «Dans la *Vuelta-Abajo*, dit M. Schnetz, l'hectare de plantation de tabac ne rapporte, en moyenne, que dix balles de tabac. On obtiendra certainement davantage dans des terres nouvelles, car celles de Cuba sont épuisées. On peut admettre 50 kilogrammes comme poids moyen d'une balle. Le prix du tabac à la Havane varie entre 40 et 50 piastres, selon qualité. » D'où il résulte qu'un hectare, coûtant 1,336 francs de frais annuels et 1,300 francs de frais d'installation, rapporte 500 kilogrammes de tabac à 6 francs le kilogramme, soit 3,000 francs. Or, en 1885, à Santa-Rosa, un hectare coûtant 672 francs pour frais de première installation, et 1,058 francs pour dépenses courantes, a donné 2,000 kilogrammes à 5 francs le kilogramme au moins, soit 10,000 francs. À la *Vuelta-Abajo*, comme à

Santa-Rosa, le maïs qu'on sème après le tabac couvre les frais des deux cultures. Le produit de la vente du tabac est donc un bénéfice net. De plus, les transports coûtent meilleur marché à Santa-Rosa qu'à Cuba. A Cuba, la tonne transportée de la *Vuelta-Abajo* à la Havane coûte 200 francs, tandis que de Santa-Rosa à Vera-Cruz, elle ne coûte que 100 francs.

Dans ses calculs, M. Lejeune avait pris pour base la valeur de la piastre d'alors, soit 4 fr. 40. A présent que la piastre ne vaut que 3 fr. 70 et tend à baisser de nouveau, les résultats sont encore supérieurs à ceux qu'on a montrés. Aux 1,039 francs de frais annuels à *Vuelta-Abajo*, il faut ajouter l'achat de la terre et les impôts qui sont si lourds à Cuba, tandis qu'ils sont insignifiants au Mexique.

Voici donc encore une exploitation considérable à conseiller et à laquelle il n'a manqué jusqu'ici, que le capital pour la faire prospérer. Une Compagnie pourrait acheter au gouvernement des terres magnifiques dans les États de Vera-Cruz, Oaxaca, Guerrero et Chapias, à des prix très bas (2 fr. 75 l'hectare, maximum), et entreprendre avec plein succès la culture du tabac avec des contremaîtres cubains dont les frais de voyage et les salaires grèveraient de 132 francs chaque hectare. Les manœuvres indiens sont très habiles, si on leur montre la bonne façon de travailler, et gagnent en réalité 1 p. 40 par jour, salaire qui a été élevé spontanément à Santa-Rosa à 2 p. 20. Dans ces conditions, on peut être sûr de produire d'excellent tabac, dont la demande est chaque jour plus grande et qui, bien classé, sera admis partout, avec le prix minimum de 5 francs le kilogramme. Les revenus d'un capital ainsi placé seront énormes, puisque nous venons de voir que le rendement par hectare est de 500 p. 100, tous frais compris.

La canne à sucre. — D'une manière générale, on peut affirmer que toutes les côtes et les terres chaudes du Mexique sont favorables à la culture de la canne à sucre. On la cultive partout avec grand succès, malgré le manque de capitaux qui a presque partout empêché l'établissement d'usines à la hauteur des progrès récents. La plupart des plantations au Mexique suffisent à peine à la consommation locale, à cause de l'installation défectueuse, presque primitive, des appareils d'élaboration. Mais là où on a monté des usines perfectionnées avec des capitaux suffisants, les affaires marchent merveilleusement. C'est ce qui se passe à *Morelos*, à *Jalisco* et à *Tepic*, etc. De grandes usines élaborent des millions de kilogrammes d'excellent sucre raffiné que l'on vend à des prix qui varient entre 7 et 8 piastres les 100 kilogrammes. A ces prix, les indigènes consomment tout ce qu'on produit. Les classes pauvres usent du sucre non raffiné, *moscabado*, qui leur revient encore relativement cher. Cette hausse de prix ne dépend nullement du coût de production. M. Maillefert estime qu'avec une somme de 51,800 piastres, on peut produire 337,500 kilogrammes de sucre et 750,000 kilogrammes de mélasse qui, aux prix courants, donnent 85,000 piastres, soit 30,000 piastres de bénéfice en chiffres ronds; plus des 30 p. 100 du capital engagé! Ces prix sont maintenus par un puissant syndicat de producteurs, spécialement de l'État de Morelos. Ils sont maîtres de les faire hausser encore davantage, protégés comme ils le sont, d'abord par le tarif des douanes qui grève les sucres étrangers, bruts ou raffinés, d'un droit de 15 centavos le kilogramme, et ensuite par la dépréciation de l'argent qui grève de 35 p. 100 et plus les achats à l'étranger. Malgré nos efforts, nous ne sommes pas en mesure de donner un calcul exact de la culture de la canne et de la fabrication du sucre, les raffineurs et les producteurs se refusant à fournir des données; mais, nous pouvons par comparaison en fournir une idée. M. Émile Daireaux calcule ainsi la culture de la canne à l'Argentine par hectare :

Achats du terrain	500^f
Plantation.	200
Culture et récolte.	500
Total.	1,200

Un hectare produit 30,000 kilogrammes de canne qu'on vend 19 francs les 1,000 kilogrammes; le produit d'un hectare, la première année, serait donc de 950 francs. Dès la deuxième année, les frais seraient simplement de 500 francs de culture et récolte, puisque la plantation est faite et qu'elle peut durer vingt-cinq années, enfin, qu'on n'a pas à payer le terrain; le bénéfice serait donc de 450 francs par hectare.

Au Mexique, le calcul comparatif donne les résultats suivants :

Achats d'un hectare au gouvernement, à Vera-Cruz, Guerrero, etc. (2 fr. 50).	9^f 25^c
Plantations (salaires à 2 francs contre 5 à l'Argentine).	80 00
Culture et récolte.	200 00
Total	289 25

Donc les bénéfices seraient au Mexique, pour la première année, de 660 francs et pour les suivantes de 750 francs. De plus, à l'Argentine, il faut avancer aux travailleurs deux ou trois mois de salaires dont une part est perdue à cause de la désertion.

Voilà pour la culture de la canne; quant à la fabrication, elle n'a rien d'aléatoire. Si l'outillage est bon et si les procédés sont perfectionnés, les bénéfices seront toujours proportionnels.

Au Mexique, les analyses montrent que la richesse saccharine du suc de la canne est la plus grande possible. En conséquence, il n'y a rien à craindre de ce chef. Mais le Mexique aura toujours en sa faveur, d'une part les salaires qui sont très bas, et les frais d'installation qui sont très inférieurs à ceux de l'Europe et du reste de l'Amérique.

Les principales raffineries mexicaines étant installées à l'intérieur du pays, l'exportation est peu avantageuse. Il n'en serait pas de même pour les plantations et raffineries situées près des côtes. Les affaires de sucre, au Mexique, doivent être des affaires d'exportation.

Vanille. — On peut récolter la vanille dans les États de Jalisco, Hidalgo et surtout dans ceux de Vera-Cruz, Chiapas et Oaxaca. L'exportation de ce produit, qui allait en décroisssant, a repris de nouveau le mouvement de hausse. Dans les six derniers mois de 1885, elle était déjà de 282,812 piastres et, dans les six derniers mois suivants, elle monta à 332,616. La réputation de la vanille mexicaine est faite. Ses qualités ont été reconnues à l'étranger. Nous donnons les calculs que M. Fontecilla, cultivateur et exposant de vanille, à l'Exposition, a faits pour la culture et pour le bénéfice de la plante. Le coût de plantation de 1 estajo (10,000 varas carrées) de vanille est de 20 piastres et celui de la culture jusqu'à la première récolte, trois ans après, de 30 piastres. En moyenne, chaque estajo produit un millier de vanilles. Le bénéfice de chaque millier est de 4 piastres. Les bénéfices s'élèvent donc à 21 piastres par millier récolté, puisque le prix de vente moyen est de 75 piastres.

Cacao. — Celui de Soconusco est réputé le meilleur du monde. On en récolte aussi, et de très bon, dans l'État de Tabasco. Nous regrettons de ne pas pouvoir donner à nos lecteurs des renseignements plus étendus sur cette intéressante culture. Ce que nous savons, et personne ne l'ignore au Mexique, c'est que le Soconusco (État de Chapias) en peut produire autant que le Nicaragua et que le peu qu'on en récolte, on le vend aux prix qu'on veut, à tel point il est rare et apprécié des connaisseurs. Il est sûr que les chemins de fer développeront cette culture si productive.

Éponges, nacre, écaille. — Bien que ces matières ne soient pas des produits agricoles, nous ne voulons pas les laisser dans l'oubli, et nous leur consacrons ici quelques lignes.

On les trouve en abondance et de la meilleure qualité sur les côtes des deux Océans, et l'on commence déjà à les exploiter à Vera-Cruz, à Yucatan et en Basse-Californie. Le Gouvernement, désireux de développer cette branche de la production, a fait et fait encore des concessions très libérales aux compagnies qui désirent se consacrer à ce genre d'exploitation.

C'est une industrie naissante, mais très digne d'être recommandée, surtout parce que le capital nécessaire pour l'établir est peu considérable tandis que les bénéfices seront élevés. Les éponges et les écailles exposées par le Mexique au Champ de Mars ont attiré l'attention des connaisseurs. A Yucatan, on travaille l'écaille avec une certaine habileté.

Forêts, bois pour ébénisterie. — L'exploitation des immenses forêts mexicaines, peuplées des essences les plus variées et les plus riches, a été pitoyable. Les coupes, faites à tort et à travers, sans soins, sans reboisements, sans sélection préalable des arbres, ont eu pour résultat un gaspillage énorme d'une des richesses les plus considérables du pays Autour des centres de population, notamment aux environs de la capitale qui jadis était entourée de forêts d'arbres séculaires, le déboisement a été complet et à présent dans la vallée de Mexico, on ne trouve que de rares bouquets épars. On est forcé d'aller loin pour trouver les *montes* (forêts), confinées aujourd'hui sur les versants des montagnes qui entourent la grande vallée. Mais, malgré ce gaspillage effréné, il reste encore une richesse forestière à exploiter, à côté de laquelle la partie exploitée semble et est en réalité des plus minimes. L'établissement des chemins de fer a mis en condition d'exploitation des étendues boisées énormes et richement peuplées. En réalité, le plateau central seul a été victime des coupes inintelligentes. Mais la côte, si riche et si peuplée, et toutes les régions de l'intérieur, éloignées des centres de population ont été épargnées.

Il faudrait de longues pages pour la simple énumération de toutes les essences qu'on y rencontre. La considération que le Mexique est trois fois et demie plus grand que la France, et qu'il jouit, à cause de ses hauts plateaux, de tous les climats, permet de juger de la variété et de la quantité des bois qu'il produit.

Ce serait une fructueuse opération que l'exploitation des forêts, entreprise avec un capital suffisant et intelligence; quelques considérations et quelques chiffres suffiront pour le faire comprendre. Nous prendrons comme type les exploitations sur le littoral, pour des raisons semblables à celles que nous avons données à propos d'autres produits.

L'exploitation des bois se pratique de la manière suivante. Les exploitants de forêts sont généralement et actuellement des individus sans capitaux. Pour obtenir de l'argent, ils ont recours aux exportateurs ou autres spéculateurs. Ils s'engagent à livrer dans la même année, une quantité déterminée de bois dégrossi en pièces (*trozas*) de 12 pieds au plus de long et de 16 pouces de largeur, au prix de 10 à 15 piastres la mesure de 480 pieds superficiels ou 40 pieds cubes (mesure anglaise). Ces *cortadores* reçoivent des exportateurs ou spéculateurs des avances en argent ou en marchandises généralement élevées et à bon compte, sur les livraisons de bois. Mais comme il est très rare qu'ils tiennent exactement leurs engagements, il leur reste toujours un solde de bois à livrer. Pour ne pas le perdre, les bailleurs de fonds renouvellent l'engagement pour l'année suivante, et font de nouvelles avances d'argent. Les soldes des bûcherons croissent toujours et les bailleurs, exposés chaque année à perdre davantage, sont forcés de renouveler les engagements et les avances; on tâche de se tromper de part et d'autre le plus que l'on peut, et la situation se liquide par une perte sèche des deux côtés. Dans ces conditions, qui ne sont nullement celles d'une affaire sérieuse, voici ce qui se passe et quels sont les résultats : du moment où l'affaire est si aléatoire et que le bailleur de fonds n'a aucune prise sur l'exploitant, il est forcé de chercher une compensation en abaissant le prix de la coupe. De son côté l'exploitant, du moment où les prix ne sont pas suffisamment rémunérateurs, rogne le plus qu'il peut sur la quantité et sur la qualité du bois; il en résulte une quantité considérable de bois de rebut que le bailleur est forcé d'accepter faute de mieux, et qu'il vend à des prix dérisoires. De là l'avilissement constant des prix, l'inondation des marchés étrangers de pièces de bois trop petites qui empêchent une hausse favorable aux intérêts du commerce et du pays.

Quant aux procédés de coupe et au transport du bois, ils sont les plus primitifs du monde : la hache pour couper et dégrossir, la crue éventuelle d'un ruisseau pour transporter. Il arrive que la crue n'a pas lieu et il faut attendre la prochaine saison des pluies pour faire le transport.

Il n'y a pas de quoi s'étonner si, en l'état actuel des choses, les exploitations de bois, si considérables qu'elles soient, ne marchent pas au gré des capitalistes. Elles sont cependant si fructueuses au fond, qu'on réalise fréquemment encore des fortunes considérables. Pour donner une idée des frais et des bénéfices de l'exportation des bois, nous reproduisons ci-dessous le compte d'un chargement, tel qu'il figure dans les documents officiels.

COMPTE DE VENTE DE 500 PIÈCES DE BOIS DE CÈDRE PROVENANT DE TUXPAM
ET VENDUES À NEW-YORK.

Frais de Tuxpam au port d'embarquement.

	Piastres.
Mise à l'eau et formation des bois en radeau à 0 p. 25 pièce........	125 00
Transport à bord, 1 piastre pièce...........................	500 00
Droits de sortie.......................................	530 92
Timbre..	0 50

Frais à New-York.

Entrée en douane.....................................	5 22
Assurance maritime, 3 1/4 p. o/o.......................	190 25
Fret de Tuxpam à New-York............................	2,187 50
Mesurage et inspection, etc., à 1 p. 30 la pièce............	650 00
Assurance contre l'incendie, frais divers, intérêts à 4 p. o/o........	202 95
Conversion et garantie, 3 p. o/o........................	202 45
TOTAL des frais......................	4,594 79

		Piastres.
Prix de vente à New-York.....................	6,750 00	8,008 00
Change, 38 p. o/o...........................	1,258 00	
À déduire, frais............................		4,594 79
BÉNÉFICE de la vente.................		3,413 21

Ces 500 pièces de bois ou *trozas* pèsent 70 t. 72 et coûtent à l'exportateur 5 piastres la tonne et 5 piastres le transport à Tuxpam, soit... 700 56

BÉNÉFICE net............................ 2,712 65

Le bénéfice est donc considérable; il faudrait en déduire encore les pertes pour les bois refusés et la moins-value pour les défauts de certains morceaux, ce qui est encore facile à calculer.

Ces chiffres démontrent que l'exploitation des bois est une bonne affaire dans les circonstances déplorables dans lesquelles elle est faite, et qu'à plus forte raison elle serait excellente, le jour où le capital étranger se déciderait à établir de grandes scieries mécaniques, chemins de fer portatifs et tout l'attirail d'une exploitation économique et bien comprise. C'est ce qu'on a fait déjà à l'Astillero, avec les résultats les plus satisfaisants; c'est ce qu'on fait aussi dans les forêts que traverse le chemin de fer de Cordova à Tuxtepec, et pour l'exploitation des forêts vierges de l'État de Campêche.

Les bois et l'orchilla sont les seules marchandises qui paient des droits de sortie. Ceux des bois sont de 2 piastres la tonne. Ces droits ont été établis comme compensation des coupes que l'on fait dans les forêts nationales et que l'insuffisance du service forestier ne saurait empêcher, étant donné l'étendue considérable du domaine public. L'exportation des bois de construction et pour l'ébénisterie a été, dans les dix premiers mois de 1886, de 554,800 piastres.

Les bois tinctoriaux. — Les affaires en bois tinctoriaux ont une situation plus satisfaisante. En général, les frais d'exploitation sont beaucoup moindres, vu qu'on n'a qu'à dégrossir les bois et qu'il n'y a presque pas de bois refusés puisqu'on peut utiliser les morceaux les plus petits. L'exportation, à la même date, a été de 389,243 piastres.

Les variétés principales de bois de teinture qu'on exporte sont le Palo-Moral, le Brezil et le Campêche.

Le premier contient deux principes colorants avec lesquels on fabrique du rouge et du vert. Généralement on l'emploie pour teindre en jaune le coton, la soie et particulièrement la laine. On peut obtenir d'autres nuances par combinaisons avec l'indigo, le campêche, le brezil, des sels de fer, de cuivre, etc. Le Palo-Moral croît à l'état sylvestre dans les États du Guerrero, Michoacan et Campêche. Le plus estimé est celui de l'île du Carmen, Tuxpam et Tampico. L'exportation dans les six derniers mois de 1886 a été de 4 millions de kilogrammes et sa valeur de 63.335 piastres.

On trouve le brezil et le campêche en abondance, le premier dans les États de Oaxaca, Chiapas, Guerrero, Yucatan et le second dans les États de Vera-Cruz et de Campêche. Ces bois constituent depuis longtemps une branche importante du commerce d'exportation. A la date déjà indiquée, on en a exporté 17 millions de kilogrammes, valant plus de 325,000 piastres.

Il y a encore au Mexique une quantité très considérable de bois et de plantes pour la teinture, notamment l'Orchilla, l'Achiote, le Cartamo, le Mutile, etc., dignes d'une étude attentive. L'Orchilla était naguère exploitée sur une grande échelle; elle mérita même les honneurs d'un droit de sortie. Mais à présent on n'en exporte presque plus.

L'Indigo est cultivé spécialement à Juchitan, où l'on en récolte de 50.000 à

60,000 kilogrammes, que l'on vend à 1 piastre le kilogramme. A Tonala, on récolte 30,000 ou 35,000 kilogrammes, et on les vend de 1 p. 50 à 2 piastres. L'indigo inférieur coûte de 75 à 80 centavos le kilogramme. C'est encore une bonne affaire. Malheureusement, elle est très aléatoire pour ceux qui l'exploitent actuellement, ceux-ci manquant des connaissances nécessaires et des capitaux suffisants pour monter convenablement des usines modernes et bien outillées pour le traitement. Mentionnons encore le Zacatlascale (*Cuscuta americana*), le Gualda (*Reseda luteola*), le Curcuma (*curcuma tinctorea*). Le Zacatlascale est une mauvaise herbe. On l'emploie pour teindre en jaune; elle est très abondante et on l'obtient presque pour rien.

Dans l'impossibilité de passer en revue, même les principales essences qu'on trouve dans les forêts du Mexique, nous nous contenterons d'en citer quelques-unes pour toutes sortes de constructions, pour l'ébénisterie, et aussi celles qui sont susceptibles d'autres applications : à la parfumerie, la médecine et même à l'ornementation.

Bois de construction. — Abeto (*Abies Douglassi*), Ahœhuetl (*Taxodium micronatum*), Ayacahuite (*Pinus ayacahuite*) et quantités d'autres espèces de pins; Cèdre blanc (*Cupressus Lindleyi*); Chênes divers (*L. mexicanus, jalapensis,* etc.); Frêne (*Q. americana quadranculata,* etc.); Mezquites (*Inga circinalis,* etc.); Oyamel (*Abies religiosa,* etc.); Guayacan (*G. officinalis*).

Bois d'ébénisterie. — Balsamo (*Mirospermum Pereire*); Caoba (*Switenia Mahogoni*); Capulin (*Prunus capuli*); Cèdres divers (*Cedrola odorata,* etc.); Chicozapotl (*Achras zapote*), Cuapinole (*Hymenea Caudaltana*); Cuéramo (*Cardia trigidia*); Ébènes divers (*Briza ebenus, dyospirus tetrasperma,* etc.); Gateado (*Switenia sp.* [?]); Hêtre (*C. mexicana*); Nacasle Nazareno; Noyers divers (*Juglans regia, J. granatensis*); Palo Maria (*Achras sp.* [?]); Palo de rosa (*Tecoma multiflora*); Santal (*Pterocarpus santalinus*), Zongolica (*Briza rubra*); Zopilote colorado (*Switenia sp.* [?]); etc.

Bois durs. — Palo de fierro (*mesua ferrea*); Palo mulato (*Xantoxilum clava-hercules*); Palo santo (*Guayacum santum*); Cabo de Hacha; Quibra-hacha (*Guayacum arboreum*); Quebracho (*Copaifera trimenefolia*); Roble blanco (*Tecoma leucoxylon*); Tapinceran (*Briza violacea*); Tepehuajet divers (*Acacia acapulcensis,* etc.).

Bois tinctoriaux. — Palo del Brazil (*Cesalpinea echinata C. brasilensis*); Campêche (*Hemotaxilum campachianum*); Moral (*M. alba, M. nigra,* etc.), Mangle (*Ryzofora mangle*); Moradilla (*Maclura tinctorea*), etc.

Viticulture. — L'Espagne, désireuse de conserver pour ses vins le marché de ses colonies américaines et craignant la concurrence, s'opposa toujours à la culture de la vigne et de plusieurs autres plantes au Mexique. Si, après la déclaration de l'indépendance, le Mexique n'avait pas eu tant de luttes à soutenir et tant de difficultés à vaincre, il est presque certain qu'à présent il compterait parmi les pays vinicoles les plus riches. En effet, aussitôt après la conquête et même avant, on fit de timides essais de plantations de vignes dont les résultats furent toujours encourageants. Les vins de Parras (État de Coahuila) avaient et ont encore une grande réputation dans le pays. Mais l'éloignement de Coahuila des centres qui auraient pu consommer ses vins et la situation économique du pays empêchèrent cette industrie d'acquérir une réelle importance. Aussitôt la pacification complète du pays et en même temps qu'on poussait les améliorations de toutes sortes, le ministère des Travaux publics acheta des cépages en France, en Espagne et en Italie et les fit distribuer, dans tout le pays, aux personnes capables d'essayer cette culture. Des inspecteurs, nommés par le Gouvernement et compétents dans cette culture ainsi que dans la vinification, furent chargés d'aider de leurs conseils les cultivateurs inexpérimentés et les fabricants novices. Ces essais ont été couronnés d'un plein succès. Non seulement la plante ne dégénère pas, mais son développement est parfois surprenant. A Tehuacan, une plantation faite en avril 1883, porta ses fruits en septembre 1884. A Ixmiquilpam, le développement de la plante est complet au bout de deux ans et l'on obtient des grappes qui pèsent 1 kilogramme.

Les comptes rendus des inspecteurs affirment que les résultats obtenus à Chihuahua, Zacatecas, Aguascalientes, Hidalgo et Puebla sont complets. Mais, nulle part, ils ont été aussi considérables qu'à Paso-del-Norte (Chihuahua) et à Aguascalientes. Paso-del-Norte surtout est appelé à un grand avenir, non seulement par les conditions de son sol et de son climat, mais aussi à cause de sa proximité du grand marché nord-américain. Actuellement il y existe 150 plantations avec 200,000 ceps à peu près. La dernière récolte de raisins a été de 1,250,000 kilogrammes dont 37,000 ont été consommés en nature et le reste converti en vins blanc et rouge, lesquels vins ont trouvé marché à Chihuahua. Malheureusement, si les récoltes de raisins sont bonnes comme quantité et comme qualité, les vins laissent encore beaucoup à désirer. L'industrie vinicole exige une grande somme d'expérience et des connaissances spéciales qui font défaut aux fabricants mexicains.

Le *mûrier*, auquel nous donnons place dans cette nomenclature parce qu'il est le complément indispensable de l'élevage des vers à soie, pousse dans les terres froides et tempérées. Sous le régime colonial, on fit au Mexique quelques essais de plantation de mûriers qui réussirent parfaitement, mais la politique jalouse de la métropole ne permit pas de les continuer; depuis l'indépendance, ces essais ont été repris, et de nos jours, M. le général Pacheco, ministre de Fomento, a fait distribuer une certaine quantité de graines de vers à soie achetée dans les Cévennes; les résultats ont été des plus satisfaisants, aussi ne saurions-nous trop engager nos compatriotes qui émigrent au Mexique, ceux surtout qui possèdent quelques connaissances de l'élevage des vers à soie, à diriger tous les efforts vers cette branche de l'industrie agricole : ils trouveront très promptement une large compensation aux quelques frais de premier établissement qu'ils auront pu faire.

D'après un rapport officiel, publié le 25 août, 1,200,000 plants de mûriers noirs et blancs ont été mis en pépinière pendant les mois d'avril et de mai 1888, à Guadalajara. Au bout de cinq mois, 1,850 jeunes arbres de 0 m. 80 à 0 m. 90, bien pourvus de racines et de feuilles, étaient déjà prêts à être distribués et plantés. On voit avec quelle rapidité le mûrier pousse au Mexique. Outre les plantations en pépinières, on a fait, au printemps de 1889, à Guadalajara, dans les terrains de Piedras Negras et de San Diego, de grands semis de graines de mûrier qui ont parfaitement réussi.

L'élevage des vers à soie a parfaitement réussi dans plusieurs régions du pays et notamment dans les États de Puebla et de Jalisco. Dans ce dernier, on a fondé déjà des fabriques de tissus de soie. Mais c'est entre les mains d'un de nos compatriotes, M. Chambon, que cette industrie a fait les progrès les plus considérables. Les soies filées et teintes qu'il a exposées au Champ de Mars, étaient très remarquables.

Élevage et engraissement du bétail. — Cette industrie, celle de l'élevage surtout, a pris dans les États de la frontière du Nord une grande extension; l'étendue et l'excellente situation des terrains qui peuvent lui être consacrés, feront un jour ou l'autre du Mexique un rival de l'Argentine. Un grand nombre de propriétaires du Texas ont fait récemment sur la frontière des acquisitions considérables de terres et de bétail, quelques-uns même y ont transporté leurs troupeaux; des capitalistes anglais ont suivi cet exemple, et s'en sont bien trouvés. Mais ce n'est pas seulement dans les terres tempérées et froides du Nord que l'élevage en grand peut être pratiqué : dans les terres chaudes où la végétation herbacée est exubérante, où les cours d'eau abondent, cette industrie offre d'égales chances de succès. L'élevage en grand du bétail donne des bénéfices considérables et sûrs : dans des conditions normales et d'après les calculs de tous les éleveurs, le capital est doublé en trois ans, tandis que les frais annuels sont couverts par la vente des nouvillons. Quant à l'engraissage fait en *potrero*, c'est-à-dire dans des prairies naturelles, bien ensemencées et bien arrosées, il donne d'aussi beaux bénéfices. Le calcul suivant a été fait d'après des chiffres officiels :

ÉTABLISSEMENT D'UN *POTRERO* D'ENGRAISSAGE, D'UNE SUPERFICIE DE 250 HECTARES, SITUÉ À 400 KILOMÈTRES D'UNE GRANDE VILLE ET À 80 KILOMÈTRES D'UNE STATION DE CHEMIN DE FER.

Achat de 250 hectares à 12 piastres l'hectare	3,000 piastres.
Frais d'ensemencement, de clôtures, maisons, frais généraux	9,000
	12,000
Intérêts des 12,020 piastres à 12 p. 100 par an	1,442
Total pour la première année	13,442

CLASSE 73 *BIS.*

12

Deuxième année, achat de 1,000 bœufs à 16 piastres 16,000

Frais généraux, intérêts, etc. 7,798

TOTAL. 23,798

Conduite des bœufs à la ville, frais de chemin de fer, droits d'octroi, etc. 10,670

TOTAL des frais jusqu'au moment de la vente....... 47,930

Vente.

970 bœufs (en admettant une perte de 3 p. 100 sur le chiffre des animaux pendant l'engraissage), donnent, à raison de 600 livres par bœuf.

582,000 livres de viande, qui, à 7 centavos la livre, valent........ 40,740

100 livres de suif par tête à 12 centavos 11,640

970 peaux à 3 piastres 2,910

1 piastre par tête pour les abats 970

56,260

Bénéfice : 8,330 piastres réalisées au bout de deux ans après avoir payé la propriété.

Dès la troisième année, l'opération d'engraissage de 1,000 bœufs réduite à l'achat des animaux et aux frais généraux sera seulement de....... 31,009

La vente produira 56,260

BÉNÉFICE NET................. 25,251

Soit plus de 70 p. 100 du capital engagé.

La valeur des animaux exportés aux États-Unis était de près d'un million de piastres en 1883. Dans les dernières années, cette exportation a encore augmenté, mais il est à craindre qu'elle diminue bientôt. En effet, la cause de l'augmentation a été la hausse des prix motivée par les achats considérables faits au Texas pour l'établissement des grands *potreros* (fermes). Les éleveurs mexicains, qui ont vu les prix monter de 7 à 20 piastres par tête, dans l'espèce bovine, se sont empressés de profiter de cette occasion et ont fait des exportations immodérées en réalisant, il est vrai, des bénéfices énormes, mais peut-être en tuant aussi la poule aux œufs d'or. Des éleveurs plus soucieux de l'avenir auraient été plus circonspects.

Les États de *Durango, Sonora, Chihuahua, Nuevo-Leon, Coahuila, Tamaulipas, Vera-Cruz* se prêtent admirablement à cette industrie. Il est vrai que quelques-uns se ressentent du manque d'eau; mais une grande Compagnie pourrait créer des aménagements d'eau ou forer des puits.

Le mouvement dans le sens de l'élevage est très accentué. A *Guanajuato,* une grande Compagnie, sous le patronage du gouvernement local, a entrepris sur une grande échelle, l'élevage et l'engraissage du bétail. Elle a acquis un grand nombre de reproducteurs des meilleures races, fait la clôture économique d'étendues considérables de terres, construit des étables, et, à ce qu'il paraît, ces travaux ont été couronnés d'un plein succès.

On pourrait faire de même dans l'État voisin de *Michaocan*, dont les excellents pâturages engraissent la plus grande partie du bétail qu'on abat dans la capitale.

Mais ce serait surtout sur les côtes : à *Tamaulipas*, à *Vera-Cruz*, à *Campêche*, à cause de l'excellence des pâturages et de l'abondance de l'eau, et aux frontières du nord : *Chihuahua*, *Coahuila*, etc., à cause de la proximité du marché américain et surtout du bon marché inouï des terres, qu'on pourrait s'établir pour y fonder, avec des ressources suffisantes, de grands établissements.

Cuirs et peaux. — L'importation de ces articles que font actuellement les États-Unis se chiffre par près de 3o millions de piastres. Le Mexique occupe la quatrième place parmi les pays exportateurs. L'Allemagne importe pour 29 millions de kilogrammes de cuir, dont 34.000 du Mexique. La France, 39 millions, dont 114.000 viennent du Mexique. En outre, l'importation des peaux de chèvre de diverses provenances aux États-Unis a été, en 1883, de 10 millions de pièces, dont le Mexique a fourni :

Exportées
- par le port de Vera-Cruz . . . . 526,000 peaux.
- par Matamoros 292,000
- par la frontière (Texas) 319.000

Ces chiffres permettent de juger de l'importance du marché ouvert à l'exportation des cuirs et des peaux mexicains.

Les peaux de chèvre exportées par Matamoros sont très estimées pour la chaussure forte, à cause de leurs dimensions et de leur poids; on les paye de 45 à 5o centavos la livre. Celles de Vera-Cruz sont plus estimées encore et on les paye 2 centavos en plus par livre. Celles de Oaxaca sont plus légères et la livre vaut 39 centavos. Ces sortes de peaux, de même que celles de Curaçao, sont des meilleures du monde pour la chaussure des dames et des enfants.

Les prix, aux États-Unis, des cuirs de l'espèce ovine, comparés à ceux de divers autres pays, sont très favorables aux cuirs du Mexique :

		La livre.
d'Afrique secs et salés		9 à 13 centavos.
de Californie		7 3/4 à 8
de Chine		14 à 16
de la République Argentine, secs		21 1/2 à 22
de la République Argentine, salés frais		10 à 12
des Indes orientales, secs		13 à 14
du Mexique secs		16 à 20
salés		13 à 14

Le Mexique obtient dans les prix de ce produit des avantages que seule la République Argentine peut réaliser. Ce n'est pas la qualité même des cuirs qui établit cette différence, elle vient de ce que la préparation est meilleure. Les cuirs mexicains séchés au soleil ardent du pays perdent beaucoup et, pour les sécher à l'ombre, il faudrait des installations spéciales, ce qui nécessite des capitaux. A *Progreso*, on mêle du salpêtre au sel avec lequel on sale les cuirs. Le salpêtre empêche la pénétration du tannin dans le cuir, lors de l'opération. Les ouvriers qui dépouillent le bétail n'étant pas suffisamment surveillés, entament le cuir et le gâtent. Tous ces défauts, on le voit, sont faciles à corriger et les prix des peaux s'élèveraient d'autant.

De ce chef, l'élevage devrait beaucoup espérer de l'importation au Mexique de capitaux étrangers.

ENSEIGNEMENT AGRICOLE.

Une loi de 1883 a réorganisé l'enseignement agricole et vétérinaire et l'a placé sous la dépendance du ministère des travaux publics. Il m'a été donné, grâce à l'extrême obligeance de M. le docteur Florès et de M. Sentiès, représentants du Mexique dans le jury international, de pouvoir étudier dans tous ses détails l'organisation de l'agriculture et la statistique agricole dans ce pays. Des cartes des plus intéressantes, dressées par les soins de M. Sentiès, permettent de se rendre compte de la climatologie, de la nature des sols, de l'altitude, de l'hydrographie, de la nature et de la répartition des cultures du Mexique. Sous la haute direction de M. Pacheco, ministre des travaux publics, et de M. F. Léal, sous-secrétaire d'État, une commission, dont M. Sentiès, directeur de l'École d'agriculture de Mexico, José Ramirez, professeur à la même école, G. Crespo, docteur Florès, députés, ont été les membres les plus actifs, a réuni, à l'occasion de l'Exposition universelle de 1889, les éléments d'une statistique complète de la richesse agricole du Mexique. Ce travail a été d'autant plus considérable, qu'il n'existait jusqu'ici aucun document sur la production agricole et forestière de la République. Il me suffira, pour marquer l'importance et l'étendue des travaux de cette commission, d'indiquer que les renseignements recueillis ne formeront pas moins de dix-sept volumes.

Mais revenons à l'enseignement agricole. L'école de Mexico est destinée à donner l'instruction agricole et l'instruction vétérinaire. Elle se distingue des établissements similaires de l'Europe par un trait essentiel, l'âge auquel elle admet les élèves et, par conséquent, la durée des études. Les enfants que l'on destine à l'une des deux professions auxquelles prépare spécialement l'école de Mexico sont reçus à l'âge de douze ou treize ans; on exige d'eux, à l'entrée, une bonne instruction primaire. La durée des cours est de sept années, dans lesquelles sont très judicieusement réparties toutes les matières de l'enseignement scientifique et littéraire que comporte la préparation aux études professionnelles, auxquelles une large part est faite graduellement. Une ferme, des champs d'expériences, des laboratoires, permettent de donner l'enseignement pratique à côté de l'instruction théorique. Ce n'est pas tout. A la fin de l'année, des excursions scientifiques ont lieu sur divers points de la République: les élèves, sous la conduite de leurs maîtres, étudient la flore et la faune du pays, la nature des terrains cultivables, les méthodes de culture appropriées aux régions chaudes, froides ou tempérées. Le Mexique, suivant les points qu'on parcourt, possède tous les climats, grâce au relief du pays. On visite également les établissements industriels, agricoles; en un mot, les élèves sortent de l'école avec une connaissance à peu près complète de leur pays. Dans combien d'écoles européennes pourrait-on en dire autant?

Le régime intérieur de l'école de Mexico mérite d'être signalé. Au gré des familles, les élèves sont internes ou externes; les études sont absolument gratuites, comme dans toutes les écoles nationales du Mexique; le budget de l'école est de 500,000 francs. Le gouvernement fédéral a créé soixante bourses de 1,500 francs chacune pour subvenir à l'entretien d'un nombre égal d'élèves à l'école. Ces élèves perdent leur bourse s'ils ne satisfont pas d'une manière convenable aux examens de fin d'année. L'école de Mexico est à la fois un établissement d'enseignement supérieur et une école secondaire, car elle délivre aux meilleurs élèves, après leur sept années d'études, des diplômes d'ingénieurs agricoles et de vétérinaires.

Les ressources que l'école offre aux candidats vétérinaires pour leur instruction sont aussi complètes que celles dont jouissent les élèves agronomes. Une vaste infirmerie, des étables et écuries renfermant les types les plus variés d'animaux domestiques, des ateliers de maréchalerie, pourvoient à tous les besoins de l'enseignement. Le gouvernement mexicain a prodigué l'argent et les efforts de tout genre pour développer, au profit de la nation, l'enseignement préparatoire aux deux carrières qui existent depuis quelques années seulement dans la République : l'agronomie et l'art vétérinaire.

A en juger par les résultats déjà obtenus, la République mexicaine n'a pas à regretter les sacrifices qu'elle s'est imposés dans cette direction. Les succès de l'école de Mexico, il n'est que juste de le constater, sont dus en grande partie au savoir et au zèle infatigable du savant distingué auquel sa direction a été confiée. J'engage vivement les personnes qu'intéresse le développement agricole et économique des nations étrangères à étudier les belles cartes agronomiques et statistiques dressées par les soins de M. Sentiès et qui ont été publiées depuis l'exposition.

CHILI.

CONDITIONS GÉNÉRALES [1].

Climat et régions agricoles. — La forme particulière du territoire chilien, longue bande de terre s'étendant depuis le 17° 57' de latitude Sud jusqu'au cap Horn, et dont la largeur varie entre 170 et 300 kilomètres, la direction du Nord au Sud parallèlement au méridien, la situation entre la grande chaîne des Andes et l'océan Pacifique, enfin la configuration essentiellement montagneuse du pays, sont autant de causes d'une énorme diversité dans le climat du Chili.

Depuis les climats lumineux et secs, où la pluie est complètement inconnue, jusqu'aux climats obscurs et où il pleut continuellement; depuis les climats tranquilles, uniformes, doux et tempérés, jusqu'aux climats tempétueux, variables et de neiges éternelles, toutes les conditions climatériques se rencontrent au Chili.

Cependant, dans toutes les parties habitables, les maxima et les minima de température sont beaucoup moins extrêmes que dans les pays européens situés sous les mêmes latitudes. Au Chili, les hivers sont plus doux et les étés plus tempérés.

Cela tient à un courant maritime de l'océan Atlantique venant des régions équatoriales, qui réchauffe la pointe du sud de l'Amérique, et à un autre courant allant du cap Horn vers le Nord, refroidissant ainsi les eaux du Pacifique.

Les vastes champs de neiges éternelles, qui couvrent la Cordillière andine, ont aussi une influence bien marquée.

Si l'on ne considère que la partie cultivable, on peut, au point de vue agricole, diviser le pays en trois régions climatériques qui correspondent assez exactement à des cultures spéciales.

1° La région du Nord s'étendant depuis l'extrême Nord du pays jusqu'à la province de Santiago. Dans cette région, l'humidité est très faible, les pluies fort rares, toujours peu abondantes, ne tombent que durant l'hiver, c'est-à-dire pendant trois mois.

Dans cette région, les parties désertes exceptées, le nombre des jours de pluie par an varie de 0 à 23; la quantité d'eau tombée annuellement va de 0 à 0 m. 300.

Le ciel est presque constamment clair; l'intensité lumineuse des rayons solaires est considérable; les nuits sont fraîches et même froides, à cause du rayonnement nocturne; les rosées sont abondantes dans le voisinage de la mer. La température n'est jamais très élevée à l'ombre. Les maxima extrêmes ne dépassent jamais + 30 degrés.

[1] Grâce aux publications de M. Lefeuvre, directeur de l'Institut agronomique de Santiago, l'agriculture du Chili a été fort bien représentée à l'Exposition universelle. Je ferai de nombreux emprunts aux intéressants travaux de M. Lefeuvre ainsi qu'aux notes manuscrites qu'il m'a remis.

et les minima extrêmes n'arrivent jamais au-dessous de + 4 degrés. Les neiges, les gelées blanches, les orages, la grêle, les ouragans sont des phénomènes à peu près inconnus dans cette partie du Chili.

Faute d'humidité suffisante, la végétation spontanée est très réduite dans cette région, et la culture des plantes agricoles ne peut avoir lieu sans le secours des irrigations artificielles.

Partout où l'eau d'arrosage ne fait pas défaut, la végétation se développe merveilleusement, et les cultures sont splendides.

2° La région du centre, comprise entre le 33ᵉ et le 37ᵉ degré de latitude Sud, c'est-à-dire depuis la province de Valparaiso jusqu'au Bio-Bio.

L'humidité est encore très faible dans la partie qui touche la région Nord, mais elle devient assez abondante vers le Sud. Les pluies ont lieu principalement durant la saison d'hiver et sont souvent très abondantes, surtout dans le Sud. Il y a une saison sèche, qui correspond à l'été, et une saison plus ou moins humide qui correspond à l'hiver. Les pluies d'été ne se produisent que vers l'extrême Sud de cette région. Le nombre de jours de pluie est de 20 à 30 dans la partie Nord et de 50 à 60 dans la partie Sud. La hauteur de l'eau pluviale tombée annuellement varie de 0 m. 400 à 0 m. 600 pour Santiago, et de 0 m. 800 à 1 mètre à Concepcion, points extrêmes de cette région.

Les vents sont constants et réguliers durant l'été; ils soufflent du Sud-Ouest, c'est-à-dire d'une région fraîche. Pendant l'hiver, ils sont irréguliers et soufflent généralement du Nord-Ouest, c'est-à-dire d'une région chaude. Ces circonstances ont pour effet de tempérer l'été et l'hiver. Les maxima extrêmes sont de 28 à 32 degrés pour le Nord durant l'été et de 22 à 28 degrés pour le Sud. Les températures minima à Santiago et Concepcion arrivent rarement à — 2° pendant l'hiver.

Le ciel est plus souvent clair que couvert; durant l'été, les nuages sont rares, la lumière solaire est intense; les nuits sont toujours claires, très fraîches, et les gelées blanches fréquentes, depuis le commencement de l'hiver jusqu'à la moitié du printemps. Les neiges sont inconnues; la grêle, les orages, les ouragans sont très rares et ne causent jamais de grands dégâts aux récoltes.

La végétation spontanée est très développée vers le Sud, dans les zones montagneuses des Andes, de la Cordillère et de la côte. L'irrigation artificielle est pratiquée dans toute l'étendue de cette région, dans les vallées et les plaines. Cependant, beaucoup de terrains inaccessibles aux eaux d'irrigation sont cultivés en céréales et autres plantes agricoles, et produisent d'abondantes récoltes.

Cette région est la plus favorable à l'agriculture qui s'y développe chaque jour très rapidement et a déjà acquis un degré de perfection remarquable.

3° La région du Sud s'étend depuis le Bio-Bio jusqu'à la Terre de Feu. Elle possède un climat humide, pluvieux, nébuleux et très tempéré. Les minima extrêmes sont — 1°, — 2° à Valdivia et à Chiloé, et — 7° ou — 8° à Punta-Arenas.

A Puerto-Montt, on compte, en moyenne, 162 jours de pluie par an et près de 3 mètres d'eau tombée. A Punta-Arenas, la moyenne annuelle des jours de pluie est de 150 et la quantité d'eau tombée est de 0 m. 600 de hauteur. Les pluies ont lieu toute l'année; cependant, elles sont moins fréquentes durant l'été que dans les autres saisons. Cette région est éminemment propre aux bois et aux pâturages. C'est là surtout que l'on trouve de grandes forêts non encore explorées. La culture ordinaire y est assez difficile dans la partie Sud, à cause des pluies et de l'humidité constante qui règne dans le sol.

Dans la partie Nord voisine de la région du centre, où l'humidité est moindre, les céréales et les plantes fourragères prospèrent à merveille.

La région du Sud est donc propre à l'élevage des animaux domestiques et autres industries zootechniques; elle est appelée à devenir prochainement un centre de grande importance pour la production animale.

Zones climatériques agricoles. — Pour chacune des régions climatériques que nous venons d'esquisser rapidement, il y a lieu de distinguer, dans le sens transversal du pays, en allant de l'Ouest à l'Est, trois zones bien caractérisées, sur presque toute l'étendue du territoire de la République.

La première, celle de la côte, le plus souvent montagneuse, est plus humide, plus nébuleuse et plus tempérée que les deux autres. Son caractère principal est celui des climats maritimes.

La deuxième, qui comprend la grande vallée centrale, allant du Nord au Sud, et les vallées secondaires ou transversales, qui se dirigent de l'Est à l'Ouest et qui servent de lit au cours d'eau actuels, est la partie où se fait la culture irriguée; elle possède, en général, les conditions les plus favorables à la production animale et végétale.

La troisième est celle de la Cordillère des Andes, où se trouvent des pâturages d'hiver et d'été, des bois et des neiges éternelles qui, en fondant, produisent l'eau nécessaire aux irrigations pendant la saison sèche.

En résumé, les climats agricoles du Chili sont très sains, très tempérés, doux, très réguliers et remarquablement favorables au développement des diverses industries de la production végétale et animale.

Terrain agricole ou sol arable. — Comme son climat, le sol arable du Chili est tout à fait varié. Toutes les sortes de terrains s'y rencontrent, mais, généralement, la plupart sont remarquables par leur fertilité, lorsque l'humidité ne leur fait pas défaut. Dans la région du Nord, les sols arables calcaires dominent, et, dans les autres régions, ils sont argileux, siliceux ou humifères.

Au point de vue agricole, il faut distinguer le sol arable des vallées, des plaines agricoles ou non, et des montagnes. La terre arable des vallées et des plaines, formée d'alluvions, varie suivant les localités. Dans le Nord et dans une grande partie du centre, elle est profonde, riche en humus et en matières assimilables et de consistance moyenne et forte. Dans le Sud, elle est moins profonde, plus sableuse ou moins argileuse, moins riche et par conséquent moins fertile. Assez souvent on rencontre même une espèce d'alios (*tosca*) formant une couche imperméable à une faible profondeur et qui diminue ainsi la valeur agricole de grandes étendues de terrain.

Le sous-sol des vallées est formé d'une couche de cailloux roulés, dont l'épaisseur atteint quelquefois jusqu'à 100 mètres. C'est une circonstance très favorable pour l'irrigation. Dans le Nord et une grande partie du centre, les terrains soumis à l'irrigation reçoivent, chaque année, une couche de limon, que laissent déposer les eaux et qui augmente l'épaisseur du sol, tout en le renouvelant. De grandes plaines, autrefois caillouteuses et presque stériles, se sont converties ainsi, en moins d'un demi-siècle, en terrains de première qualité. La plaine de Santiago, une des principales du Chili, est un exemple frappant de ce colmatage naturel.

Sous un climat lumineux comme celui du Nord et du centre du Chili, avec l'irrigation pratiquée au moyen d'eaux limoneuses, il n'y a point de mauvais terrains.

Le sol arable des montagnes de la Cordillère des Andes, d'origine volcanique, est généralement de bonne qualité pour les céréales d'hiver et produit naturellement d'excellents herbages utilisés, pendant l'été, par les animaux domestiques. C'est dans cette zone que l'on trouve le sol particulièrement connu sous le nom de *Trumao* et qui est constitué par des cendres volcaniques jouissant de propriétés toutes spéciales.

La terre des parties montagneuses de la côte est le plus souvent granitique, moins profonde et moins fertile. Elle est consacrée à la culture des céréales d'hiver et à l'élevage des animaux domestiques. Tous ces terrains de montagne, notamment ceux de la côte, que l'on a complètement déboisés, pour les soumettre à une culture épuisante, sont moins productifs qu'autrefois; mais, avec l'usage des engrais qui commence à se répandre dans ces régions, ils auront bientôt recouvré leur ancienne fertilité.

Engrais. — Comme dans tous les pays neufs, jusqu'à ces dernières années, l'agriculture chilienne ne faisait usage d'aucun engrais ou amendement pour l'amélioration des terres, en dehors de l'irrigation.

Partout où l'irrigation est pratiquée avec des eaux riches, on comprend sans peine l'inutilité des engrais et amendements; mais, dans tous les autres cas, quelles que soient la richesse du sol et les conditions climatériques, après une série de cultures épuisantes, il arrive forcément un moment où les récoltes diminuent. Pour maintenir les rendements, on est obligé de restituer au sol les éléments qui lui manquent par l'application des engrais et amendements. C'est ce qui est arrivé au Chili pour les terrains non arrosés avec des eaux limoneuses.

Dans ce pays où les animaux vivent en pâturage, on ne produit pas de fumier de ferme, il faut donc avoir recours à d'autres engrais. Depuis quelques années, on commence à employer en grand le guano et le nitrate de soude, provenant de la région déserte du Nord, et qui sont mis à la disposition des agriculteurs à des prix très modiques.

Irrigations. — Comme nous l'avons dit plus haut, sous les climats lumineux et secs, l'arrosage artificiel est le grand levier de l'agriculture. Les agriculteurs chiliens l'ont parfaitement compris, et l'irrigation est admirablement entendue dans ce pays. Moyennant des travaux immenses et souvent très coûteux, les eaux des fleuves sont employées à arroser une très grande partie des vallées et des plaines. La direction de la superficie des terrains agricoles se prête parfaitement à cette opération. La répartition convenable des cours d'eau sur une grande étendue du territoire, traversant le pays de l'Est à l'Ouest, suivant la plus grande pente, la qualité des eaux, la nature du sol et celle du sous-sol, qui est presque partout perméable, sont des circonstances naturelles tout à fait favorables à l'établissement des arrosages au Chili. Enfin la fonte des neiges, qui alimente les fleuves, ayant lieu au moment même où la nécessité de l'eau se fait le plus sentir, complète l'ensemble des conditions si admirables où se trouve le Chili pour tirer tout le parti possible des bienfaits de l'irrigation.

Les irrigations sont pratiquées aujourd'hui depuis l'extrême Nord jusqu'au 39e degré de latitude; quinze provinces ont leurs plaines et leurs vallées entièrement irriguées.

Quarante rivières principales fournissent l'eau d'arrosage. Plus de quatre cents grands canaux partent de ces rivières et distribuent leurs eaux dans les plaines, les vallées et jusque sur les flancs des montagnes. Il y a également quelques réservoirs artificiels très importants.

Plusieurs provinces du Nord et du centre sont arrivées à l'extrême limite en matière d'irrigation; toute l'eau des rivières est prise par les canaux, et leurs lits restent à sec pendant la période des arrosages.

Dans beaucoup de cas, les irrigations des terrains supérieurs forment des infiltrations qui se réunissent dans le lit des rivières, et les reconstituent vers le milieu de la vallée centrale ou au commencement de la zone de la côte. Ces eaux sont reprises de nouveau et servent à irriguer les terrains des vallées secondaires de la zone de la côte, qui occupent un niveau inférieur.

La surface totale arrosée dans tout le territoire du Chili est d'environ 2 *millions d'hectares.*

L'eau d'arrosage est évaluée par *regadores.* Un *regador* est un débit d'eau de 15 litres par seconde. Un *regador* est considéré comme suffisant pour arroser 10 à 15 *hectares.*

En moyenne, chaque arrosage est d'environ 500 mètres cubes par hectare, et l'on irrigue tous les six, huit, dix ou douze jours, suivant les terrains, les cultures et les régions. L'arrosage se pratique toute l'année dans le Nord, et seulement pendant six à huit mois, dans la région centrale.

Dans le Nord et le centre Nord, on emploie beaucoup moins d'eau pour chaque arrosage que dans le centre Sud et le Sud.

Tous les canaux d'irrigation, au Chili, appartiennent aux propriétaires des terrains arrosés. Ils les font construire et les entretiennent à leurs frais. L'État n'intervient point dans ces sortes de travaux et ne garantit jamais l'intérêt des capitaux engagés.

Drainage et assainissement. — Dans la région centrale, par suite des irrigations des terrains supérieurs, il s'est formé, dans les parties basses, de nombreux marais. Les grandes pluies du Sud déterminent aussi des marécages dans cette région.

Dans ces derniers temps, beaucoup de terrains humides ont été drainés et sont devenus ainsi des terrains agricoles de première qualité. Actuellement, de grands travaux d'assainissement se poursuivent sur différents points du territoire, et il y a lieu de croire que ce mouvement continuera, au grand profit de l'agriculture.

Machines et instruments agricoles. — Jusqu'à ces derniers temps, l'agriculture chilienne avait été exclusivement extensive, et ses deux principales industries consistaient dans la culture en grand des céréales et l'élevage des animaux en plein air, sans l'intervention des soins immédiats de l'homme.

Comme il était naturel, dans de telles conditions, les machines et instruments agricoles employés étaient primitifs, peu variés et leur importance assez secondaire.

Mais, depuis quinze ou vingt ans, d'immenses progrès se sont réalisés dans toutes les branches de production du pays et surtout dans son agriculture. Cette industrie, abandonnant ses anciens procédés culturaux, devient chaque jour plus intensive, principalement dans les régions soumises à l'arrosage artificiel.

La culture des plantes sarclées, celle des plantes industrielles, la viticulture surtout, l'industrie du foin pressé, la fabrication du beurre, des fromages, etc., se sont développées d'une façon surprenante, et tout fait prévoir que cet essor s'accentuera encore davantage avec le temps.

Aussi, les machines agricoles spéciales et les instruments appropriés à ces nouvelles cultures sont devenus nécessaires et se sont répandus rapidement dans tout le pays.

La Société nationale d'agriculture de Santiago, par les concours et les expositions qu'elle a organisés et l'Institut agricole de la *Quinta Normal* par son enseignement, ont puissamment contribué au remplacement de l'ancien outillage agricole chilien, par les machines les plus perfectionnées et les mieux appropriées aux besoins du pays.

Actuellement les moteurs hydrauliques et à vapeur, les charrues perfectionnées, les semoirs mécaniques, les houes à cheval, les rateaux à cheval, les moissonneuses-lieuses et non lieuses, les batteuses à petit et à grand travail, les tarares, les trieurs, etc., se trouvent dans toutes les fermes d'une certaine importance; l'outillage des industries agricoles est également très parfait.

Une grande partie de ces machines et instruments est fournie par l'Angleterre et les États-Unis. Depuis quelques années seulement, les machines et outils français commencent à se répandre et sont très appréciés.

La propriété agricole, sa constitution. — *Constructions rurales.* — *Clôtures.* — La propriété foncière au Chili est divisée en grande, moyenne et petite exploitation.

Les petites fermes (*chacras quintas*) dont l'étendue ne dépasse pas 100 hectares, dominent dans un rayon plus ou moins vaste, autour des grands centres de population et dans plusieurs riches vallées très peuplées.

Les grandes exploitations (*haciendas*), qui ont quelquefois une étendue de plus de 10,000 hectares, se rencontrent surtout dans la région montagneuse de la Cordillère des Andes, dans celle de la côte et dans le Sud.

Les exploitations moyennes (*hijuelas*), c'est-à-dire celles qui résultent de la division des grandes fermes, se multiplient de plus en plus, depuis l'abolition du majorat, et sont un terme moyen entre la grande et la petite propriété.

A mesure que le progrès agricole s'accentue, que les terrains augmentent de valeur, que les communications se multiplient et s'améliorent, que les capitaux deviennent plus abondants, etc., la propriété foncière se divise et se subdivise au grand avantage du pays entier, car le plus souvent, le seul fait de la division d'une grande ferme en décuple le revenu et en augmente proportionnellement la valeur foncière.

Dans un avenir plus ou moins prochain, suivant la loi de la vraie spécialisation des produits, qui est le but final du progrès agricole, les environs de tous les centres de population, les vallées et les plaines irriguées et les autres terres riches seront occupés par la moyenne et la petite culture, et le reste du territoire, moins fertile et se prêtant moins bien aux spéculations industrielles, restera le partage de la grande culture.

Les animaux domestiques vivant constamment en plein air dans les pâturages et n'ayant pas de gardiens spéciaux, les champs sont toujours clos par des murs en torchis, des haies vives, des fossés et des talus. Depuis quelques années, on emploie beaucoup les ronces artificielles pour la subdivision des champs.

Les habitations agricoles des propriétaires et des fermiers sont actuellement à la hauteur de la situation agricole du pays.

Pour le logement des ouvriers agricoles et des animaux, il y a encore de grands progrès à réaliser.

Exploitation du sol. — *Propriétaires, fermiers, maître-valets (inquilinos), ouvriers agricoles.* — L'exploitation des propriétés foncières est le plus souvent faite par les propriétaires eux-mêmes, qui vivent constamment, ou tout au moins une bonne partie de l'année à la campagne. Le goût des champs est très développé dans la classe élevée, et il est de règle générale que les fils des propriétaires terriens se fassent agriculteurs et administrent eux-mêmes leurs biens ruraux. Les grandes et solides fortunes du pays appartiennent à l'agriculture. Les autres exploitations, qui ne sont pas dirigées par leurs propriétaires, se louent à des fermiers pour une période généralement très courte, ce qui est une mauvaise conditions pour le cultivateur et pour le propriétaire.

Les travailleurs agricoles chiliens, considérés comme les meilleurs ouvriers de l'Amérique du Sud, sont recherchés par toutes les entreprises industrielles de la côte du Pacifique; ils forment deux classes, les *inquilinos*, espèce de maîtres-valets et les *peares* ou ouvriers journaliers ordinaires.

Par suite de la dernière guerre avec le Pérou, de l'extension du territoire Chilien au Nord et de la prise de possession de l'Araucanie du Sud, par suite des grands travaux maritimes, de la construction des chemins de fer, etc., et enfin, en raison des progrès des industries locales, la main-d'œuvre des travaux des champs devient de plus en plus rare et coûteuse. Les ouvriers spéciaux pour les industries agricoles végétales et animales font surtout défaut au Chili, ce qui est un signe évident du progrès accompli par le pays, et, en même temps, une circonstance très favorable pour les émigrants européens, qui sont sûrs de rencontrer de bonnes situations dès leur arrivée.

Les ouvriers agricoles sont toujours nourris par ceux qui les emploient; leur alimentation consiste presque uniquement en pain et haricots. Ils ne boivent pas de vin et ne mangent pas de viande, et cependant ils jouissent d'une excellente santé, sont robustes, forts, et développent une somme énorme de travail. Le prix de la journée varie suivant les localités et suivant les saisons. Aux environs de Santiago, il est de 2 à 5 francs par jour à l'époque des moissons, et 2 à 3 francs pendant l'hiver.

Charges imposées à la propriété rurale : Contribution agricole, système douanier du pays. — L'unique charge que supporte la propriété foncière au Chili est l'impôt agricole, dont la taxe était autrefois du dixième du revenu ou du loyer. Aujourd'hui cet impôt est une somme fixe, qui se répartit proportionnellement entre toutes les propriétés rurales de la République. La quote-part que doit payer chacune d'elles est bien inférieure au dixième du revenu.

Le système douanier est établi en vue de favoriser autant que possible les industries nationales, et particulièrement l'agriculture. Tout récemment on a voté l'entrée libre dans le pays des instruments et machines agricoles et viticoles.

Voies de communication : routes ordinaires, chemins de fer. — Les routes ou chemins ordinaires sont assez nombreux, mais laissent à désirer. Le manque de matériaux propres à leur réparation et à leur extension considérable rendent leur entretien coûteux, et les propriétaires ne comprennent pas suffisamment l'importance d'une bonne viabilité. Par contre, les chemins de fer se multiplient rapidement; bientôt le pays entier sera parcouru par les voies ferrées, au grand profit de l'agriculture qui, jusqu'à ces derniers temps, a été privée de moyens de communication rapides et à bon marché.

Débouchés intérieurs et extérieurs. — La population du Chili étant très faible, eu égard à la population agricole, la consommation est fortement réduite. Mais la situation géographique de ce pays et la nature même de ses produits agricoles, sont très favorables à l'exportation.

Le Chili fournit tout à la côte du Pacifique jusqu'à Panama : ses grains, ses légumes, ses fruits, ses vins, ses animaux, et leurs produits trouvent là un grand marché et des débouchés assurés. Les nombreuses mines du Chili et celles des pays voisins sont aussi des consommateurs importants. Enfin, le surplus s'exporte en Europe.

Système de culture. — Jusqu'à ces derniers temps, la majeure partie de l'agriculture chilienne était encore dans la période extensive, c'est-à-dire que le temps et l'étendue étaient les principaux facteurs de la production agricole. Mais aujourd'hui le rôle de l'intelligence et du travail de l'homme associé au capital prend une large place dans les exploitations rurales; l'agriculture intensive s'avance à grands pas et occupe déjà toutes les vallées et les plaines irriguées. Cependant, la culture, par le temps et par l'espace aura toujours sa raison d'être au Chili. Dans les régions montagneuses de la Cordillère des Andes, dans celles de la côte et même sur beaucoup de points dans le Sud, les conditions naturelles et économiques commandent la spécialisation bien marquée des productions agricoles.

Dans les vallées et les plaines irriguées, la culture industrielle et toutes les spéculations animales; dans les contrées montagneuses et dans le Sud, la culture extensive et l'élevage des animaux domestiques.

Valeur de la propriété agricole. — Elle est très variable suivant les localités, la nature du sol et les améliorations foncières qui y ont été faites.

Dans le Sud, les terrains non bâtis et sans clôtures, de qualité ordinaire, valent de 5 à 100 piastres [1] l'hectare.

Les terrains arrosés du centre, sans clôtures ni constructions, se vendent de 300 à 1,000, et même 1,500 piastres l'hectare, suivant les circonstances.

Les vignes françaises en bon état peuvent trouver acquéreur au prix de 3,000 à 6,000 piastres à l'hectare, suivant les localités.

Le taux de l'intérêt des capitaux fonciers agricoles est généralement calculé de 6 à à 8 p. o/o.

Administration de l'agriculture. — Tout ce qui a trait à l'agriculture au Chili ressortit au Ministère de l'Industrie et des Travaux publics.

A ce ministère il existe une section d'agriculture qui a dans ses attributions :

L'Enseignement agricole;

Les Encouragements à l'agriculture :

La Statistique agricole;

---

[1] La piastre a une valeur de 2 fr. 50 à 3 francs, suivant le change.

Les Sociétés agricoles;
Les Forêts de l'État.

Enseignement agricole. — Le Chili qui, parmi les Républiques sud-américaines, s'est toujours fait remarquer par sa sagesse et sa prévoyance, à peine constitué et libre, s'est occupé, avec une activité et une constance remarquables, d'implanter l'enseignement agricole, afin d'imprimer une marche sûre et éclairée à son agriculture. Après diverses tentatives plus ou moins heureuses, aidé par la Société nationale d'agriculture, le gouvernement du Chili a pu organiser d'une façon définitive l'enseignement agricole, tel qu'il existe aujourd'hui.

A sa tête est placé un conseil d'enseignement technique qui a la haute surveillance des établissements d'instruction agricole. Ces établissements sont les suivants :

L'Institut agricole de la *Quinta Normal* (Santiago);
La Station agronomique de la *Quinta Normal* (Santiago);
L'École pratique d'agriculture de la *Quinta Normal* (Santiago);
L'École pratique d'agriculture de Talca;
L'École pratique d'agriculture de Concepcion, possédant un laboratoire agronomique;
L'École spéciale de laiterie et d'arboriculture de San Fernando;
Les Écoles d'horticulture et d'arboriculture d'Elqui et de Choapa;
L'École pratique d'agriculture de Chillan;

L'Enseignement supérieur de l'agriculture, qui est représenté par l'Institut agricole de la *Quinta Normal*, compte de 80 à 100 élèves environ. Les Écoles pratiques et spéciales possèdent 250 élèves internes.

La *Quinta normal de agricultura*, de Santiago doit être citée comme un modèle d'institut agronomique. Son directeur, M. R. Le Feuvre, d'origine française, a consacré à sa description, à l'occasion de l'Exposition universelle, une magnifique publication illustrée de photographies et gravures qui présente dans tous ses détails l'organisation de cet établissement, qui n'a, je crois, en Europe, aucun pendant. La Quinta normal est tout autre chose que pourrait le faire croire sa modeste dénomination. Elle comprend huit établissements distincts possédant chacun un budget spécial et réunis dans la même main, pour la direction générale. Voici l'énumération de ces établissements et le budget annuel afférent à chacun d'eux :

BUDGET DE 1889.

Institut agricole..	97,770 francs.
Station agronomique..	32,700
École pratique d'agriculture................................	187,800
Jardin zoologique..	35,000
Établissement de pisciculture et aquarium...................	30,000
Institut de vaccination animale.............................	23,000
TOTAL....................	406,270

Plus un hôpital vétérinaire et un laboratoire pour la préparation du vaccin char-
bonneux, dont les recettes payent les frais d'entretien. En 1842, l'État fit l'acquisition, à la porte de Santiago, d'une propriété de 20 hectares qui fut appropriée à sa
destination future « de petite ferme modèle » et sur lesquelles, sous la direction de la
Société d'agriculture, fut érigée en 1849 la première école d'agriculture du Chili.
Après des péripéties diverses, la Quinta normal devint, en 1872, le champ d'application de l'enseignement supérieur agricole organisé, cette année-là, à l'Université de
Santiago.

En 1875, le congrès libre des agriculteurs chiliens, réuni à l'occasion de l'Exposition internationale de Santiago, posa les bases d'un enseignement agricole complet et
demanda la création d'un institut agronomique pour l'enseignement supérieur. En
1876, s'ouvrit cet institut, doté d'un matériel d'enseignement et de démonstration
d'une valeur considérable. De 1876 à 1883, l'institut compléta son organisation; la
Quinta normal se transforma peu à peu, en vue des nouveaux services qu'elle devait
rendre; les divers établissements dont j'ai parlé plus haut furent successivement créés;
on acheta des terrains pour les cultures et les champs d'expériences (plus de 80 hectares); on institua le jardin zoologique, etc.

L'inventaire, dont le détail se trouve dans l'ouvrage si intéressant de M. Le Feuvre,
porte *à près de sept millons* de francs la valeur totale des bâtiments, terrains et collections de tous genres de la Quinta normal! Peu d'établissements en Europe pourraient
rivaliser avec l'institut de Santiago, dont l'organisation et la direction font le plus grand
honneur à la République chilienne et à M. Le Feuvre.

Sociétés agricoles. — L'esprit d'initiative privée est assez développé au Chili, et depuis
longtemps déjà les agriculteurs ont cherché à se réunir en société dans le but de soutenir leurs intérêts et d'aider au progrès agricole.

Les sociétés existantes sont :

La Société nationale d'agriculture de Santiago, dont la fondation date de 1869.

Avant elle deux autres sociétés analogues, sous des noms différents, s'étaient formées,
l'une en 1838, l'autre en 1857;

La Société agricole du Sud, dont le siège est à Concepcion et qui a une dizaine d'années d'existence;

La Société agricole de Talca, de plus récente formation.

Il y a aussi à Santiago, une Société hippique qui est en pleine prospérité. Il en
existe d'autres à Talca et à Chillan.

Expositions et concours agricoles. — Sous les auspices de la Société nationale d'agriculture de Santiago, il se fait tous les ans à la *Quinta normal,* dans des locaux spécialement
construits à cet effet, des expositions agricoles et des concours d'animaux domestiques.

Ces fêtes agricoles sont très suivies par les agriculteurs et contribuent puissamment à l'avancement de l'agriculture.

La Société agricole de Concepcion fait aussi des concours dans cette région.

Ouvrages et publications agricoles. — Les principales publications agricoles faites au Chili sont :

Bulletin bi-mensuel de la Société nationale d'agriculture de Santiago, 20 tomes.
Cours d'agriculture, 2 premiers tomes, par René-F. LE FEUVRE.
Viticulture et vinification, 2 tomes, par René-F. LE FEUVRE.
Oïdium Tuckeri de la vigne, une brochure, par René F. LE FEUVRE.
Anthracnose de la vigne, une brochure, par René F. LE FEUVRE.
Les guanos et le salpêtre, une brochure, par René F. LE FEUVRE.
Culture du tabac au Chili, une brochure, par René F. LE FEUVRE.
La Quinta normal de agricultura, 1 tome, par René F. LE FEUVRE.
Cours de zootechnie, 3 premiers tomes, par Jules BESNARD.
Le charbon, une brochure, par Jules BESNARD.
La phtisie, la fièvre aphteuse, le choléra des poules, une brochure, par Jules BESNARD.
La gourme, la cachexie aqueuse, le tournis, etc., une brochure, par Jules BESNARD.
La lèpre et la trichinose, une brochure, par Jules BESNARD.
Analyse des guanos et salpêtre, une brochure par L. ZEGERS et A. YANEZ.
Cours de topographie (1ʳᵉ partie), 1 volume, par M.-H. CONCHA.
Physiologie végétale, une brochure, par F. PHILIPPI.
Insectes nuisibles à l'agriculture, une brochure, par F. PHILIPPI.
Le principal, mémoire agricole, 1 volume, par Salvator IZQUIERDO.
Fabrication du beurre, une brochure par Salvator IZQUIERDO.
La Esmeralda, mémoire agricole, 1 volume, par Aurélio FERNANDEZ.
Rapport sur l'organisation des écoles d'agriculture au Chili, une brochure, par Maximo JERIA.
Cours d'arboriculture de M. du Breuil, traduit et adapté au climat du Chili, 2 tomes.
Cours d'agriculture et d'économie rurale, 2 tomes, par J.-S. TORNERO.
Leçons d'agriculture et de zootechnie, 2 tomes, par M.-B. SANCHEZ.

AGRICULTURE SPÉCIALE DU CHILI.

CULTURES SPÉCIALES.

La diversité du climat du Chili, ainsi que celle de la nature de son sol, permettent la culture de toutes les plantes agricoles propres aux régions tempérées. Les principales sont les suivantes :

CÉRÉALES.

Les céréales jouent le principal rôle dans l'agriculture chilienne. Elles ont figuré à plusieurs Expositions internationales, et chaque fois elles ont été très remarquées par leur qualité et ont obtenu les plus hautes récompenses.

CLASSE 73 *bis*.

13

Les plus importantes sont le blé, l'orge, le maïs, le seigle et l'avoine.

Blé. — Le blé se cultive au Chili pour les besoins de la consommation des habitants du pays et pour l'exportation. La culture de cette céréale est la plus importante et se fait dans deux conditions bien distinctes : sur les terrains irrigués et sur ceux non soumis à l'irrigation.

Les blés arrosés se trouvent dans les vallées et les plaines des régions du Nord et du centre, et succèdent généralement aux plantes sarclées, qui se cultivent en grand dans ces conditions.

Les blés non irrigués se cultivent sur les versants des collines et des petites montagnes, les coteaux, les plateaux situés au pied de la grande chaîne des Andes, sur toute la zone de la côte et dans les plaines du Sud.

La préparation du terrain pour ces blés non irrigués (appelés blés de *rulo*) se fait par la jachère (*barbeccho*) qui a lieu pendant l'été qui précède la semaille.

Les variétés de blé cultivées dans les terrains arrosés sont le plus souvent celles à grain dur ; on y sème aussi, dans le centre et le centre-sud, des blés tendres.

Les variétés les plus connues au Chili sont :

Blés durs à grain rond, blés durs à grain long et blés durs à grain moyen ;

Blé blanc du Chili (*mocho*) ;

Blé Orégon :

Blé de la Nouvelle-Hollande ;

Blé de Flandre et quelques autres variétés nouvelles.

Dans l'une comme dans l'autre condition, la culture se fait simplement et d'une façon économique. Partout, aujourd'hui, on emploie les machines et instruments mécaniques perfectionnés, aussi bien pour la semaille que pour la récolte et le battage.

Le rendement varie de 10 à 16 hectolitres par hectare pour les sols non irrigués ; il est de 20 à 30 pour ceux arrosés. En 1888, la production totale du blé au Chili a été d'environ 10 millions d'hectolitres.

Les diverses sortes de blé récoltées sont de première qualité ; s'ils ne sont pas toujours classés au premier rang sur les marchés européens, cela tient uniquement à ce qu'ils sont vendus insuffisamment nettoyés. L'exportation des blés a été en 1888 de plus de 3 millions d'hectolitres.

Orge. — Après le froment, la céréale la plus importante, au Chili, c'est l'orge qui se cultive depuis le Nord jusqu'à l'extrême Sud de la République.

Le grain de cette plante est particulièrement employé à la fabrication de la bière, dont la consommation augmente chaque jour dans le pays. L'orge sert aussi à l'alimentation des chevaux et des mules dans le centre et le Nord. Enfin, depuis quelques années, l'exportation de l'orge se fait sur une grande échelle.

La culture de l'orge a lieu le plus souvent dans les terrains non irrigués.

Les variétés les plus connues sont l'orge commune, l'orge précoce et l'orge Chevallier. Cette dernière est surtout employée par la brasserie chilienne; elle est très estimée pour l'exportation. Les produits sont abondants et de première qualité. Les rendements atteignent souvent 3o à 4o hectolitres à l'hectare.

En 1888, la production totale de l'orge, au Chili, a été de plus de 2 millions d'hectolitres.

Maïs. — Le maïs est généralement cultivé comme plante sarclée, seul ou associé avec les haricots auxquels il sert de support. Sa culture s'étend depuis l'extrême nord jusqu'au Bio-Bio, limite sud de la région du centre.

Les variétés de maïs cultivées au Chili sont très nombreuses et varient suivant l'usage qu'on doit faire de la récolte. Les plus estimées sont : le maïs *caragua*, le maïs *morocho*, le maïs blanc, jaune, du Pérou, sucré, etc.

Les produits de cette plante sont toujours abondants et d'excellente qualité.

La consommation du maïs est considérable au Chili. Cet aliment est très apprécié par toutes les classes de la société.

Il est consommé à l'état vert sous le nom de *choclo;* à l'état sec, sous forme de farine. Le grain de maïs sert aussi à l'alimentation des animaux et à l'engraissement des volailles. Une certaine quantité est distillée; l'exportation en est très réduite.

La récolte annuelle atteint près de 2 millions d'hectolitres.

Les spathes ou enveloppes florales du maïs, remplacent le papier pour la fabrication des cigarettes; elles sont aussi employées pour la fabrication des paillasses.

Avoine. — La région du Sud est très propice à la culture de cette céréale, qui commence à s'y faire en grand depuis quelques années.

Seigle. — Le seigle est peu connu au Chili; cependant le peu d'exigence de cette céréale, sous le rapport du climat et du sol, permettrait sa culture dans beaucoup de terrains improductifs jusqu'à présent.

PLANTES SARCLÉES, FARINEUX ET PLANTES LÉGUMES.

Cette catégorie de plantes a une grande importance au Chili; sa culture constitue une industrie spéciale. Elle est entreprise presque uniquement par les travailleurs agricoles qui ont la main-d'œuvre à leur disposition, les produits de ces plantes forment, avec le pain, la base de leur alimentation. Les plus cultivées sont les suivantes :

Haricots. — La culture de cette plante se fait en grand dans les terrains arrosés du Nord et du Centre.

Les variétés cultivées sont très nombreuses. Celles à rame sont peu connues ; les haricots nains et demi-nains dominent. Les variétés les plus estimées sont : *caballero, coscorrones, mantecca* et *bayo*.

Pour la consommation en vert, on cultive aussi les variétés européennes. Les rendements sont considérables, et le haricot chilien est de qualité supérieure.

La majeure partie des produits est consommée dans le pays ; une petite quantité s'exporte en Europe.

La production annuelle atteint près de 500,000 hectolitres.

Pois, lentilles, fèves, pois chiches, sarrasin. — Les pois et les lentilles sont des cultures d'hiver de la région du Sud et de la zone de la côte dans la région centrale.

Ces cultures se font sur les terrains frais et riches des vallées sans le secours de l'irrigation. Les produits sont généralement abondants et d'excellente qualité.

Les pois sont consommés dans le pays, mais les lentilles s'exportent beaucoup et jouissent en Europe d'une excellente réputation. Les fèves et les pois chiches ont moins d'importance et sont considérés comme légumes. Le sarrasin, récemment introduit au Chili, s'y produit merveilleusement dans toutes les régions irriguées ou non.

Dans le Centre et dans le Nord, à l'aide de l'arrosage, on peut faire jusqu'à deux récoltes par an.

La collection de haricots, pois, lentilles, fèves et pois chiches, qui a figuré à l'Exposition universelle de 1889, a été très appréciée. Le jury lui a décerné plusieurs médailles.

Pomme de terre. — La pomme de terre, originaire comme l'on sait de la Cordillère des Andes, où on la rencontre à l'état sauvage sur plusieurs points du Chili, est l'objet d'une spéculation très grande dans tout le territoire de la République, et particulièrement dans le Centre et le Sud. A Chiloé, elle est la base principale de l'alimentation des habitants.

De nombreuses variétés indigènes sont cultivées et donnent toutes d'abondants produits.

La qualité laisse un peu à désirer pour les pommes de terre récoltées dans les terres à peine irriguées du Nord et du centre; mais dans les terrains sableux de la côte et du Sud, ainsi que dans les terrains volcaniques de la Cordillère des Andes, les tubercules sont délicieux.

L'irrigation est une condition défavorable à la culture des pommes de terre.

La terrible maladie (*peronospora infestans*), qui a dévasté durant tant d'années cette précieuse plante en Europe, ne s'est jamais montrée au Chili.

La floraison s'y fait toujours normalement, et la multiplication par graines serait des plus faciles pour la formation des nouvelles variétés.

La quantité récoltée annuellement approche de 2 millions d'hectolitres.

Une grande partie est consommée dans le pays et le reste s'exporte sur toute la côte du Pacifique.

Patate, topinambour, betterave, carotte, navet, chou, melon, pastèque, giraumon (zapallo), *oignon, tomate, piment.* — La patate est cultivée seulement dans quelques valles vallées de la région du Nord, où elle donne de bons résultats.

Le topinambour, récemment introduit au Chili, vient très bien sur toute l'étendue du territoire; il est appelé à rendre de grands services à l'agriculture chilienne comme plante légume et surtout comme plante fourragère.

Les autres plantes fourragères sont cultivées en grand partout et leurs produits jouent un rôle important dans l'alimentation des habitants de la campagne.

De grandes quantités de ces produits sont exportées sur la côte du Pacifique et jusqu'à Panama.

PLANTES FOURRAGÈRES.

Les industries zootechniques étant très développées au Chili, les plantes fourragères qui en forment la base ont forcément une grande importance.

Luzerne, trèfle violet, trèfle blanc, ray-grass. Prairies temporaires. — Dans les parties arrosées des régions du Nord et du Centre, les prairies temporaires composées de luzerne, de trèfle violet ou de ray-grass forment la principale base de l'alimentation du bétail.

Les luzernières dominent dans le Nord et une partie de la région centrale. Les prairies formées de trèfle et de ray-grass se trouvent surtout dans le Centre-Sud et dans le Sud.

Toutes ces plantes fourragères, quand elles sont placées dans des conditions convenables, produisent énormément.

Généralement les produits sont consommés sur place par les animaux qui vivent en plein air dans ces prairies.

Les meilleures luzernières et les tréflières servent principalement à l'engraissement des bœufs et des vaches laitières. Les autres parties sont réservées aux animaux d'élevage et aux animaux de travail.

Dans ces derniers temps, l'industrie du foin pressé a pris un grand développement au Chili. C'est généralement le foin de luzerne que l'on préfère. Ce produit est l'objet d'une grande exportation pour les mines et pour toute la côte du Pacifique.

Fourrages annuels : maïs, orge, avoine. — Le maïs fourrage pour la consommation en vert ou pour l'ensilage est actuellement cultivé sur une grande échelle au Chili, dans la région centrale principalement.

Autour des grandes villes on cultive l'orge et l'avoine pour alimenter les chevaux durant l'hiver. Ces fourrages verts remplacent la luzerne et le trèfle qui ne sont abondants que durant l'été.

Prairies naturelles. Herbages de montagnes. — Les prairies naturelles ou permanentes sont peu nombreuses au Chili, elles existent seulement dans quelques parties de la région du Sud. Il n'en est pas de même des pâturages des montagnes qui occupent d'immenses étendues dans la chaîne des Andes et sur la Cordillère de la côte. On distingue les pâturages d'été et ceux d'hiver.

Les premiers sont situés à une grande altitude et se couvrent de neige pendant l'hiver. Les seconds occupent les vallées basses et abritées où la neige n'arrive jamais.

Plantes racines; betteraves, carottes, navets, etc. — La culture des plantes fourragères est encore très restreinte au Chili, mais elle devra prendre une certaine importance plus tard, dans le Centre et dans le Sud, lorsque ces régions seront arrivées au degré de progrès auquel elles peuvent atteindre.

PLANTES INDUSTRIELLES.

Aucun pays ne se prête mieux que le Chili à la culture des plantes industrielles propres au climat tempéré.

Si ces plantes n'ont pas encore atteint le degré d'importance qu'elles doivent avoir, cela tient à des circonstances économiques qui se modifient tous les jours. Mais bientôt la culture industrielle s'imposera par la force même des choses dans toutes les vallées et plaines arrosées du Nord et du Centre du Chili.

Les principales plantes industrielles se cultivant actuellement au Chili sont : la betterave à sucre, le chanvre, le lin, le tabac, le colza, le sorgho et le houblon.

La betterave saccharine est cultivée pour fournir aux besoins de deux sucreries récemment établies dans la région centrale. Cette nouvelle industrie est protégée d'une façon efficace, et il y a place pour un grand nombre de fabriques, car le pays est grand consommateur de sucre.

Le chanvre cultivé dans le Nord et le Centre donne des produits supérieurs. La corderie est très florissante au Chili.

Le lin est principalement cultivé comme plante granifère, mais il pourrait produire d'excellentes fibres, si sa culture était faite dans ce but.

La graine de lin sert à la fabrication de l'huile qui est très recherchée au Chili pour la peinture.

Cette graine est aussi l'objet d'une exportation ayant une certaine importance.

Le tabac, le colza et le sorgho à balais sont aussi cultivés dans les principales régions agricoles du pays. Leurs produits sont transformés et consommés sur place, et ne donnent lieu à aucune exportation.

Tous ces produits ont figuré à l'Exposition universelle de 1889 et ont obtenu diverses récompenses.

Le houblon, à peine connu au Chili, formera plus tard une culture industrielle importante. L'échantillon présenté à l'Exposition de Paris était de très belle qualité.

VITICULTURE.

VINS. — EAUX-DE-VIE. — LIQUEURS.

La vigne est cultivée depuis longtemps dans le pays. Elle y fut introduite par les Espagnols immédiatement après leur arrivée dans cette contrée; mais la viticulture chilienne n'a pris d'importance réelle que depuis un quart de siècle, à la suite de l'introduction des cépages français et des méthodes culturales modernes.

Le Chili présente des conditions exceptionnellement favorables à l'industrie viticole, et ce pays est appelé à devenir promptement un grand producteur d'excellents vins de toutes sortes.

Les vignobles s'étendent depuis l'extrême Nord jusqu'au 39ᵉ degré de latitude Sud. On distingue deux régions viticoles bien différentes : les vignes arrosées et les vignes des terrains non irrigués. Les premières se trouvent dans les plaines et les vallées des régions du Nord et du Centre; les secondes occupent les plateaux peu élevés et les coteaux de la zone de la côte, dans la région du Sud seulement. Les vignes arrosées sont palissées sur fils de fer, soutenus par des poteaux en bois, et soumises à la taille longue; les autres sont à tiges basses sans soutien et taillées court.

Dans chacune de ces régions viticoles, il y a les vignes appelées *anciennes* ou *du pays*, qui se composent de plants espagnols, et les vignes nouvelles appelées *vignes françaises*, formées des principaux cépages fins du Bordelais et de la Bourgogne.

Les vignobles nommés *français* sont généralement bien plantés, cultivés avec soin, et beaucoup d'entre eux peuvent supporter la comparaison avec les meilleures vignes européennes.

La vinification et le travail des vins dans les caves n'ont pas encore atteint le degré de perfection auquel est arrivé la viticulture.

Sous ce rapport, il y a de grands progrès à réaliser. Les viticulteurs européens et les grands négociants de vins trouveraient au Chili un vaste champ pour exercer leurs industries.

L'étendue totale du vignoble chilien est actuellement de près de 100.000 hectares, en comptant les nouvelles plantations des dernières années, qui ne produisent pas encore.

Si la création de nouveaux vignobles suit le mouvement progressif qui se dénote depuis quelque temps dans le pays, en peu d'années l'étendue totale arrivera à 500.000 hectares. Mais ce sera bien peu encore, car le Chili possède plus de 3 millions d'hectares propres à la culture de la vigne. Les seules maladies observées jusqu'à présent dans les vignobles du Chili sont : l'oïdium, l'érinéum et l'anthracnose.

Les produits par hectare sont de 40 à 60 hectolitres pour les vignobles non arrosés et de 80 à 120 hectolitres pour ceux soumis à l'irrigation; c'est un rendement supérieur à celui de beaucoup de vignes européennes, et cependant les frais culturaux sont moins élevés.

La production des vins de toutes sortes a été, en 1888, de plus de 2 millions d'hectolitres.

Les principaux vins sont : vins de table rouges et blancs; vins liquoreux blancs et rosés, et les vins cuits.

Jusqu'à présent, presque tous ces vins se consomment dans le pays; l'exportation est encore peu développée, elle se fait principalement au Pérou, en Bolivie et sur toute la côte du Pacifique, jusqu'à Panama.

Actuellement, les cours auxquels se vendent les vins chiliens dans le pays sont les suivants :

Vins nouveaux de l'année, en fûts, de bonne qualité, de 10 à 15 piastres [1] l'hectolitre;

Vins vieux, en bouteilles, bonne qualité, de 6 à 8 piastres la caisse de 12 bouteilles;

Les vins de qualité supérieure se vendent, la caisse de 12 bouteilles, de 10 à 15 piastres;

Plusieurs échantillons de vins courants, bonne qualité, de l'année, ont été vendus à Bordeaux, en décembre 1888, 700, 800 et 900 francs le tonneau.

Frais d'établissement des vignobles au Chili. — Ils sont assez élevés et varient suivant les localités.

Pour les vignes arrosées, on compte de 800 à 1,000 piastres par hectare et, pour celles non irriguées, de 300 à 500 piastres.

A cela, il faut ajouter le terrain dont la valeur varie de 300 à 600 piastres l'hectare pour les vignes soumises à l'irrigation, et de 200 à 300 piastres pour celles non arrosées.

Frais culturaux annuels. — Une bonne culture pour les vignobles arrosés coûte de 300 à 500 piastres par hectare et de 200 à 300 piastres pour les vignobles non irrigués.

Dans la région viticole du Nord et dans celle du Sud, on distille des vins musqués qui donnent une eau-de-vie spéciale appelée *pisco* et qui jouit d'une certaine renommée.

On distille aussi des vins ordinaires; mais, en général, on emploie des procédés trop

_____

[1] La piastre vaut de 2 fr. 50 à 3 francs, suivant le cours du change.

imparfaits pour obtenir le résultat qu'il est possible d'espérer. Les vins chiliens sont assez riches en alcool, et, celui de la Folle-Blanche (qui produit le cognac) est particulièrement remarquable. En étendant la culture de ce cépage qui produit énormément au Chili, on aurait bientôt une base sérieuse pour la fabrication des eaux-de-vie de bonne qualité.

La fabrication des liqueurs est encore peu développée; cependant les débouchés ne manquent point et on y trouve tous les éléments nécessaires à cette industrie.

HORTICULTURE.

Plantes potagères. — Dans les pays à climat lumineux, les légumes et toutes les plantes alimentaires ont une importance marquée. C'est ce qui a lieu au Chili. Outre les légumes cultivés en grand comme plantes sarclées dans les *chacras*, les plantes potagères sont aussi l'objet de cultures spéciales dans les jardins maraîchers et les jardins fruitiers. La plupart des légumes d'Europe sont connus au Chili.

La *Quinta normal de Agricultura,* de Santiago, a fait beaucoup pour la propagation dans le pays des meilleures espèces et variétés.

La culture des artichauts et surtout celle des asperges constituent actuellement des industries très lucratives pour ceux qui s'y livrent avec intelligence.

Fleurs. — Le goût des fleurs est aujourd'hui très répandu au Chili. On y cultive avec succès les principales espèces et variétés connues en Europe.

ARBORICULTURE.

Arbres et arbustes forestiers et d'ornement. — Au Chili, comme dans tous les pays neufs, la conquête des terrains nouveaux pour les besoins de l'agriculture et leur appropriation aux diverses industries rurales ont entraîné la destruction plus ou moins complète des arbres et arbustes indigènes, partout où ils croissaient spontanément dans les vallées, les plaines et les plateaux, aujourd'hui cultivés.

Les mines ont aussi puissamment contribué au déboisement des montagnes, principalement dans les régions du Nord et du Centre. Cependant, sous un climat lumineux, les bois et les plantations de toutes sortes, convenablement distribués, constituent une nécessité pour l'agriculture qui a besoin d'ombrage pour ses animaux et de bois pour ses constructions.

Enfin d'immenses étendues dans les vallées, les plaines et sur les versants des coteaux autrefois stériles, sont aujourd'hui fertiles, grâce aux irrigations artificielles et propres, par conséquent, aux plantations arboricoles.

Les clôtures forment actuellement partie du système cultural, partout où cela est possible, on remplace les murs de terre par des haies vives et des lignes d'arbres.

D'un autre côté, par suite du progrès général, les propriétaires terriens ont été amenés à créer des parcs et jardins autour de leurs habitations de campagne. Les villes nouvelles et les anciennes qui s'agrandissent chaque jour ont aussi besoin d'arbres pour leurs places et avenues. Par suite de ces diverses raisons, le Chili s'est trouvé dans des conditions particulières relativement à l'arboriculture et a bientôt cherché à répondre à tous ces besoins. De nombreuses plantations ont été faites par les agriculteurs dans les diverses régions arrosées et on a cherché à remplacer partout où cela a été possible, les anciens bois détruits.

La *Quinta Normal de agricultura* de Santiago s'est occupée d'une façon toute particulière de la multiplication et de la propagation des arbres forestiers et d'ornement, dans tout le pays. Malgré les importants résultats obtenus, il reste encore beaucoup à faire sous ce rapport.

Les arbres et arbustes forestiers les plus généralement cultivés au Chili sont les suivants :

Pin maritime et de Ca-	Frênes.	Peupliers.
lifornie.	Genêts.	Sureaux.
Cyprès.	Marronniers.	Tulipier.
Casuarina.	Magnoliers.	Acacia melanoscylon.
Eucalyptus.	Orme.	Ligustrum du Japon.
Acacia robinia.	Osier.	Sophora.
Chênes.	Platane.	Tilleul.
Érables.		

Arbres et arbustes économiques. — Parmi les indigènes, il convient de citer les suivants :

Quillay. — L'écorce s'exporte en grande quantité et est connue en Europe sous le nom de bois de Panama.

Maqui. — Cet arbre donne des baies noires tinctoriales, qui s'exportent en Europe pour colorer les vins.

Palmier du Chili. — Ses fruits (*coquitos*) sont comestibles, et de sa tige on retire un miel très estimé et de la fibre pour la fabrication du papier.

Algorrobito. — Il produit une gousse renfermant, en grande abondance, une résine fort employée pour la teinture et pour la fabrication de l'encre.

Lingue. — Cet arbre donne pour la tannerie une écorce considérée comme supérieure.

Chêne-liège. — Récemment introduit, il prospère très bien dans le Centre et est appelé à jouer un grand rôle plus tard.

Arbres fruitiers. — Bien peu de pays se trouvent dans des conditions aussi favorables que le Chili, pour la production des fruits propres à la région tempérée. Dans toutes les zones agricoles les arbres fruitiers croissent admirablement et fructifient avec une facilité extraordinaire.

Pour la plupart des fruits, la production annuelle est assez uniforme; les récoltes sont abondantes tous les ans, et les produits de bonne qualité.

La majeure partie des maladies et accidents climatériques si fréquents ailleurs et qui détruisent les récoltes ou les diminuent notablement, sont presque inconnus au Chili.

La culture des arbres fruitiers ne présente aucune difficulté, et tous les soins minutieux, absolument nécessaires dans beaucoup de contrées d'Europe. n'ont point leur raison d'être dans ce pays. Cette production est donc économique. Les habitants sont très amateurs de fruits et en font une grande consommation.

Les mines et les centres miniers de la région du Nord constituent un débouché important, ainsi que toute la côte du Pacifique jusqu'à Panama, qui ne produit pas de fruits des régions tempérées.

Malgré une situation aussi favorable, cette branche de la production laisse encore beaucoup à désirer. Quand les agriculteurs comprendront les ressources que leur offre cette industrie. on étendra les plantations fruitières, et le Chili pourra devenir un grand centre d'exportation de fruits frais et conservés.

Dès le début, la *Quinta Normal de agricultura* de Santiago a compris l'importance de cette question et s'est occupée, d'une façon active, de la multiplication et propagation des meilleures espèces et variétés, qu'elle a fait venir d'Europe.

Les principaux arbres fruitiers cultivés dans les vergers et jardins sont les suivants :

Pommiers.	Pêchers.	Néfliers du Japon.
Poiriers.	Pruniers.	Framboisiers.
Cognassiers.	Cerisiers.	Groseilliers.
Grenadiers.	Abricotiers.	Figuiers.
Orangers.	Amandiers.	Figue de Barbarie.
Citronniers.	*Lucumos.*	Noyers.
Cédratiers.	Avocatiers.	Châtaigniers.
Chirimoyos.	Néfliers de Germanie.	Oliviers.

Les raisins secs du Huasco jouissent d'une grande réputation : ils sont considérés comme les meilleurs du monde. Les figues sèches, les pruneaux du Chili sont aussi excellents.

A l'Exposition universelle de 1889 à Paris, ces produits ont obtenu plusieurs médailles.

ZOOTECHNIE GÉNÉRALE.

Conditions générales de la production animale. — La production animale occupe un rang important dans l'agriculture chilienne. Les industries zootechniques ont toujours été en grande faveur dans le pays.

Les climats des régions agricoles sont des plus favorables aux animaux domestiques, qui peuvent vivre partout en plein air durant une bonne partie de l'année.

Les plaines et les vallées arrosées fournissent d'abondants et riches fourrages ; les montagnes de la Cordillère andine et celles de la côte renferment de grands pâturages naturels qui servent à la transhumance ; enfin, toute la région du Sud, par suite de son climat humide, est éminemment propre à la production herbacée et pourra bientôt devenir un centre important d'élevage.

Si les conditions naturelles pour la production animale sont presque partout favorables au Chili, les débouchés ne manquent pas non plus. Outre la consommation locale, relativement grande, les nombreuses mines du centre et du Nord, les salpêtrières de Tarapaca et presque toute la côte du Pacifique jusqu'à Panama, sont approvisionnées par les animaux provenant des parties agricoles du pays.

Actuellement, la consommation est bien supérieure à la production, et la différence est fournie par les animaux importés de la République Argentine.

Il y a donc de sérieux progrès à réaliser dans le domaine des entreprises zootechniques pour arriver à fournir aux besoins sans cesse croissants.

Dans ces derniers temps, de nombreuses importations d'animaux reproducteurs d'Europe ont été effectuées par les grands propriétaires, dans le but d'améliorer les animaux communs du pays et d'obtenir une meilleure utilisation des fourrages consommés.

Les heureuses modifications déjà obtenues dans la masse des animaux indigènes, par ces constantes introductions de reproducteurs choisis, montrent ce que l'on peut espérer plus tard, et indiquent aussi les changements à faire pour arriver à de meilleurs résultats.

La *Quinta Normal de agricultura* de Santiago, par l'enseignement de son institut agricole et par ses importantes sections d'animaux reproducteurs, est un facteur puissant dans les améliorations zootechniques qui marchent à grands pas actuellement.

Les concours annuels d'animaux reproducteurs qui ont lieu à la *Quinta Normal*, sous le patronage de la société nationale d'agriculture, contribuent aussi, pour une large part, à ce progrès.

ZOOTECHNIE SPÉCIALE.

Espèce chevaline. Cheval de selle. — Le cheval de selle chilien, d'origine andalouse, jouit d'une grande réputation. Harmonieux dans ses formes, il est bien dressé, doux, robuste, résistant, sobre et infatigable. Il est considéré comme le meilleur cheval de montagne.

Ces brillantes qualités sont dues principalement aux conditions spéciales de climat et de terrain dans lesquelles s'effectue l'élevage des animaux, et au dressage tout particulier auquel ils sont soumis avant d'être livrés au service.

Cheval de trait. — Les grands progrès réalisés pendant ces dernières années, dans les diverses industries rurales, ont déterminé des nécessités nouvelles. C'est ainsi que les chevaux de trait, inconnus autrefois au Chili, commencent à se répandre de plus en plus dans le Nord et le Centre. Ces animaux sont employés aux labours, à la traction des machines agricoles servant à la récolte des foins et des céréales, et au transport des produits des fermes.

Le type le plus apprécié est le cheval percheron. Les croisements obtenus avec les juments du pays donnent un produit léger très recherché pour le service des villes.

D'introduction récente, les chevaux percherons et leurs croisements se propagent très vite. Dans un avenir prochain, ils joueront un grand rôle dans toutes les plaines et les vallées irriguées, en remplaçant les bœufs comme animaux de trait.

Cheval carrossier. — Autrefois le cheval de selle était le seul moyen de transport, aujourd'hui les voitures sont d'un usage général, aussi bien à la campagne qu'à la ville. Le cheval carrossier est donc actuellement très répandu au Chili.

Les carrossiers de luxe dérivent du cleaveland-bay et de l'anglo-normand. Plusieurs grands propriétaires de la région centrale s'occupent spécialement de l'élevage de ces animaux et en retirent un grand profit, soit en les vendant dans le pays ou dans les Républiques voisines, où ils sont appréciés.

Cheval de course. — Les différentes sociétés hippiques ont organisé des courses dans diverses localités du pays ; ces fêtes sont très suivies. Le cheval de course a donc une certaine importance au Chili. Plusieurs types de grande valeur ont été importés d'Angleterre, et l'élevage de ces animaux se fait sur une certaine échelle dans le pays.

Les fourrages verts servent de base à l'alimentation du cheval. A la campagne, il vit comme les autres animaux toute l'année au pâturage. A la ville, il reçoit de l'herbe fraîche à l'écurie, et en hiver de la paille ou du foin. Il ne mange jamais de grain.

Les étalons, les chevaux de course et de luxe font exception. On leur donne quelquefois de l'orge en grain.

Espèce asine. — Dans le Nord et la partie montagneuse du centre, les ânes sont très employés au transport et rendent de grands services. L'élevage de ces animaux se fait surtout dans la région centrale.

Mule. — Dans les districts miniers du Nord et du Centre, la mule est le principal moyen de transport employé pour les besoins de cette très importante industrie. Cet animal est très recherché et d'un prix assez élevé.

La production de la mule se fait dans quelques provinces du Centre, mais elle est insuffisante, car on en importe beaucoup de mules de la République Argentine.

Espèce bovine. — Les animaux de l'espèce bovine sont très nombreux et jouent le rôle le plus important parmi les industries zootechniques.

Par suite de la grande importation de reproducteurs Durham, l'ancienne race introduite par les Espagnols s'est complètement transformée dans les plaines et les vallées arrosées du Nord et du Centre. Elle n'a pas subi la même transformation dans le Sud et les autres régions montagneuses du pays, où la fertilité du sol est moindre. Cette amélioration du bétail serait bien plus grande encore si l'on abritait les animaux pendant l'hiver, et si on leur donnait une alimentation plus abondante dans cette saison.

L'élevage des animaux bovins se fait surtout dans le Sud et dans les parties non irriguées du Centre.

L'industrie laitière et celle de l'engraissement se font dans les riches prairies arrosées du Centre et du Nord.

L'élevage des animaux bovins est loin de satisfaire aux besoins de la consommation intérieure et à ceux de l'exportation qui se fait en grande quantité sur toute la côte du Pacifique, jusqu'à Panama. Chaque année, environ 200,000 animaux argentins entrent au Chili, où ils viennent s'engraisser dans les herbages du Centre, pour être exportés ensuite dans le Nord.

Industrie laitière. — Cette industrie est nouvelle au Chili. Il y a vingt ans, le beurre n'était guère connu que de nom. En dehors de la vente du lait dans les villes et de la fabrication du fromage (appelé *queso del pais*), cette branche industrielle de la zootechnie était absolument nulle.

Les grands progrès réalisés par l'agriculture chilienne, l'augmentation du bien-être général, l'accroissement des débouchés extérieurs, ont favorisé, dans ces dernières années, le développement des industries zootechniques, et particulièrement de l'industrie laitière.

De grands troupeaux de vaches laitières ont été formés dans les principales fermes des vallées et des plaines arrosées. A la vente du lait en nature, sont venus s'ajouter les procédés de conservation et de condensation, pour l'expédition de ce produit dans les districts miniers et pour la navigation du Pacifique.

Il y a des laiteries mécaniques, parfaitement installées, et aujourd'hui c'est par centaines qu'on les compte au Chili. Plusieurs fromageries importantes fabriquent des fromages de Gruyère, Chester, Brie, Camembert, etc.

Actuellement l'industrie laitière est des plus florissantes, et il est probable que cette situation se soutiendra longtemps. Chaque jour s'ouvrent des débouchés nouveaux, et malgré l'augmentation de la production, les prix de vente resteront encore rémunérateurs.

Espèces ovine et caprine. — Les moutons sont assez nombreux dans le pays; ils subissent les mêmes transformations que les bêtes bovines. On travaille à les améliorer pour la production de la viande, et les meilleurs types anglais introduits dans les principaux troupeaux y ont apporté leur bonne conformation, leur précocité et la qualité supérieure de leur viande.

Les plus grands troupeaux de bêtes à laine existent dans la zone de la côte, dans les régions du Centre et du Sud. Les moutons ne prospèrent pas dans les terrains argileux.

La laine trouve peu d'emploi dans le pays: presque toute la production est donc exportée, et la valeur de cette exportation atteint de 6 à 7 millions de francs par an.

C'est au Chili que l'on trouve les chabins. Ce sont des métis provenant du bouc et de la brebis, féconds sans limite, dont la peau couverte d'un poil rude plus ou moins laineux, sert à la confection des selles des gens de la campagne. L'importance de ces animaux est toute locale et tend à diminuer.

Les laines exhibées dans la section chilienne, à l'Exposition de 1889 à Paris, ont été très appréciées et ont obtenu diverses récompenses.

Les chèvres sont très abondantes dans le Nord et dans les parties montagneuses de la région du Centre. Dans ces contrées trop sèches et trop arides pour les animaux bovins, les chèvres rendent un précieux service. Leur lait remplace celui des vaches et sert aussi à la fabrication du fromage. La viande de chevreau est très appréciée et les peaux trouvent un débouché avantageux.

Dans ces derniers temps, on a introduit la chèvre laitière de Malte et la chèvre d'Angora.

Espèce porcine. — Les porcs ne sont pas très nombreux au Chili, l'usage de leur viande est peu répandu, excepté dans le Sud et sur le littoral du Pacifique. Mais les débouchés extérieurs ne manquent pas, et le prix de vente en est toujours très élevé; c'est donc une industrie très lucrative et qui est appelée à prendre un grand développement.

L'introduction des porcs anglais Berkshire et Yorkshire a permis d'améliorer l'ancienne race napolitaine existant dans le pays; elle se transforme rapidement. Le développement de l'industrie laitière et de celle des autres industries agricoles, dont les résidus peuvent être utilisés par les porcs, permettra bientôt d'augmenter d'une façon économique la race porcine.

Basse-cour. — Les produits de la basse-cour sont très estimés et entrent pour une large part dans l'alimentation générale. En outre, il se fait une grande exportation de ces produits sur la côte du Pacifique.

La production actuelle n'est pas en rapport avec les débouchés intérieurs et extérieurs; aussi les prix des œufs et des volailles sont relativement très élevés.

L'aviculture est une industrie qui offre de grands avantages au Chili, et il faut espérer qu'elle ne tardera pas à s'y développer de façon à satisfaire tous les besoins.

Les animaux de basse-cour que l'on élève généralement sont : poules, canards, oies, dindes, pintades, pigeons.

Les lapins domestiques, récemment introduits, se sont vite propagés.

Apiculture. — Le Chili présente des conditions exceptionnellement favorables pour l'apiculture. Cette industrie, d'introduction récente, avait pris un grand essor dans les vallées du Sud et du Centre. Seulement le prix actuel de la cire et du miel a causé un arrêt dans son développement, et elle est aujourd'hui en décadence.

Sériciculture. — Ainsi que pour l'apiculture, le Chili présente des conditions tout à fait favorables à l'industrie des vers à soie. Il y a vingt-cinq à trente ans, des entreprises séricicoles furent faites en grand dans diverses localités du Centre et du Nord. Là comme ailleurs ces grandes éducations donnèrent de mauvais résultats. Cet insuccès a retardé jusqu'à présent l'essor que devait prendre cette industrie dans le pays.

Cependant il existe naturellement quelques petits éducateurs qui obtiennent des produits abondants et de première qualité. C'est en suivant leur voie que l'on arrivera à créer d'une façon sérieuse l'industrie séricicole au Chili.

Les cocons et les soies présentés à l'Exposition de Paris en 1889 ont été remarqués.

Les grands progrès réalisés dans ces derniers temps dans toutes les industries zootechniques, sont dus à la sollicitude du Gouvernement, aux efforts constants de la Société nationale d'agriculture de Santiago, et surtout à la *Quinta Normal,* par son enseignement de l'Institut agricole, et par ses importantes sections d'animaux domestiques, qui servent de type aux agriculteurs.

En résumé, l'exposition chilienne a été une révélation sur la vitalité agricole de ce grand pays dont nous soupçonnions à peine la productivité. Contrairement à ce que nous avons constaté pour d'autres pays, c'est principalement aux institutions scientifiques et techniques que le Chili doit d'être entré rapidement dans la voie qui s'annonce si brillamment pour lui. Ce progrès est dû pour une très large part à M. Le Feuvre. Le mouvement imprimé aux irrigations et à la création de vignobles a été surtout provoqué et dirigé depuis un quart de siècle par un autre de nos compatriotes, M. Aninat; l'influence française s'est donc très heureusement manifestée au Chili dans les diverses branches de l'agriculture et des travaux publics.

VÉNÉZUÉLA.

Description sommaire du Vénézuéla. — Colonies agricoles. — Les gisements de nitrate de soude et de guano. — L'exposition de M. Marcano. — La vie organique sous les tropiques. — Travaux de MM. Muntz et Marcano. — Les peptones artificielles.

Tout le territoire de la République de Vénézuéla est situé dans la zone torride, entre 1°40 latitude sud-est et 12°16 latitude nord. Grâce au relief du pays, tous les climats de la terre s'y rencontrent, depuis celui des neiges perpétuelles jusqu'à celui des plaines territoriales. D'après les recensements, dont les résultats étaient exposés dans le gracieux pavillon du Champ de Mars, aucun pays ne serait aussi favorisé sous le rapport de la longévité humaine. En 1881, on comptait au Vénézuéla 198 individus âgé de 100 à 125 ans, ce qui correspond à un centenaire pour 10,486 habitants, y compris les 70,000 indigènes des hauts territoires (Orénoque, Amazone). Ce chiffre dépasse de beaucoup celui des nations européennes, où l'on ne rencontre qu'un centenaire pour 67,000 habitants (Espagne), pour 71,000 habitants (Italie), et pour 190,000 habitants (France). La mortalité moyenne annuelle au Vénézuéla est de 21 p. 1000.

Il n'y a que deux saisons au Vénézuéla, la saison sèche ou été, qui commence en novembre et finit en mai, et la saison des pluies ou hiver. Le pays est divisé en trois zones bien marquées qui sont : la zone agricole, la zone des pâturages et la zone des forêts. Dans la première, qui occupe une surface de 349.472 kilomètres carrés, se trouve la presque totalité des plantations de canne à sucre, café, cacao, céréales, etc.; on y rencontre aussi un nombreux bétail.

La zone des pâturages (400,000 kilomètres carrés), couvertes de graminées gigantesques, est le siège principal des troupeaux; on y voit cependant quelques terres cultivées.

Dans la zone des forêts, on trouve de grandes plantations naturelles de caoutchouc, de fève de tonka, de jubé, de copahu, de vanille, qui sont exploitées aujourd'hui avec grand profit par les habitants des territoires du haut Orénoque, Amazone et Caura. La quantité de palmiers et plantes textiles y est innombrable. Cette zone est d'une richesse extraordinaire en produits végétaux spontanés; elle occupe une surface de 789,900 kilomètres carrés. La superficie totale de la République s'élève donc à 1,589,348 kilomètres carrés.

La valeur des terrains agricoles et des pâturages varie nécessairement beaucoup suivant les conditions naturelles, la position qu'ils occupent par rapport aux voies de communication et suivant aussi que ces terrains appartiennent à des particuliers ou sont le domaine de l'État.

CLASSE 73 BIS.   14

Les terrains des particuliers (383,484 kilomètres carrés) correspondent à peu près au quart de la superficie totale.

Les terrains agricoles des particuliers valent de 20 francs à 7.000 francs l'hectare. suivant conditions. Les prix des terrains d'élevage, selon qu'ils possèdent ou non des pâturages spécialement favorables à l'engraissement, varient de 2,000 à 5,000 francs la lieue, soit les 31 kilomètres carrés. Quant à la valeur des terrains nationaux, une loi spéciale, très favorable à l'immigration, la détermine, ainsi que les conditions de leur acquisition. Des dispositions spéciales fixent, dans le code des mines, l'achat et la propriété des terrains miniers qui sont, on le sait, l'une des plus grandes richesses du Vénézuéla.

Depuis la pacification complète du Vénézuéla, sous l'impulsion et la direction de Gusman Blanco, les mesures libérales et les efforts énergiques en vue d'aider l'immigration ont puissamment contribué à attirer les étrangers. On a créé deux grandes colonies agricoles où l'immigrant laborieux trouve une hospitalité sûre et devient, sans autre effort que son travail personnel, propriétaire territorial.

La colonie Gusman Blanco, située dans la section Bolivar, à 1,800 mètres d'altitude, d'une superficie de 555 kilomètres carrés, est en terrains montagneux propres à l'agriculture, bien arrosés et fertiles. Elle compte 100 cabanes pour les colons dans les 10 districts qui forment son territoire. Elle possède 236 maisons appartenant à des particuliers, et 11 usines pour le battage du café, la sucrerie, les grains, le manioc, etc. Cette colonie a 125 habitations et plantations produisant annuellement 500,000 kilogrammes de café. Dans son ensemble, la colonie comprend plus de 2 millions de plants de café, appartenant à 417 propriétaires.

Pour obtenir les animaux dont ils ont besoin pour les cultures. les colons s'adressent aux troupeaux voisins, qui leur procurent le bétail à des prix très modiques : un attelage de bœufs vaut 300 francs, un cheval ou un mulet 200 francs. un âne 40 francs, une vache à lait 150 francs, et une chèvre 4 à 6 francs.

Le climat de la colonie est très doux; la température des hauteurs est de 10 degrés, celle des plateaux inférieurs de 20 à 25 degrés. Au 1er janvier 1886, la population de la colonie Gusman Blanco était de 1,600 habitants.

La colonie Bolivar, créée également par le général Blanco en 1874. a 22 kilomètres carrés de surface. Le sol est en partie plat et arrosé par l'Arcira. qui peut fournir la force motrice nécessaire aux usines. Elle compte 440 habitants. Il s'y est établi déjà 14 plantations de café et 200 plantations de maïs, etc.

Le gros bétail constitue la principale richesse des éleveurs : puis viennent les chevaux, les porcs, les chèvres et les moutons.

La valeur des produits de l'élevage exportés en 1886 s'est élevée à 7,600,000 fr. L'accroissement de l'élevage a été rapide depuis une quinzaine d'années, comme on peut en juger par les chiffres suivants qui permettent la comparaison entre les années 1873 et 1886 :

	1873.	1886.
Bœufs et vaches	1,389,292 têtes.	5,275,481 têtes.
Chèvres et brebis	1,128,273	4,645,858
Chevaux et mulets	141,000	922,306
Ânes	281,000	769,020
Porcs	362,597	1,139,085
TOTAUX	3,302,162	14,751,750

Comme la plupart des républiques de l'Amérique, le Vénézuéla tire une part très considérable de ses revenus des droits qui frappent à l'entrée les produits étrangers. Les droits de douane se sont élevés, en 1886, à 17,251,315 francs, pour une importation de 71,481 tonnes de produits divers ayant une valeur totale de 47,163,277 fr. soit un droit de douane moyen de 36.5 p. 100 *ad valorem !* Le budget total des recettes étant de 27,341,184 francs pour la même année, les deux tiers des revenus des États-Unis du Vénézuéla sont donc fournis par la douane. Les deux conséquences naturelles de la protection poussée à ce point sont, pour le consommateur, un prix élevé de tous les produits exotiques et des salaires également élevés en raison de la cherté de la vie. Un journalier, logé et non nourri, reçoit par mois de 100 à 140 francs; nourri, de 50 à 80 francs. Un laboureur ayant quelques connaissances spéciales, un agriculteur, horticulteur, etc., gagne, nourri et logé, 120 francs et plus par mois; les ouvriers, suivant leurs aptitudes, trouvent aisément un salaire de 6 à 12 francs par jour. Les denrées alimentaires, dans les villes et centres de population, sont relativement d'un prix assez élevé; la viande vaut de 0 fr. 50 à 1 fr. 50 le kilogramme; le poisson, de 0 fr. 75 à 1 franc; le pain de froment, 1 franc le kilogramme; celui de maïs, 0 fr. 50; le lait, 0 fr. 75 à 1 franc le litre.

Les principaux produits d'exportation sont : le café et le cacao. En 1886, le Vénézuéla a livré au commerce extérieur pour 39 millions de francs de café et pour plus de 5 millions de kilogrammes de cacao, valant 8 millions et demi de francs. L'or et les métaux, le bétail, le sucre, le coton, les produits du bois et des végétaux tropicaux forment ensuite une part très importante de l'exportation. La valeur totale des produits exportés en 1886 (84,000 tonnes) s'est élevée à 82,304,287 francs. Le mouvement commercial du Vénézuéla, effectué à l'aide de 9,263 navires, représente, pour l'année 1886, un tonnage de 272,415 tonnes, et une valeur de près de 204 millions de francs.

L'instruction publique et le haut enseignement sont très développés au Vénézuéla L'attention des savants et des agronomes a été très vivement attirée, dans la belle exposition des produits de la République, sur la vitrine où M. Marcano, ingénieur des arts et manufactures, a réuni les produits des recherches qu'il a entreprises, seul ou avec la collaboration de M. A. Müntz, sur diverses questions du plus haut intérêt pour l'agriculture et la physiologie. Nous allons en faire connaître les traits essentiels.

14.

1° *Recherches sur les terres nitrées du Vénézuéla, et sur l'origine des gisements de nitrate de soude.*

Dans certaines localités des régions tropicales, on observe des gisements de terres nitrées; dans le cours de ses voyages d'explorations scientifiques, M. Marcano a eu l'occasion d'étudier sur place des gîtes de cette nature; il en a découvert de très importants sur les côtes du Vénézuéla et dans l'intérieur des terres. Les recherches effectuées par MM. Müntz et Marcano sur des échantillons prélevés en des points très nombreux, démontrent que ce nitre est formé non par l'action de l'électricité atmosphérique, comme on l'avait admis jusqu'ici, mais par les résidus de la vie animale, sous l'influence du ferment nitrique.

Les échantillons présentés permettent de suivre la formation de ces terres nitrées. La matière organique est fournie par des guanos, déjections de chauves-souris, cadavres d'animaux, élytres d'insectes; ces débris animaux sont accumulés sur certains points de la côte du Vénézuéla en masses tellement considérables qu'on est autorisé à fonder sur l'emploi de cette matière éminemment fertilisante (5 à 11 p. 100 d'azote et 4 à 8 p. 100 d'acide phosphorique) autant d'espérances que sur les gisements de guano du Pérou. Cet azote organique s'est dans la suite des temps peu à peu transformé en azote nitrique qui, sous forme de nitrate de chaux, constitue, en mélange avec les terres, des gisements immenses dont l'agriculture pourra certainement tirer parti comme elle tire parti des caliches du Pérou. Certaines de ces terres nitrées renferment en effet jusqu'à 25 p. 100 de nitrate de chaux, qu'on a pu extraire à l'état de sel cristallisé. En lessivant ces terres mélangées de cendres végétales, on obtient du nitrate de potasse, engrais très concentré et facilement transportable.

L'origine des gisements de nitrate de soude découle naturellement des recherches de MM. Müntz et Marcano, le nitrate de chaux formé se trouvant en présence des eaux de mer donne par double décomposition du chlorure de calcium qui s'en va dans le sous-sol, et du nitrate de soude que reste sur place ou bien est transporté par les eaux pluviales dans les endroits où on l'exploite actuellement.

L'ensemble de ces recherches et des échantillons présentés offre un intérêt, non seulement au point de vue scientifique, au point de vue de l'étude des phénomènes naturels qui se passent à la surface du globe, mais aussi au point de vue de l'agriculture qui cherche partout les engrais en abondance et à bas prix.

2° *Étude des fruits tropicaux.*

Les régions tropicales offrent une diversité de végétaux qui depuis longtemps ont provoqué les recherches des botanistes; les fruits les plus variés et les plus curieux viennent en abondance sous ce climat exceptionnel, et si l'on ne connaissait les difficultés très grandes que présente l'analyse immédiate des substances végétales, l'on devrait s'étonner que les chimistes n'aient pas été tentés de porter leurs études sur ce point presque inexploré de la chimie organique. C'est que d'une part les savants de l'Amérique du Sud ne sont pas suffisamment outillés pour poursuivre sur place ces délicates recherches; c'est que d'autre part, les savants européens ont de la peine à se procurer des échantillons authentiques et choisis en temps opportun. MM. Müntz et Marcano ont pu réunir les meilleurs conditions pour réaliser des recherches dans cet ordre d'idées, et c'est particulièrement l'étude des matières sucrées qui a attiré leur attention.

De l'avocatier (*lanus persea*), ces savants ont extrait une matière sucrée à laquelle ils ont donné le nom de *perséite*. L'échantillon présenté est sous forme de cristaux blancs et légers dont la composition se rapproche de celle de la mannite.

Du sapotiller (*achra sapota*) ils ont retiré une autre substance ayant la composition élémentaire de la quercite.

Du byronimose (*byronima glandilifera*) on a obtenu un hydrate de carbone ayant quelque analogie avec le synanthrose ou lévuline, et qui par inversion donne de grandes quantités de lévulose.

Des recherches de ce genre, dont la flore tropicale peut fournir les matériaux inépuisables, doivent conduire à d'autres résultats intéressants.

3° *Recherches sur les eaux pluviales des régions tropicales.*

L'origine de l'azote qu'on trouve dans les eaux pluviales, principalement à l'état de nitrates, doit être attribuée à la combinaison directe de l'azote élémentaire avec l'oxygène de l'air sous l'influence des phénomènes électriques. Il est donc à présumer que la formation du nitrate dans l'air, et par suite l'apport à la terre par les eaux de pluie, sont d'autant plus considérables que les phénomènes électriques acquièrent plus d'intensité, comme dans les régions tropicales.

L'étude des eaux recueillies au Vénézuéla (station de Caracas), effectuée pendant deux années à l'aide d'un matériel très simple, a conduit MM. Müntz et Marcano à conclure que les eaux des régions équatoriales renferment beaucoup plus de nitrate que celles des pays tempérés; si, en outre, on envisage la quantité totale d'acide nitrique amené à la surface de la terre dans une année, on voit que cette quantité est infiniment supérieure à celle que reçoivent les terres de nos régions, et qu'elle doit évidemment contribuer au développement luxuriant des régions tropicales.

4° *Recherches sur les eaux noires de l'Orénoque.*

Il existe dans les régions équatoriales de l'Amérique du Sud des cours d'eau, notamment des affluents de l'Orénoque et de l'Amazone, qui ont les eaux noires (*aguas negros*); les habitants donnent la préférence à ces eaux noires qui sont claires, limpides et agréables au goût. MM. Müntz et Marcano nous en présentent un échantillon et nous donnent l'explication de ce phénomène curieux. L'analyse qu'ils en ont faite démontrant que ces eaux se sont colorées en dissolvant les acides humiques libres formés par la décomposition des matières végétales sur un sol granitique exempt de calcaire; elles restent noires, malgré l'aération, parce que la matière organique en l'absence de calcaire est incapable de nitrifier, leur coloration est donc attribuable non pas à un jeu de lumière, mais à la présence d'une substance organique acide; elle est accentuée par des phénomènes de réflexion produits dans les couches profondes de la masse liquide.

5° Recherches sur la peptonisation des viandes.

L'emploi des peptones dans l'alimentation tend à prendre de l'extension; mais leur prix très élevé est un obstacle à un emploi plus général. Le mode de fabrication généralement suivi met en œuvre un produit difficile à obtenir, la pepsine; il ne se prête pas à une fabrication rapide et considérable, et les produits livrés sont le plus souvent peu concentrés et de qualité inférieure.

M. Marcano a découvert que plusieurs végétaux des tropiques ont la propriété remarquable de transformer rapidement la viande en peptone; il a pu ainsi obtenir en abondance et à très bas prix, un produit d'un goût agréable, d'une solubilité complète, d'une richesse en azote extrêmement élevée, et qu'il nous présente soit en pâte élastique, soit en poudre fine, si on applique la dessiccation au produit concentré.

Cette découverte offre un très grand intérêt au point de vue scientifique, puisqu'elle conduit à cette constatation inattendue que les ferments chimiques qui provoquent la digestion des matières azotées sont répandus dans la plupart des végétaux des tropiques; elle peut en outre être considérée comme un véritable bienfait, puisqu'elle permet de mettre à la portée de tout le monde un produit précieux dont le prix jusqu'alors était excessif.

6° Fermentation alcoolique du ceson.

M. Marcano a constaté que la fermentation alcoolique se produit vers les tropiques sous l'influence d'une bactérie et non sous celle d'une levûre ordinaire.

L'eau-de-vie de cannes brute diffère des autres alcools de l'industrie : 1° par la présence de quantités notables d'alcool méthylique; 2° par l'absence d'alcools supérieurs; 3° par la présence d'un acide à odeur spéciale, qui se forme même dans les fermentations du sucre candi avec du ferment pur. Les rendements en alcool sont inférieurs à ceux qu'on obtient généralement avec la levure de bière; la glycérine et l'acide succinique ne se trouvent pas dans les vinasses, mais on y constate la présence constante de la mannite. L'ensemble de ces importantes recherches poursuivies sur les produits exposés par M. Marcano, montre que dans les régions tropicales se développent d'autres organismes que ceux qui travaillent sous nos climats.

AUSTRALIE.

COLONIE DE VICTORIA.

L'agriculture et la viticulture à Victoria. — La naissance d'une colonie. — La découverte de l'or.
Son influence sur le développement agricole de la colonie.

Le développement de la colonie australienne n'est pas moins extraordinaire que la marche rapide de la République Argentine. Un demi-siècle à peine s'est écoulé depuis la fondation du premier établissement européen à Port-Philipp, nom originaire de Melbourne, qui compte aujourd'hui 400,000 habitants et qu'on cite comme l'une des plus belles capitales du monde. La variété et la beauté des produits que présentait au visiteur la section australienne de l'Exposition donne une idée de la richesse et des forces productives de l'Australie. Les documents statistiques réunis à l'occasion de l'Exposition sont plus instructifs encore pour l'histoire du développement de la colonie, dont ils nous ont permis de suivre les phases véritablement extraordinaires. Avant de parler des produits du sol, je ferai connaître à l'aide de ces documents, libéralement mis à ma disposition par le comité d'installation australien, les principaux traits de cette évolution où le hasard a, un jour, secondé si puissamment les hardis pionniers anglais.

Deux mots d'abord du territoire australien. Ce continent a une superficie de près de 8 millions de kilomètres carrés. Au début, l'Australie ne formait qu'une colonie de la couronne, c'est-à-dire administrée, à l'instar de nos colonies, par les représentants du gouvernement métropolitain : le gouverneur résidait à Sydney. Aujourd'hui, le continent est divisé en cinq colonies, ayant chacune son gouverneur nommé par la reine d'Angleterre, mais, à l'exception de l'Australie de l'Ouest, jouissant toutes de leur autonomie et possédant chacune leur gouvernement parlementaire. Bien qu'en étendue Victoria soit la plus petite des colonies australiennes, elle est la plus peuplée ; elle compte plus d'un million d'habitants, ce qui représente 40 p. 100 de la population totale de l'Australie : c'est la plus riche et la plus prospère des colonies anglaises de l'hémisphère sud. Bornée au nord et au nord-est par la Nouvelle-Galles du Sud (capitale Sydney), et à l'ouest par l'Australie du Sud (capitale Adelaïde), elle est baignée au sud-est par les vagues de l'océan Pacifique et au sud par l'océan Austral. La surface de ce pays d'or et de soleil n'est que de 227,000 kilomètres carrés, c'est-à-dire la trente-quatrième partie seulement de la superficie totale du continent australien. La masse de la population est d'extraction anglaise ; cependant, à l'heure qu'il est, les natifs d'Australie s'accroissent plus rapidement que le nombre des émigrants nouveaux

La population indigène de l'Australie, qui n'a jamais été très considérable, disparaît rapidement : elle n'est plus représentée que par quelques tribus qui résident principalement sur des terres spécialement réservées pour elles par le gouvernement de la Nouvelle-Galles du Sud et de Victoria, bien qu'elles rôdent à plaisir sur de vastes superficies de terrains inoccupés appartenant aux territoires de Queensland et de l'Australie de l'Ouest.

Le date certaine de la découverte de l'Australie par les Européens est absolument inconnue. Un pilote provençal, Guillaume le Testu, semble être le premier qui signala l'existence d'un grand continent dans l'océan Austral, en 1542. Des navigateurs portugais, espagnols, hollandais et anglais, explorèrent à des dates diverses, dans le xvie et le xviie siècle, les parages nord et ouest de ce continent ; un seul, Tasman, qui a donné son nom à la Tasmanie, visita le Sud. En 1770, le capitaine Cook découvrit de nouveau l'Australie et la fit connaître par ses explorations le long de la côte. L'établissement anglais de Port-Jackson (Sydney) remonte à 1788 ; mais c'est seulement de 1833 à 1835 que date la colonisation agricole de l'Australie par la fondation de Portland-Bay, par MM. Henty. M. Edward Henty, mort en 1878, et son frère Francis, mort en janvier 1889 à Melbourne, doivent être considérés comme les véritables fondateurs de la colonie Victoria.

Edward Henty, fils d'un banquier du comté de Sussex, qui émigra en Tasmanie en 1831, désireux d'étudier par lui-même les ressources qu'offrait l'Australie à la colonisation, revenait d'une exploration de deux mois sur ce continent, lorsque le mauvais temps l'obligea à se réfugier dans la baie de Portland. La qualité du sol, les conditions générales du rivage le séduisirent, et, le 19 novembre 1833, il revenait à Portland pour s'y fixer. Il laboura le premier sillon, planta le premier cep de vigne, ferra le premier cheval et tondit les premiers moutons de Victoria.

Au commencement de 1835, une société se forme en Tasmanie pour coloniser Port-Philipp. John Batman était à sa tête : après plusieurs entrevues avec les indigènes, il négocia avec huit des chefs principaux le transfert en sa faveur et en celle de ses héritiers de 350,000 hectares de terre, pour payement desquels il donna aux vendeurs : 40 couvertures de laine, 20 tomahawks, 100 couteaux, 50 paires de ciseaux, 30 miroirs, 200 mouchoirs, 100 livres de farine et 6 chemises. Ce marché fut annulé par le gouvernement anglais. Mais le gouverneur de la Nouvelle-Galles du Sud accorda une indemnité de 175,000 francs à la société Batman pour services rendus à la colonisation.

Dans la même année, Batman fut suivi par M. J. Fawkner, qu'on a justement surnommé le père de Melbourne. Fawkner remonta le Yarra sur une goélette qu'il amarra à un arbre qui s'élevait sur l'emplacement où se trouve aujourd'hui l'Australian Wharf. On débarqua, avec les provisions, deux chevaux, deux porcs, trois chiens et un chat. M. Fawkner s'occupa immédiatement de la culture d'une prairie de 35 hectares sur la rive sud de la rivière. Il retourna la première motte de terre, bâtit la première maison, ouvrit la première église et fonda le premier journal de la colonie. Le fondateur de Melbourne est mort en 1869.

Batman et Fawkner eurent bientôt des imitateurs. Le *sauvage blanc* Buckley, comme on l'appelait, venu de la terre de Van Diemen, où il avait vécu trente-deux ans avec les indigènes, devint l'interprète d'une société de colons. Le 10 novembre 1835, cinquante vaches Hereford pur sang et cinq cents moutons furent débarqués. On amena le bétail de la Nouvelle-Galles-du-Sud, par voie de terre. Les plaines d'Ivamoo se couvrirent bientôt des troupeaux de moutons et des bestiaux des colons européens. Tel fut, en Australie, le modeste début de l'élevage dont nous constaterons plus tard le colossal développement. L'année 1838 vit naître la première banque et le premier journal, *l'Advertiser*. En 1850, Port-Philipp, qui ne comptait pas encore quinze ans d'existence, avait un revenu de près de 6 millions; son exportation s'élevait à 10 millions de francs, et sa population dépassait 76,000 habitants.

L'année suivante (1851) mérite une mention toute spéciale dans l'histoire de la jeune colonie. Elle fut marquée d'abord par les grands *incendies des brousses* qui s'étendirent sur plusieurs centaines de kilomètres : toute la campagne était enveloppée de flammes; les territoires les plus fertiles furent complétement ruinés par l'élément dévastateur; les troupeaux de moutons et les bestiaux furent abandonnés par leurs propriétaires ou par leurs gardiens; ce fut un sauve-qui-peut général, chacun voyant sa vie en danger. La ruine et la désolation se répandirent sur le pays tout entier. Les cendres des forêts en flammes, à Macedon, à une distance de 72 kilomètres de Melbourne, furent chassées jusque dans les rues de la ville. Les annales de la colonie ne contiennent pas de jour plus funeste, plus désastreux que le *black thursday* (jeudi noir). Mais bientôt survint un événement qui changea le cours des idées et chassa la politique de l'esprit des colons de Victoria, fort mécontents alors du gouvernement du lieutenant-gouverneur Latrobe, récemment placé par la métropole à la tête de la nouvelle colonie de Victoria. Cet événement est la découverte de l'or qui «dans l'espace d'une nuit, éleva Victoria au rang d'une nation, d'une puissance dans le monde». En 1849 déjà, un berger au service de M. J. Wood Beilby, propriétaire d'un établissement agricole situé sur la frontière de l'Australie du Sud, trouva de l'or dans une crique, près des Pyrénées, chaîne de montagnes à l'ouest de la colonie, ainsi nommée par le major Mitchell qui était un des vétérans de la guerre d'Espagne. Ce berger vendit son trésor à M. Charles Brentani, bijoutier de Melbourne. Mais il sut cacher soigneusement le lieu de sa trouvaille jusqu'à ce que, tombant malade et étant soigné par son maître, il lui livra son secret, par gratitude. Il lui dit qu'il avait trouvé et vendu de l'or. M. Beilby communiqua cette découverte au gouverneur Latrobe; mais celui-ci, suivant la tactique des autorités de Sydney, semblait vouloir passer sous silence ce fait important. Heureusement, il n'y avait pas que des bergers ignorants avec qui l'on dût avoir affaire.

A cette époque, quand de toutes les parties du monde on se précipitait aux mines d'or de la Californie, l'Australie souffrait de la perte d'un grand nombre de ses habitants, qui s'en allaient en foule, attirés par l'appât du précieux métal. Ce qui paraissait une calamité pour Victoria fut un bienfait. car. lorsque les chercheurs d'or revinrent de Californie, ils furent frappés de la similitude qui existait entre les roches et le sol de leur patrie d'adoption et ceux du pays qu'ils venaient de quitter. Ils se mirent courageus·ment à la recherche de l'or et le trouvèrent. Un chercheur du nom d'Esmand découvrit de l'or dans les quartz de Clunes; on en trouva bientôt après à Buninyong et à Ballarat.

Quand la nouvelle arriva à Melbourne, les gens de toutes les classes de la société furent pris par la fièvre de l'or. Les comptoirs, les bureaux, les ateliers, les navires même furent désertés et l'on se rua sur les *placers*. Immédiatement après les découvertes de Ballarat vinrent celles du Mount-Alexander et Bendigo qui changèrent en frénésie l'excitation populaire causée par les premières découvertes. Tout le monde, suivant l'expression d'un Australien, « se grisait de l'espoir de l'or ». De toutes les parties du monde, des navires mirent à la voile pour cette rade jadis si paisible. Victoria fut envahie, remplie par un nombre considérable de chercheurs de fortune; en une année, plus de 80,000 nouveaux venus s'ajoutèrent à la population de la colonie! A dater de cette époque, elle avança à pas de géant.

Le grand arc placé à l'entrée de la section de Victoria à l'Exposition de 1889 représentait le montant total de l'or trouvé dans la colonie jusqu'à ce jour. Nous verrons plus loin que ce pays, qui fut le pays de l'or par excellence, donne aujourd'hui la première place à l'agriculture, que la culture de la vigne notamment est appelée à être pour l'Australie une source de richesse supérieure encore à l'exploitation du métal précieux.

Dans l'année 1888, la quantité d'or extraite s'élevait à 19.375 kilogrammes, en décroissance sur les années précédentes. Depuis la découverte de l'or à Victoria, en 1851. on en a trouvé, à Victoria seulement, 1.728,716 kilogrammes. De 1871 à 1879. la quantité d'or obtenue a été constamment en diminuant; pendant les trois années suivantes, il y a augmentation; mais cette augmentation ne s'est pas maintenue et la production a graduellement décru depuis 1882; elle est inférieure en 1887 à ce qu'elle a été en 1851.

Les États-Unis d'Amérique, à l'heure actuelle, produisent plus d'or que l'Australie. Cependant, l'exploitation des mines d'or est encore un facteur très important de la prospérité de Victoria. Le nombre des vieux chercheurs d'or s'élève même à 30,000. et ils sont le nerf et l'âme des établissements miniers. On a trouvé également. l'année dernière, des quantités importantes d'argent; on a découvert aussi des gisements d'étain. de cuivre, d'antimoine, de plomb et de fer dans la colonie de Victoria. Seule. la houille, plus précieuse peut-être que l'or pour le développement du pays, n'a pu être rencontrée jusqu'ici. malgré nombre de tentatives.

Mais il est temps d'arriver à l'Australie agricole : j'ai cru utile de faire précéder ce que l'Exposition de 1889 nous permet d'en dire par l'historique succinct qu'on vient de lire. la découverte de l'or ayant, sans contredit, été l'élément le plus important de la prospérité agricole de Victoria, puisqu'elle a fourni les capitaux indispensables à toutes les entreprises de culture et d'élevage dans un pays où l'exploitation des terres nécessite les grands travaux dont il nous reste à parler.

L'agriculture exige pour progresser, dans les pays neufs comme sur le vieux continent, des hommes et des capitaux. A Victoria, il en a été ainsi : c'est depuis la découverte de l'or, point de départ d'un accroissement très notable de la population, que l'agriculture australienne a pris son essor. Aussi m'a-t-il semblé utile de donner d'abord un historique succinct de la découverte du précieux métal. J'arrive à l'examen de la situation agricole de la jeune colonie et aux conditions si favorables qu'elle offre actuellement aux colons que n'effraye pas la perspective d'une installation à une aussi grande distance de l'Europe. Quelques chiffres suffisent à marquer le progrès agricole de Victoria. Il y a un demi-siècle à peine, nous venons de le voir, que le premier Européen s'est établi à Victoria, et moins de quarante ans que les premiers moutons y ont été importés.

En 1888, le produit de l'élevage des moutons et des bestiaux s'est élevé à 225 millions de francs et la valeur des autres produits agricoles a atteint 185 millions. Les débuts ont été entourés de toutes les difficultés inhérentes aux opérations agricoles dans les pays neufs : le fermier-pionnier avait tout à apprendre concernant le sol, le climat, les conditions générales du pays avec lesquelles il avait à lutter. Il devait importer d'Europe le matériel agricole, les semences, les animaux domestiques, et l'expérience seule pouvait lui apprendre quelles étaient les races d'animaux et les variétés de plantes qui s'acclimateraient le mieux. Il n'existait pas alors de centres de populations permettant l'écoulement des produits; pas de marchés pour la vente, de sorte qu'il arriva fréquemment que, lorsque le pionnier obtenait une bonne récolte, les acheteurs manquaient, le port se trouvant rempli de produits étrangers. L'absence de routes à travers les forêts et les plaines, le manque de ponts sur les rivières étaient autant d'obstacles qu'il fallait vaincre pour sortir les produits de leur lieu d'origine. Aujourd'hui la situation est tout autre : 4,000 kilomètres de voie ferrée, sans compter les routes et les canaux, assurent des débouchés faciles sur les grands centres de consommation et sur les ports d'exportation. Chaque village, si éloigné qu'il soit de la capitale, est en relation télégraphique avec Melbourne. Aucun pays n'est mieux doté sous le rapport de la facilité des communications.

Le sol australien est généralement très fécond : si le rendement moyen à l'hectare ne dépasse guère, pour les céréales, 12 à 13 hectolitres, il est beaucoup de terres qui, bien cultivées, donnent jusqu'à 35 et 37 hectolitres de blé. On obtient, dans de bonnes conditions, jusqu'à 30 et 35 tonnes de pommes de terre à l'hectare, et l'on cite des rendements de maïs de 90 hectolitres. Le houblon, le tabac, les cultures fruitières et arbustives semblent appelés à un grand avenir à Victoria; mais la culture la plus intéressante à coup sûr est celle de la vigne, en raison du rapide développement qu'elle a pris et de la qualité des produits qu'elle fournit. Nous nous y arrêterons quelques instants. M. H. de Castella, l'un des commissaires de Victoria à l'Exposition universelle et grand viticulteur, nous a fait connaître l'industrie vinicole de la colonie par une publication très intéressante, à laquelle nous empruntons quelques renseignements fort curieux sur les origines et les progrès de la viticulture en Australie[1]. En 1838 ou 1839, William Ryria se transporta à Monara, région qui était alors un véritable désert et qui forme aujourd'hui un immense vignoble. Emmenant avec lui son bétail et ses troupeaux de moutons, Ryria accomplit dans ce désert, au risque de sa santé et même de sa vie, un tour de force prodigieux de colonisation. Il apportait quelques ceps de vigne dont quelques-uns étaient encore en bon état à la fin de son voyage. Sur un plateau sablonneux qui s'étendait devant la petite habitation de ce premier colon, la vigne fut plantée; elle poussa et se développa d'une façon si surprenante, qu'il fut bientôt évident qu'une plus grande surface de terre consacrée à la nouvelle culture serait d'un bon rapport. Telle fut l'origine des 5,000 hectares de vigne qui, aujourd'hui en rapport, ont fourni, en 1888, plus de 45,000 hectolitres de vin.

Les viticulteurs australiens, à l'imitation de William Mac Arthur, de la Nouvelle-Galles-du-Sud, qu'on regarde comme le fondateur de la viticulture australienne, ont tiré leurs plants des meilleurs vignobles de l'Europe : à la Bourgogne, ils ont pris les pineaux; à l'Ermitage, le syra et le roussane; à Bordeaux, les cabernets, les sauvignons et le malbec; à la Suisse, le chasselas; au Rhin, les risslings; à la Hongrie, le tokay; à l'Espagne, le grenache, le pedro-ximenès et le verdeilho. Cette énumération comprend, on le voit, les meilleurs cépages connus, et Victoria n'en cultive pas d'autres. On évalue à plus de 600,000 hectares la surface des terres de Victoria aptes à porter de la vigne et à fournir de bons vins. L'avenir de la viticulture australienne paraît si considérable à sir Charles Dilke, qu'il estime qu'« avec le temps et des soins attentifs, l'Australie peut devenir le vignoble du monde entier ». Actuellement, l'art de faire le vin n'est pas encore très développé en Australie, mais tout semble faire prévoir de très grands progrès de ce côté, dans un avenir peu éloigné.

L'élevage du bétail et la production de la laine occupent aujourd'hui un rang prépondérant à Victoria. L'exportation annuelle des laines de cette colonie oscille entre 45 et 67 millions de kilogrammes. Avec un climat éminemment propice au développement des animaux domestiques, des pâturages naturels excellents, l'absence presque complète de maladie du bétail, l'industrie de l'élevage est appelée à prendre un développement chaque année plus grand. Victoria, sous son ancien nom de Port-Philipp, a été la première des colonies australiennes à démontrer que les mérinos, dont la laine est d'une finesse exceptionnelle, d'une longueur remarquable, d'une douceur et d'un lustre particuliers, pouvaient s'élever en grande quantité sur les immenses pâturages de l'Australie.

Cependant, à mesure que l'agriculture progresse, une plus grande surface de terre étant soumise à l'action de la charrue, les colonies d'irrigation artificielle prennent la place des pâturages naturels; la production et l'exportation de la laine doivent néces-

---

[1] John Bull's vineyards « Les vignobles de John Bull ».

sairement décroître. L'élevage du gros bétail ne paraît pas non plus devoir augmenter ; seul, l'élevage du cheval, animal que les Australiens aiment presque autant que les Arabes, ne subira pas de diminution sensible.

Je viens de nommer les *colonies d'irrigation artificielle* : quelques indications à leur sujet doivent trouver place ici. Il y a deux ans, MM. George et W. Chaffey firent une demande au gouvernement de Victoria pour obtenir la concession d'une grande superficie d'une terre que l'on considérait jusque-là comme sans aucune valeur, terre située sur le Murray, qu'ils se proposaient de transformer en vergers, en vignes et en champs de céréales, par l'irrigation.

La concession de Mildura (c'est le nom du district pastoral qui en forme la majeure partie) a été accordée le 31 mai 1887 ; MM. George et W. Chaffey sont déjà entrés en possession de 20,000 hectares, et leurs travaux sont très avancés ; plus tard, leur concession s'étendra à plus de 100,000 hectares. Le droit de se servir des eaux du Murray est octroyé pour vingt-cinq années, avec la faculté de renouveler le contrat pour une autre période d'égale durée.

MM. Chaffey se sont engagés à dépenser 7 millions 1/2 de francs, répartis par périodes inégales sur une durée de vingt ans, en travaux d'irrigation, d'agriculture, d'horticulture, etc. Un collège d'agriculture doit être établi sur la concession, dont un cinquième, en surface irriguée, sera affecté à ce collège. Les travaux sont conduits avec une très grande activité : 23 kilomètres de canaux principaux et 30 kilomètres de canaux de distribution sont achevés. Plus de 1,900 hectares de terre pour l'horticulture ont déjà été défrichés. Une ville se bâtit sur les terrains concédés et les terrains se louent à raison de 375 francs l'acre (40 ares) pour l'agriculture, et 500 francs pour l'horticulture.

La consommation des fruits frais ou conservés est très considérable en Australie ; chaque année, on en importe pour 19 millions ; le marché indigène fournira donc un vaste débouché pour ces cultures, et l'entreprise de MM. Chaffey paraît assurée du succès.

La colonie de Victoria a une superficie d'environ 24 millions d'hectares, dont un peu plus du quart ont été aliénés à des particuliers. Déduction faite des terrains en voie d'aliénation, des réserves pour routes, mines, etc., il reste environ 12 millions d'hectares disponibles pour la colonisation. Un tiers de cette surface est formé par des landes que l'État loue pour vingt ans, à raison de 0 fr. 20 par tête de mouton et de 1 fr. 25 par tête de gros bétail pendant les cinq premières années, le double de ces sommes pour les cinq années suivantes, et 0 fr. 60 par mouton et 3 fr. 75 par tête de gros bétail pour les dix autres années. A la fin de ces termes à bail, la terre revient à l'État et l'on donne une indemnité au locataire pour les améliorations qu'il a faites dans la propriété pendant ces vingt années.

Le reste des terres de l'État, environ 8 millions d'hectares, comprend les terres pastorales, les pâturages et les terres agricoles.

Les terres pastorales sont divisées en concessions capables de contenir et de nourrir de 1,000 à 4,000 moutons et de 150 à 500 têtes de gros bétail. Elles sont louées à bail pour une période de quatorze ans, au prix de 1 fr. 25 par mouton et de 6 fr. 25 par tête de gros bétail. On a estimé qu'il ne fallait pas moins de 4 hectares de terre pour suffire à la nourriture d'un mouton, et c'est sur cette moyenne que l'on se base pour déterminer la superficie de chaque concession.

Les terres pour la culture et les prairies sont divisées en lots qui n'excèdent pas 400 hectares. Ces lots sont loués à bail pour quatorze années à un prix qui ne peut être moindre de 0 fr. 20 ni supérieur à 0 fr. 40 (loi de 1855) par acre (40 ares), et l'estimation de la qualité de la terre se fait par les employés du Gouvernement. A l'expiration du bail, une indemnité, qui ne dépasse jamais 30 francs par hectare, est accordée au locataire pour les améliorations faites dans la propriété. Sur ces terres, on permet au preneur de cultiver tout ce qui est nécessaire à sa consommation, mais il n'a pas le droit de vendre ses produits. L'avantage de ce système consiste en ce que le locataire, sur les 400 hectares, a le droit de choisir 14 hectares pour lesquels il peut obtenir un titre de propriété définitive aux conditions suivantes : il devra payer annuellement une somme de 1 fr. 25 par acre pendant six ans; au bout de ce temps, il aura la faculté de continuer à payer la même redevance jusqu'à concurrence de 25 francs, ce qui représente le prix d'achat de la terre, ou de verser immédiatement 17 fr. 50, somme contre laquelle on lui délivrera le titre de propriété.

Enfin, l'État vend tous les ans aux enchères une quantité limitée de terre, mais les conditions indiquées plus haut constituent le mode de location et de vente de beaucoup le plus important. On voit que le seul moyen d'obtenir des terres du Gouvernement est, en réalité, celui qui consiste à prendre à bail une concession de 400 hectares que l'on devra améliorer pour avoir le droit d'acquérir définitivement 14 hectares. Dans quelques années, toutes les terres de l'État se trouveront prises dans ces conditions.

Il nous semble qu'un système analogue pourrait avec avantage être introduit dans les colonies françaises et notamment en Algérie.

Dans la colonie de Victoria, la demande de terres dépasse toujours l'offre et l'État trouve toujours preneur pour les terrains qu'il met à la disposition des colons.

Quelques mots en terminant sur les conditions du travail et le prix des salaires en Australie. Victoria, comme tous les pays australiens, semble un paradis pour les ouvriers des deux sexes. Les servantes reçoivent de 600 à 1,500 francs par an, logées et nourries; les domestiques mâles, de 650 à 1,875 francs. Les gages des domestiques dans les fermes sont presque aussi élevés : les salaires des ouvriers varient de 62 fr. 50 à 100 francs par semaine, et la moyenne peut s'estimer à 12 fr. 50 par jour.

Les manœuvres, hommes de peine, etc., gagnent 7 fr. 50 à 10 fr. par jour. Comparativement au salaire, la vie est à très bon marché. Les objets de première nécessité, la viande, la farine et les liqueurs, coûtent moins cher qu'en Europe. Les loyers, les vêtements et les objets de luxe, par exemple, sont d'un prix plus élevé; mais les ouvriers mangent de la viande trois fois par jour et s'achètent un vêtement neuf tous les six mois au moins. L'organisation du travail par les sociétés ouvrières est remarquable. Tous les ans, au mois d'avril, il y a une fête publique, le *jour des huit heures*, c'est-à-dire l'anniversaire du jour où il fut décidé par une loi que l'ouvrier ne devait au patron que huit heures de travail par jour.

En résumé, l'Exposition de 1889 a fourni à la colonie australienne l'occasion de révéler, par un ensemble de produits des plus remarquables, les progrès accomplis en peu d'années, progrès qui laissent entrevoir les ressources qu'offre aux émigrants ce pays favorisé par la nature de son sol, son climat et ses institutions.

JAPON.

Le Japon agricole. — Cultures. — Productions. — Bétail. — L'École agricole et forestière de Tokio
à l'Exposition universelle. — Le service météorologique du Japon.

Il y a trente-cinq ans, le 31 mars 1854, un traité signé avec les États-Unis ouvrit aux Américains les ports de Schimoda et d'Hakodate. Quelques mois plus tard, l'amiral Sterling obtenait pour les Anglais les mêmes avantages et, en outre, l'ouverture du port de Nagasaki. Dans l'année 1858, des traités conclus avec les États-Unis, l'Angleterre et la France allaient amener des modifications radicales, dans les relations avec les autres nations du Japon demeuré jusque-là absolument fermé à tous les peuples de l'Occident. De ces relations extérieures, point de départ de changements intérieurs profonds accomplis dans l'organisation politique du Japon, au milieu de luttes et de péripéties dont l'historique ne saurait trouver place ici, date une ère nouvelle pour ce pays curieux à tant de titres et dont l'Exposition universelle de 1889 a permis de faire une étude des plus intéressantes sous les rapports artistique, industriel, commercial et agricole.

C'est uniquement de ce dernier point de vue que je m'occuperai ici. Les produits exposés, les documents publiés par le commissariat impérial à l'occasion de l'Exposition universelle et quelques publications récentes [1] fournissent, sur l'agriculture au Japon, des renseignements suffisants pour donner une idée de l'économie rurale de ce pays, si différente de celle des régions européennes [2].

L'empire japonais se compose, on le sait, de quatre grandes îles (Hondo, Shikok, Kiushiu et Yeso), sans compter la multitude des petites îles qui dépendent directement des précédentes. Cet ensemble est compris entre le 50e et le 25e degré de latitude nord.

---

[1] *Dai Nippon* (le Japon), par E. de Villaret, capitaine breveté, détaché à l'état-major général du ministre de la guerre, ancien membre de la mission militaire au Japon, avec trois cartes in-8°, Paris, Delagrave, 1889. A côté de l'histoire sommaire du Japon et de la description géographique très complète des îles qui le composent, l'auteur nous présente un tableau des mœurs, des coutumes, de l'organisation gouvernementale, de la langue et des religions du Japon, d'autant plus instructif qu'il est le fruit d'observations personnelles qu'un séjour prolongé dans le pays lui a permis de recueillir. La description géographique à laquelle M. de Villaret a consacré la plus grande partie de l'ouvrage, les belles cartes qui

l'accompagnent, les données positives sur l'orographie et l'hydrographie des diverses régions, les indications relatives aux produits du sol, aux richesses minières et au commerce de l'empire du Soleil-Levant, rendent cette étude précieuse pour ceux qui désirent acquérir sur le Japon des connaissances précises. Le côté militaire et politique n'est pas moins bien étudié : l'auteur le traite, comme toutes les questions qu'il aborde d'ailleurs, avec une netteté et une impartialité qui donnent confiance dans ses appréciations.

[2] *L'Agriculture au Japon, son état actuel et son avenir*, par le docteur Schinkizi Nagaï, traduit de l'allemand par M. Henry Grandeau, in-8°, 1888, Berger-Levrault et Cie.

Ces îles forment un tout assez compact, dessinant un arc de cercle dont la convexité est tournée vers l'Océan. La superficie totale du pays est de 39,223,181 hectares. Les terres cultivées, y compris celles qui sont disposées en terrasses, occupent à peine la neuvième partie de la surface totale, soit environ 4,371,000 hectares. Les terrains incultes couvrent une étendue de près de 14 millions d'hectares. Le riz, qui est de beaucoup la culture la plus importante, occupe plus de 2,600,000 hectares; les forêts couvrent 1,700,000 hectares; enfin la surface occupée par l'eau est d'environ 1 million 1/2 d'hectares. Le caractère dominant du Japon est celui d'un pays de montagnes; les quelques plaines importantes n'existent que sur le parcours des grands fleuves.

Le sol est en grande partie d'origine ancienne; on y distingue trois groupes principaux de roches qui y occupent une place prépondérante. Ce sont : les roches massives cristallines, les schistes paléozoïques et les roches volcaniques; les calcaires et les sables existent au Japon en quantité très faible.

L'empire du Japon, s'étendant presque du cercle arctique au tropique du Cancer, présente des différences très considérables dans le régime climatérique des provinces du Nord et celui des provinces du Sud. De plus, les courants atmosphériques (moussons) et les courants marins exercent, les premiers surtout, une influence tout à fait prépondérante sur le climat du Japon. L'été, qui commence dans presque toutes les régions du pays au mois d'avril, est humide et orageux. Dans la partie moyenne du pays, l'hiver est long et assez rigoureux : à Yeso, il dure sept mois et le thermomètre tombe parfois à 16 degrés au-dessous de zéro.

Il y a, au Japon, trois périodes de pluies qui durent chacune deux à quatre semaines et qui, en général, tombent en avril, juin et septembre. Cette régularité des pluies a permis de réglementer toutes les cultures d'une façon stable : les semailles de la plupart des récoltes d'été se font entre la première et la seconde période de pluies et, lorsque la récolte estivale est faite, on sème les plantes d'hiver après la période des pluies d'automne et on les récolte un peu avant celle du printemps.

Le bétail étant relativement très peu nombreux, presque toutes les cultures se font à la main avec des outils primitifs dont la bêche et la houe sont les principaux. La préparation à la houe, d'un champ d'un hectare, sur 15 centimètres de profondeur, exige, suivant la nature du sol, de 80 à 100 journées de travail. Les prairies n'existent pas au Japon, car les parties basses du pays, que leur humidité rendrait propres à cette culture, sont transformées en rizières; par suite, l'élevage du bétail joue un très faible rôle dans l'exploitation rurale. Avec une population de plus de 36 millions d'habitants, le Japon ne compte pas plus d'un million de têtes de l'espèce bovine et 1,200,000 chevaux, ce qui donne pour 100 habitants moins de trois têtes de bétail et un peu plus de trois têtes de chevaux. Le cheval japonais est un animal petit, laid, têtu, mais résistant, sobre et propre au travail du bât auquel il est surtout employé; l'aménagement des écuries est tout à fait mauvais, mais ces conditions défectueuses de logement et de nourriture sont, en partie, compensées par les soins de propreté que les Japonais apportent en toute chose. Le bœuf japonais est de grande stature; à poils courts et à cornes courtes, à pelage généralement noir ou moucheté de blanc sur la croupe et sur les pieds. Les vaches donnent très peu de lait, n'ayant pas, en général, été habituées à la traite et recevant une alimentation des plus médiocres. Moins bien logés et nourris encore que le cheval, le bœuf et la vache sont une maigre ressource pour l'alimentation humaine. Jusqu'au jour où le Japon a été ouvert aux étrangers, le porc n'existait pas dans le pays; quant au mouton, à peu près inconnu également, les essais récents d'introduction et d'élevage qu'on a tentés ne paraissent pas avoir réussi. On attribue cet insuccès à la présence, dans les pâturages japonais, d'une espèce de bambous nains, dont les feuilles dures et tranchantes, en provoquant d'importants désastres dans les intestins des animaux, amènent la ruine des troupeaux. La solution de la question de l'élevage des moutons, comme le fait observer M. de Villaret, est de la plus haute importance pour ce pays, tributaire jusqu'ici, pour toutes les laines, de l'Australie. Il faudrait tranformer en prairies un certain nombre de rizières, mais aucun essai sérieux n'a paraît-il, encore été tenté dans cette voie.

L'absence ou plus exactement la pénurie de bétail a pour conséquence forcée l'insuffisance d'engrais et de viande.

Le régime alimentaire et la préparation de la fumure du sol sont, au Japon, tout à fait caractéristiques et en rapport avec l'état primitif de l'élevage.

Le régime alimentaire des Japonais, à part les localités de quelque importance où l'on trouve des boucheries et dans lesquelles l'usage de la viande commence à se répandre, consiste essentiellement en produits végétaux et en poisson. D'après les statistiques officielles, voici dans quelle proportion certains produits végétaux entrent dans l'alimentation générale du pays :

Riz . . . . 53 p. 100.
Blé 27
Graines diverses 14
Thé 5,80

On consomme le poisson sous toutes les formes : cuit, séché, salé ou même cru. Par suite du manque de bétail, les agriculteurs japonais ont été conduits à restituer aux sols les principes nutritifs enlevés par les récoltes, principalement sous la forme de déjections humaines recueillies avec un soin dont nous n'avons aucune idée par ce qui se passe chez nous. Le guano, les tourteaux de poisson, les cendres d'os, les déchets d'industrie et certains minéraux complètent les fumures. C'est au mode de récolte, de fabrication et d'utilisation des engrais que le paysan consacre au Japon toute sa sollicitude; en équilibrant empiriquement, d'après la quantité de riz récolté, les pertes et les gains de son champ, il sait maintenir à la terre toute sa faculté productive, et plus d'un agriculteur européen pourrait, sur ce point capital, prendre exemple sur le paysan japonais.

L'agriculture, au Japon, est, depuis les temps les plus anciens concentrée exclusivement dans les mains des classes tout à fait inférieures de la société. Le mode d'exploitation du sol est purement empirique; les méthodes de culture et l'outillage n'ont subi aucun changement depuis un temps immémorial. Ordinairement, les travaux des champs sont exécutés par les membres de la famille. Dans les grandes exploitations, on engage les serviteurs à l'année et, pour les cas pressants, on emploie des journaliers.

Les ouvriers agricoles, vivant exclusivement du travail de leurs bras, n'existent pour ainsi dire pas, la propriété étant très morcelée. Celui qui possède un bien de quelque étendue l'afferme ordinairement par petites parcelles qui sont cultivées par les familles qui les louent. Les ouvriers à gages ne possédant aucune terre et vivant de leur travail, vont aux environs des villes. Ces hommes, dit le docteur Schinkizi Nagaï, sont adroits et peuvent aussi bien être utilisés dans divers métiers que pour les travaux agricoles; mais ils sont paresseux et, de plus, rusés. Ils exécutent leur besogne d'une façon variable, suivant le maître qui les engagés; si celui-ci ne connaît pas bien le travail qu'il veut faire exécuter, les ouvriers font peu de chose ou font tout de travers.

Le salaire est très variable suivant les régions; en moyenne, il n'est pas trop minime, étant donné le bon marché des denrées alimentaires. Un bon ouvrier, résistant au travail, reçoit en moyenne par jour, outre la nourriture, 1 fr. 25, une femme 88 centimes. Les domestiques sont nourris; le gage annuel des hommes varie entre 125 et 212 francs, celui des servantes entre 75 et 125 francs; de plus ils sont chaussés et reçoivent chaque année deux costumes de travail, une paire de serviettes et quelques objets du même genre.

Outre les céréales (riz, blé et orge), les plantes tinctoriales, les légumes et quelques cultures de moindre importance, l'industrie agricole du Japon comprend la production du thé, de la canne à sucre et l'industrie séricicole, qui y est très développée et forme une partie importante de la richesse du pays. Le Japon récolte environ 10 millions de kilogrammes de thé, 256 millions de kilogrammes de cannes, produisant 22 millions de kilogrammes de sucre, 11 millions de koku[1] de blé; 26 millions de koku de riz, un peu plus d'un million de cartons de graines de vers à soie et environ 2 millions de kilogrammes de soies grèges. Le riz vaut de 26 à 40 francs les 180 litres, suivant les années. L'exportation totale du Japon s'est élevée, en 1884, à une valeur de 165 millions de francs; l'importation, n'atteignant que 143 millions, laisse un écart de 21 à 22 millions en faveur de l'exportation. Le riz, le thé, la soie et le charbon de terre sont les principaux produits d'exportation. Le sucre, le coton et les tissus forment la masse des produits importés.

Telles sont, à grands traits, les conditions générales de l'agriculture au Japon. Mais on n'aurait qu'une idée incomplète de son avenir, si l'on se bornait à ces renseignements. L'Exposition de 1889, en étalant aux yeux des visiteurs les principaux produits

[1] Le koku vaut 180 litres.

agricoles du Japon, nous a révélé, par l'ensemble des indications, cartes agronomiques, documents scientifiques de diverses natures, la voie de progrès dans laquelle semble devoir entrer bientôt la culture japonaise. Le ministère de l'agriculture et du commerce a institué à Tokio une école agricole et forestière, organisée à l'instar des meilleurs établissements européens de ce genre. L'exposition de cette école au Champ de Mars était des plus intéressantes, par le caractère scientifique des collections qu'elle a envoyées, en les accompagnant de notices qui révèlent l'excellente instruction donnée par cet établissement. C'est ainsi que de nombreuses analyses de terres d'engrais et des principales récoltes du Japon accompagnent les échantillons exposés, faisant connaître la composition de ces différentes substances, établies par les méthodes rigoureuses suivies dans nos laboratoires les mieux outillés et dirigés. Des collections d'insectes utiles ou nuisibles, déterminés et classés avec le plus grand soin, des herbiers et des spécimens des plantes industrielles nous font connaître les parties les plus importantes de la flore et de la faune du Japon.

Des cartes géologiques et agronomiques, spécimens d'un grand travail d'ensemble sur le sol japonais, complètent ces belles collections, dont elles sont le commentaire. Le service météorologique organisé sous la direction de l'observatoire central de Tokio, mérite aussi une mention spéciale. Calqués sur l'organisation de notre service météorologique, la prévision du temps, les avertissements aux ports, la transmission télégraphique des observations se font avec autant de soin à Tokio qu'à Paris et à Londres.

Des publications périodiques enregistrent les observations et les mettent à la disposition des météorologistes du monde entier. L'observatoire de Tokio a été fondé en 1875, et le nombre des observations recueillies régulièrement depuis cette époque permet, on le comprend, d'avoir sur la météorologie du Japon des renseignements précieux et dont l'agriculture peut tirer parti.

En somme, si complètement livrée à la routine qu'elle ait été jusqu'ici, l'exploitation du sol semble devoir bientôt entrer au Japon dans une phase nouvelle, grâce à l'intervention de l'enseignement technique dans ce pays, qui ne compte pour ainsi dire pas d'illettrés et dont les habitants peuvent attendre pour leur bien-être un si grand profit des progrès de l'agriculture. L'alimentation végétarienne, à laquelle on attribue à tort, sans doute, la faiblesse de complexion du peuple japonais, fera place à une nourriture plus réconfortante le jour où l'élevage du bétail prendra dans l'empire du Soleil-Levant une direction rationnelle. Il est vraisemblable que l'introduction des méthodes culturales et des procédés d'élevages suivis en Europe transformeront, grâce à la merveilleuse faculté d'adaptation que possède la race japonaise, d'ici à peu d'années, la culture routinière et primitive demeurée stationnaire depuis des siècles, en l'absence de rapports avec les autres nations.

L'exposition du Champ de Mars semble ne pas permettre de penser qu'il doive en être autrement, étant donnée l'impulsion que l'enseignement agricole peut imprimer. à brève échéance, aux méthodes de culture et d'élevage.

PORTUGAL.

La statistique agricole et notamment la production viticole du Portugal étaient représentées dans l'élégant pavillon du quai d'Orsay par une série de cartes et tableaux dus presque tous au colonel Gérard Pery ou exécutés sous sa haute direction.

Cette collection de cartes agronomiques, géologiques et viticoles était accompagnée de publications importantes ; celles du colonel Pery surtout nous fournissent des renseignements intéressants sur l'agriculture du Portugal[1].

Le Portugal est un pays essentiellement agricole, le sol y est la source principale de la richesse publique, quoique sa fertilité soit très inégale dans les différentes parties de son territoire. Les conditions agricoles sont si diverses de l'une à l'autre province et souvent d'une commune à une autre que, dans un espace relativement très restreint, on trouve les productions les plus variées, les aptitudes les plus distinctes et la fertilité la plus inégale, ensemble de faits qui, du reste, constitue l'élément principal de sa richesse.

Dès les premiers jours de la monarchie portugaise, lorsque le pouvoir des nouveaux rois se trouva consolidé, tous les efforts s'appliquèrent à faire revivre l'agriculture, en repeuplant l'intérieur du pays dévasté par la guerre, et en comblant de privilèges ceux qui s'adonnaient à la vie rurale.

Toutefois, des obstacles d'ordres divers s'opposèrent au développement agricole du pays et annulèrent les efforts employés pour le faire progresser. Les guerres, les conquêtes et l'émigration furent les principaux.

A l'époque de son plus grand éclat, quand la renommée du nom portugais résonnait dans les contrées les plus éloignées du globe, le Portugal dédaignait son agriculture et ne pensait pas à lui appliquer une partie des richesses considérables qu'il recevait de ses vastes domaines de l'Asie, de l'Afrique et de l'Amérique.

Tandis que la cour nageait dans l'or, et qu'on citait Lisbonne comme une merveille de luxe ; tandis qu'on dépensait des sommes fabuleuses pour la construction des monastères de Belem, Batalha, Mafra et Estrella, et que le Portugal était regardé comme la première puissance maritime, l'agriculture languissait, les seigneurs fuyaient la vie rurale en recherchant les plaisirs de l'opulente Lisbonne, les terres restaient incultes, et la population rurale tombait dans la misère.

La sage administration du marquis de Pombal ranima un peu l'agriculture ; mais

[1] A défaut de documents officiels récents sur la production nous avons dû recourir aux seules publications qui figuraient à l'Exposition. Bien que remontant à dix ans et plus parfois, les renseignements qu'elles contiennent représentent encore assez exactement la situation agricole présente du Portugal.

une nouvelle période de guerres vint bientôt la paralyser encore vers la fin du siècle
dernier, paralysie qui se prolongea, avec les discordes civiles, jusqu'au milieu du siècle
actuel, en s'opposant au développement de l'agriculture et de toutes les autres industries.

Ce ne fut qu'à partir de 1852 que l'agriculture prit un essor qui bientôt devint
rapide, en suivant de près la création des nouveaux moyens de communication qui
facilitèrent l'échange de ses produits. La libération de la terre par l'abolition des majo-
rats et la suppression des biens de main-morte et des terrains incultes communaux, rendant facile la transmission et la division de la propriété, contribuèrent à en faciliter la
culture; l'établissement d'écoles d'agriculture, de fermes modèles, de sociétés agricoles; les concours régionaux et les expositions d'agriculture; la création des banques
rurales et des compagnies de crédit foncier et agricole; la promulgation de mesures
tendant à régulariser l'administration des anciens établissements de crédit rural,
nommés *celliers communs*; et enfin la création des charges d'agronomes des districts,
et d'intendants vétérinaires qui devaient professer des cours d'agronomie et de zootechnie pratiques, furent des mesures qui contribuèrent puissamment à l'accroissement
de la superficie cultivée, à l'amélioration des procédés agricoles, et, enfin, au progressif développement de l'agriculture portugaise.

Nous n'avons pas de données statistiques dignes de crédit, antérieures à 1852, qui,
par leur comparaison avec les relevés plus récents, nous donnent la mesure de l'influence exercée sur le progrès de l'agriculture, par les moyens gouvernementaux ci-
dessus mentionnés. Néanmoins, on peut se faire une idée de cette influence par le mouvement commercial et par le budget de l'État à des époques diverses. Le tableau
ci-dessous en donne la comparaison pour trois époques à quinze années d'intervalle.

ANNÉES.	MOUVEMENT DU COMMERCE extérieur.	RECETTES.	DÉPENSES.
	francs.	francs.	francs.
1842.....................................	100,195,200	57,439,200	65,940,000
1856.....................................	215,376,000	62,152,800	70,470,400
1872.....................................	318,315,200	117,359,200	133,515,200

Dans l'espace de trente ans la valeur du mouvement commercial a plus que triplé.

Quoiqu'il existe un grand nombre de travaux statistiques officiels sur l'agriculture,
il est très difficile de dresser une statistique agricole complète du Portugal. On ne
peut connaître qu'hypothétiquement la population rurale, la grandeur moyenne de
la propriété, la division agricole du sol, la valeur des productions, etc., et il y a même
des questions d'économie rurale impossibles à résoudre.

Nous allons toutefois entreprendre avec le colonel Pery une statistique agricole du
royaume, en nous basant sur les données officielles, sur des informations particulières

et sur les propres observations de ce savant distingué. Mais d'abord nous ferons connaître les traits généraux de l'agriculture des provinces, afin de mettre en lumière les différences qu'on observe dans les systèmes de culture, la distribution et la division de la propriété, et le degré de perfectionnement agricole de ces grandes divisions territoriales du pays.

MINHO.

Le sol très accidenté de cette province provient en général de la décomposition des granites; il est donc argilo-siliceux à l'exception de quelques bandes limoneuses qui occupent le fond de quelques-unes des étroites vallées qui sillonnent cette contrée.

Ici tout le sol cultivable se trouve soumis à une culture presque intensive et très soignée, qui s'étend sur les flancs des montagnes jusqu'à l'altitude à laquelle leur caractère alpin ne lui oppose un obstacle insurmontable. Par cette raison, il y a encore une superficie inculte, dont une partie est occupée par les sommets et les faîtes des monts et des chaînes, et par les flancs rocheux des montagnes, tout à fait improductifs; la superficie inculte restant est constituée par des terrains en friche, qui sont, cependant, utilisés avec soin pour la récolte des bruyères employées à la fabrication des engrais et à la nourriture du bétail.

L'irrigation y est très généralisée; il est rare qu'une terre n'aie pas d'eau en quantité suffisante pour être irriguée, et, pour obtenir l'eau nécessaire, on ne recule pas devant des travaux très coûteux, comme les prises d'eau, l'ouverture de canaux d'irrigation, ou la recherche des eaux au moyen de galeries de mine.

Les productions principales de cette province sont : le maïs et le seigle, en abondance; peu de blé et d'orge; pommes de terre, légumes, lin et chanvre, oignons, navets, etc.; prés, vin (vert), huile d'olive, châtaignes, oranges et d'autres fruits.

Le système de culture est un des meilleurs du pays, et même de l'Europe, d'après le témoignage autorisé de M. Léonce de Lavergne, ce qui n'est pas tant le résultat de la perfection des procédés et des instruments agraires, que des soins constants et du travail assidu mis par l'agriculteur du Minho à retirer du sol le plus grand profit.

L'élevage et l'engraissement des bêtes à cornes constitue un des éléments les plus importants des exploitations de cette province; ses profits indemnisent souvent le fermier des pertes qu'il souffre dans les années de moissons très pauvres.

L'assolement le plus usuel dans les terres irriguées est le suivant : au commencement du printemps on sème le seigle; ensuite, vers le mois de mai ou juin, on sème le maïs, qui est remplacé par l'herbe, semée lors du second sarclage, et qui constitue une prairie artificielle temporaire jusqu'à la fin de l'hiver. L'année suivante on suit la même rotation en substituant au seigle quelque autre culture intercalaire. Pendant l'automne et l'hiver les eaux sont employées à l'irrigation des prés.

On voit donc que le sol ne reste jamais inactif; il n'y a pas de jachères.

Pour obtenir une telle succession de cultures, sans qu'il emploie des assolements bien combinés, l'agriculteur du Minho met un soin minutieux dans la fabrication des engrais; mais comme il n'en sait fabriquer qu'en employant les bruyères pourries et triturées sous les pieds des animaux, il se voit forcé de semer des ajoncs et d'autres plantes de landes quand les terrains en friche deviennent rares.

La petite culture est la règle dans cette province, non seulement par suite de la grande division de la propriété, mais parce que les grands domaines sont partagés en parcelles cultivées par des rentiers. Nous montrerons plus loin qu'il existe encore dans e Minho de plus grandes propriétés qu'on ne le pense ; de plus, la petite propriété se trouve en général grevée par des *fôros,* ou cens, restes de l'ancien système de *prazos* ou seigneuries directes.

Le système de loyer est en général *au tiers*, établi comme suit :

Un hectare de terre irriguée produit un rendement moyen brut de 1,288 francs, par exemple, dont en déduisant les dépenses d'exploitation, soit 392 francs, reste le produit net de 896 francs. De ce produit, le propriétaire touche une somme de 538 francs, et le rentier 358 francs. Dans ce calcul n'entrent ni le produit du bétail ni la dépense cen ngrais, car on admet qu'ils s'équilibrent.

On n'emploie dans les travaux agricoles que les bêtes à cornes qui, après avoir rendu ces services, sont destinées à être engraissées.

On cultive la vigne par l'ancien procédé romain, en laissant librement s'élever les ceps jusqu'au sommet des arbres près lesquels ils sont plantés.

Un hectare contient en moyenne 250 à 300 pieds de vigne, disposés ordinairement autour des parcelles, et produisent 1,800 à 2,000 litres de vin *vert*. Seuls les versants du Douro produisent du vin *mûr* d'une qualité inférieure.

Il y a des vins verts très recherchés ; les meilleurs sont ceux des centres vinicoles de Basto, Amarante, Arcos de Valle de Vez et Monsâo.

TRAS-OS-MONTES.

Quiconque traverse les montagnes qui séparent les provinces de Minho et de Tras-os-Montes, est frappé des différences si tranchées que l'on observe entre les systèmes de culture, les mœurs et les coutumes des deux provinces, ainsi qu'entre leur climat, le relief et la constitution du sol.

De pareilles différences se trouvent dans cette province elle-même. On sait que la vallée du Douro, et une partie de celles de ses affluents, y est connue sous la désignation de *terre chaude*, et que la zone des plateaux et des montagnes est appelée la *terre froide*.

Nous ferons cependant remarquer que le passage de l'une à l'autre zone ne se fait point sans transition ; il y a une zone intermédiaire ou *tempérée* aux contours très irréguliers, et qui est formée par les vallées des rivières en s'étendant même jusqu'aux flancs des montagnes. L'altitude moyenne de cette province est de 600 mètres ; celle des plateaux est de 700 mètres, le plateau de Barroso s'élevant toutefois à 1,000 mètres. Les montagnes s'élèvent de 1,000 à 1,600 mètres.

On peut considérer la *zone chaude* limitée approximativement par la courbe de niveau de 150 mètres, et la *zone* tempérée par celle de 400 mètres ; mais cela varie considérablement suivant les orientations des vallées et l'exposition des flancs des montagnes.

Les terrains sont de provenance granitique dans les zones constituées par les granites ; il sont argileux dans la région schisteuse ; en général le sol y est plus fertile que dans le Minho. Cette province possède des vallées, telles que Villariça, Sabor, Tua et Tamega, dont la fertilité est bien connue. Il y a, cependant, une superficie inculte bien plus grande que dans le Minho.

Les productions de la *zone froide* sont : seigle, pommes de terre, châtaignes et quelques légumes. Elle abonde surtout en pâturages où l'on élève du gros bétail. L'olivier et la vigne ne se rencontrent pas dans cette zone, si ce n'est en quelques vallées abritées.

Les productions de la *zone tempérée* sont : froment, seigle, orge, maïs, légumes, pommes de terre, vin, huile d'olive en petite quantité, châtaignes, lin et fruits. L'oranger ne produit pas dans cette zone.

Les productions de la *terre chaude* sont : vin, huile d'olive, froment, orge, seigle, amandes, oranges et autres fruits.

La plantation des mûriers y a pris un grand développement pour l'élevage des vers à soie.

Les principaux centres vinicoles de la province de Tras-os-Montes, sont : 1° le pays vinicole du Douro, entre le bourg de Régua et le confluent du Sabor, en comprenant dans sa démarcation les flancs de la partie inférieure des vallées du Corgo, Pinhâo, Tua et Sabor ; c'est ici que se produisent ces fameux vins du *Alto Douro,* connus dans tous les points du globe sous le nom de *vins de Porto,* port de commerce qui en est le débouché ; 2° vallée d'*Oura,* au sud de Chaves ; 3° vallée du Tua, dans les environs de *Torre de Dona Chama ;* 4° environs de Bragança ; 5° vallée du Sabor, près Castro-Vicente ; 6° environs de Bemposta, à l'est de Mogadouro.

Les crus présentent d'ailleurs beaucoup de diversité, par suite de la grande différence d'altitude. Dans la vallée même du Douro, cette différence s'élève à 800 mètres, pour les seules pentes latérales de la vallée, en sorte qu'il suffit de descendre du plateau de Anciâes, par exemple, jusqu'au bord du fleuve, pour traverser les trois zones climatériques de la province. Ici, comme en d'autres points de la vallée, les côteaux sont cultivés en gradin sur presque toute leur hauteur, et, en général, ils sont plantés de vigne ; il résulte de cette disposition que la vendange n'est pas encore commencée à la région supérieure quand le vin est déjà fait au fond de la vallée.

La propriété se trouve plus divisée dans le district de Villa Real que dans celui de Bragança, mais pas autant que dans le Minho. La moyenne et la petite culture y sont la règle générale.

La superficie inculte est supérieure à la superficie cultivée, ce qui est dû à la présence des nombreuses montagnes qui accidentent le territoire de cette province. Cette grande superficie inculte, qui s'élève à plus de la moitié de la superficie totale de la province, n'est cependant pas improductive, car elle nourrit un grand nombre de têtes de bétail. Vers le Nord-Ouest, dans le plateau de Barroso, c'est l'espèce bovine qui abonde; vers l'Est, sur le plateau de Miranda, ce sont les espèces bovine et chevaline; au Nord et au Centre, prédominent les espèces ovine et caprine.

Quoique cette province soit éminemment propre à la production forestière, on n'y voit pas de forêts; on n'y trouve que de rares bosquets de chênes et de châtaigniers. Toutefois, on a dans les derniers temps procédé à de larges plantations de mûriers dans le district de Bragança.

L'absence de voies de communication a paralysé les efforts de beaucoup d'agriculteurs, en s'opposant à l'échange des produits. Les choses ont changé depuis que s'est ouverte à la circulation la route de Bragança à Villa Real, laquelle traverse la province dans le sens de l'une de ses diagonales, en s'étendant jusqu'à Régua, et la voie de Chaves à Villa Real.

BEIRA.

Cette province présente, dans sa partie septentrionnale et à l'orient de la chaîne d'Estrella, une grande similitude de caractères avec la province de Tras-os-Montes. Une égale altitude moyenne, identité de terrains, et un relief semblable; tout contribue à ce que les productions y soient à peu près les mêmes.

En effet, on y observe les mêmes zones : froide, tempérée et chaude. La première comprend les chaînes de montagnes et les plateaux des *concelhos* de Sinfães, Rezende, Arouca, Castro-Daïre, Fragoas, Penedono, Aguiar, Trancoso, Pinhel, Almeida, Guarda, Manteigas, Covilhã et Sabugal. La troisième, ou zone chaude, comprend la vallée du Douro, sur sa rive gauche, par où s'étend aussi la démarcation du pays vinicole du haut Douro. La seconde, ou zone tempérée, occupe tout le centre et le sud de la province, c'est-à-dire la partie méridionale du district de Vizeu, la partie orientale du district de Coïmbre et la partie méridionale du district de Castello-Branco. Les productions agricoles n'y diffèrent guère de celles de la zone tempérée de Tras-os-Montes; les différences sont très légères dans la partie septentrionale de cette zone, mais dans le midi elles s'accentuent davantage, en sorte que, dans la partie méridionale du district de Castello-Branco, on remarque une bande de transition de cette zone pour celle de l'Alemtejo. Ce district possède beaucoup d'oliviers, qui produisent une huile de qualité supérieure.

Il y a dans cette région trois centres vinicoles fort importants par la qualité de leurs vins, qui sont très appréciés; ce sont le Dâo, Fundâo et Penamacôr.

Dans cette région de la Beira la superficie cultivée est inférieure à la superficie inculte. La culture s'étend sur tout le large bassin du Mondégo, compris entre les chaînes de Bussaco et Caramullo à l'Ouest, et la chaîne d'Estrella à l'Est et au Sud; elle a une grande étendue dans cette partie de la vallée du Zezere appelée la *Cova da Baira*, entre les chaînes d'Estrella et Gardunha, ainsi que dans le plateau appelé *Campo* de Castello Branco, et dans les concelhos de Certã et Pedrogam. Dans les autres concelhos de cette région, la culture se trouve confinée dans les vallées.

Ces montagnes se trouvent à présent presque entièrement dépouillées d'arbres et de bruyères, et, là où l'on pourrait admirer une immense richesse forestière, on ne voit que des rochers dénudés et stériles. Cette dénudation qui, d'ailleurs se retrouve aussi en Espagne et en Italie, à l'inverse de ce qu'on observe dans les pays septentrionaux, est le résultat du système suivi pour l'élevage des nombreux troupeaux de moutons de la province, et encore de l'usage que l'on fait des bruyères pour la fabrication des engrais. Durant des périodes de huit à douze ans et au delà, on sème le seigle deux ans de suite dans quelques-uns de ces terrains à peu près vierges; dans la première année, la production est énorme, mais bientôt les pluies de l'hiver lavent ces terrains aux pentes rapides, et la stérilité ne se fait pas attendre.

Il nous reste à parler de la partie occidentale de la Beira, qui comprend les plaines des districts d'Aveiro et Coïmbre. Elle est entièrement cultivée ou couverte de forêts de pins, si ce n'est la bande de dunes qui longe la côte entre Ovar et la petite chaîne de Buarcos occupant une superficie de 41,000 hectares, et une superficie de 5,000 hectares de terrains vagues dans cette même chaîne.

Les produits de cette région sont : froment, seigle, maïs, légumes, vin, bois de construction, etc.

C'est à cette région qu'appartient le centre vinicole de Baïrrada dans le concelho de Mealhada, bien connu par l'excellence de ses vins.

Dans le centre et dans le nord de la Beira le sol est granitique; dans le sud il est schisteux, à l'exception du plateau de Castello Branco dont le sol est granitique. Dans la partie occidentale de la province, le sol est sableux-calcaire formé par les dépôts tertiaires, et, en certains endroits, par des marnes et des calcaires crétacés. Une partie des dunes se trouve mise en culture; l'esprit industrieux des Beirenses a effectué cette conquête qui ne fait qu'élargir sans cesse la superficie cultivée, en transformant les sables mouvants du littoral en de productives propriétés ou en des forêts de pins qui, d'ailleurs, s'opposent à la constante invasion des dunes sur les terres limitrophes.

Il y a, dans la Beira, des concelhos où la propriété est très divisée, tels que ceux des districts d'Aveiro et Coïmbre; d'autres n'ont, au contraire, que de grandes ou moyennes propriétés; tels sont les concelhos de Castello Branco et Indanha-a-Nova. Dans cette province, les espèces forestières dominantes sont : le pin maritime dans le littoral, le pin sylvestre dans l'intérieur du pays, le châtaignier dans la zone montagneuse, les chênes dans la zone froide, le chêne-liège et le chêne vert dans les proximités du Tage.

ESTRAMADURE.

Le Tage divise cette province en deux parties fort différentes. La région au Nord du fleuve se trouve constituée par des calcaires et des marnes de la période secondaire, et, en outre, par des grès et des calcaires de la période tertiaire; elle est très accidentée par des chaînes de montagnes, de beaucoup moins élevées que celles de la Beira, formées en général de calcaires compacts, ce qui empêche qu'elles soient cultivées; elle présente toutefois des vallées larges et fertiles, et des plateaux ou des collines d'une culture facile. Dans la zone littorale du district de Leiria, il y a des forêts de pins très étendues, parmi lesquelles on signale la grande forêt nationale de Leiria. Enfin, le Tage est bordé, sur une grande étendue, de champs que fertilisent les crues du fleuve.

La région au Sud du Tage est, au contraire, formée par des landes à perte de vue, faiblement ondulées par les vallons qui les sillonnent en tous sens, et où l'on rencontre à peine quelques champs cultivés ou des bosquets de chênes-lièges ou de chênes verts; de loin en loin quelque ferme ou quelque village détruisent la monotonie de ces vastes plaines de bruyères.

La péninsule de Setubal, où l'on trouve des terrains très fertiles et soigneusement cultivés en vignes, orangers, céréales et forêts de pins, contraste agréablement avec les landes qui l'avoisinent.

La région située au nord du Tage est pourvue de sources abondantes dont les eaux sont employées soit comme moteur, soit pour l'irrigation.

C'est ici que l'on trouve les plus abondantes sources du pays.

Les productions de cette partie de l'Estramadure sont : froment, orge, seigle, maïs, vin, huile d'olive, lin, bois de pin, oranges et une grande variété d'autres fruits. Elle possède beaucoup de bétail des espèces ovine, bovine et chevaline, surtout dans les concelhos Ribatejanos, ou riverains du Tage.

On n'emploie dans les labours que les bœufs; les chevaux ne sont utilisés que pour les transports. Quoique les machines et les instruments modernes se trouvent adoptés en quelques explorations agricoles, on reconnaît qu'en général l'ancien araire n'a pas été tout à fait supplanté.

Cependant, il est certain que l'agriculture de cette province s'est considérablement améliorée, bien que très lentement. Les locomobiles, les machines à battre et les charrues à la vapeur sont en petit nombre et n'ont été introduites que dans les derniers temps. De toutes les machines agricoles, celle qui s'est le plus répandue, c'est la moissonneuse américaine ou anglaise.

Dans cette partie de l'Estramadure, la propriété est encore assez divisée; cependant, on ne trouve que de grandes propriétés lorsqu'on se rapproche du Tage.

La région au sud du Tage est très sèche et stérile, à l'exception des champs voisins de ce fleuve, de la péninsule de Setubal et de quelques vallées des affluents du Sado, où les sources sont abondantes. Les environs de San Thiago de Cacem présentent aussi une riche culture due à l'abondance de sources.

Sont encore à remarquer les vastes champs de Sorraia, de Mugem, de Santo Estevam et du Sado, dont la fertilité contraste d'une manière frappante avec l'aridité des landes voisines.

Les productions principales de cette région sont : froment, orge, seigle, vin, oranges, liège et bois de construction.

L'Estramadure est une des provinces où la viticulture est le plus répandue. Les principaux centres vinicoles sont : Torres-Vedras, Cartaxo, Torres-Novas, Thomar, Carcavellos, Lavradio, Setubal, environs de Lisbonne, Collares, Bucellas et Figueiro-dos-Vinhos.

Les concelhos où l'olivier prédomine sont : Torres-Novas, Thomar, Santarem, Alcobaça et Olivaes.

Caldas da Rainha, Alcobaça, Setubal et San Thiago do Cacem sont très renommés par leurs fruits délicats, tels que la pêche, la pomme, la poire, etc.

Les forêts de pins de la région au Nord du Tage, occupent une superficie de 38,840 hectares, dont 8,000 pour la forêt de Leiria. Au sud du Tage, on voit aussi des forêts de pins et de sapins, notamment dans les concelhos de Seixal, Almada, Azeitão, Aldeia-Gallega et Alcacer do Sal. Leur superficie est évaluée à 30,000 hectares.

Le châtaignier ne se rencontre guère que sur les versants du Zezere et à la chaîne de Cintra.

Enfin, dans les concelhos de Santarem, Torres-Novas, Chamusca et d'autres au Nord du Tage, et surtout dans ceux de Grandola et San Thiago de Cacem, il y a des bois très étendus de chênes-lièges et de chênes verts; associé aux pins et aux sapins, on trouve le chêne lusitanien.

ALEMTEJO.

Cette province est très riche, quoiqu'elle possède encore de vastes landes qui pourraient bien augmenter sa richesse si elles étaient mises en culture ou boisées de pins ou de chênes-lièges.

Ces landes sont la continuation de celles décrites précédemment. Elles se prolongent jusqu'aux limites des dépôts tertiaires, qu'elles dépassent en quelques endroits, en s'étendant sur les formations silurienne et laurentienne. Au delà de ces landes, la culture des céréales embrasse de larges superficies, au centre de la province, en s'associant à la culture de la vigne; les bois de chênes verts ou de chênes-lièges y couvrent aussi des superficies très étendues.

On y remarque cinq centres principaux de culture : 1° Niza et Portalegre; 2° Elvas,

Borba et Extremoz; 3° Redondo, Evora et Montemor-Novo; 4° Cuba et Beja; 5° Moura et Serpa.

La grande culture et la grande propriété y sont la règle générale, la petite culture y étant très rare. La superficie moyenne des fermes est de 100 hectares: il y en a de 3,000 hectares et même plus.

La culture dominante est celle des céréales. Les animaux employés aux travaux agricoles sont le mulet et le bœuf. Celui-ci n'est employé que par le grand propriétaire qui en possède des troupeaux; le mulet est le plus généralement employé soit aux labours, soit aux transports.

Les systèmes de culture y varient selon la qualité du sol et la dimension des fermes. Aux environs de Beja, de Cuba et de Ferreira où le sol est argileux, il est soumis à l'assolement biennal, blé et légumineuses, ou triennal, orge, blé et légumineuses.

Mais le système le plus généralement employé est celui qui consiste à semer deux années de suite du blé, ou le blé la première année, et l'orge, le maïs ou les légumineuses la seconde, le sol demeurant la troisième année en jachère après avoir été labouré.

Là où le sol est maigre, on partage les terres en parcelles qu'on appelle *folhas*, d'où vient le mot portugais *afolhamento* ou assolement; ces parcelles sont successivement cultivées, chaque folha demeurant en jachère autant d'années qu'il y en a de parcelles. C'est par cette raison que dans cette province il reste une grande superficie à cultiver.

Le système des jachères y est, cependant, indispensable, tant que l'on suivra le système pastoral pour l'alimentation des troupeaux.

En général, on suit encore les anciens procédés agricoles, mais on voit se développer parmi les propriétaires et les fermiers aisés le goût pour les procédés modernes, et le penchant pour l'adoption des instruments de travail perfectionnés. En effet, dans ces derniers temps, l'importation de machines et d'instruments agricoles a augmenté considérablement.

Les principaux produits agricoles de cette province sont le froment, l'orge, le seigle, le vin, l'huile d'olive, le liège, les fromages, etc.

Pour le froment, ce sont les districts de Beja et d'Evora qui en produisent la plus grande quantité.

L'huile d'olive abonde surtout dans les concelhos d'Elvas, Extremoz, Souzel, Montemor-Novo, Portel, Moura et Serpa.

Les principaux centres vinicoles sont Castello de Vide, Campo Maïor et Elvas, Borba, Evora, Redondo, Cuba et Vidigueira, Beja et Ferreira.

Les bois de chênes verts les plus étendus sont ceux des concelhos d'Arronches, Monforte, Crato et Portalegre, Elvas et Campo Maïor, Souzel, Aviz, Alandroal, Evora, Portel, Montemor, Beja, Ourique et Almodovar.

Enfin, une partie des versants de la chaîne de Portalegre se trouve couverte de bois de châtaigniers.

Cette province est très riche en bestiaux. La maison de Bragança possède près d'Al-

ter-do-Chão un haras qui donna naissance à une race chevaline d'une grande renommée, mais qui se trouve aujourd'hui dégénérée.

L'élevage et l'engraissement des porcs dans les bois d'yeuses et de chênes-lièges
constitue une des plus importantes ressources agricoles de la province.

Enfin, les troupeaux de moutons y sont nombreux, étant à remarquer que ceux à
laine blanche sont plus fréquents au Nord, dans le haut Alemtejo, et que, au contraire, ceux à laine noire se trouvent en plus grande quantité au midi de la province,
parce qu'ils s'accomodent plus facilement aux maigres pâturages des bruyères qui occupent une plus grande étendue dans le Sud que dans le Nord de cette contrée. C'est
peut-être par cette même raison que les fromages de Moura et de Serpa sont les plus
estimés de la province.

Du reste, on ne fabrique pas d'engrais dans cette région; le sol ne reçoit que
ceux produits par les troupeaux. Les productions s'en ressentent, le sol se trouvant,
d'ailleurs, épuisé par la culture des céréales.

ALGARVE.

Cette province se partage naturellement en deux zones tout à fait différentes : celle
du *littoral* et celle des *monts*.

La zone littorale, d'une largeur qui varie de 5 à 15 kilomètres, est doucement accidentée par les derniers contreforts de la chaîne de monts qui s'étend de la Guadiana
à l'océan; elle est, à l'exception des dunes, entièrement cultivée ou boisée, ce qui la
rend presque aussi pittoresque que le Minho. Ce qui lui donne toutefois un cachet
spécial, c'est la diversité des cultures et des arbres qui la revêtent; à côté des champs
de maïs ou de froment, on voit la vigne ou le figuier se mêler à l'olivier, au caroubier,
à l'oranger ou à l'amandier.

Les productions principales de cette zone sont : le froment, l'orge, le maïs, les légumineuses, la batate douce (*convolvulus batata*), le vin, l'huile d'olive, la figue, l'orange,
l'amande et la caroube.

On y remarque deux centres vinicoles très importants, l'un à l'Est, formé par les
concelhos de Tavira et d'Olhão (Moncarapacho, Fuzeta, Kelfes et Olhão) dont les vins
sont connus sous la dénomination de *vin de Fuzeta*; et l'autre à l'Ouest, constitué par
les concelhos de Lagoa et de Villa Nova de Portimão.

Le figuier occupe principalement le littoral entre Lagos et Cacella et quelques vallées du concelho de Loulé. L'olivier abonde surtout aux environs de Tavira et de Silves.
Le caroubier croît spontanément dans tout le littoral, de Lagos à Tavira, et revêt les
coteaux des monts calcaires de Loulé au Mont-Figo.

La zone montagneuse est presque entièrement inculte à l'exception des concelhos de
Monchique et d'Alcoutim et de quelques vallées où s'abritent quelques rares hameaux.
La culture des arbres à fruits, du maïs et des légumineuses a pris un grand déve-

loppement à Monchique, et, en outre, on y voit les flancs du mont Foya et de la chaîne d'Alferce revêtus de bois de châtaigniers et de chênes.

Alcoutim et ses environs produisent beaucoup de froment et de seigle, particulièrement sur le plateau entre les rivières Foupana et Vascão; on y rencontre aussi quelques bois de chênes verts et de chênes-lièges.

La propriété se trouve très divisée sur la zone littorale; la petite culture y est donc la règle, les grandes propriétés qui y existent se partageant d'ordinaire entre de petits rentiers. Dans la zone montagneuse, la propriété se trouve, au contraire, plus agglomérée.

Les animaux que l'on y emploie pour les travaux agricoles sont de l'espèce bovine qui y est très abondante. Les mulets sont aussi employés au labourage, surtout dans la zone montagneuse; cependant, leur emploi principal est de servir de bêtes de somme.

L'espèce ovine y est peu abondante et produit une laine de qualité inférieure, mais, en revanche, il y a dans la région montagneuse de nombreux troupeaux de chèvres, et l'on y élève nombre de porcs de la race *alemtejana*.

ADMINISTRATION AGRICOLE.

Tout ce qui a rapport à l'industrie agricole est du ressort du bureau d'agriculture. de la direction générale du commerce et de l'industrie au ministère des travaux publics, auquel se trouve annexée l'administration générale des forêts du royaume, qui était, en 1852 placée sous la direction du ministère de la marine. En 1842, le gouvernement a décrété la formation de sociétés agricoles au chef-lieu de chaque district administratif, mais leur service n'a été réglé que vers 1854. Les fonds nécessaires pour couvrir les frais à la charge des sociétés agricoles, sont annuellement votés par les juntas générales des districts, et payés par la caisse des districts.

Il y a dans chaque district administratif un intendant vétérinaire chargé, outre le service officiel de l'art vétérinaire, de la direction des haras et de l'enseignement de la zootechnie. Il y a aussi un agronome chargé de la direction technique des fermes-modèles ou stations expérimentales, et qui doit professer un cours d'agriculture et faire des conférences annuelles à des différentes localités du district.

Un décret du 28 février 1877 a créé dans chaque district administratif un conseil d'agriculture, chargé de l'étude des questions agricoles, et qui a une voix délibérative ou consultative sur les moyens et les mesures à appliquer au développement de l'agriculture et à l'amélioration des conditions agricoles des districts.

Pour l'enseignement agricole, il y a un institut général d'agriculture à Lisbonne, où l'on professe des cours complets d'agronomie et de zootechnie. Pour l'enseignement élémentaire, il y a un collège de régisseurs et d'ouvriers agricoles à la ferme-modèle de Cintra.

Les fermes-écoles ont été créées par le décret du 29 décembre 1864, mais le nombre en a été réduit à une, la ferme-école de Cintra mentionnée ci-dessus, qui,

tant par le matériel agricole dont elle est pourvue que par son personnel d'enseignement se trouve, à présent, dans d'excellentes conditions.

CRÉDIT AGRICOLE.

Une des causes principales de la stagnation de l'agriculture portugaise est le manque
de capitaux à bon marché. Il y a des monts-de-piété agraires, des celliers communs, des compagnies de crédit agricole; mais, soit que leur action ait été purement
locale, soit par une toute autre cause, ces institutions n'ont point produit les résultats
que l'on était en droit d'attendre. Quelques-unes de ces institutions sont d'ancienne
date. Le premier cellier commun fut fondé à Évora vers 1576, et, jusqu'au commencement de ce siècle, le nombre s'en est élevé à 34.

Le tableau suivant fait ressortir le nombre des institutions de crédit agricole, ainsi
que le capital et le taux de ses opérations, d'après une statistique officielle publiée
en 1852 :

DISTRICTS.	MONTS-DE-PIÉTÉ.	CELLIERS COMMUNS.	CAPITAL			TAUX P. 100.
			en CÉRÉALES.	en ARGENT.	en BIENS.	
			hectolitres.	francs.	francs.	
Faro.....................	3	//	664.5	//	1,008	5
Beja.....................	//	5	14,866.7	109,233	1,887	5 8 9 $\frac{1}{9}$
Évora.....................	//	12	20,838.0	19.891	23,299	5 9 $\frac{1}{9}$
Portalegre.................	//	12	15,416.7	437	2,895	5 9 $\frac{1}{2}$
Lisbonne...................	2	1	1,464.2	856	3,068	5
Santarem..................	//	1	//	//	//	5
Leiria.....................	1	//	266.6	//	//	5
Castello Branco............	1	//	1,775.9	//	//	5
Bragança..................	10	3	1,061.5	179	//	5 6$\frac{1}{4}$ 7$\frac{1}{2}$
TOTAUX...........	17	34	56,354.1	130,596	32,157	

Dans le district de Beja, on signalait un autre cellier commun, celui de Serpa, fondé
vers 1690; il ne figure dans le tableau précédent que parce qu'il a été, en 1840, converti en banque rurale. Son capital est de 65,335 francs, et 2,816 francs en biens.
Le taux de ses opérations est de 5 p. 0/0.

La loi de juin 1867 qui régla la formation des banques de crédit agricole et industriel, donna lieu à la création de la banque rurale de Vizeu en 1868, et, plus tard, en
1874, à la création d'une autre banque rurale à Faro.

DIVISION AGRICOLE DU SOL.

Le manque d'un cadastre rend difficile l'évaluation des superficies occupées par les diverses cultures, par les bâtiments, les routes, etc., et enfin, de la superficie des propriétés. Depuis 1867, l'on procède à la démarcation approximative de la superficie des terres labourables, des vignes et des vergers, ainsi que de la superficie des bois et forêts productifs; cette démarcation ne s'étend, cependant, qu'à quelques districts. Nonobstant le colonel Péry l'a prise pour base de ses évaluations, conjointement avec la statistique des productions agricoles et autres données qu'il a recueillies. C'est ainsi qu'a été obtenu le tableau ci-dessous :

PROVINCES.	SUPERFICIE			
	SOCIALE.	PRODUCTIVE.	INCULTE.	TOTALE.
	hectares.	hectares.	hectares.	hectares.
Minho......................	13,000	500,000	212,150	725,150
Traz-os-Montes...............	10,000	470,000	631,650	1,111,650
Beira......................	30,700	1,310,000	1,062,630	2,403,330
Estramadure..................	61,000	940,000	795,010	1,796,010
Alemtejo....................	16,000	1,190,000	1,233,130	2,439,130
Algarve.....................	15,000	240,000	230,000	485,000
TOTAUX..............	145,700	4,650,000	4,164,570	8,960,270

Sous la désignation de superficie sociale se trouve comprise la surface occupée par les maisons, les rues et les places, par les routes et les chemins de fer, et enfin par les cours d'eau et les lacs.

La superficie inculte comprend, d'un côté, une partie absolument improductive, constituée par les faîtes des montagnes nues et rocheuses, qui, par leur altitude, sont impropres à la culture forestière; par des versants à pente fort rapide, et par les dunes du littoral; d'autre part elle comprend une large étendue de sol cultivable ou apte à la culture forestière mais qui se trouve vague ou improductive.

Ainsi la superficie inculte peut être décomposée en

Faîtes des montagnes, etc...............................	93,500 hect.
Plages et dunes...........................	60,000
Superficie improductive....	153,500
Terres vagues, landes, etc..............................	4,011,070

Si l'on ajoute à la superficie sociale, la superficie improductive ci-dessus mentionnée, on trouve le chiffre de 299,000 hectares qui représente la superficie absolument improductive du pays. Par suite la superficie utilisable ou territoire agricole, s'élève à 8,661,070 hectares. Si l'on classe la superficie cultivée selon le genre de culture, on peut diviser le territoire du Portugal ainsi que l'indique le tableau suivant :

RÉPARTITION DES CULTURES DU PORTUGAL.

CULTURES.	SUPERFICIE.	PRODUCTION MOYENNE.	RAPPORT P. 100				RENDEMENT PAR HECTARE.
			AU TERRITOIRE entier.	AU TERRITOIRE agricole.	AU TERRITOIRE productif.	AU TERRITOIRE de chaque grand groupe.	
	hectares.	hectolitres.					
Froment......................	260,000	3,000,000	2.9	3.0	5.6	23.0	11.5
Maïs.........................	520,000	7,128,000	5.8	6.0	11.2	45.2	13.7
Seigle.......................	270,000	2,340,000	3.0	3.1	5.8	24.0	8.7
Orge	58,000	700,000	0.6	0.6	1.2	5.1	12.1
Avoine.......................	12,000	150,000	0.1	0.1	0.2	1.1	12.5
Riz..........................	7,000	210,000	0.1	0.1	0.2	1.0	30.0
CÉRÉALES.....................	1,127,000	13,528,000	12.5	13.0	24.2	47.5	12.0
		kilogrammes.					
Légumineuses................	90,000	50,000,000	1.0	1.1	1.9	3.7	//
		hectolitres.					
Pommes de terre.............	30,000	2,894,000	0.3	0.3	0.6	1.2	96.0
Cultures potagères et maraîchères..	50,000	//	0.6	0.6	1.1	2.1	//
Autres cultures..............	50,000	//	0.6	0.6	1.1	2.1	//
Lin, chanvre.................	25,000	//	0.2	0.3	0.5	1.1	//
CULTURES DIVERSES............	245,000	//	2.7	2.8	5.3	10.3	//
Prairies... { permanentes......	50,000	//	0.6	0.6	1.1	2.1	//
temporaires	50,000	//	0.6	0.6	1.1	2.1	//
PRAIRIES.....................	100,000	//	1.2	1.2	2.2	4.2	//
JACHÈRES.....................	900,000	//	10.0	10.4	19.4	38.0	//
TERRES LABOURABLES...........	2,372,000	//	26.4	27.3	51.0	100.0	//
PRAIRIES NATURELLES...........	966,000	//	10.8	11.1	20.8	49.0	//
VIGNES.......................	220,000	//	2.5	2.5	4.7	11.1	36.0
Oliviers.....................	200 000	//	2.2	2.3	4.3	10.2	//
Vergers	130,000	//	1.4	1.5	2.8	6.5	//
Figuiers, etc................	50,000	//	0.6	1.6	1.1	2.5	//
Caroubiers...................	12,000	//	0.1	0.1	0.2	0.6	//
Châtaigniers.................	20,000	//	0.2	0.2	0.4	1.0	//
Bois d'yeuses et chênes-verts......	370,000	//	4.1	4.2	8.0	18.8	//
BOIS PRODUCTIFS	782,000	//	8.7	9.0	16.8	39.7	//
AUTRES TERRAINS PRODUCTIFS.......	1,968,000	//	71.9	22.6	42.3	100.0	//
Bois { de pins................	210,000	//	2.3	2.4	4.5	67.7	//
de chênes et de châtaigniers.	100,000	//	1.1	1.2	2.2	32.3	//
BOIS ET FORÊTS...............	310,000	//	3.4	3.6	6.7	100.0	//

16.

Nous ferons d'abord remarquer que dans une grande partie des terres labourables on voit, soit épars çà et là dans les champs, soit revêtant les limites des propriétés, des arbres fruitiers de diverses espèces, dont on ne peut tenir compte dans une évaluation des superficies occupées par les bois productifs. C'est ce que l'on observe dans la province de Minho, dans le littoral de l'Algarve et dans maints endroits de l'Estramadure, de la Beira et de Tras-os-Montes.

Si maintenant nous comparons le Portugal aux États étrangers, à l'aide du tableau ci-dessous, sous le point de vue de la répartition proportionnelle du territoire agricole, on se rendra compte des grandes différences qui existent entre les divers pays [1].

PAYS.	CÉRÉALES ET FARINEUX.	CULTURES POTAGÈRES, maraîchères et industrielles.	PRAIRIES ARTIFICIELLES et fourrages annuels.	JACHÈRES.	TOTAUX.	PRAIRIES NATURELLES et pâturage.	VIGNES.	BOIS ET FORÊTS.	TOTAUX.	TOTAUX DU TERRITOIRE EXPLOITÉ.	TERRES INCULTES.
	p. 100.	p. 100.	p. 100.	p. 100.	p. 100.	p. 100.	p. 100.	p. 100.	p. 100.	p. 100.	p. 100.
Angleterre.......	21.3	0.3	15.9	1.5	39.0	27.9	"	4.7	32.6	71.6	28.4
Danemark.......	40.1	0.5	0.9	8.6	50.1	37.7	"	6.4	44.1	94.2	5.8
Norvège........	0.7	"	1.3	0.1	2.1	1.9	"	24.0	25.9	28.0	72.0
Suède..........	3.4	0.2	1.6	0.8	6.0	4.8	"	41.5	46.3	52.3	47.7
Autriche........	26.1	0.6	4.5	0.2	31.4	28.3	0.8	32.6	61.7	93.1	6.9
Hongrie........	26.5	1.1	1.0	7.3	35.9	25.4	1.4	27.1	53.9	89.8	10.2
Bavière........	28.7	2.0	4.9	6.4	42.0	19.6	0.3	32.2	52.1	94.1	5.9
Saxe royale......	33.0	2.9	13.5	2.8	52.2	14.7	0.1	28.9	43.7	95.9	4.1
Wurtemberg.....	31.5	2.3	6.6	4.7	45.1	20.3	1.0	32.2	53.5	98.6	1.4
Hollande........	23.0	3.0	6.1	0.7	32.8	37.0	"	7.2	44.2	77.0	23.0
Belgique........	43.7	6.6	7.2	2.0	59.5	13.8	"	16.8	30.6	90.1	9.9
France.........	34.7	2.8	6.3	9.9	53.7	15.0	5.3	17.0	37.3	91.0	9.0
Portugal........	15.0	0.9	1.2	10.4	27.5	11.1	2.5	12.6	26.2	53.5	46.5
Roumanie.......	25.3	2.3	"	1.7	29.3	21.3	0.8	16.9	39.0	68.3	31.7
Irlande.........	15.3	0.7	12.5	0.1	28.6	56.3	"	1.7	58.0	86.6	13.4

DIVISION DE LA PROPRIÉTÉ.

La propriété, nous l'avons déjà dit, se trouve bien inégalement divisée suivant les diverses régions du Portugal.

Le tableau suivant fait ressortir la proportionnalité de la division de la propriété foncière en 1868, ainsi que la grandeur moyenne des propriétés, le nombre moyen de parcelles par hectare, le nombre de cotes foncières et son rapport à la population.

[1] Ce tableau a été dressé d'après des renseignements extraits de la *Statistique internationale de l'agriculture.* — Paris, 1876.

DISTRICTS.	NOMBRE		SUPERFICIE MOYENNE des parcelles.	NOMBRE DE COTES.	RAPPORT à LA POPULATION.
	DE PROPRIÉTÉS foncières.	DE PARCELLES par hectare.			
			hectares.		p. 100.
Aveiro.................	583,379	1.99	0.50	71,516	28.3
Beja...................	78,346	0.07	13.87	27,908	19.5
Braga..................	419,637	1.53	0.65	56,991	17.7
Bragança	384,082	0.57	1.73	36,920	22.5
Castello-Branco........	229,917	0.35	2.90	36,595	22.1
Coïmbre................	629,401	1.62	0.61	80,470	28.4
Evora..................	47,123	0.07	15.15	15,132	14.5
Faro...................	167,732	0.34	2.92	42,759	23.8
Guarda.................	393,682	0.71	1.40	58,032	27.0
Leiria.................	382,517	1.10	0.91	51,617	27.0
Lisbonne...............	207,546	0.27	3.66	63,046	13.9
Portalegre.............	63,869	0.10	10.08	17,365	17.1
Santarem...............	259,843	1.11	0.89	62,310	14.7
Porto..................	241,146	0.35	2.84	49,675	24.6
Vianna.................	377,312	1.68	0.58	50,043	24.5
Villa Real.............	514,592	1.15	0.86	52,831	23.8
Vizeu.................	698,261	1.40	0.71	80,175	21.7
Totaux............	5,678,385	0.64	1.55	853,385	21.4

On conclut de ce tableau que les districts où la superficie moyenne de la propriété se trouve au-dessous de la moyenne générale de 1.55, sont : Aveiro, Vianna, Coïmbre, Braga, Viseu, Villa Real, Porto, Leira et Guarda; les districts où elle est au-dessus de la moyenne sont, par ordre croissant : Bragança, Santarem, Castello-Branco, Faro, Lisbonne, Portalegre, Beja, Evora.

Si l'on classe les districts par rapport au nombre des propriétaires, on trouve que la propriété est plus divisée dans les districts de Coïmbre, Aveiro, Leira, Guarda, Santarem, Vianna, Villa Real, Faro, Bragança, Castello-Branco et Vizeu; et qu'elle se trouve plus agglomérée dans les districts de Beja, Braga, Portalegre, Porto, Evora et Lisbonne.

Nous ferons remarquer que la division de la propriété ne donne pas toujours des indications précises sur l'étendue des exploitations agricoles. Il y a, par exemple, dans le Minho de grands domaines; mais ils sont exploités par la petite culture, partagés qu'ils sont en parcelles exploitées par des rentiers. Dans l'Alemtejo et les districts de Lisbonne, de Santarem et de Castello-Branco, outre la grande propriété il y a la grande culture; une exploitation agricole y embrasse plus d'une ferme, en s'étendant parfois sur une superficie de 10,000 et dépassant même 20,000 hectares.

La comparaison de la grandeur des cotes foncières, dans les divers districts, jette beaucoup de lumière sur la question du morcellement de la propriété; pour cette raison, nous ajoutons ici le tableau suivant, qui fait ressortir le rapport des cotes, groupées en cinq classes, avec le chiffre des contribuables fonciers.

DISTRICTS.	RAPPORT DES COTES AVEC LE NOMBRE DES CONTRIBUABLES.				
	Jusqu'à o fr. 50 c.	De o fr. 50 c. à 5 fr. 60 c.	De 5 fr. 60 c. à 56 francs.	De 56 francs à 280 francs.	Au-dessus de 280 francs.
Aveiro......................	22.0	47.5	28.5	1.5	0.05
Beja........................	8.1	57.1	28.6	5.1	1.1
Braga.......................	10.4	47.2	36.5	5.6	0.3
Bragança....................	3.9	45.5	43.1	6.2	1.3
Castello Branco..............	8.0	53.6	35.6	2.3	0.5
Coimbre.....................	19.4	51.3	27.5	1.6	0.2
Evora.......................	2.2	45.3	38.3	10.6	3.6
Faro........................	10.3	52.3	33.7	3.4	0.3
Guarda......................	20.8	53.7	23.1	2.1	0.3
Leiria......................	12.9	53.7	32.1	1.2	0.1
Lisbonne....................	3.5	35.0	44.8	13.1	3.6
Portalegre..................	1.0	50.0	37.3	9.1	2.6
Porto.......................	10.6	48.5	32.5	7.6	0.8
Santarem....................	4.8	53.1	37.5	3.5	1.1
Vianna......................	7.4	48.7	41.5	2.2	0.2
Villa Real..................	14.4	48.0	35.0	2.4	0.2
Vizeu.......................	16.5	49.6	31.3	2.3	0.3

On conclut de ce tableau, que c'est dans les districts d'Aveiro, de Guarda, de Coimbre, de Vizeu, de Villa Real et de Leiria que l'on trouve les cotes foncières les plus faibles, tandis que les grosses cotes se rencontrent dans les districts de Lisbonne, d'Evora, de Portalegre, de Bragança, de Beja et de Santarem. Ces résultats sont d'accord avec ceux obtenus précédemment, et il en ressort, enfin, que la propriété est plus divisée dans les provinces du Nord que dans l'Alemtejo et l'Algarve.

Nous ne possédons aucun élément pour déterminer le nombre et la grandeur des exploitations agricoles, et la valeur vénale de la propriété ne peut être connue qu'approximativement à l'aide du revenu net, que le tableau ci-dessous fait ressortir par rapport à l'année 1869.

DISTRICTS.	REVENU NET.		VALEUR VÉNALE.
	DOMAINES RURAUX.	DOMAINES URBAINS.	
	francs.	francs.	francs.
Aveiro......................	4,653,600	123,200	95,424,000
Beja........................	5,448,800	352,800	116,048,800
Braga.......................	5,297,600	448,000	115,001,600
Bragança....................	4,373,600	190,400	91,296,800
Castello Branco..............	3,018,400	134,400	63,089,600
Coimbre.....................	6,966,400	588,000	151,155,200
Evora.......................	5,129,600	453,600	111,534,800
A reporter..........	34,888,000	2,290,400	743,550,800

| DISTRICTS. | REVENU NET. | | VALEUR VÉNALE. |
	DOMAINES RURAUX.	DOMAINES URBAINS.	
	francs.	francs.	francs.
Report....................	34,888,000	2,290,400	743,550,800
Faro.....................................	5,650,400	364,000	120,265,600
Guarda.................................	4,648,000	123,200	95,491,200
Leiria...................................	3,668,000	145,600	76,294,400
Lisbonne...............................	19,532,800	9,318,400	577,046,400
Portalegre.............................	4,832,800	448,000	105,692,000
Porto...................................	7,599,200	4,457,600	241,158,400
Santarem...............................	7,016,800	380,800	148,041,600
Vianna..................................	3,964,800	229,600	83,888,000
Villa Real.............................	4,368,000	246,400	92,321,600
Vizeu...................................	9,576,000	436,800	200,312,000
Totaux...................	105,744,800	18,440,800	2,484,062,000

La valeur vénale, ainsi déduite, se trouve bien loin d'être la vraie, car le revenu net des rôles fonciers est fort écarté de ce qu'il était en réalité; ce revenu se trouve, d'ailleurs, plus que doublé aujourd'hui par suite de l'accroissement progressif des loyers.

PRODUCTIONS.

La culture dominante en Portugal est celle des céréales, et, de toutes les céréales, la plus importante est le maïs. Cette culture s'est accrue d'une manière considérable depuis 1850 par le défrichement successif des terrains incultes. Aujourd'hui, on voit de vertes moissons là où, il y a à peine quelques années, on chassait le sanglier et le daim.

FROMENT.

La culture du froment s'est répandue dans tous les districts du Portugal, mais c'est dans les districts de Beja, Evora, Lisbonne, Santarem, Portalegre et Faro qu'elle est la plus importante.

On cultive en Portugal vingt-neuf variétés de blé. La quantité de semence est en moyenne de 175 litres par hectare, et le rendement en est de 13 hectolitres; dans le plateau de Beja ce rendement s'élève, pour quelques terres, à 30 et 40 hectolitres par hectare. Dans la zone littorale de l'Algarve, le rendement du froment n'est guère que de 5 à 8 hectolitres par hectare, et, par exception, s'élève à 10 en quelques endroits.

Le poids du froment varie de 78,5 à 82,2 kilogrammes par hectolitre selon les variétés; il est en moyenne de 80 kilogrammes.

Son prix varie beaucoup selon les années et selon les districts; le minimum moyen est de 1 franc par décalitre, et le maximum est de 2 francs.

Dans la période de 1866-1870, la production moyenne, d'après les documents officiels, a été de 2,061,590 hectolitres; en 1873, la production a été de 2,116,113 hectolitres. Mais si l'on calcule la quantité de céréales nécessaires à la consommation de 4,260,000 habitants, on trouvera que, déduction faite de l'exportation et en y ajoutant l'importation, la correction proportionnelle à ajouter au chiffre de la production du froment est de 677,151 hectolitres.

La production réelle du froment doit avoir été, en 1873, de 2.793.269 hectolitres.

La production moyenne annuelle du froment dans les principaux États étrangers était à cette époque, en millions d'hectolitres :

Angleterre	37	Italie	35
Russie	80	Prusse	28
Espagne	66	Belgique	5
États-Unis	98	Portugal	3
Autriche	40	Hollande	2

MAÏS.

La culture du maïs domine et surpasse de beaucoup la culture des autres céréales, dans les provinces de Minho et de Beira-Alta, et dans les districts de Leiria et de Santarem. Elle surpasse aussi la culture du froment dans les districts de Guarda, Castello Branco et Villa Real. Dans les autres districts, elle est fort au-dessous de la culture des autres céréales. Le district qui en produit le moins est celui de Bragança, et après lui viennent ceux d'Evora et de Beja.

On cultive en Portugal vingt-trois variétés de maïs. La quantité de semence employée est en moyenne de 40 litres par hectare. Le rendement varie de 16 à 20 hectolitres par hectare dans le Minho et la Beira, s'élevant à 40 ou 45 hectolitres dans les terres très fertiles de Tras-os-Montes, du Minho, et dans les plaines du Tage, du Mondégo, etc.

Dans l'Algrave et l'Alemtejo, le rendement n'est que de 4 à 6 hectolitres, et peut s'élever au double dans les terres irriguées.

Le rendement moyen n'est que de 13.7 hectolitres.

La production moyenne, selon la statistique officielle, est de 5,400.000 hectolitres; elle s'élève à 7,128,000 si l'on ajoute la correction correspondante.

Le prix de cette céréale varie de 1 franc à 1 fr. 50 le décalitre.

SEIGLE.

Le seigle est principalement cultivé dans les contrées froides et montagneuses, et dans les sols maigres du pays où le froment ne vient pas bien. La culture du seigle domine particulièrement dans les districts de Guarda, Bragança, Castello Branco et Villa Real; elle surpasse celle du froment dans les districts de Braga, Porto, Vizeu et Vianna. Les autres districts en produisent de petites quantités.

La quantité employée dans les ensemencements est de 170 à 180 litres par hectare. Le prix du seigle est en moyenne de 0 fr. 90 à 1 franc le décalitre.

La production moyenne, officielle, de cette céréale est de 1,800,000 hectolitres. La production corrigée doit être de 2,340,000 hectolitres.

ORGE ET AVOINE.

La culture de l'orge est particulièrement répandue dans l'Alemtejo. l'Estramadure et l'Algarve; elle a aussi une certaine étendue dans la Beira. L'avoine est surtout cultivée dans l'Alemtejo.

Le rendement moyen de l'orge est de 12 hectolitres par hectare; celui de l'avoine est de 13.

La production est en moyenne de 700,000 hectolitres pour l'orge, et de 150,000 pour l'avoine.

RIZ.

Le riz n'est cultivé que dans les terrains marécageux des districts de Lisbonne, d'Aveiro, de Coïmbre, de Leiria, d'Evora, de Faro et de Portalegre.

Le riz qui, comme on le sait, exige des terrains marécageux ou complètement inondés, s'est répandu partout où il y avait des marécages; il a même envahi des terres labourables qui pouvaient être inondées avec facilité. De là une cause d'insalubrité dans les régions qui avoisinent les rivières, et le gouvernement en a interdit la culture sur les terres que l'on pourrait destiner à d'autres céréales. On a constaté alors l'existence d'une étendue de marécages qui s'élevait à 44,000 hectares. Cette étendue se trouve diminuée à présent, grâce aux travaux de dessèchement entrepris dans les plaines du Tage, du Mondégo et à Aljezur.

Cette culture donne un rendement de 6 à 16 hectolitres par hectare. La production moyenne s'élève à 6,500,000 kilogrammes. Le prix moyen de l'hectolitre est de 16 fr. 80.

En résumé, la production des céréales n'est en Portugal que de 13 à 14 millions d'hectolitres. La superficie destinée à cette culture s'élève à 1,127,000 hectares. Quoique le Portugal ne récolte pas les céréales nécessaires à la consommation, il est un des pays qui, relativement à leur étendue, produisent le plus de maïs.

Le tableau ci-après fait nettement ressortir l'importance de la production des céréales dans les divers pays à l'époque correspondant aux évaluations du colonel Pery (1870-1875):

Production des céréales par habitant (en hectolitres) [1].

Roumanie.	14.4	Wurtemberg.	4.7
États-Unis.	14.0	Irlande.	4.6
Danemark.	11.8	Turquie.	4.6
Russie.	8.1	Finlande.	4.4
Prusse.	8.0	Grande-Bretagne.	4.2
France.	6.9	Saxe royale.	3.8
Hongrie.	6.8	Serbie.	3.8
Bavière.	6.5	Portugal.	3.3
Suède.	5.5	Hollande.	3.2
Duchés allemands.	5.1	Norvège.	3.1
Belgique.	4.9	Grèce.	3.1
Espagne.	4.9	Italie.	2.8
Autriche.	4.7	Suisse.	2.1

POMMES DE TERRE.

La culture de la pomme de terre est une des plus importantes du pays, particulièrement dans les provinces du Nord, où ce tubercule entre pour une grande part dans l'alimentation du peuple. Les districts les plus producteurs sont : Guarda, Villa Real, Bragança, Viseu, Lisbonne, Castello Branco, Coïmbre et Aveiro. Les moins producteurs sont : Evora et Beja.

D'après les documents officiels, la production moyenne, dans la période de 1861 à 1870 a été de 1,751,000 hectolitres; mais la correction à ajouter à ce chiffre étant de 1,143,000 hectolitres, la production réelle doit être de 2,894,000 hectolitres. Par suite de la maladie qui a atteint les pommes de terre, la production, en 1873, abaissée à 2,642,000 hectolitres.

La pomme de terre donne des produits assez abondants, le rendement moyen par hectare s'élevant à 96 hectolitres.

Le prix de vente de la pomme de terre, toujours plus élevé dans le Sud que dans le Nord du pays où elle est plus abondante, est en moyenne de 6 fr. 70 l'hectolitre. Dans l'Alemtejo, le prix moyen atteint 9 francs.

La pomme de terre donne lieu à un commerce d'exportation important. En 1871, l'exportation s'est élevée à 5.559,029 kilogrammes.

LÉGUMINEUSES.

On comprend, sous cette dénomination, les haricots, les pois, les fèves, les pois-

---

[1] Statistique agricole internationale.

chiches, les lentilles, les gesses et les lupins. La culture des haricots est plus répandue dans les districts au Nord du Tage; celle des gesses et des pois-chiches l'est davantage dans les districts au Sud de ce fleuve.

La production moyenne des légumes secs pour la période de 1866 à 1870, selon les documents officiels, a été de 22,799,000 kilogrammes; en 1873, cette production a été de 20,960,000 kilogrammes.

L'erreur de cette statistique est évaluée à 30,000,000 de kilogrammes, ce qui élève la production à plus de 50,000,000 de kilogrammes.

AUTRES CULTURES.

On cultive, en Portugal, une grande quantité de racines et de légumes verts, dont il est impossible d'apprécier la valeur, et qui entrent dans la consommation générale ou servent de nourriture aux animaux.

La culture des oignons a pris un développement considérable par suite de l'importante exportation qu'on en fait pour l'Angleterre et le Brésil.

Dans le littoral de l'Algarve, on récolte de grandes quantités de patates douces (*Convolvulus batata*) entièrement destinées à l'alimentation du peuple.

L'arachide (*Ginguba* ou *Mendobi*) y a été acclimatée, et l'on y a essayé, avec d'heureux résultats, la culture de la canne à sucre et du coton.

LIN ET CHANVRE.

Ces deux plantes textiles sont cultivées dans presque tout le pays; mais leur culture se trouve plus répandue dans les provinces de Minho, de Traz-os-Montes, de Beira et de l'Estramadure au Nord du Tage.

Au Sud de ce fleuve, on cultive le chanvre. et un peu le lin dans le district de Portalègre et dans la région montagneuse de l'Algarve.

La production moyenne de cette importante culture industrielle est de 170,000 hectolitres de graines et 10,000 quintaux de filasse.

La quantité de graine que l'on emploie dans les semences varie selon le but qu'on se propose; on sème 100 litres par hectare quand on ne veut récolter que de la graine; 210 litres quand on veut obtenir du lin fin.

Le rendement moyen du lin par hectare, est de 7 à 10 hectolitres de graines, et 400 kilogrammes de filasse.

Le chanvre ne produit que 4 à 6 hectolitres de graines par hectare, mais il donne en revanche 800 à 1,000 kilogrammes de filasse.

Les 10,000 quintaux de filasse de la production d'une année se réduisent, après les premières opérations exécutées par le producteur, à 1,000 quintaux de lin, 1,800 d'étoupes et 1,500 de bourres.

Le prix de la filasse est de 0 fr. 25 le kilogramme, celui du lin 2 francs, de l'étoupe 0 fr. 90 et des bourres 0 fr. 30.

VIGNES.

La culture de la vigne remonte, en Portugal, à la plus haute antiquité et constitue une des principales richesses agricoles de ce pays. Soit dans quelques systèmes de culture, soit dans quelques procédés de fabrication du vin, le cachet romain s'y révèle encore aujourd'hui.

Son plus grand développement ne date, cependant, que du milieu du XVIIIe siècle, particulièrement dans la région vinicole du Douro, après que la Compagnie des vins du Alto Douro eut été organisée par le marquis de Pombal. Le tableau ci-dessous fait parfaitement ressortir ce développement.

Exportation de vin par le port de Porto
depuis 1678.

1678 à 1687	632 pipes[1]
1689 1717	7,188
1757	12,482
1775	24,013
1795	55,918
1798	72,496
1807	54,718
1819	26,387
1825	51,939
1833	20,809
1843 à 1852 (moyenne)	33,176
1853	60,674
1856-1857	38,300
1857-1858	19,430

On voit que, depuis 1757 jusqu'à la fin du siècle, l'accroissement est progressif; les agitations du pays et de l'Europe, depuis le commencement de ce siècle jusqu'à 1823, expliquent la considérable diminution ainsi que les fortes oscillations que l'on observe dans l'exportation de cette période; enfin l'énorme diminution de 1857 à 1858 est due aux ravages de l'oïdium qui a fait son apparition en Portugal vers l'année 1854.

Pour l'année 1852, la production du vin est ainsi évaluée :

[1] La pipe équivaut à 450 litres.

PROVINCES.	VIN MÛR.	VIN VERT.	TOTAUX.
			pipes.
Minho.................................	//	199,509	199,509
Tras-os-Montes........................	188,990	13,691	202,681
Beira................................	203,549	67,211	270,760
Estramadure..........................	157,149	//	157,149
Alemtejo.............................	24,860	//	24,860
Algarve..............................	10,210	//	10,210
			865,169
Hectolitres...			4,325,845

En 1848, la production a été de 843,674 fûts de 500 litres; en 1849, elle a été de 485,023; en 1850, 499,462, et en 1851, 787,809.

Dans la période décennale de 1861-1870, la production moyenne officielle a été de 1,743,556 hectolitres. En 1873, elle a été de 2,041,715 hectolitres.

L'erreur statistique est évaluée à 2,042,600 hectolitres, ce qui élève la production de 1873 au chiffre de 4,086,000 hectolitres, chiffre qui doit être encore fort au-dessous de ce qu'il est en réalité, attendu qu'on ne peut tenir compte de la grande quantité de vin qui constitue le stock.

La superficie occupée par les vignobles est évaluée à 270,000 hectares, et l'on compte de 5,000 à 6,000 ceps par hectare.

Le rendement moyen de la vigne est de 25 hectolitres par hectare. En France, le rendement est évalué à 21 hectolitres par hectare; il y a cependant des départements qui présentent un produit maximum voisin de 60 hectolitres.

La vigne est cultivée dans tout le pays, mais dans des conditions différentes, ce qui est la cause du grand nombre de variétés de vins produites par les diverses régions viticoles : la diversité des formations géologiques, la variété des conditions climatériques, ainsi que la multiplicité des espèces de raisins; tout, en un mot, contribue à augmenter la diversité des vins portugais. Si l'on classe les districts d'après la quantité de vin produite, ils se groupent ainsi : Vizeu, Lisbonne, Aveiro, Braga, Bragança, Leiria, Santarem, Porto, Coïmbre, Vianna, Guarda, Evora, Beja, Villa Real, Castello Branco, Portalegre, Faro. Au point de vue de la qualité des produits, ils se classent ainsi : Vizeu, Villa Real, Bragança, Lisbonne, Faro, Aveiro, Santarem, Beja, Evora, Leira, Coïmbre, Castello Branco, Portalegre, Guarda, Braga, Vianna, Porto.

Les principaux centres vinicoles sont, pour le vin mûr : Douro, qui se partage en Douro inférieur, haut Douro et Douro supérieur, et qui embrasse une partie des districts de Vizeu, Villa Real et Bragança, sur les deux rives du Douro; Bragança, Castro Vicente et Bemposta, dans le district de Bragança; Oura, dans le district de Villa Real; Dão, dans le district de Vizeu; Baïrrada, dans le district d'Aveiro; Fundão et Penamacor, dans le district de Castello Branco, Figueiró dos Vinhos, Alcobaça, et Caldas, dans le district de Leiria; Mação, Torres Novas, Cartaxo, Chamusca et Almeirim, dans le district de Santarem; Torres Vedras, Carcavellos, Arruda, Bucellas, Collares, Termo de Lisbonne, Lavradio, Azeitão et Setubal, dans le district de Lisbonne; Castello de Vide et Elvas, dans le district de Portalegre; Borba, Extremoz, Evora et Redondo, dans le district d'Evora; Cuba, Vidigueira et Beja, dans le district de Beja; Fuzeta et Portimão, dans le district de Faro.

Pour le vin vert, les principaux centres de production sont : Amarante et Basto, dans les districts de Porto et Braga; Arcos et Monsão, dans le district de Vianna.

D'après quelques études sur l'ampélographie du Portugal, on connaît un grand nombre de variétés de raisins; pour les raisins blancs, on connaît près de 100 variétés; pour les raisins colorés, 139.

Le commerce des vins portugais, qui était limité à l'exportation des vins du Alto-Douro, connus dans le monde entier sous la dénomination de *vins de Porto*, s'est généralisé depuis quelques années à tous les autres vins principaux du pays, notamment à ceux de Baïrrada, de Dão, de Cartaxo, de Torres, etc.; les vins verts du Minho sont aujourd'hui très appréciés sur les marchés du Brésil.

FRUITS DIVERS.

La culture des arbres fruitiers est très répandue et donne lieu à un commerce d'exportation fort important, soit en fruits verts, soit en fruits secs.

La statistique officielle ne nous donne des renseignements que pour les oranges, les châtaignes, les amandes, les noix et les olives.

La production des oranges, d'après la statistique de 1873, est évaluée à 250 millions, et celle des limons à 33 millions. La production des châtaigneraies est, en moyenne, de 270,000 hectolitres. Les amandiers ont produit 21,250 hectolitres et les noyers 28,217.

Les districts qui produisent la plus grande quantité et, en même temps, les meilleures oranges, sont : Faro, Lisbonne, Leiria, Coïmbre, Evora, Aveiro, Braga, etc.

Les amandiers abondent particulièrement dans les districts de Bragança, Guarda et Faro. Le châtaignier est surtout abondant dans les districts de Bragança, Villa Real, Guarda, Portalegre, Castello Branco, Santarem.

Les oliviers couvrent de grandes étendues dans les districts de Beja, de Lisbonne, de Santarem et de Castello Branco, qui sont les producteurs de la meilleure huile d'olive; ils couvrent aussi d'importantes superficies dans les districts d'Evora, Faro, Bragança, Coïmbre et Villa Real.

La production moyenne de l'huile d'olive a été de 180,000 hectolitres, dans la période de 1861 à 1870, d'après les documents officiels; mais si l'on ajoute à ce chiffre la correction convenable, il s'élève à 250,000 hectolitres.

Le prix de l'hectolitre est, en moyenne, de 50 francs.

BOIS ET FORÊTS.

Il y a, dans le pays, des régions abondamment couvertes d'arbres de diverses espèces, tandis que, au contraire, on en trouve d'autres entièrement dénudées. Dans le premier cas, se trouvent la province du Minho, la zone littorale depuis Ovar jusqu'à Caldas, une partie du centre de l'Alemtejo, le littoral de l'Algarve et d'autres superficies boisées, à l'intérieur de la Beira et du Traz-os-Montes. Dans le second cas, se trouvent la région montagneuse du pays, presque en entier, et les vastes landes au sud du Tage.

La superficie des bois et des forêts proprement dits n'a que 310,000 hectares, mais si l'on y ajoute 782,000 hectares de bois productifs, et un quart de la superficie des terres labourables, soit 550,000 hectares, qui représente à peu près l'étendue occupée par les arbres fruitiers épars dans les champs cultivés, on obtiendra le chiffre de 1,642,000 hectares pour représenter la superficie couverte d'arbres de diverses espèces, soit 18.3 p. 100 de la superficie totale du royaume.

La superficie de 310,000 hectares de bois et forêts peut être décomposée ainsi :

Forêts de l'État	25,000
Forêts des communes	2,000
Bois appartenant à des particuliers	183,000
Bois de chênes et de châtaigniers	100,000
Total	310,000

Les forêts et bois de l'État sont au nombre de 27 et sont situés en des points différents du pays.

De ces forêts, la plus importante est la forêt nationale de Leira, dont la plantation a été ordonnée par le roi Denis. Elle a une superficie de près de 10,000 hectares. Les autres bois n'ont chacun que 500 à 2,000 hectares.

En général, ces bois appartenaient aux anciens couvents que la loi déclara biens nationaux lors de l'extinction des ordres religieux. Le plus important de tous est, sans contredit, celui du Bussaco dont l'existence atteste hautement la possibilité de convertir en bois et en taillis épais les versants arides et dénudés des montagnes.

Les essences principales qui fournissent des bois de construction, sont : le pin, le sapin le chêne, le châtaignier, le chêne-liège, et le chêne vert ou l'yeuse. Le cèdre, le peuplier, l'orme, le platane, le frêne, etc., peuplent aussi les bois de l'État. Le noyer, le cerisier et autres, sont destinés à l'ébénisterie.

La forêt de Leiria fournit d'excellents bois de construction navale ; de ses bois de pin on extrait aussi de la résine.

En l'année 1859-1860 les forêts et bois de l'État produisirent les espèces ci-dessous.
Arbres abattus : 78,155.

Bois de construction...............................	309,360 francs.
Bois de chauffage..................................	33,500
Fagots (79,099 charretées)........................	42,300
Produits résineux fabriqués.......................	17,430
Substances résineuses recueillies.................	9,800
Semences..	12,940
Rentes..	2,030
Autres produits...................................	2,280
Total............................	429,640

Les recettes et les dépenses pour les années ci-dessous, ont été :

	Recettes.	Dépenses.
1859-1860...............................	350,168 francs	283,068 francs.
1861-1862...............................	333,844	336,056
1874-1875...............................	287,588	248,914

Depuis quelques années, l'Administration des forêts se trouve partagée en trois divisions. Le produit de chacune de ces trois divisions forestières, pour l'année 1874-1875, a été :

Division du Centre :
Arbres abattus : 122,617.

Produit des coupes................................	43,154 mq.
Valeur..	114,780 francs.

Division du Sud :

Produit des coupes................................	2,759 mq.
Valeur..	8,740 francs.

Division du Nord :

Produit des coupes................................	2,166 mq.
Valeur..	15,816 francs.

L'extraction de la résine a été faite sur 320,000 arbres occupant une superficie de 1,663 hectares. Voici les résultats obtenus pendant l'année 1874-1875 :

Gomme...	398,013 kilog.
Produits de la fabrication........................	377,197
Valeur des produits...............................	72,945 francs.

La forêt nationale de Leiria se trouve reliée au petit port de São Martinho par un chemin de fer à traction animale, dont la longueur est de 37 kilomètres.

Le personnel de l'Administration des forêts de l'État est organisé et rémunéré comme suit :

Administrateur général................................	6,160 francs.
Secrétaire..	2,240
Adjudant...	1,000
Personnel du bureau...............................	8,340
3 chefs de division...............................	11,620
1 directeur......................................	2,000
6 régisseurs.....................................	7,380
1 aumônier, administrateur du sanctuaire du bois de Bussaco.........	1,210
1 servant..	480
4 caporaux.......................................	3,370
37 gardes..	17,580
Total.....................	61,380

PRAIRIES ET PÂTURAGES.

Ce n'est que dans la province de Minho que la culture des prairies artificielles a quelque importance; dans les autres provinces, les prairies artificielles n'ont pas eu le développement qu'on aurait pu désirer.

Dans les provinces du Nord et dans la Beira, les prairies naturelles abondent. Dans l'Alemtejo et l'Algarve, leur superficie très étendue ne fournit de pâturages plus ou moins abondants qu'au printemps et en été; le reste de l'année, les troupeaux paissent dans les terres à céréales ou dans les landes qui ne peuvent leur donner qu'une maigre alimentation.

Les prairies artificielles et les prairies naturelles fauchables sont temporaires ou permanentes.

Les prés temporaires sont, en général, constitués par les terres irriguées du Minho et d'une partie du Tras-os-Montes et de la Beira, lesquelles, après qu'on en a récolté le maïs, sont transformées en prés artificiels jusqu'à la fin de l'hiver. On sème dans ces prés, le trèfle, le sainfoin, la houlque (*Holcus lanatus*) et d'autres herbes. On emploie quelquefois aussi le seigle et l'orge.

Les prairies permanentes sont produites par les terres constamment détrempées que l'on rencontre dans les vallées des provinces du Nord. Les terrains salés des lagunes d'Aveiro, Favo et Castro-Marim, rentrent dans cette catégorie, attendu qu'ils produisent toute l'année des pâturages que l'on emploie dans l'alimentation du gros bétail et des troupeaux de moutons.

ANIMAUX DOMESTIQUES.

Le premier recensement des bestiaux exécuté en Portugal fut celui de 1870. Les diverses statistiques, publiées jusqu'à cette époque, ne sont que des tentatives plus ou moins heureuses, dont la plus complète est celle de 1852, organisée par le bureau d'agriculture.

Le tableau ci-dessous fait ressortir les résultats des statistiques de ces deux années.

	NOMBRE DE TÊTES.	
	1852.	1870.
Chevaux	69,785	79,716
Mulets	38,899	50,690
Ânes	133,171	137,950
Bœufs	522,638	520,474
Moutons	2,417,049	2,706,777
Chèvres	1,044,743	936,869
Porcs	858,334	776,868

Par la comparaison de ces deux recensements, on reconnaît aisément que dans celui de 1870 se sont glissées des inexactitudes, particulièrement en ce qui concerne les espèces bovine, caprine et porcine, car il est impossible d'admettre que l'élevage des animaux de ces espèces ait diminué de 1852 à 1870, période dans laquelle le développement de l'agriculture a été si considérable et l'exportation de ces animaux s'est élevée au quintuple, comme le fait parfaitement ressortir le tableau suivant [1].

	VALEUR MOYENNE ANNUELLE.	
	Importation.	Exportation.
1796 à 1800	1,064,000 francs.	33,600 francs.
1801 à 1810	1,304,800	39,200
1811 à 1820	2,010,400	44,800
1820 à 1831	1,439,200	—
1842, 1843, 1848	313,600	319,200
1851, 1855, 1856	1,355,200	1,304,800
1861 à 1865	6,501,600	3,460,800
1866 à 1870	4,144,000	6,893,600

Tous les fonctionnaires chargés des travaux de ce recensement sont d'accord sur le déficit de cette statistique; le savant professeur de zootechnie, M. Silvestre Bernardo Lima, en évalue l'erreur à 11/8 pour cent têtes, et à 33 pour o/o de la valeur imputée aux animaux.

[1] Extrait du rapport qui précède le recensement général des animaux domestiques, rapport élaboré par M. R. de Moraes Soares, directeur général du Commerce et de l'Industrie au ministère des travaux publics.

Le tableau suivant fait ressortir le recensement officiel brut et rectifié.

ESPÈCES.	RECENSEMENT OFFICIEL.			RECENSEMENT RECTIFIÉ.		
	NOMBRE de têtes.	VALEURS en milliers de francs.	VALEUR moyenne par tête.	NOMBRE de têtes.	VALEURS en milliers de francs.	VALEUR moyenne par tête.
Chevaline...............	79,716	10,776	135	88,000	14,221	162
Mulassière..............	50,690	6,984	138	50,690	8,381	166
Asine.................	137,950	3,812	28	137,950	3,812	28
Bovine...............	520,474	72,192	139	624,568	90,972	170
Ovine...............	2,706,777	11,312	4	2,977,454	14,931	5
Caprine..............	936,869	3,977	4	936,869	4,773	5
Porcine..............	776,868	22,734	30	971,085	38,362	40
TOTAUX..........	5,209,344	131,787	//	5,786,616	175,452	//

D'après la statistique, la réduction des têtes naturelles recensées en têtes normales ou de gros bétail [1] donne, au total, le rapport de 5 têtes naturelles pour 1 tête normale. En Europe, ce rapport est, en général, de 3 pour 1. Cette supériorité provient de ce que, dans la plupart des pays de l'Europe, le gros bétail est plus abondant, de même que le petit bétail est de plus grand volume et de plus grand poids qu'en Portugal.

Le tableau suivant présente la réduction des têtes naturelles à des têtes normales, ainsi que leur rapport à la superficie et à la population.

ESPÈCES.	TÊTES NORMALES.	VALEUR MOYENNE d'une tête normale.	RAPPORT par KILOMÈTRE carré absolu.	RAPPORT par KILOMÈTRE carré cultivé.	RAPPORT pour 1,000 habitants.
		francs.			
Chevaline..................	57,993	186	0.65	1.74	14.58
Mulassière.................	39,186	174	0.44	1.18	10.77
Asine....................	67,390	56	0.76	2.02	17.61
Bovine...................	463,480	151	.17	13.91	121.12
Ovine...................	170,371	62	1.91	5.11	44.52
Caprine..................	58,236	67	0.64	1.75	15.23
Porcine..................	96,967	230	1.07	2.92	25.35
TOTAUX............	953,623	//	10.64	28.63	249.18

Le Portugal possède peu de bétail, comparé aux autres pays de l'Europe; il suffit

[1] Les rapports pour la réduction des animaux portugais sont : chevaux et mulet, de 1 m. 54, 1 tête naturelle pour 1 tête normale; au-dessous do 1 m. 54, 3 pour 2, poulains d'un à trois ans 2 pour 1; ânes 2 pour 1 : bœufs 1 pour 1; veaux 3 pour 1 bouvillons 2 pour 1; moutons et chèvres 15 pour 1; agneaux 30 pour 1 ; porcs 6 pour 1 ; cochons de lait 12 pour 1.

pour s'en convaincre, de mettre en regard les chiffres absolus afférents aux divers pays; mais cette infériorité devient plus évidente si l'on compare les chiffres réduits à des têtes normales.

C'est ce que l'on peut voir à l'aide du tableau ci-dessous, où nous faisons ressortir la proportion des diverses espèces d'animaux dans les principaux pays de l'Europe, ainsi que les rapports des têtes normales par kilomètre carré et par 1,000 habitants.

Cependant, cette infériorité n'est pas aussi grande qu'elle le paraît d'après les chiffres ci-dessous, car, nous le répétons, les résultats de ce recensement sont bien loin d'être exacts.

PAYS.		CHEVALINE.	MULASSIÈRE et asine.	BOVINE.	OVINE.	CAPRINE.	PORCINE.	TÊTES NORMALES par KILOMÈTRE CARRÉ.	TÊTES NORMALES par 1,000 HABITANTS.
		NOMBRE DE TÊTES PAR KILOMÈTRE CARRÉ.							
Grande-Bretagne		9.1	"	25.7	125.5	"	10.8	47.8	515
Irlande...............		6.3	"	49.2	53.2	"	12.4	"	"
Danemark		8.3	"	32.4	47.1	"	11.7	8.9	1,202
Norvège...............		0.5	"	3.0	5.3	0.9	0.3	"	"
Suède................		1.0	"	4.5	3.5	0.2	0.8	6.2	650
Russie		3.1	"	4.4	9.0	0.3	1.9	8.6	693
Finlande..............		0.7	"	2.6	2.4	0.1	0.5	"	"
Autriche..............		4.5	0.1	24.7	16.7	3.2	8.4	30.9	552
Hongrie..............		6.6	0.1	16.3	46.5	1.7	13.7	30.5	718
Suisse...............		2.5	"	24.0	10.7	9.0	7.3	30.3	500
Allemagne.	Prusse	6.5	"	24.5	56.5	4.2	12.3	36.9	540
	Bavière......	3.4	"	39.1	17.1	2.5	11.1	51.1	803
	Saxe........	7.7	"	43.1	13.8	7.0	20.1	56.1	345
	Wurtemberg...	4.9	"	48.7	29.7	2.0	13.7	61.7	685
	Duchés.......	4.6	"	88.9	19.0	7.4	21.7	"	"
Hollande..............		7.6	0.1	41.7	27.3	4.4	18.6	53.9	492
Belgique..............		9.6	0.4	42.2	19.9	6.7	21.4	66.0	402
France...............		5.1	1.3	22.1	47.3	3.4	10.9	34.6	494
Espagne..............		1.1	4.5	5.8	44.3	8.9	8.6	11.3	367
Portugal..............		0.9	2.0	5.7	29.7	10.3	8.4	10.6	249
Italie................		1.3	2.4	11.8	22.6	5.7	5.2	24.9	291
Grèce et îles...........		1.4	2.0	2.3	25.2	28.1	1.2	"	"
Roumanie.............		3.5	0.2	15.2	39.5	1.6	7.0	"	"
EUROPE		0.4	0.4	9.5	20.5	1.8	4.5	"	"

En examinant ce tableau, on voit que, si, par l'ensemble des animaux, réduits à des têtes normales, le Portugal se place au plus bas de l'échelle, il n'en est plus de même si l'on sépare le gros bétail; alors il se place au milieu de l'échelle, et monte même au second rang par rapport au nombre de têtes de l'espèce caprine.

Classés d'après la densité du bétail, c'est-à-dire d'après le nombre de têtes par kilomètre carré, les districts se groupent comme il suit, par ordre décroissant : Porto, Braga, Aveiro, Coimbre, Villa Real, Vizeu, Bragança, Leiria, Vianna, Portalegre, Evora, Guarda, Santarem, Lisbonne, Beja, Faro et Castello Branco.

Si on les classe par rapport à la valeur du bétail par kilomètre carré, ils se rangent dans l'ordre suivant, le district de Vizeu étant celui qui présente la valeur moyenne de 1,400 francs : Porto, Braga, Aveiro, Vianna, Coimbre, Bragança, Vizeu, Villa Real, Evora, Lisbonne, Portalegre, Leiria, Santarem, Guarda, Beja, Faro, Castello Branco.

Avant de passer outre, nous ferons remarquer que ce recensement est resté fort loin de la vérité, surtout en ce qui concerne la valeur attribuée aux divers animaux, ce qui, d'ailleurs, ne doit pas nous surprendre, attendu que ce fut le premier recensement d'animaux fait en Portugal.

ESPÈCE CHEVALINE.

L'élevage des chevaux a, de tout temps, attiré l'attention du gouvernement.

En effet, des lois ont été promulguées en Portugal dès la fin du xiv⁰ siècle, dans le but de développer la production chevaline. On a établi des haras dans diverses localités de l'Alemtejo, de la Beira et de l'Estramadure, d'où sont sortis les types bien connus, tels que ceux d'Alter et des plaines de Coimbre.

Les haras de Cantanhede et du Ribatejo (Almeirim, Chamusca, Gollegâ, etc.) ont aussi conquis une juste renommée.

Tombés en décadence, les haras ont été abolis en 1821, à l'exception de celui d'Alter qui appartenait à la maison de Bragança.

Depuis vingt ans, la création de nouveaux haras, ainsi que les expositions d'animaux et les concours de district, ont amélioré la race et augmenté la production de l'espèce chevaline.

En 1872, le nombre des haras était de 59. Depuis 1857, ces haras ont reçu 84 étalons des races : Alter, espagnole, arabe, hanovrienne, anglaise, maroquine, percheronne, anglo-normande.

On distingue deux types dans les races chevalines portugaises :

1° Le type *gallicien*, petit de taille, mais robuste et sobre; il se rencontre dans les provinces du Nord;

2° Le type *bétique-lusitanien*, qui est le plus répandu, particulièrement dans les provinces du Sud. A ce type appartient le cheval d'Alter, dont la race est la plus belle entre toutes.

Le chiffre de 79,716 têtes de l'espèce chevaline se décompose ainsi :

		NOMBRE.	VALEUR.	VALEUR MOYENNE.
			francs.	francs.
Chevaux......	de taille (1ᵐ,54 et au-dessus)......	10,296 [1]	3,672,900	357
	au-dessous de taille.............	19,565	1,876,389	96
Juments......	de taille...................	8,965	1,586,525	177
	au-dessous................	33,834	2,932,425	87
Poulains et pouliches......................		7,056	708,314	101
TOTAUX ET MOYENNE..............		79,716	10,776,553	134

[1] Dans ce chiffre se trouvent inclus les chevaux de l'armée, au nombre de 2,186, et d'une valeur moyenne de 594 francs.

Les chevaux de taille sont dans le rapport de 26 pour cent de l'ensemble des têtes chevalines ; les autres sont dans le rapport de 73 p. 0/0.

Le rapport entre le chiffre des chevaux et celui des juments est de 1 pour 1.4.

Le nombre de chevaux par kilomètre carré est de 0.88 ; le district de Porto présente le rapport spécifique le plus élevé, 2.17, et, après lui, viennent les districts de Braga 1.89, Lisbonne 1.79, Santarem 1.50, Vianna 1.14, Coïmbre 1.12, Aveiro 1.09 et Villa Real 0.91, qui se trouvent au-dessus de la moyenne. Les districts au-dessous de la moyenne sont ceux de Vizeu 0.69, Evora 0.62, Guarda 0.59, Bragança 0.57, Leiria 0.56, Portalegre 0.54, Beja 0.46, Faro 0.40 et Castello Branco 0.24.

Evora, Portalegre, Lisbonne et Santarem sont les districts où il y a une meilleure production chevaline.

Le recensement de 1870 a classé les têtes chevalines d'après le service qu'elles sont appelées à rendre ; c'est ce que montre le tableau suivant :

SERVICES.		CHEVAUX.		JUMENTS.	
		NOMBRE de têtes.	VALEUR moyenne.	NOMBRE de têtes.	VALEUR moyenne.
			francs.		francs.
De selle.....	Armée.............	2,186	598	"	"
	Particuliers.............	7,416	219	8,039	133
De trait............................		3,325	290	886	313
De labour.........................		3,552	132	4,201	128
De charge.........................		5,396	86	6,110	83
Tout service.......................		7,658	88	12,160	112
Étalons, juments poulinières.............		328	411	11,403	124

Les districts qui possèdent le plus grand nombre de juments poulinières sont : Santarem 1,571, Braga 1,233, Portalegre 1,019, Coïmbre 982, Aveiro 966, Evora 929, Beja 833, Vianna 691, lesquels se trouvent au-dessus de la moyenne générale de 670.

Le rapport des étalons pour les juments poulinières est de 1 pour 36.
Le nombre de possesseurs des têtes chevalines est de 49,772, soit :

De   1 à   5 têtes................................ 48,880
De   6 à   10 têtes... 438
De   11 à   20 têtes... 207
De   21 à   50 têtes... 182
De   51 à   100 têtes...   67
De   101 à   150 têtes...   9
De   151 à   300 têtes...   9

Le commerce des chevaux avec les pays étrangers a augmenté considérablement ; toutefois les importations dépassent toujours les exportations, ainsi que le fait connaître le tableau ci-après :

PÉRIODES.	IMPORTATION MOYENNE.		EXPORTATION MOYENNE.	
	NOMBRE de têtes.	VALEUR.	NOMBRE de têtes.	VALEUR.
		francs.		francs.
1842, 1843, 1848...................	252	118,338	171	20,428
1851, 1855, 1856...................	660	208,287	322	59,330
1861 à 1865........................	1,042	412,897	593	96,807
1866 à 1870........................	1,064	290,906	353	57,674

Voici quel est le nombre de chevaux que possédaient les principaux pays, dans les années 1871 et 1872 :

Russie d'Europe....................................... 15,217,634
États-Unis..   8,990,900
Autriche-Hongrie......................................   3,339,876
France..   2,882,351
Grande Bretagne et Irlande............................   2,665,307
Prusse....   2,278,724
Italie..   1,391,626
Espagne (1865)..   672,559
Suède...   428,446
Bavière...   380,108
Danemark..   316,570
Belgique..   283,163
Hollande..   252,054
Norvège...   149,167
Saxe..   107,222
Wurtemberg..   104,297
Suisse..   100,324
Grèce...   98,938
Portugal..   88,000

ESPÈCE MULASSIÈRE.

Le mulet se rencontre plus fréquemment dans les provinces méridionales du pays, où il peut rendre d'importants services, grâce à la précieuse aptitude qu'il possède de supporter aisément les températures les plus élevées; on l'y emploie dans les travaux agricoles, comme bête de trait, ou comme bête de somme.

D'après le recensement de 1870, le chiffre des mulets s'élève à 50,690, et leur valeur à 6,984,762 francs, la moyenne de la valeur par tête étant de 135 francs.

Le nombre de mulets par kilomètre carré est de 0.56, et leur rapport pour 1,000 habitants est de 13.24. Le chiffre des têtes naturelles de cette espèce, réduit à des têtes normales, passe à 39,186, ou 4.1 pour 100 de l'ensemble des têtes normales.

Les districts où le nombre de mulets, par kilomètre carré, est au-dessus de la moyenne, sont : Faro, 1.17, Beja 0.98, Evora 0.94, Porto, 0.87, Portalegre 0.82, Leiria 0.66.

Les autres districts donnent les rapports suivants : Lisbonne 0.49, Braga 0.46, Aveiro 0.41, Coïmbre 0.40, Villa Real 0.39, Guarda 0.37, Vizeu 0.32, Santarem 0.29, Bragança et Castello Branco 0.20, Vianna 0.13.

Le nombre des possesseurs de mulets étant de 31,405, on a :

De 1 à 5 têtes. 30,827
De 6 à 10 têtes. 516
De 11 à 20 têtes. 50
De 21 à 50 têtes. 10
De 51 à 100 têtes. 1
Au-dessus de 100. 1

On compte : 1,041 mulets de trait, dont 238 appartiennent à l'armée et ont une valeur moyenne de 982 francs, et 803 appartiennent à des particuliers et ont une valeur moyenne de 336 francs; 25,729 mulets de selle ou de charge, dont la valeur moyenne est de 112 francs; et 21,042 mulets employés dans les travaux agricoles et qui ont une valeur moyenne de 152 francs. Les districts qui fournissent le plus grand nombre de mulets sont : Beja, Guarda, Faro, Evora et Portalegre.

Voici quel a été le mouvement du commerce de mulets :

PÉRIODES.	IMPORTATION MOYENNE.		EXPORTATION MOYENNE.	
	NOMBRE de têtes.	VALEUR.	NOMBRE de têtes.	VALEUR.
		francs.		francs.
1842, 1843, 1848.	51	14,600	384	43,521
1851, 1855, 1856.	220	77,862	488	105,489
1861 à 1865.	318	86,746	6,172	189,535
1866 à 1870.	578	142,769	804	130,497

ESPÈCE ASINE.

Le nombre de têtes de cette espèce est de 137,950, représentant une valeur de 3,812,100. La valeur moyenne par tête est de 25 francs.

Ce chiffre se décompose ainsi : 61,447 ânes, 67,242 ânesses et 9,261 ânons.

Le nombre de têtes par kilomètre carré est de 1.53; le rapport pour 1,000 habitants est de 36.04.

Sont au-dessus de la moyenne générale : les districts de Leiria 3.75, Faro 2.56, Lisbonne 2.14, Santarem 2.12, Guarda 1.83, Coïmbre 1.77, Bragança 1.64. Au-dessous de la moyenne se trouvent les districts de Portalegre 1.36, Evora 1.35, Beja 1.19, Villa Real 1.16, Castello Branco 1.01, Porto, 0.95, Vizeu 0.81, Braga 0.76, Aveiro, 0.46, Vianna, 0.18.

Les possesseurs de bêtes de cette espèce sont au nombre de 110,510, dont :

De   1 à   5 têtes.. 110.323
De   6 à 10 têtes.   137
De 11 à 20 têtes..   45
De 21 à 50 têtes..   4
Au-dessous de 50 (district de Beja)............................   1

Le tableau ci-dessous indique les moyennes annuelles du mouvement du commerce de ces animaux :

PÉRIODES.	IMPORTATION MOYENNE.		EXPORTATION MOYENNE.	
	NOMBRE de têtes.	VALEUR.	NOMBRE de têtes.	VALEUR.
		francs.		francs.
1842, 1843, 1848	90	4,300	241	7,000
1851, 1855, 1856	191	15,341	138	8,181
1861 à 1865.........................	302	23,430	310	17,133
1866 à 1870.........................	516	28,549	353	15,829

ESPÈCE BOVINE.

Il y a en Portugal 8 races bovines présentant des différences aussi tranchées entre elles qu'avec les races étrangères.

1° Race *minhota* ou *gallega*; c'est surtout une race de travail, apte à l'engraissement; les vaches donnent en moyenne 1,000 litres de lait, dont 24 à 25 litres produisent 1 kilogramme de beurre. Les bœufs donnent un poids net en viande de 50 à 54 pour 100.

2° Race *barrozá*; elle est doublement apte au travail et à l'engraissement. Dans les concours régionaux de Braga, et les expositions de Porto et de Penafiel, on a exhibé des bœufs gras ayant un poids vif de 850 à 980 kilogrammes.

Les vaches de cette race peuvent fournir de 1,000 à 1,200 litres de lait; il faut à peu près 18 litres de lait pour donner 1 kilogramme de beurre et 3 de fromage.

L'élevage de cette race a lieu principalement dans les montagnes de Barroso et de Gerez. Dans la région montagneuse de Marâo, vit une variété de bœufs, appelée *maroneza*, qui ne diffère guère de la race *barrozâ*.

3° Race *mirandeza*; elle est de grand taille; son aptitude principale est celle du travail, mais elle engraisse aisément; elle est très peu laitière.

Cette race a pris le nom de la ville de Miranda do Douro, aux environs de laquelle elle vit principalement; elle est, cependant, très répandue dans la Beira et l'Estramadure.

On remarque trois variétés principales de cette race : *branceza-mirandeza, beiroa* et *mirandeza, estremenho* ou *ratinho serrano*.

Des bœufs de 500 à 600 kilogrammes donnent un poids net en viande de 53 à 57 pour 100.

4° Race *arouqueza*; apte au travail et engraissant avec facilité. Dans les expositions de Porto, on a vu des bœufs de cette race avoir un poids de 800 à 1,000 kilogrammes.

Les vaches ne donnent que 600 litres de lait; en compensation, 15 à 18 litres suffisent pour obtenir 1 kilogramme de beurre.

Cette race occupe les montagnes d'Arrouca, entre le Vouga et le Douro.

5° Race *ribatejana*; taureaux de petite taille, destinés particulièrement aux courses, et, ensuite, employés dans les travaux agricoles. Ces animaux engraissent aisément et fournissent 50 pour 100 de viande nette.

Ils vivent en troupeaux dans les plaines qui bordent le Tage, et dans les landes et bruyères voisines.

6° Race *turina*, dérivée de la race hollandaise.

Elle est essentiellement lactigène; elle produit 2,500 à 3,500 litres de lait. On ne la rencontre qu'aux environs de Lisbonne.

7° Race *alemtejana*; elle présente deux variétés : la grande et la petite. Elle n'est apte qu'au travail. Les bœufs de la race grande atteignent un poids de 360 à 600 kilogrammes, et donnent de 51 à 56 pour 100 de viande nette; la race petite n'atteint que 260 à 400 kilogrammes et ne donne que 49 à 50 pour 100 de viande nette.

8° Race *algarvia*, doublement apte au travail et à l'engraissement. Elle est de petite taille; les bœufs, de 250 à 360 kilogrammes, donnent à l'abattoir de 49 à 53 pour 100 de viande nette.

Le recensement de 1870 présente, quant à l'espèce bovine, les résultats suivants :

	NOMBRE DE TÊTES.	VALEUR.	VALEUR MOYENNE par tête.
		francs.	francs.
Bœufs.............................	256,031	47,876,231	185
Vaches............................	162,538	17,153,183	105
Taureaux..........................	3,950	594,636	150
Bouvillons........................	49,858	4,434,902	93
Génisses..........................	48,097	2,033,668	42
Totaux........................	520,474	72,092,620	138

Le nombre des bêtes à cornes est à peu près de 10 pour cent de l'ensemble des animaux recensés, mais il est de 48.6 pour cent des têtes normales.

Leur valeur représente 54.7 pour cent de la valeur de l'ensemble. Le nombre des têtes bovines par kilomètre carré est de 5.80 ; et le rapport pour 1,000 habitants est de 136 têtes bovines.

La moyenne des bêtes à cornes par kilomètre carré étant de 5.80, sont au-dessus de la moyenne : les districts de Porto 26.9, Braga 23.52, Vianna 18.85, Aveiro 16.07, Villa Real 6.23, Coïmbre 6.08, Vizeu 5.85 ; sont au-dessous de la moyenne : les districts de Leiria 4.70, Bragança 4.21, Portalegre 4.16, Lisbonne 4.14, Santarem et Evora 3.74, Faro 3.28, Guarda 2.68, Castello Branco 2.17, Beja 2.13.

D'après leurs fonctions économiques, les bêtes à cornes se groupent dans les catégories ci-dsssous :

		Nombre de têtes.	Valeur moyenne.
Bêtes de travail......	Bœufs...............	249,381	184 francs.
	Bouvillons..................	49,858	93
Vaches laitières......	Pour le lait.................	3,937	140
	Pour le lait et le beurre........	1,506	97
Vaches d'élevage.....	De troupeau................	21,282	106
	D'étable................ ..	7,888	105
Vaches d'élevage et de travail...................... .		106,900	105
Indistinctement..............................		20,033	102
Taureaux..........	De troupeau................	3,055	149
	D'étable...................	895	157
A engraisser........	Bœufs...................	6,650	307
	Vaches...	992	106
Élèves...........	De troupeau................	11,457	46
	D'étable..................	36,640	41

Par rapport au nombre des habitants, le premier rang appartient au district de Portalegre qui possède 276.39 têtes bovines par 1,000 habitants ; après viennent : Evora 266.01, Vianna 207.87, Braga 201.96, Aveiro 187.28, Bragança 174.28, Beja 165.72, Porto 150.43. Les autres districts se trouvent au-dessous de la moyenne générale, celui de Guarda occupant le dernier degré de l'échelle, 69.34.

D'après le recensement de 1870, le nombre des possesseurs de bêtes à cornes était de 178,542, dont 169,508 possédaient de 1 à 5 têtes ; 6,451 de 6 à 10 ; 1,470 de 11 à 20 ; 716 de 21 à 50 ; 263 de 51 à 100 ; 62 de 101 à 150 ; 55 de 151 à 300 ; 13 de 301 à 500 ; 2 de 501 à 700 ; et 2 de 701 à 1,000.

Les grands troupeaux de ce bétail ne se rencontrent que dans l'Alemtejo et dans les districts de Lisbonne et de Santarem.

Le mouvement du commerce des bêtes à cornes a pris un développement remarquable depuis quelques années, ainsi que le montrent les moyennes annuelles du tableau suivant :

PÉRIODES.	IMPORTATION.			EXPORTATION.		
	NOMBRE de têtes.	VALEUR.	VALEUR moyenne.	NOMBRE de têtes.	VALEUR.	VALEUR moyenne.
		francs.	francs.		francs.	francs.
1842, 1843, 1848	3,374	166,023	49	989	14,711	149
1851, 1855, 1856	8,598	894,806	104	3,689	857,176	234
1861 à 1865	36,461	4,862,319	134	9,239	2,538,083	274
1866 à 1870	33,509	3,148,742	94	16,616	5,260,609	317

Le tableau ci-après fait ressortir le nombre de bêtes à cornes existant dans les principaux pays [1].

États-Unis	26,693,305	Espagne	2.904,598
Russie d'Europe.....	22,816,000	Hollande..........	1,410,822
France...........	11,284,414	Belgique..........	1,242,445
Grande-Bretagne	9,718,505	Danemark	1,238,898
Prusse...........	8,612,150	Suisse...........	992,895
Autriche	7.425,212	Norvège..........	950,000
Italie............	3,708,635	Portugal	694,568
Bavière	3.162.387	Grèce	104,904

ESPÈCE OVINE.

On rattache les races ovines du Portugal aux trois types européens appelés *bordaleiro*, *merino* et *estambrino*.

Au type *bordaleiro* appartiennent les moutons connus sous le nom de *serranos* ou *gallegos* et *caréos*, et qui prédominent dans les districts de Vianna, Braga, Vizeu, Coïmbre, Leiria, Santarem et Lisbonne. Ces animaux ont, en moyenne, un poids de 18 à 20 kilogrammes, donnant un poids net en viande de 50 pour 100. La laine produite est d'à peu près 1 kilogramme, qui se trouve réduit de moitié par le lavage.

[1] *Statistique de la France*, de M. Block.

A ce type se rattachent encore les moutons de Miranda, de la chaîne d'Estrella, des landes de l'Alemtejo et des plaines du Mondégo, mais ces animaux sont de plus grande taille et produisent plus de laine, c'est-à-dire de 1 kilogr. 5 à 2 kilogr. 5, perdant par le lavage de 50 à 60 pour 100 de son poids.

Appartiennent au type *merino* : 1° les bêtes à laine connues sous la dénomination de *des barros*, qui se trouvent entre Campo Maior et Mourao ; leur poids est en moyenne de 30 kilogrammes, et elles produisent 2 à 5 kilogrammes de laine qui perd par le lavage 70 à 75 pour 100 de son poids ; 2° la race *saloia*, des environs de Lisbonne, qui produit 3 à 4 kilogrammes de laine ; 3° les *badanos* de Moncorvo à Mirandella en Traz-os-Montes, qui donnent 4 à 6 kilogrammes de laine.

Dans les districts de Vianna, Castello Branco, Guarda, Vizeu et Bragança, on voit quelques moutons appartenant au type *estambrino*.

Les bêtes à laine noire dépassent un peu, en nombre, celles à laine blanche, dans le rapport de 5 à 7.

Les districts où prédomine la laine noire sont : Beja, Evora, Santarem, Faro, Aveiro, Coïmbre, Vizeu et Leiria ; la laine blanche est, au contraire, plus abondante dans les districts de Portalegre, Porto, Lisbonne, Guarda, Villa Real, Castello-Branco.

Dans les districts de Bragança et de Vianna, les deux espèces de laine se trouvent à peu près en quantités égales.

Voici le résultat du recensement de 1870 :

		Nombre de têtes.	Valeur moyenne par tête.
Moutons	Blancs	294,890	4 25
	Noirs	293,193	4 26
Brebis	Blanches	901,398	3 36
	Noires	920,314	3 25
Agneaux	Blancs	139,143	1 80
	Noirs	157,839	1 85

Le tableau ci-dessous fait ressortir la quantité de laine produite et sa valeur.

LAINE.	QUANTITÉ.	VALEUR.	POIDS MOYEN de la toison.	VALEUR MOYENNE de la toison.	VALEUR de 1 KILOGRAMME de laine.
	kilogr.	francs.	kilogr.	francs.	francs.
Blanche	2,804,359	2,806,321	2,344	2,35	1,00
Noire	1,962,951	2,529,356	1,617	2,10	1,30

Le rapport des bêtes à laine recensées pour l'ensemble des animaux domestiques est de 52 pour 100, et 18 pour 100 du nombre des tête normales.

Il y a, dans le pays entier, 30.2 bêtes à laine par kilomètre carré. Au-dessus de cette moyenne générale se trouvent : les districts de Bragança 67.1, Vizeu 51.3, Coïmbre 46.2, Guarda 45.7, Portalegre 33.0, Evora 31.2. Sont au-dessous de la moyenne : Aveiro 30.1, Villa Real 27.8, Braga 27.4, Leiria 26.7, Castello Branco 26.1, Beja 23.7, Porto 17.9, Santarem 16.0, Vianna 15.2, Lisbonne 12.3, Faro 8.8.

Par rapport au chiffre absolu des bêtes à laine, les districts les plus riches sont : Bragança, Beja, Vizeu, Guarda, Evaro, Portalegre, Coïmbre et Castello Branco.

Le bétail qui produit la laine de meilleure qualité est celui de l'Alemtejo et des districts de Bragança, de Lisbonne et de Guarda.

Le nombre des possesseurs de bêtes à laine était, en 1870, de 120,812 ainsi répartis : possesseurs de 1 à 5 têtes, 47,661 ; de 6 à 10, 78,173 ; de 11 à 20, 23,539 ; de 21 à 50, 13,873 ; de 51 à 100, 4,056 ; de 101 à 150, 1,533 ; de 151 à 300, 1,855 ; de 301 à 500, 662 ; de 501 à 700, 232 ; de 701 à 1,000, 126 ; de 1,001 à 2,000, 16.

Le commerce des moutons s'est développé dans une rapide progression, l'exportation l'emportant de beaucoup sur l'importation :

PÉRIODES.	IMPORTATION.		EXPORTATION.	
	NOMBRE de têtes.	VALEUR.	NOMBRE de têtes.	VALEUR.
		francs.		francs.
1842, 1843, 1848	114	1,305	11,974	57,327
1851, 1855, 1858	305	2,767	25,690	160,879
1861 à 1865	400	2,800	49,454	327,838
1866 à 1870	2,391	12,926	64,723	412,000

Le tableau suivant indique le nombre des bêtes à laine dans les principaux pays :

Russie d'Europe....	39,315,000	Grèce............	2,539,538
Autriche-Hongrie....	35,607,812	Bavière...........	2,058,688
Grande-Bretagne....	32,462,642	Danemark.........	1,875,052
États-Unis.........	31,679,300	Norvège...........	1,705,394
France...........	24,707,496	Suède............	1,622,000
Espagne..........	22,054,967	Belgique..........	586,097
Prusse...........	19,628,754	Suisse............	415,400
Turquie..........	3,000,000	Hollande..........	90,000
Portugal.........	2,997,454	Italie.............	40,339

ESPÈCE CAPRINE.

Il y a, en Portugal, deux variétés principales de chèvres, la *serrana* et la *charnequeira* : c'est-à-dire, variété des montagnes, et variété des bruyères. Les bêtes de la première variété ont le poil long, et sont plus grandes et plus laitières que celles de la seconde. La variété la plus renommée est celle du Jarmello près de Guarda. Le nombre des chèvres va en diminuant à mesure que la culture fait disparaître les bruyères.

Voici les principaux résultats du recensement de 1870.

	NOMBRE DE TÊTES.	VALEUR.	VALEUR MOYENNE.
		francs.	francs.
Boucs..................................	36,935	196,650	5,32
Boucs de boucherie.......................	64,892	347,385	5,44
Chèvres { d'élevage.......................	622,427	2,643,564	4,24
{ laitières.......................	85,773	488,818	5,70
Chevreaux...............................	126,842	301,134	2,37
TOTAUX......................	936,869	3,977,551	4,24

Les chèvres entrent pour 17.9 pour 100 dans l'ensemble des animaux domestiques, et pour 6 pour 100 des têtes normales. La moyenne par kilomètre carré est de 10.4. Sont au-dessus de cette moyenne : les districts de Castello Branco 18.9, Villa Real 18.9, Coïmbre 13.3, Portalegre 12.4, Bragança 12.2, Vizeu 12.0, Santarem 11.8, Evora 11.1 ; sont au-dessous de la moyenne : Leiria 10.2, Braga 8.1, Faro 6.9, Beja et Lisbonne 6.7, Guarda 6.5, Aveiro 6.3, Vianna 5.3, Porto 4.4.

Le nombre des possesseurs de chèvres est de 50,688, parmi lesquels 22,698 possèdent de 1 à 5 têtes, 8,432 de 6 à 10 têtes, 8,195 de 11 à 20 têtes, 7,146 de 21 à 50 têtes, 2,768 de 51 à 100 têtes, 806 de 101 à 150 têtes, 585 de 151 à 500 têtes, 37 de 501 à 700 têtes, 11 de 701 à 1,000 têtes, et 10 qui possèdent plus de 1,000 têtes.

L'exportation des chèvres est de beaucoup supérieure à l'importation, et, en outre, ce commerce tend à augmenter, comme l'indique le tableau ci-après :

PÉRIODES.	IMPORTATION MOYENNE.		EXPORTATION MOYENNE.	
	NOMBRE de têtes.	VALEUR.	NOMBRE de têtes.	VALEUR.
		francs.		francs.
1842, 1843, 1848....................	30	215	3,831	15,947
1851, 1855, 1856....................	78	546	8,999	60,095
1861 à 1865........................	177	566	16,421	114,627
1866 à 1870........................	191	3,393	21,041	134,879

Voici le nombre de chèvres dans les principaux pays étrangers [1] :

[1] *Statistique de la France*, par M. Block.

Espagne...........	4,429,576	Portugal............ 986,869
Grèce.............	2,415,143	Suisse............. 375,482
Autriche..........	2,275,900	Suède et Norvège...... 360,000
France	1,791,725	Grande-Bretagne....... 210,000
Italie............	1,750,000	Belgique........... 197,138
Turquie d'Europe. ...	1,500,000	Bavière............ 150,855
Prusse............	1,477,335	Pays-Bas 70,000
Russie............	1,364,962	

ESPÈCE PORCINE.

L'espèce porcine présente en Portugal deux races différentes, savoir : *alemtejana* et *beirôa*, se rattachant, la première, au type *bisaro*, et la seconde, au type *romanico*. Pour mettre à profit la rare précocité de ces deux races et leur aptitude à l'engraissement, on a essayé d'en faire le croisement avec les porcs anglais de Berckshire.

En ce qui concerne l'espèce porcine, le recensement de 1870 nous fournit les relevés ci-après :

	NOMBRE DE TÊTES.	VALEUR.	VALEUR MOYENNE.
		francs.	francs.
Cochons..............................	221,179	12,501,208	52
Truies...............................	94,564	4,633,636	49
Verrats...............................	8,379	175,959	21
Truies d'élevage.......................	56,806	1,704,180	30
Cochons de lait........................	395,940	4,751,280	12

Les porcs entrent pour 14.9 pour cent dans l'ensemble des animaux domestiques, et pour 10.1 pour 100 des têtes normales.

La moyenne spécifique de ce bétail est de 8.66 par kilomètre carré. Au-dessus de cette moyenne se trouvent les districts de Porto 26.89, Braga 21.09, Aveiro 14.13, Villa Real 13.53, Vizeu 12.32, Leiria 12.22, Coïmbre 11.58, Evora 10.18, Portalegre 8.67 ; et au-dessous de la moyenne, Bragança 7.60, Vianna 7.22, Beja 7.18, Santarem 5.25, Guarda 4.97, Castello Branco 4.79, Lisbonne 2.96 et Faro 2.79.

En ce qui concerne le nombre absolu des porcs, les districts qui en possèdent le plus sont, en ordre décroissant : Beja, Evora, Porto, Vizeu, Villa-Real, Braga, Portalegre et Bragança. Au sud du pays, c'est dans les districts d'Evora et de Portalegre que les porcs sont de meilleure qualité; au nord, c'est dans ceux de Villa-Real, Vizeu et Vianna.

Le nombre des possesseurs de porcs, toujours d'après le même recensement, est de 298,672, savoir : possesseurs de 1 à 5 têtes, 286,235; de 6 à 10, 8,017; de 11 à 20, 2,107; de 21 à 50, 1,086; de 51 à 100, 604; de 101 à 150, 273; de 151 à 300, 245; de 301 à 700, 96 ; de 701 à 1,000, 9.

Le mouvement du commerce des porcs a été le suivant :

PÉRIODES.	IMPORTATION MOYENNE.		EXPORTATION MOYENNE.	
	NOMBRE de têtes.	VALEUR.	NOMBRE de têtes.	VALEUR.
		francs.		francs.
1842, 1843, 1848	1,136	11,049	786	20,458
1851, 1855, 1856	6,052	154,459	1,813	53,905
1861 à 1865	20,956	553,521	3,463	167,776
1866 à 1870	17,099	518,168	13,433	884,430

Le nombre d'animaux de l'espèce porcine dans les divers pays est indiqué par le tableau suivant :

États-Unis	32.000.000		Portugal	971.085
Russie d'Europe	9.785.412		Bavière	926,522
Autriche-Hongrie	7.914.855		Grèce	500.000
France	5.377.231		Belgique	496.564
Prusse	4.278.531		Danemark	381,512
Espagne	4,264.817		Suède	370.000
Italie	3,386.731		Suisse	304.428
Grande-Bretagne	3.189,167		Pays-Bas	302.514
Turquie d'Europe	1.000.000		Norvège	96.000

ABEILLES.

La production du miel et de la cire est assez considérable. On élève les abeilles, encore aujourd'hui, par les méthodes primitives, n'exigeant que peu de dépenses et de soins.

La statistique officielle évalue la production du miel, en 1872, à 620,000 kilogrammes, et celle de la cire à 253,000 kilogrammes; mais si l'on compare ces chiffres à ceux de l'exportation et de l'importation de ces produits, on reconnaît aisément que la statistique officielle ne mérite, sous ce rapport, aucun crédit.

Voici les chiffres du mouvement du commerce de ces produits :

ANNÉES.	IMPORTATION.				EXPORTATION.			
	MIEL.	VALEUR.	CIRE.	VALEUR.	MIEL.	VALEUR.	CIRE.	VALEUR.
	kilogr.	francs.	kilogr.	francs.	kilogr.	francs.	kilogr.	francs.
1872	446	431	140,228	461,443	492,390	297,359	1,217,423	4,578,582
1873	623	370	135,155	373,066	151,817	85,764	1,020,878	3,414,208
1874	207	100	255,333	834,994	174,305	91,347	1,087,887	3,845,398
MOYENNES	425	300	175,905	556,474	272,837	158,123	1,108,729	3,879,396

Les différences entre les moyennes de l'exportation et de l'importation, représentent des quantités de cire et de miel apparemment produites dans le pays ; soit 272,412 kilogrammes de miel, et 931,824 kilogrammes de cire. Si la quantité de miel exporté est inférieure au chiffre officiel de la production, il n'en est plus de même pour la cire ; et de plus, si l'on ajoute au chiffre de la cire exportée celui qui représente la consommation, soit 100,000 kilogrammes, on obtient un chiffre de production réelle quatre fois plus élevé que le chiffre officiel. La production effective de la cire semble donc être de 1,032,824 kilogrammes.

La production effective du miel peut être évaluée à 4 millions de kilogrammes, partant de ce fait bien connu que la production de la cire est, en moyenne, le quart de celle du miel.

Quant au nombre des ruches il nous est impossible de rien préciser à leur égard.

Telles sont les grandes lignes de la statistique agricole du Portugal ; malgré la date déjà ancienne du seul document un peu étendu que renfermait l'Exposition de 1889 sur les productions de ce pays, il nous a paru intéressant de faire connaître l'œuvre du colonel Péry, dont nous regrettons de ne pouvoir reproduire les nombreuses cartes agronomiques et agricoles qui donnaient un intérêt tout particulier à la classe 73 *bis* dans le pavillon si élégant du quai d'Orsay. Nous n'avons pas voulu modifier les chiffres statistiques des pays autres que le Portugal cités par le colonel Péry, parce qu'ils permettent la comparaison de l'agriculture du Portugal vers 1870-1875 avec celle des autres régions de l'Europe.

ROUMANIE.

La Roumanie agricole. — Le sol, constitution de la propriété. — Productions. — Le bétail. —
La viticulture et la sériciculture.

L'étude des produits agricoles et forestiers réunis dans la section roumaine, si intéressante à tous les points de vue, m'offrait un attrait particulier qu'il me faut tout de
suite expliquer. Pays essentiellement agricole, la Roumanie, dont le sol, comme celui
de la Serbie, est extrêmement fertile, en général, n'a pas encore atteint les rendements
auxquels l'importation des bonnes méthodes culturales et la diffusion des connaissances
agricoles lui permettent d'espérer atteindre. Or, c'est à la France que, depuis un certain nombre d'années déjà, elle confie le soin d'instruire les jeunes gens appelés à
prendre la direction des opérations culturales et forestières qui devront amener un
progrès considérable dans l'économie rurale de cette région du Danube. Tous les ans,
l'École nationale forestière de Nancy reçoit six ou huit élèves roumains envoyés par
leur gouvernement. Le directeur de l'École d'agriculture de Ferestreu (Bucarest) et de
la Station agronomique qui y a été récemment annexée, M. Carnu, a fait, en France,
toutes ses études agricoles et forestières; nos écoles d'agriculture, l'institut agronomique, certains de nos laboratoires agricoles comptent chaque année des élèves roumains qui, rentrés dans leur patrie, y apportent, avec des connaissances solides, une
affection véritable pour le pays où ils ont été accueillis avec sympathie. Voilà comment,
ayant moi-même l'honneur, de compter parmi mes meilleurs élèves, quelques-uns de
ces jeunes professeurs, je m'intéressais si vivement à l'étude de la Roumanie agricole.

L'étendue du territoire agricole de la Roumanie s'élève à environ 12 millions d'hectares : le tiers est cultivé en céréales : 2 millions et demi d'hectares sont en prairies
ou pâturages; 2 millions sont couverts de forêts. Il y a un peu plus de 160,000 hectares de vignes et 300,000 hectares environ de cultures maraîchères et industrielles
(tabac, plantes textiles, etc.); 3.800,000 hectares sont incultes, soit près du tiers du
territoire.

Voici les principaux éléments de la production agricole de ce pays :

AGRICULTURE.

	Ensemencements.	Récoltes.
Blé.......................	1,315,261 hectares.	20,471,601 hectol.
Sarrasin....................	3,195	40,927
Seigle......................	301,850	5,170,991
A reporter........	1,620,306	25,683,519

18.

	Ensemencements.	Récoltes.
Report..........	1,620,306 hectares.	25,683,519 hectol.
Maïs....................	1,763,555	22,523,401
Avoine	212,845	3,787,390
Orge....................	516,324	8,180,804
Millet....................	97,604	1,037,177
Colza....................	46,980	566,739
Chanvre....................	11,504	113,111
Lin	36,683	319,004
Pommes de terre....................	394	3,075
	4,306,195	62,214,220

VITICULTURE.

Vignes : 161,398 hectares.

Vin rouge	4,004,604 hectol.
Vin blanc	4,712,000
	8,716,604

Spiritueux.	Eau-de-vie de prunes....................	1,098,824 hectol.
	Eau-de-vie de vin....................	19,102
	Tescovine	203,386
	Esprit de vin....................	160,307

APICULTURE.

Ruches....................................	233,468 kilogr.
Miel....................................	412,255
Cire....................................	119,265

M. Aurélian, ancien élève de l'institut agronomique de Versailles et ancien directeur de l'agriculture de Roumanie, évalue à 2 milliards 460 millions la valeur foncière du territoire agricole.

Le sol roumain peut être classé en trois régions : la première est celle des montagnes qui, se développant à partir des bords du Danube, vis-à-vis de la Serbie, forment un arc au nord de la Valachie, parallèlement au Danube, puis remontent vers le Nord, à l'Ouest de la Moldavie, jusqu'aux frontières de la Galicie. Cette région est presque exclusivement occupée par les forêts et les pâturages. La seconde région est celle des coteaux qui s'étendent au pied des montagnes, en suivant leur prolongement. Elle est caractérisée surtout par la culture des vignobles et des arbres fruitiers de grande culture.

La troisième région est celle des plaines qui se développent sur une vaste étendue.

entre les coteaux et le Danube. La culture des céréales et les pâturages secs caractérisent cette partie du pays. Près des deux tiers de la population, dont le chiffre s'élève à 5,370,000 âmes, sont adonnés à l'agriculture. Les villages roumains sont exclusivement habités par des cultivateurs fabriquant eux-mêmes leurs instruments et construisant leurs habitations; les femmes filent, tissent et confectionnent les étoffes et vêtements nécessaires à la famille. Par intérêt et par penchant, les paysans roumains tiennent à ce que leurs enfants deviennent, comme eux, laboureurs; un père de famille ne consent que difficilement à ce que ses fils quittent les champs pour se mettre en apprentissage dans les villes. Quant aux grands propriétaires, sauf ceux de la Moldavie, la plupart d'entre eux ne font pas valoir par eux-mêmes leurs terres; ils les afferment.

La grande, la moyenne et la petite propriété existent en Roumanie, mais c'est à la première surtout qu'on doit l'introduction dans le pays des instruments perfectionnés, l'amélioration des races de bétail et le progrès dans les méthodes culturales.

Il y a des terres de 10,000 hectares de superficie; la moyenne, pour la grande propriété, peut être évaluée de 1,500 à 2,000 hectares, et la moyenne propriété varie de 100 à 250 hectares. La propriété est très répandue, grâce à la loi rurale de 1864, qui a concédé définitivement à chaque paysan un lot de terrain, moyennant une indemnité fixe. Plus de 600,000 familles agricoles sont devenues propriétaires en vertu de cette loi. La surface attribuée à chaque famille, par la loi de 1864, varie entre 3 et 6 hectares. Cette surface n'étant pas assez grande pour la plupart des paysans cultivateurs, ils prennent en métayage des terres appartenant aux grands propriétaires. Il y a des communes dont les habitants s'associent et prennent à ferme toute une grande propriété; chacun paye le fermage en proportion de l'étendue qu'il cultive et du nombre d'animaux qu'il fait pâturer. Cette tendance a une portée économique considérable et mérite d'être tout particulièrement signalée. On peut dire, d'ailleurs, qu'il y a bien peu de pays en Europe où le principe d'association soit aussi bien compris et appliqué qu'en Roumanie. La prédisposition pour l'association existe dans toutes les classes de la société. Les paysans s'associent pour louer la terre et acheter en commun des machines à battre et d'autres outils chers. Les grands propriétaires de troupeaux ont, eux-mêmes, leurs propres bergers pour associés. Pour diminuer leurs frais, presque toujours plusieurs propriétaires de troupeaux s'associent : chacun supporte une part des dépenses et participe aux revenus, proportionnellement au nombre des animaux qu'il possède.

L'hectare de bonne terre arable est encore aujourd'hui d'un prix peu élevé, variant de 150 à 450 francs. Il y a des terres médiocres qui valent de 90 à 120 francs l'hectare. Lors de la vente des biens de l'État, en 1869, le prix maximum atteint a été, par hectare, de 500 francs.

La valeur locative est en moyenne de 12 francs par hectare. Il y a des terres médiocres qui ne se louent que 6 francs, d'autres qui atteignent jusqu'à 40 francs. L'impôt foncier payé par tout propriétaire est de 6 p. 100 sur le revenu. On paye, en outre, un impôt des ponts et chaussées, une contribution personnelle et un impôt des patentes.

L'assolement pratiqué presque partout est l'assolement triennal, maïs, blé, jachère, ou jachère, blé et maïs. Dans les régions où la terre est très pauvre, on la laisse en jachère pendant trois ans et on y fait pâturer les animaux. D'autre part, il y a beaucoup de sols tellement riches qu'on les cultive sans interruption, à l'aide d'une succession de diverses céréales telles que blé, avoine, orge, maïs et millet.

Le système de culture, à raison des conditions économiques du pays, présente surtout le caractère extensif; en effet, avec un territoire très étendu, une population peu nombreuse, des capitaux insuffisants, des relations commerciales encore restreintes, le système intensif, qui demande des conditions tout opposées, ne saurait exister. Aussi voit-on prédominer encore la culture pastorale pure et la culture pastorale mixte.

L'outillage agricole laisse lui-même à désirer; mais des progrès très sensibles ont été faits depuis une dizaine d'années. Ainsi, pour ne parler que de la charrue, demeurée longtemps un outil des plus primitifs, plus d'un demi-million de charrues perfectionnées ont été introduites en Roumanie, alors qu'en 1874 il existait seulement 200,000 charrues du pays et moins de 40,000 charrues perfectionnées.

Le maïs et le froment tiennent la tête parmi les récoltes dont le tableau suivant donne, en centièmes, la proportion pour les 3,300,000 hectares cultivés :

	Taux p. 100.		Taux p. 100.
Froment...............	30.03	Légumes secs...........	3.03
Seigle................	3.14	Pomme de terre.........	0.02
Orge.................	10.72	Légumes frais..........	5.52
Avoine...............	3.01	Colza.................	2.67
Maïs.................	38.60	Chènevis..............	0.16
Sarrasin..............	0.14	Lin...................	0.08
Millet...............	2.74	Tabac................	0.06

Il y a environ 1,300,000 hectares consacrés à la culture du blé et 1,800,000 hectares en maïs. On estime que les frais de culture s'élèvent, à l'hectare, entre 72 et 80 francs pour le blé et à quelques francs de plus pour le maïs, en raison des binages et buttages spéciaux à cette culture. Malgré la richesse naturelle du sol, par suite de l'absence de fumures convenables et vu le peu d'avancement des connaissances générales des cultivateurs, les rendements ne sont pas élevés. Ils ne dépassent guère 12 hectolitres pour le blé, s'élevant à 22 hectolitres pour les sols riches et bien cultivés, 20 pour le seigle et l'orge, 30 pour l'avoine. Ils atteignent quelquefois 30 pour le maïs et 200 pour la pomme de terre. La production en céréales cultivées en 1886, sur 4,255,000 hectares, a été en tout de 54 millions d'hectolitres, dont 20,819,000 hectolitres de blé, un peu plus de 17 millions d'hectolitres de maïs, 6 millions d'hectolitres en avoine, autant d'orge et le reste en seigle, millet, etc. Le service de la statistique agricole est encore très imparfaitement organisé, de sorte qu'il est assez difficile d'apprécier exactement la part et le coût des différentes cultures.

La Roumanie produit des blés durs et des blés tendres, mais le climat est plus favorable aux blés durs. Leur qualité est excellente, les blés roumains peuvent aller de pair avec les froments les plus estimés par le commerce. La meunerie a pris, en Roumanie, une extension qui ira certainement en augmentant avec les progrès de l'agriculture et de l'industrie que révélaient l'exposition du Champ de Mars et du quai d'Orsay. — La Roumanie est exportatrice de blé; sa récolte en maïs entre pour une très large part dans l'alimentation de sa population, d'ailleurs extrêmement sobre. La viticulture, depuis 1867, année où elle a été pour la première fois représentée dans les expositions étrangères, a pris un grand élan. La surface des vignes s'élève aujourd'hui, en nombre rond, à 163,700 hectares, soit 1/82 de la surface totale du royaume; elle s'est accrue de 42 p. 100, soit de 76,000 hectares depuis 1867. La production annuelle du vin s'est élevée, en 1887, à 8,700,000 hectolitres, représentant une valeur de 261 millions de francs. L'art de faire le vin n'est pas à la hauteur de la production, il laisse beaucoup encore à désirer, mais, là aussi, l'influence de l'instruction agricole commence à se manifester.

Comme le fait pressentir l'importance de la surface territoriale occupée par les prairies et les pâturages (plus de 2 millions d'hectares), le bétail occupe une place importante dans l'économie rurale de la Roumanie, bien que l'élevage et l'alimentation des animaux de la ferme appellent encore beaucoup de progrès.

Voici quelques chiffres qui indiquent, d'une manière générale, la composition et la valeur de 8,800,000 têtes de bétail existantes :

ANIMAUX DOMESTIQUES ET BESTIAUX EN 1888.

Bœufs et vaches.		1,931,360
Taureaux.		32,413
Veaux.		320,648
Buffles.		51,065
Chevaux et juments.		486,568
		2,822.054
Étalons.	16,344	
Ânes et mulets.	6,044	
Moutons et brebis.	4.567,150	5,957.780
Boucs.	406,130	
Chèvres.	165,205	
Porcs.	796,907	
Total.		8,779,834

Le mouvement d'exportation du bétail se chiffre par 8 millions de francs environ.

Le cheval roumain, de race orientale, est de petite taille, vif, très résistant à la fatigue, mais sa force de traction est très faible; les ânes et les mulets sont très peu employés. C'est au bœuf et à la vache que la presque totalité des travaux des champs est réservée. La vache est l'animal le plus précieux pour le paysan roumain : elle lui fournit le lait, qui forme en grande partie sa nourriture. Le buffle a plus de force que le bœuf; la femelle produit du lait excellent, en quantité double et plus gras que le lait de vache. On l'emploie à fabriquer du beurre qui se consomme dans les villes. Le mouton est un animal de bon rapport, très facile à entretenir; les paysans en élèvent beaucoup. La chèvre se trouve dans presque tous les districts des montagnes, et il n'y a pas de paysan qui ne possède quelques porcs.

La sériciculture mérite une mention spéciale. L'éducation des vers à soie en Roumanie est très ancienne; c'était une nécessité locale, car le costume des paysannes se compose, pour les jours de fête, de chemises (*iés* et *camessi*) et de voiles (*maromés*) tissés et brodés par elles-mêmes avec la soie qu'elles préparent, et qui porte le nom de *boraudjik*. Les femmes seules s'en occupaient et ne produisaient que la quantité qui leur était personnellement nécessaire. En 1859, l'éducation des vers à soie devint générale : la maladie des vers à soie ralentit la production, qui, aujourd'hui, tend à prendre une importance assez grande.

Tels sont les grands traits de l'agriculture roumaine. Les produits des forêts, ceux des industries minières, notamment les salines, ont à juste titre attiré l'attention des nombreux visiteurs de la section roumaine, disposés avec tant de goût par les soins du comité national; d'autres Rapports les signaleront.

Je ne serai que juste en rappelant, en terminant, ce que savent d'ailleurs ceux qui ont pris part à l'organisation de la merveilleuse exposition de 1889, de combien la France est redevable à l'initiative infatigable de l'organisateur de la section roumaine, le prince Georges Bibesco. Au milieu des difficultés de toute nature, avec une ardeur que rien n'a lassée, le président du comité national a réuni les fonds nécessaires à l'entreprise. Grâce à ses efforts, une collecte privée, une loterie et le vote d'une subvention gouvernementale ont rendu possible, presque en dernière heure, l'envoi et la réunion au Champ de Mars des produits agricoles, de l'industrie, des arts et des mines, dont l'ensemble a permis au prince Bibesco de donner à son pays d'adoption une représentation des plus intéressantes de l'activité industrielle et commerciale de la Roumanie. Le prince Georges Bibesco s'est acquis, par là, un nouveau titre à la reconnaissance de la France.

DANEMARK.

Dans le royaume de Danemark, colonies non comprises, la population était, le 1ᵉʳ février 1880, de 1,969.039 habitants, répartis comme suit : dans les villes. 563.930 individus. soit 28.6 p. 100 de la population totale, et dans les campagnes, 930,612 individus. ou 46.49 p. 100, s'occupant directement d'agriculture. Le royaume embrasse une aire de 695.5 lieues carrées, ou 38,295 kilomètres carrés. Il y avait donc, au 1ᵉʳ février 1880. en moyenne. 2,832 habitants par lieue carrée. ou 51 par kilomètre carré.

De l'aire du royaume, les pâturages, les prairies occupent 40.6 p. 100; les céréales. les racines et les plantes industrielles. 33.7 p. 100; les produits de jardinage, 0.66 p. 100; les landes, 12.5 p. 100; les forêts, 5.5 p. 100; les marais, 3.1 p. 100: tandis que les 4.36 p. 100 qui restent représentent les sables mouvants. les terres pierreuses inexploitables. les bâtiments. les voies publiques, etc.

TEMPÉRATURE MOYENNE DU DANEMARK. — CARACTÈRE GÉOLOGIQUE DU SOL.

	Degrés.	Eau tombée.
Hiver.	+ 1/2 à + 1 1/2	8 à 16 centim.
Printemps.	+ 1/2 à + 6 1/2	8 à 12
Été.	+ 14 à + 16 1/2	14 à 20
Automne.	+ 7 à + 9 1/2	14 à 26
Moyenne de l'année.	+ 6 1/2 à + 8 1/2	45 à 75

Les couches géologiques inférieures (excepté celles de l'île de Bornholm) appartiennent aux périodes tertiaire et crétacée; elles ne contiennent pas de minerais, mais des calcaires et de l'argile en grande quantité. Ces formations n'affleurent que par ci et par là: elles sont habituellement recouvertes par des couches quaternaires (période glaciaire).

Ces couches se composent principalement de :

1° L'argile pierreuse (argile à cailloux roulés), qui forme la plus grande partie des terres labourables des îles et du Jutland et qui embrasse les terres les plus productives du royaume;

2° Le sable quaternaire (sable à cailloux roulés). formé en général par une précipitation de l'argile pierreuse et. par conséquent, déposé en couches. Le sable à cailloux roulés est, en ce qui concerne la fertilité, beaucoup inférieur à l'argile à cailloux roulés. Du reste, la fertilité varie beaucoup d'un point à l'autre, dans les mêmes formations.

Il faut encore noter les formations secondaires glaciaires :

1° L'argile déposée en couches sans cailloux;

2° Le sable siliceux sans cailloux.

L'écoulement de l'eau s'effectuait autrefois presque exclusivement par des fossés à ciel ouvert; mais, en 1848, les canaux commencèrent à remplacer ceux-là. Un tiers des 4 millions et demi de tonneaux de terre labourable (2,470,000 hectares; un tonneau de terre = o hect. 55) n'a pas besoin de drainage. En l'année 1881, une aire de 921,600 tonneaux de terre (506,000 hectares) était munie de canaux souterrains.

L'emploi de la marne se répandit dans les grandes propriétés, pendant les années 1830 à 1840. Sur les îles, on rencontre la marne presque partout, tandis qu'en Jutland elle se trouve à une profondeur qui en rend l'extraction difficile. La Société de la culture des landes a facilité beaucoup la fourniture de la marne, par la construction de chemins de fer spéciaux.

Les impôts sont perçus sur les propriétés selon la qualité des terres. L'unité imposée est un tonneau de *hartkom* (quantité de blé à imposer). En 1885, il y avait dans tout le royaume 382,333 tonneaux de hartkom. Pour tout le royaume, la moyenne est de 17 1/2 tonneaux de terre soit 9 hect. 6 ares 25 centiares (1 tonneau = o hect. 55) par tonneau hartkom; en Jutland, 26 1/2 tonneaux; sur les îles, 10 tonneaux. Selon la dernière taxation, qui a eu lieu en 1843, les terres sont taxées depuis 1 jusqu'à 24 : 1 tonne de terre de la taxe 24, ou 2 de la taxe 12, ou 3 de la taxe 8, ou de pareils multiples donnant le chiffre 24 sont appelés *une tonne de terre bonne, et 5 tonnes 1/2 de terre bonne font une tonne de hartkom.*

La dimension des propriétés de Danemark est la suivante :

	Nombre.	Tonnes de hartkom.
Au-dessus de 30 tonnes de hartkom (de 9 hect. 6 ares 25 c.).	531	30,543
20 et 30...............................	350	8,626
12 et 20...............................	1,073	16,016
8 et 12...............................	3,718	34,871
Entre { 4 et 8...............................	24,200	137,411
2 et 4...............................	23,131	67,095
1 et 2...............................	20.609	29,590
1/4 et 1...............................	67,773	34,507
Au-dessous de 1/4...............................	82,487	6,226

On appelle les propriétés entre 1 et 12 tonnes de hartkom des *propriétés de paysans;* au-dessous de 1 tonne de hartkom, des *maisons.* Il y a 35,329 maisons sans terre.

De la terre labourable, qui comprenait, en 1881, 4,428,628 tonnes de terre (2,434,749 hectares), les 10.6 centièmes étaient en jachère entière ou en demi-jachère; 13.2 p. 100 en graines d'hiver, 32.1 p. 100 en orge et en avoine ou en un mélange de ces deux céréales, 6 p. 100 en plantes fourragères et industrielles, et 37.7 p. 100 en trèfle et en prairies.

Il y a donc, en moyenne, un assolement de 8 soles, savoir : 1 sole de graines d'hiver, 3 soles de graines de printemps (y compris 1/2 sole de plantes fourragères), 3 soles de trèfle et d'herbe, et 4/5 de sole en jachère nue ou en demi-jachère.

La culture des plantes fourragères, surtout celle des racines, augmente beaucoup, en partie aux dépens de la jachère.

Le relevé suivant, fait par le Bureau statistique, montre le mouvement des prix des propriétés dans les îles.

PRIX D'UNE TONNE DE HARTKOM.

	Couronnes [1].
1830	1,000
1845	2,343
1860	4,934
1865	5,202
1867	6,576
1874-1875	8,000
1880	8,500

Le prix des terres en Jutland est en moyenne inférieur, mais l'augmentation y a été encore plus grande que dans les îles. A partir de l'année 1880, les mauvaises conditions météorologiques ont causé un abaissement des prix, qui sont donc moins élevés dans les contrées meilleures du royaume qu'il y a dix ans.

Le fermage, depuis un certain nombre d'années, est très commun sur les grandes propriétés, tandis qu'il est très rare sur les propriétés de paysan.

La journée des ouvriers de campagne était, en 1872, par homme, en moyenne 1 couronne 42 (2 francs) pendant l'été, 1 couronne 05 (1 fr. 45) pendant l'hiver. Cela fait, pour 320 à 330 jours de travail 400 couronnes (555 francs) par an, tandis que la femme adulte peut gagner par son travail pendant la récolte, dans les champs de betteraves et de pommes de terre, 89 couronnes (110 francs). A partir de 1872, la journée s'est augmentée de 25 p. 100. Une grande partie des ouvriers de campagne ont leur propre maison, souvent aussi un peu de terre. Quand ils ont du travail sur des grandes propriétés, ils ont habituellement une maison avec de la terre dont ils payent un petit fermage, ou ils reçoivent la demeure gratuite, des combustibles, du lait et du blé à bon marché.

L'organisation de l'agriculture s'est constituée en Danemark sans coopération de la part de l'État.

La société la plus importante est la Société royale d'Économie rurale, fondée le 29 janvier 1769. Cette Société est, depuis 1872, en communication directe avec les Sociétés d'agriculture. La moitié des 36 membres de la direction est élue par les

[1] 1 couronne = 1 fr. 39.

Sociétés d'agriculture, un membre par *amt* (arrondissement), tandis que l'autre moitié et les trois présidents sont élus par les membres de la Société royale.

La Société royale contribue différemment au progrès de l'agriculture; par exemple, par des consultations, par la publication d'un journal, par des essais et des expériences, par l'instruction des élèves, des bourses de voyage, des expositions, etc.

Il y a 90 Sociétés d'agriculture, qui manifestent leur activité par des expositions de bestiaux, des conférences, des récompenses et des primes, la publication d'un journal, etc.

Il y a outre cela beaucoup de sociétés, comme par exemple celles pour l'*élevage des bestiaux, des taureaux, des étalons,* etc.

L'établissement central pour l'enseignement est l'École royale d'agriculture et de vétérinaire de Copenhague, fondée en 1858 et complétée en 1883 par un laboratoire pour les essais agronomiques.

A cette école appartient une aire de 37 tonnes de terre (20 hectares).

L'école d'agriculture de Clarren, à Norgaerd, possède une aire de 400 tonnes. Cette école donne un enseignement pratique et théorique de deux ans aux jeunes paysans. En outre, il y a un grand nombre d'écoles particulières partout dans le royaume.

Le *hartkom* total de Danemark était en 1885 de 382,333 tonnes, dont 205,435 dans les îles, 170,850 en Jutland, et 6,048 dans l'île de Bornholm.

Voici la distribution entre les trois classes de propriétés (en centièmes).

Les trois classes sont : 1° les grandes propriétés au-dessus de 12 tonnes de hartkom; 2° les propriétés de paysans entre 1 et 12 tonnes; 3° les maisons, au-dessous d'une tonne.

DÉSIGNATION.	1835.	1850.	1860.	1873.	1883.
Grandes propriétés..............	//	13.8	13.6	14.2	15.0
Propriétés de paysans..............	83.4	77.4	75.6	74.1	72.8
Maisons......................	5.6	7.6	9.4	10.5	11

Le nombre de ces propriétés a varié de la manière suivante :

DÉSIGNATION.	1835.	1850.	1860.	1873.	1883.
Grandes propriétés..............	//	1,715	1,734	1,856	1,954
Propriétés de paysans..............	96,490	66,844	69,094	70,959	71,678
Maisons......................	87,867	136,925	162,415	//	185,589

La valeur de l'exportation de blé, des bestiaux et des produits animaux, exprimée en couronnes valant 1 fr. 39, était la suivante en millions de couronnes :

DÉSIGNATION.	1866-1870.	1871-1875.	1876-1880.	1881-1883.
Blé..........................	38 1/2	38	28	3
Bestiaux et produits animaux...........	27	60	65 1/2	80 1/2
Blé non moulu......................	33	28 1/2	11 1/2	8
Blé moulu.........................	5 1/2	9 1/2	16 1/2	11
Chevaux..........................	4 1/2	3 1/2	7 1/2	7
Bestiaux..........................	8 1/2	25 1/2	18	20
Moutons..........................	1/20	1	2	2 1/2
Cochons et lard....................	5 1/2	16 1/2	19	27 1/2
Beurre...........................	8	21	20 1/2	23 1/2

Ces produits sont exportés dans les pays suivants : en millions de couronnes :

DÉSIGNATION.	ANGLETERRE.	ALLEMAGNE.	SUÈDE.	NORVÈGE.	AUTRES PAYS.
Blé...............	9 1/2	2 1/2	8 3/4	6	2 1/2
Beurre...............	25 3/4	2	1·3	1	1/4
Lard...............	5 1/4	1 1/4	1 3/4	1/2	1/10
Cochons et cochons de lait.........	1/4	2 1	"	1/8	1/14
Bestiaux...............	17 1/2	4 1/2	"	1 8	1/14
Moutons...............	2 3/4	1/7	"	"	1/200
Chevaux...............	"	8 1/2	1 4	"	1/14
OEufs...............	2 1/4	1/5	"	1 8	1 6
TOTAUX...............	63 1/4	40	11	8	3

Le froment, le seigle, l'orge et l'avoine sont les céréales les plus importantes de Danemark. Ils occupaient, en 1881, 43 p. 100 de la terre labourée.

Voici la distribution de ces céréales :

DÉSIGNATION.	FROMENT.	SEIGLE.	ORGE.	AVOINE.
	hectares.	hectares.	hectares.	hectares.
Sur les îles......................	47,960	97,625	182,600	129,350
En Jutland......................	8,525	169,400	133,650	271,700
TOTAUX......................	56,485	267,025	316,250	401,050

On cultive presque exclusivement le froment d'hiver. Sa place dans l'assolement est presque toujours après *la jachère fumée*. Les espèces les plus communes appartiennent au groupe *Triticum vulgare*. La plus importante est le froment de Squarehead, importé en 1874 de l'Écosse. A cause de son grand rendement et de sa paille rigide, il s'est vite propagé, principalement sur les terres argileuses des îles.

Le froment est habituellement semé au milieu de septembre. *La semaille en lignes* est très employée, surtout dans les grandes propriétés. Le froment de Squarehead exige une semaille plus épaisse; on emploie habituellement 200 à 260 kilogrammes par hectare.

Le rendement moyen du froment est environ 24 à 28 tonnes (33 à 40 hectolitres) par hectare, mais sur des bonnes terres souvent plus.

Le seigle est la plus importante céréale pour la fabrication du pain. Il est cultivé où la qualité de la terre ne satisfait pas les exigences du froment, et où la plus grande valeur de la paille, qui est beaucoup employée comme fourrage pour les chevaux et comme couverture pour les maisons, rend la culture plus avantageuse.

Sur les terres les plus maigres du royaume il occupe la surface la plus importante dans la sole des céréales. Il est semé habituellement dans la jachère ou dans la demi-jachère fumée.

On sème le seigle pendant la première moitié de septembre : 200 kilogrammes par hectare. Le seigle est la céréale qui se récolte la première, habituellement entre le 24 et 31 juillet.

Le rendement moyen est 9 à 10 tonnes (de 100 kilogrammes) par tonne de terre (16 à 18 quintaux à l'hectare). Beaucoup de seigle est importé des provinces de la mer Baltique. L'importation de seigle était de 310,000 hectolitres par an pendant les années 1878-1887. L'exportation de farine de seigle était en même temps de 930,000 tonnes (à 100 kilogrammes) par an.

L'orge est cultivée partout dans le pays comme céréale de printemps. Sa place dans l'assolement est habituellement après des betteraves ou du grain d'hiver. On cultive l'orge à deux et à six rangs. La dernière seulement dans quelques endroits, par exemple dans les environs de la capitale.

La culture de l'orge de Chevalier gagne du terrain, parce qu'il est établi par les essais du laboratoire de la Société royale de l'économie rurale que cette variété donne un rendement plus grand et un produit de meilleure qualité que l'orge plus commune du pays. Les expositions d'orge, de brasserie et les essais et expériences, ont fait beaucoup pour favoriser la culture de l'orge de malterie.

Les semailles ont lieu habituellement au commencement du mois d'avril.

Quelquefois on sème l'orge en lignes, surtout sur les grandes propriétés.

En ce cas, la semence employée est de 150 kilogrammes par hectare; à la volée, 15 p. 100 de plus. Le rendement est en moyenne de 10 tonnes par tonne de terre.

Les brasseries danoises, qui se sont développées beaucoup pendant les dernières années, sont les acheteurs les plus importants des producteurs d'orge. Pendant les années 1878 à 1887 l'exportation a été de 1 million d'hectolitres par an, principalement pour l'Angleterre et la Norvège.

L'avoine est cultivée exclusivement comme céréale de printemps.

L'avoine vulgaire (*Avena sativa*) est la variété la plus cultivée; moins cultivée est « l'avoine de Glaive » (*Avena orientalis*). L'avoine est habituellement la dernière céréale dans l'assolement. Les semailles, qui ont lieu en même temps ou immédiatement après « l'orge Chevalier », exigent 200 kilogrammes par hectare. Le rendement moyen est de 11 à 12 tonnes par tonne de terre. L'exportation était de 33,000 hectolitres par an pendant les années 1878 à 1887.

Le *blé noir* ou *sarrasin* était cultivé en 1881 sur 18,000 hectares, dont les 95 p. 100 en Jutland.

Les *légumineuses* étaient cultivées en 1881 sur 28,000 hectares, dont 24,000 en pois, 3,300 en vesces, et 700 en féverolles.

La production de légumes suffit à peu près pour la consommation du pays. Les pois et les haricots sont cultivés principalement dans les îles.

Les vesces et les pois sont beaucoup employés comme fourrage vert. En ce cas, ils sont habituellement semés avec la céréale de printemps, principalement avec l'avoine.

Les pommes de terre étaient cultivées en 1881 sur une surface de 44,500 hectares, principalement comme nourriture pour les hommes.

Habituellement on n'emploie pour le bétail que les variétés les plus mauvaises. La récolte est de 4,200,000 hectolitres par an; le rendement moyen est de 42 à 55 hectolitres par tonne de terre (80 à 100 hectolitres par hectare).

La culture de betteraves fourragères augmente chaque année. Pendant les années 1878 à 1881, l'espace occupé par les betteraves fourragères a passé de 8,500 à 16,000 hectares, dont 9,500 hectares dans les îles.

Dans les îles et dans les parties méridionales de Jutland on cultive principalement des betteraves et des carottes pour l'alimentation des vacheries.

La culture des betteraves à sucre a commencé en 1872. Elles occupaient en 1886 une aire de 8,000 hectares. Les betteraves sont traitées dans les six sucreries du royaume.

La *chicorée* était cultivée en 1883 sur 330 hectares, tandis qu'il en est importé en moyenne 500,000 kilogrammes par an.

Le *colza* est peu cultivé; en 1881, sur environ 1,000 hectares.

Autres plantes industrielles. — Le houblon, le lin, le tabac, le cumin, la moutarde, etc. occupaient, en 1881, une aire de 2,800 hectares.

En 1881, 38,500 hectares étaient consacrés à la culture du fourrage vert; 1 million d'hectares au trèfle et aux prairies et, outre cela, la récolte de 58,000 hectares en cultures dérobées complétaient ressources alimentaires du pays pour le bétail. La durée de la culture des prairies temporaires est en moyenne de deux à trois ans dans les îles, trois ou quatre ans en Jutland.

L'engrais artificiel est produit dans les fabriques du pays à l'aide de matières premières importées.

Pendant les années 1878 à 1887, l'importation de ces matières s'est élevée à 8,500,000 kilogrammes (superphosphate et guano compris). En 1886-1887, elle était arrivée à 12,500,000 kilogrammes.

Depuis les dernières années, le bétail des vacheries est mieux alimenté qu'autrefois, surtout depuis que la fondation de vacheries communes (fruitières) a ouvert les yeux des petits propriétaires sur la valeur du lait. La consommation de son et de tourteaux de lin a beaucoup augmenté. L'importation de tourteaux de lin était, pendant les années 1878 à 1887, en moyenne par an de 22,500,000 kilogrammes; en 1886, 44 millions de kilogrammes.

L'importation de son s'élevait, en 1886, à 91 millions de kilogrammes. Outre cela, on importe 200,000 hectolitres de graines de colza et de lin par an.

Pour l'élevage de chevaux et de bétail on préfère les races pures.

Voici le nombre des différentes espèces d'animaux en 1881 :

DÉSIGNATION.	ÎLES.	JUTLAND.	ENSEMBLE.	PAR MILLIER D'HOMMES.
Chevaux.	180,326	167,235	347,561	77 4
Ânes.	229	53	282	"
Bêtes à cornes.	586,497	883,581	1,470,078	736
Brebis.	459,548	1,089,065	1,548,613	775
Porcs.	4,609	4,722	9,331	5
Chèvres.	285,317	242,100	527,417	264

Chevaux. — Le plus grand nombre des chevaux appartient à la race du pays; ils sont employés comme bêtes de travail dans le service de l'agriculture. Sur les grandes propriétés et sur des terres de moyenne qualité, il y a ordinairement 4 à 5 chevaux par 100 tonnes de terre (55 hectares). Sur les petites propriétés, il y a quelquefois le double de chevaux sur le même espace.

En 1881 il y avait dans tout le royaume 3,957 étalons, dont 66 *de pur sang*, 248 *de demi-sang*, 3,380 de la race du pays, et 266 d'autres races.

Les régions les plus importantes de l'élevage des chevaux sont les parties moyennes et septentrionales de Jutland, qui fournissent les îles de juments et d'étalons. La race des îles est probablement d'origine tartarique. C'est un croisement du cheval tartarique et jutlandais avec celui de *Frédériksborg*. La hauteur des chevaux jutlandais est en moyenne de 1 m. 65 à 1 m. 70, celles des chevaux des îles de 1 m. 60 à 1 m. 65

L'exportation a lieu principalement en Allemagne; elle est de 8,000 têtes par an.

Le bétail appartient principalement à la race rouge danoise et à la race jutlandaise. La race danoise est exclusivement une race laitière; elle est obtenue par sélection, par croisement avec une race importée d'Angleterre et en partie par croisement avec la race originaire des îles : la bonne alimentation a beaucoup contribué aussi à l'amélioration de la race bovine.

Le bétail rouge danois se trouve principalement sur les îles et constitue 60 p. 100 de l'ensemble du bétail de Danemark.

En 1881, on comptait 17,956 taureaux, dont 60 p. 100 appartenant à la race rouge danoise. En Jutland se trouvaient, en 1881, 6,499 taureaux, dont 5,174 (80 p. 100) appartenaient à la race jutlandaise. Le poil de cette race est noir et blanc, gris et blanc, ou gris.

L'aptitude de la vache laitière est généralement moins développée chez cette race que chez la race rouge danoise, excepté dans les régions où la vacherie est le but spécial de l'élevage du bétail, c'est-à-dire dans les parties septentrionales et orientales du Jutland.

Dans les localités où l'on s'applique à l'élevage de *bétail à viande,* le développement des caractères propres à ce but est parfait. Pendant les dernières années, on s'est beaucoup occupé de créer une race laitière jutlandaise, ce qui a bien réussi par une sélection méthodique dans plusieurs régions.

Outre ces deux races, il y avait, en 1881, 990 taureaux de la race *à cornes courtes* et 687 d'autres races.

La plupart des taureaux à cornes courtes sont importés. On les croise souvent avec la race jutlandaise. Les bâtards sont généralement engraissés.

Par une bonne alimentation, le poids de la vache à lait de la race rouge danoise peut atteindre 450 à 500 kilogrammes.

Avec une nourriture moyenne, une vache de la race rouge danoise peut donner 2,200 à 2,500 kilogrammes de lait par an.

Quelques individus fournissent, moyennant une très forte alimentation, jusqu'à 6,000 kilogrammes de lait.

La quantité de nourriture varie beaucoup. Dans les grandes propriétés, on emploie, en moyenne, un supplément de 650 kilogrammes d'aliments concentrés, pendant le semestre d'hiver.

On emploie de plus en plus les racines, tant pour les vaches à lait que pour le bétail à viande. Dans beaucoup de propriétés, on conserve le bétail à l'étable pendant toute l'année.

Quand le bétail reste à l'étable pendant l'été, on lui donne habituellement un supplément de 1 à 2 kilogrammes d'aliments concentrés par jour. En même temps on emploie du foin et de la paille, comme nourriture sèche.

On exporte le bétail principalement en Angleterre. L'exportation était en moyenne par an, pendant les années 1878 à 1887, de 81,200 bœufs, 5,500 veaux et de 255,000 kilogrammes de viande.

Pendant les dernières années, il s'est fondé dans tout le pays beaucoup de sociétés pour l'élevage du bétail; elles ont pour but l'amélioration du bétail par une sélection méthodique.

Le nombre des animaux de l'espèce ovine a diminué, pendant les années 1871 à 1881, de 294,000 individus, conséquence naturelle du développement de la vacherie. Les endroits les plus pauvres ont le plus grand nombre de moutons. L'espèce ovine joue un rôle utile, dans l'exploitation des pâturages trop maigres pour le gros bétail.

La brebis *danoise* proprement dite et la brebis de *landes* se trouvent exclusivement dans les landes et dans les marais.

La brebis mérinos était autrefois très commune, surtout dans les grandes propriétés. Par suite de l'abaissement du prix des laines, cette race a presque complètement disparu aujourd'hui. La brebis du pays et la brebis mérinos sont complètement transformées par suite de leur croisement avec la brebis à viande anglaise, qui souvent les a même remplacées.

L'élevage de la brebis a pour but la production de la laine et de la viande nécessaires à la consommation locale.

La brebis est généralement tenue à l'étable de 120 à 140 jours par an. La nourriture d'hiver est très modeste, habituellement du foin de rebut et de la paille. Les pâturages les plus maigres sont réservés aux brebis; seulement dans les endroits où l'engraissement est le but de l'élevage, on leur donne une nourriture plus forte.

Pendant les années 1878 à 1887 l'exportation annuelle de la laine a été de 883,600 kilogrammes et celle des brebis de 58,300.

L'élevage du porc s'est augmenté avec le développement de la vacherie. Le nombre de porcs et de cochons de lait était en :

1861	300,928
1871	442,421
1881	527,417

La race originaire du pays a presque complètement disparu.

Elle est remplacée par des races anglaises, principalement par celles du Yorkshire, Tamworth et Berkshire.

Pendant les dernières années, beaucoup d'abattoirs de porcs se sont installés partout dans le pays. Ceux-ci achètent principalement les *Sengsvin*, c'est-à-dire des cochons petits, longs, charnus, pas trop gras, d'un poids de 80 à 95 kilogrammes. Ils sont exportés principalement en Angleterre. Les porcs gras d'un poids de 125 à 150 kilogrammes vont en Allemagne.

La production des *Sengsvin*, qui sont vendus à l'âge de 6 ou 7 mois, devient de plus en plus commune, bien qu'elle exige un beaucoup plus grand nombre de cochons de lait que la préparation des porcs gras, qui sont vendus à l'âge de 8 à 9 mois. Un commerce très actif a lieu, avec les cochons de lait de 4 à 5 semaines.

Pour l'engraissement on emploie, outre le rebut de la vacherie, beaucoup de blé, surtout de l'orge, du maïs, des rebuts de riz, des racines et des pommes de terre.

Pendant les années 1878 à 1887, l'exportation par an était de 233,700 porcs, 6,200 cochons de lait et 8,270,000 kilogrammes de lard. En 1887, l'exportation du lard était montée à 23,350,000 kilogrammes.

Dès les temps les plus reculés, la production de lait a eu une certaine importance en Danemark. On élevait, outre les bœufs, des vaches laitières, et on produisait pendant l'été du beurre et du fromage. Mais ce n'est qu'au commencement de ce siècle qu'une organisation rationnelle et productive des vaches laitières fut introduite dans les meilleures contrées du pays par des fermiers du duché de Holstein; naturellement, ces fermiers importèrent la fabrication du beurre et du fromage maigre, selon l'usage de leur pays.

Tandis que les essais faits dans quelques points pour importer la fabrication du fromage gras, d'après les méthodes suisse, hollandaise et anglaise, ne prenaient qu'une importance médiocre, le système de Holstein se répandait vite dans le pays. Partout on employait pour la séparation de la crème des boîtes ou des cuves, et le beurre était déposé dans des barattes holsteinaises, mises en mouvement par des chevaux ou à la main, lesquelles sont encore presque exclusivement les seules employées.

La *Société royale d'économie rurale*, et plus tard l'État aidé par les hommes de science commencèrent à s'occuper expérimentalement des problèmes concernant la laiterie. Le thermomètre et la balance étaient importés dans la fabrication; un enseignement pratique et théorique prenait naissance, et beaucoup d'étrangers venaient étudier la laiterie danoise. Non seulement dans les pays du Nord, mais aussi dans les autres pays, on s'efforçait d'imiter ces installations danoises.

On a commencé, il y a vingt ans, à installer des laiteries où la séparation de la crème avait lieu dans des vases cylindriques en fer-blanc; en même temps, l'emploi de la glace devenait commun. Par des expositions nombreuses, on excitait l'intérêt et on répandait la connaissance des meilleures méthodes de production. Les fabricants s'occupaient, de plus en plus, de la fabrication, de l'outillage et les produits de la laiterie étaient exportés en grandes quantités.

Au fur et à mesure, les cultivateurs trouvaient leur avantage à employer de grandes quantités de blé, de son, de tourteau de lin et de fourrage pour l'alimentation des vaches laitières; on amenait celles-ci à vêler pendant l'automne, pour pouvoir produire beaucoup de beurre pendant l'hiver.

Ce sont les grands propriétaires qui donnèrent l'exemple, mais bientôt ils furent suivis par les plus petits. Maintenant, tous les campagnards du Danemark, qu'ils soient grands propriétaires possédant 300 vaches, ou petits cultivateurs n'en ayant qu'une ou deux, prennent part à la fabrication du beurre avec beaucoup de zèle et de succès.

Ce progrès est devenu possible pour les petits propriétaires par l'emploi des appareils centrifuges pour la séparation de la crème.

Il y a dix ans qu'on a commencé à les employer et bientôt un grand nombre de laiteries à vapeur furent installées dans tout le pays.

Beaucoup de laiteries, dans les grandes propriétés, sont munies de centrifuges, et un grand nombre de laiteries communes et en actions sont installées pour traiter le lait des moindres fermes. Bien que des laiteries, où l'on traite le lait dans des boîtes, existent encore dans beaucoup d'endroits, la machine centrifuge peut donc être considérée comme un appareil de la plus grande importance pour l'agriculture danoise. A l'heure qu'il est, plus de 2,000 centrifuges sont en activité, et traitent environ la moitié de tout le lait produit par les 700,000 vaches laitières du pays.

L'importance croissante de la laiterie se révèle par l'exportation du beurre, toujours croissante.

L'exportation du beurre qui était, de 1872 à 1882, en moyenne de 9,500,000 kilogrammes par an et, de 1883 à 1885, de 12 à 13 millions de kilogrammes, montait, en 1886, à 16 millions et, en 1887, à 18 millions de kilogrammes.

Les grandes quantités de lait écrémé n'ont pas pu être employées pour la fabrication de fromages maigres, parce que l'excès de production dans les autres pays a rendu impossible l'exportation. La production n'a donc lieu que pour les besoins du pays, et la plus grande partie du lait est employée comme nourriture pour les veaux et les porcs. Tandis que l'élevage des veaux n'a lieu que pour renouveler les laiteries, l'élevage des porcs joue un rôle toujours grandissant. On nourrit les cochons avec du lait et du petit lait ainsi qu'avec des racines et du blé.

L'exportation s'est élevée pendant l'année 1888 à 23 millions de kilogrammes de lard et à 250,000 porcs, d'une valeur de 33 millions de couronnes.

La valeur de l'exportation danoise en produits de la laiterie est de 70 millions de couronnes, mais il est bien probable qu'elle augmentera encore considérablement.

RÉSUMÉ ET CONCLUSIONS.

La mission confiée au jury de la classe 73 *bis* devait embrasser l'étude des seuls pays représentés au Champ de Mars, à l'Esplanade des Invalides et dans les galeries du quai d'Orsay. De plus, son examen ne pouvait porter officiellement que sur les pays dont les produits du sol étaient accompagnés de documents statistiques permettant d'apprécier les différentes conditions générales et l'évaluation numérique de la production agricole de chacun d'eux. Les pages qui précèdent renferment un résumé, aussi exact qu'il a été possible au rapporteur de le faire à l'aide des documents exposés, de la situation agricole des pays qui ont pris part, en ce qui regarde la statistique, à l'admirable manifestation de 1889.

J'ai pensé cependant qu'il serait intéressant de donner, comme complément à l'œuvre du jury, un aperçu de la production totale du globe, au moins en ce qui regarde les céréales et les principales denrées alimentaires, envisagée dans ses rapports avec la population. Il m'a paru qu'une semblable esquisse, si imparfaite qu'elle soit, faute de renseignements sur bien des points, pouvait être tentée d'autant plus utilement qu'elle conduit à la démonstration saisissante de la situation favorable que l'avenir réserve à l'agriculture européenne et notamment à l'agriculture française, si heureusement en voie de progrès depuis l'Exposition universelle de 1878.

Le lecteur voudra bien, je l'espère, juger cette tentative avec indulgence, et me tenir compte des difficultés grandes que présente une semblable étude. Il me pardonnera les lacunes inhérentes à des évaluations de l'ordre de celles que j'aborde, et ne verra dans cet épilogue du *Rapport sur la statistique agricole* qu'un désir ardent d'éclairer nos cultivateurs sur les choses qui les touchent de près. Mon objectif est de stimuler leur courage, de calmer leurs craintes, en leur montrant, pour un avenir prochain, des perspectives beaucoup plus encourageantes que les sombres prévisions suggérées aux pessimistes par le développement extraordinaire des pays neufs d'outre-mer.

Le monde civilisé a consacré des milliards à créer des voies de communication sûres, rapides et économiques, à construire des ports, des navires et l'immense matériel roulant qui circule sur les voies ferrées. La vapeur et l'électricité ont créé des liens étroits entre les peuples les plus éloignés, leur assurant ainsi le bénéfice des échanges des produits que la nature a inégalement répartis à la surface du globe et, chose précieuse entre toutes, délivrant à jamais le monde civilisé des horreurs de la famine. C'est grâce en effet à la prodigieuse organisation des communications internationales que la vieille Europe n'aura pas en 1892 à subir la disette : le déficit des 75 millions d'hectolitres qu'a infligé à la récolte en blé de l'Europe le rude hiver 1890-1891, les États-Unis d'Amérique, l'Inde et l'Australie le combleront : on ne peut que s'en réjouir.

Quand, laissant de côté tout parti pris doctrinaire, on envisage les bienfaits dont l'humanité est redevable à la création de l'immense réseau de communications qui couvre le monde civilisé, on a peine à comprendre la tendance passagère, mais très accentuée actuellement de la plupart des nations, à paralyser partiellement, par des mesures fiscales excessives, l'influence des moyens de rapprochement à la création desquels elles ont consacré tant de milliards.

L'avenir, on n'en saurait douter, est à la liberté des échanges de nation à nation, c'est-à-dire à l'abaissement, ou pour mieux dire, au nivellement du prix des denrées de première nécessité, dont la conséquence sera l'accroissement du bien-être de la masse de l'humanité,

Les peuples neufs, exportateurs aujourd'hui, cesseront de le devenir par la force même des choses, étant donné le rapide accroissement de leur population et la limitation forcée de l'extension de leurs cultures. Les vieilles nations pourront alors, par suite des progrès que leur rendent faciles l'expérience, la science et la richesse acquises, aspirer à devenir, à leur tour, exportatrices, et fournir au nouveau monde le pain qu'elles sont trop heureuses de lui demander aujourd'hui, quand il leur manque. Elles recevront, en retour, les productions que leur climat et leur sol leur refuseront toujours.

Telles sont, du moins, les déductions que semblent légitimer les rapprochements qui vont suivre touchant la population et la production du globe, autant que nous en puissions juger d'après les documents les plus récents.

POPULATION DU GLOBE.

Population des mangeurs de pain (bread-eaters). — Production totale
des denrées alimentaires.

La population totale du globe, qui était de 1,401 millions d'habitants en 1880, est évaluée, au commencement de 1891, à 1,480 millions, en augmentation de 79 millions dans cette décade, soit de 5.64 p. 100.

Le tableau suivant indique la répartition générale, la surface et la population du globe à la fin de 1890 [1].

[1] Dr A. Petermann's Mitteilungen. Ergänzungsheft N° 101. Gotha, J. Perthes, 1891.

Tableau I. — Nombre et densité de la population du globe.

PARTIES DU MONDE.	SURFACE EN KILOMÈTRES carrés.	NOMBRE D'HABITANTS.	HABITANTS PAR KILOMÈTRE carré.
Europe (non compris l'Islande, Nowaja Semlja et les îles atlantiques)............................	9.729,861	357,379.000	37
Asie (sans les îles polaires).....................	44,142,658	825,954,000	19
Afrique (sans Madagascar, etc.).................	29,207,100	163,953,000	5
Amérique (sans le domaine polaire)................	38,334,100	121,713,000	3
Australie (Terre ferme et Tasmanie).	7,695,726	3,230,000	0.4
Îles océaniques.......	1,898,700	7,420,000	4
Zones polaires............................	4,482,620	80,400	"
Totaux.....................	135,490,765	1,479,729,400	11

La production connue du froment et du seigle s'élève annuellement à 1.251 millions d'hectolitres (voir tabl. X, p. 306); celle du maïs à 1 milliard d'hectolitres, dont un tiers à peine sert à l'alimentation de l'homme, soit 300 millions. En évaluant à 250 millions d'hectolitres le volume des autres céréales comestibles, on arriverait au chiffre de *1,800 millions* d'hectolitres de céréales consommés annuellement par l'homme. Si l'on répartit arithmétiquement cette production sur le nombre total d'habitants du globe, on trouve que chacun d'eux disposerait en moyenne et par an de 122 litres environ de céréales. La production moyenne annuelle du blé dans le monde, étant de 775 millions d'hectolitres environ, correspondrait seulement à 52 litres par tête, chiffre tout à fait insuffisant; celle du seigle à 33 litres, soit au total pour les deux céréales, 85 litres.

Il va sans dire qu'il n'en est point ainsi : la répartition hypothétique que nous venons de faire n'a d'autre but que d'indiquer la proportion, relativement restreinte, des habitants du globe qui actuellement consomment des céréales et notamment du blé. Quelle est l'importance numérique de cette fraction de l'humanité que les statisticiens américains désignent sous la rubrique *bread-eaters,* « mangeurs de pain »? C'est ce que nous allons chercher à établir.

M. C. Wood Davis, dans une étude toute récente et fort intéressante sur la production et la consommation du monde, dresse le tableau suivant des *bread-eaters* dans les trois dernières décades 1870, 1880 et 1890. Sous cette dénomination, Wood Davis comprend exclusivement les peuples de l'Europe, des États-Unis, du Canada, de la région du Cap et du sud de l'Afrique, de l'Australie, de l'Amérique du Sud et des colonies européennes, des îles et des régions tropicales. Voici le résultat auquel il arrive :

TABLEAU II. — POPULATION MANGEANT DU PAIN (BREAD-EATERS).

DÉSIGNATION.	1870.	1880.	1890.
	habitants.	habitants.	habitants.
Europe..............................	303,000,000	330,000,000	368,000,000
États-Unis...........................	38,600,000	50,200,000	62,500,000
Canada..............................	3,600,000	4,300,000	5,300,000
Australie............................	2,000,000	2,900,000	4,200,000
Amérique du Sud tempérée..........	5,000,000	6,600,000	8,200,000
Afrique du Sud et Islande..........	6,800,000	7,000,000	7,800,000
TOTAUX....................	359,000,000	400,000,000	456,000,000
Accroissement décennal absolu..........	....	41,000,000	56,000,000
Accroissement décennal pour cent..........	....	11.42 p. 100	14 p. 100
Accroissement total en 20 années..........	....	....	27 p. 100

Quel a été, durant cette période de vingt années, l'accroissement. en surface, des cultures de céréales et de pommes de terre dans le monde entier? C'est ce que va nous montrer le tableau III.

TABLEAU III. — SURFACES CULTIVÉES EN DENRÉES ALIMENTAIRES PRINCIPALES
DANS LE MONDE ENTIER.

NATURE DES RÉCOLTES.	1870.	1880.	1890.	AUGMENTATION OU DIMINUTION	
				des CULTURES en 20 ans.	des SURFACES CULTIVÉES en 20 ans.
	hectares.	hectares.	hectares.		
Froment...........	62,066,000	71,757,000	73,442,000	+ 11,376,000	+ 11,8
Seigle et méteil......	44,143,000	43,847,000	43,855,000	— 288,000	— 0,7
Orge.............	18,368,000	17,596,000	18,070,000	— 298,000	— 1,6
Avoine...........	31,850,000	36,787,000	42,448,000	+ 10,598,000	+ 33,3
Maïs.............	34,067,000	44,670,000	51,734,000	+ 17,667,000	+ 52,0
Pommes de terre....	8,808,000	9,557,000	10,457,000	+ 1,649,000	+ 18,7
TOTAUX.......	199,302,000	224,214,000	240,006,000	40,704,000 [1]	+ 20,4 [2]

[1]. Accroissement net.
[2]. Accroissement net p. 100.

En vingt ans, l'accroissement net de l'ensemble des surfaces cultivées en plantes alimentaires aurait donc été de 20.4 p. 100 seulement, tandis que la population des consommateurs de pain se serait accrue, pour la même période, de 27 p. 100.

Si l'on ne considère que les deux principales céréales alimentaires, le froment et le seigle, l'accroissement des surfaces consacrées à leur culture n'aurait été, en vingt ans, que de 10.4 p. 100, de telle sorte que le nombre des consommateurs de pain aurait crû deux fois et demi plus vite que celui des denrées destinées à la confection de cet aliment. Le maïs et d'autres céréales auraient complété les besoins de l'alimentation.

On remarquera que, durant la décade de 1870-1880, l'accroissement de la culture du blé a été de 15.6 p. 100, tandis que la population n'augmentait que de 11.4 p. 100 (tab. II); il y aurait donc eu, dans ces dix ans, excédent de froment, dont une partie aurait comblé le déficit du seigle, et l'autre servi de réserve pour les années suivantes, marquées par une accélération bien plus faible dans l'extension des cultures.

Dans ces trois périodes, la proportion des surfaces cultivées au chiffre de la population a subi des fluctuations intéressantes à noter; les superficies étaient, en 1870, de 554 hect. 4 par 1,000 consommateurs; de 562 hect. 5 en 1870-1880 et tombaient à 526 hect. 1, pour la décade 1880-1890, par suite de l'accroissement bien plus considérable de la population durant cette période.

Le tableau III comprend la surface productive du monde entier; il est intéressant de lui comparer celle de l'Europe seule; c'est ce que va nous permettre l'inspection du tableau IV.

TABLEAU IV. — SURFACES CULTIVÉES EN DENRÉES ALIMENTAIRES PRINCIPALES.

(Pays d'Europe.)

NATURE DES RÉCOLTES PRINCIPALES.	SURFACES.			AUGMENTATION OU DIMINUTION	
	1870.	1880.	1890.	ABSOLUE.	POUR CENT.
	hectares.	hectares.	hectares.	hectares.	pour cent.
Froment..........	38,037,000	37,714,000	38,222,000	+ 185,000	+ 0,49
Seigle et méteil [1]....	43,638,000	43,076,000	42,848,000	— 790,000	— 1,81
Orge	15,942,000	14,896,000	14,573,000	— 1,369,000	— 8,58
Avoine............	27,523,000	28,903,000	29,789,000	+ 2,266,000	+ 8,24
Maïs	17,273,000	17,906,000	17,778,000	+ 505,000	+ 2,92
Pommes de terre....	8,073,000	8,578,000	9,172,000	+ 1,099,000	+ 13,50
	150,486,000	151,073,000	152,382,000	1,896,000 [3]	+ 1,255 [3]
Monde entier.......	199,302,000	224,214,000	240,006,000	40,704,000	+ 20,4
PAYS D'OUTRE-MER : Par différence avec les chiffres du tableau III..	48,816,000	73,141,000	87,624,000	38,808,000	Pays d'outre-mer. + 79,5

[1] Seigle et blé semés ensemble.
[2] Augmentation réelle.
[3] P. 100.

Cette comparaison des accroissements des surfaces cultivées, dans le monde entier, de 1860 à 1880, avec l'augmentation des cultures européennes montre que, sur le chiffre de près de 41 millions d'hectares conquis à la culture en vingt ans, 39 millions, soit 79.5 p. 100 appartiennent aux pays hors d'Europe; si l'on cherche maintenant comment se répartissent ces 41 millions d'hectares, on constate qu'ils appartiennent pour 81.7 p. 100 aux États-Unis d'Amérique, et, pour 18.3 p. 100 aux autres pays d'outre-mer.

Voici d'ailleurs la progression suivie dans les trois périodes décennales 1860-1870, 1870-1880, 1880-1890, en nombres ronds :

ANNÉES.	SURFACE TOTALE DU MONDE ensemencée en denrées alimentaires.	ACCROISSEMENT TOTAL en surfaces.	PART DES ÉTATS-UNIS dans cet accroissement.	PART des ÉTATS-UNIS.
	hectares.	hectares.	hectares.	P. 100.
1860-1870	199,300,000	"	"	"
1870-1880	224,214,000	24,914,000	21,160,000	84.7
1880-1890	240,200,000	15,786,000	12,180,000	77.0
Accroissement en vingt ans.........	....	40,700,000	33,340,000	81.7

A ne considérer que les chiffres bruts, le Nouveau-Monde et, à sa tête, les États-Unis, occupent une place tout à fait prépondérante dans le progrès de la production des vingt dernières années, progrès qui assure, comme nous le disions plus haut, la subsistance de l'humanité civilisée. Mais si l'on examine de plus près les conditions de l'agriculture, en France et aux États-Unis, il est aisé de se convaincre de la supériorité de la première sur la seconde, au point de vue du progrès réel, qui consiste essentiellement dans l'accroissement des rendements du sol. Tandis que le rendement du sol français suit, depuis soixante ans, une marche ascendante, trop lente à notre gré, mais constante et qu'il serait aisé d'accélérer considérablement, la productivité des terres américaines décroît sensiblement, fait qui commence à préoccuper, à juste titre, les agronomes américains. Pour justifier le bien-fondé de ces préoccupations, M. Wood Davis examine ce que deviendront, suivant toute probabilité, d'ici *vingt ans seulement,* en 1910, le chiffre de la population du monde et l'accroissement des cultures que réclamera l'alimentation humaine au xxᵉ siècle.

En admettant que l'accroissement de la population des *mangeurs de pain* dans le monde soit de 11 p. 100 de 1890 à 1900, et seulement de 10 p. 100 pendant la décade suivante, la consommation de la population demeurant seulement proportionnelle à celle de la décade 1870-1880, où les prix étaient sensiblement plus élevés que dans la période décennale suivante, M. Wood Davis évalue, comme suit, les conditions probables de l'augmentation de la population et des surfaces nécessaires pour la nourrir en 1900 et en 1910 :

DATES.	ÉVALUATION de LA POPULATION. *Bread-eaters.*	SURFACE COMPLÉMENTAIRE			SURFACE TOTALE nécessaire.
		EN BLÉ nécessaire.	EN SEIGLE nécessaire.	en AUTRES DENRÉES alimentaires nécessaires.	
		hectares.	hectares.	hectares.	hectares.
1900..................	506,000,000	8,500,000	6,050,000	12,950,000	27,500,000
1910..................	555,000,000	8,500,000	6,050,000	12,950,000	27,500,000
Totaux................	....	17,000,000	12,100,000	25,900,000	55,000,000

Il sera donc nécessaire de trouver, en 1910, dans la partie tempérée du globe, une surface nouvelle de 55 millions d'hectares à mettre en culture et, en 1920, la population continuant à s'accroître suivant la même progression qu'aujourd'hui, exigerait, par rapport à l'état actuel, une augmentation de surfaces de cultures qui ne saurait être moindre de 80 à 85 millions d'hectares La superficie du sol, en céréales, s'élèverait donc, dans trente ans, à 320 millions d'hectares au moins, en augmentation d'un tiers sur les surfaces actuelles. Les pays hors d'Europe seraient sans doute, à en juger par l'exemple du passé, appelés à fournir la presque totalité de cet accroissement, et les États-Unis seuls devraient par conséquent y apporter leur contingent de 80 p. 100, comme dans la période de 1870 à 1890; autrement dit, il leur faudrait mettre en culture environ 44 millions d'hectares d'ici à 1910, et 64 millions en 1920. Après avoir discuté longuement la situation que cette perspective crée à l'Amérique, étant donnée la nécessité d'accroître la culture du maïs de 2 millions d'hectares d'ici 1896, et le peu de probabilité, selon lui, d'après les allures de la culture indigène, que l'élévation des rendements arrive, dans une mesure quelconque, à couvrir les besoins du pays, M. Wood Davis, citoyen du Kansas, dont l'opinion ne saurait être suspecte aux cultivateurs européens, dit en propres termes : *Il ne paraît pas vraisemblable que nous puissions (les États-Unis), à partir de 1896, exporter une part quelconque des produits de nos champs, coton et tabac exceptés*[1].

La consommation des États-Unis absorbera, d'ici cinq ans, les céréales produites actuellement en vue de l'exportation; conséquemment *toute exportation de denrées alimentaires devra cesser* à cette date, c'est toujours M. Wood Davis qui parle, «ou l'accroissement de notre population s'abaisser.» L'Inde ne semble pas à M. Davis devoir concourir pendant longtemps à l'alimentation des autres pays; sa population augmente de 1 p. 100 par an et la mise en culture de son territoire de moins d'un tiers p. 100 dans le même temps. Ce n'est donc pas la pléthore momentanée des États-Unis, tant de fois invoquée pour les besoins de la cause dans ces dernières années, qui frappe M. Davis, mais bien plutôt la pénurie des céréales à plus ou moins brève échéance, pour le monde entier, qui l'effraye.

[1] «It does not seem likely that we can export any part of the staple products of our fields after 1896, except cotton and tabaco».

Ces considérations qu'on peut discuter, mais qui ont, à coup sûr, un fondement solide dans l'écart entre l'augmentation de la population du globe et celle de la production des denrées alimentaires, font ressortir la situation favorable, dans un avenir très prochain, des nations qui, comme la nôtre, voyant tous les ans leur production augmenter par l'accroissement des rendements et non par l'extension de la culture, pourront arriver, quand elles le voudront, à se passer de l'étranger pour leur alimentation. Si la population de la France ne s'accroît pas, chose extrêmement regrettable, par une progression rapide, du moins avons-nous la certitude, à l'inverse des États-Unis eux-mêmes, de pouvoir nous suffire par un très faible effort.

Pour s'en convaincre et pour mesurer la supériorité fondamentale de l'agriculture française sur la culture américaine, il suffit de jeter un coup d'œil sur les chiffres qui représentent la progression des accroissements des rendements en blé de notre pays et le mouvement inverse qui va en s'accentuant aux États-Unis. Les tableaux V, VI et VII résument ces faits du plus haut intérêt pour l'avenir de notre agriculture.

TABLEAU V. — ÉTATS-UNIS. — RENDEMENTS MOYENS DES CÉRÉALES À L'HECTARE.

DÉSIGNATION.	PÉRIODE 1870-1880.	PÉRIODE 1880-1890.	DIMINUTION	
			À L'HECTARE.	EN CENTIÈMES DE LA RÉCOLTE
	hectolitres.	hectolitres.	hectolitres.	p. 100.
Froment.........................	11,14	10,87	0,27	2.5
Seigle...........................	12,65	10,67	1,98	15.6
Orge.............................	19,77	19,47	0,30	1.4
Avoine...........................	25,50	23,89	1,61	6.8
Maïs.............................	24,34	21,62	2,72	12.5
Sarrasin.........................	15,89	11,49	4,40	27.6

Ces chiffres que j'emprunte à l'étude de M. Davis, basée sur les relevés officiels du ministère de l'agriculture de Washington, accusent une diminution marquée dans les rendements à l'hectare, dans la dernière période décennale, diminution allant de 1.5 p. 100 (orge) à 27.6 p. 100 (sarrasin)!

M. Davis ajoute que l'appauvrissement du sol par des cultures séculaires, sans restitution, a fait tomber, depuis le règne d'Akbar, les rendements de blé de 26 p. 100 dans l'Inde. Combien sont autres les résultats obtenus par nos cultivateurs depuis soixante-dix ans, résultats qui vont s'accentuant favorablement, de décade en décade, comme le montre le tableau VI.

TABLEAU VI. — FRANCE. — AUGMENTATION DES RENDEMENTS MOYENS DES CÉRÉALES,
À L'HECTARE, DE 1860 À 1890.

DÉSIGNATION.	RENDEMENTS MOYENS 1862.	RENDEMENTS MOYENS 1890.	AUGMENTATION ou DIMINUTION de 1862 à 1890.	AUGMENTATION ou DIMINUTION p. 100.
	hectolitres.	hectolitres.	hectolitres.	
Froment.........................	14,69	16,55	1,86	12.6
Seigle...........................	12,91	15,21	2,30	17.9
Orge............................	18,87	19,54	0,67	3.5
Avoine..........................	24,40	24,76	0,36	1.47
Maïs............................	14,75	15,34	0,59	4.0
Sarrasin........................	16,26	15,80	— 0,46	— 2.8

Ainsi, tandis que, par le fait de l'épuisement du sol, le rendement en blé des États-Unis a diminué de 2.5 p. 100 à l'hectare, dans la période 1870-1890, il s'est accru chez nous, de 1862 à 1890 de 12.6 pour 100. Mais l'augmentation du rendement de la plus importante des céréales s'accuse, bien plus sensiblement encore, si nous l'indiquons pour la période comprise de 1820 à 1890. Le rapprochement avec la culture américaine est d'autant plus saisissant que le rendement du blé en France était, en 1820, presque identique à celui de l'Amérique en 1870 : à l'hectare 11 hectol. 8 pour la France et 11 hectol. 14 pour les États-Unis.

TABLEAU VII. — FRANCE. — PROGRESSION DES RENDEMENTS MOYENS DE BLÉ,
À L'HECTARE, DE 1820 À 1890.

PÉRIODES.	RENDEMENTS À L'HECTARE.	AUGMENTATION À L'HECTARE sur 1820.	AUGMENTATION P. 100.
	hectolitres.	hectolitres.	
1820-1829..........................	11,80	"	"
1830-1839..........................	12,36	0,56	4.82
1840-1849..........................	13,66	1,86	15.75
1850-1859..........................	13,95	2,15	18 30
1860-1869..........................	14,36	2,56	21.70
1870-1879..........................	14,46	2,66	22.60
1880-1889..........................	15,67	3,87	32.80
Récolte de 1890....................	16,55	4,75	40.00

La population de la France qui comptait, en 1831, 32,569,000 habitants, était, en 1886 (toute compensation de territoire faite), de 38,219,000.

Elle s'est donc accrue de 1830 à 1890 de 5,650,000 habitants; soit de 17.68

p. 100; l'augmentation du rendement en blé étant de 40 p. 100 depuis cette époque, on s'explique le bien-être qui en est résulté pour le pays.

Ce qui ressort clairement de l'examen du tableau VII, c'est qu'en soixante-dix ans le rendement moyen en blé de l'hectare a augmenté de près de 5 hectolitres, et cela, en l'absence de fumures complémentaires du fumier de ferme et, pour plus de la moitié de la durée de cette période, sans les améliorations culturales et l'introduction de l'outillage perfectionné qui se sont accentuées depuis moins de vingt ans d'une manière notable. Est-ce donc faire un rêve irréalisable que d'espérer, à brève échéance, un accroissement moyen annuel nouveau de *deux hectolitres* à l'hectare, avec l'emploi de fumures complémentaires et les progrès de l'instruction agricole dans nos campagnes? Personne, je pense, ne l'oserait soutenir. Or, cette augmentation de rendement de 2 hectolitres à l'hectare moyen, on ne saurait trop le répéter, correspond, pour les 7 millions d'hectares du sol français emblavés, à un accroissement de récolte de 14 millions d'hectolitres, c'est-à-dire à un chiffre très voisin de notre importation moyenne, sauf les années désastreuses, comme l'a été 1890-1891.

Nous avons récolté en 1890, sur 7,061,739 hectares, 116,915,880 hectolitres de blé : ajoutons à ce chiffre les 14 millions d'hectolitres si faciles à obtenir en excédent sur la moyenne actuelle, nous arrivons au chiffre de 131 millions d'hectolitres, absolument suffisants pour couvrir et au delà tous les besoins de la population, y compris l'emblavure de l'année suivante. Si, par un effort que le succès ne saurait manquer de couronner, nous arrivions, en l'espace de deux ou trois ans, à accroître notre production moyenne de 3 hectol. 50 à l'hectare, c'est-à-dire à la porter à 20 hectolitres, chiffre inférieur de 40 à 50 p. 100 à celui qu'obtiennent les bons cultivateurs dans les régions les plus diverses de la France, nous nous trouverions, en année normale, à la tête d'une récolte de 140 millions d'hectolitres, nous laissant la possibilité d'exporter 15 millions d'hectolitres annuellement.

Nous avons la conviction intime, fondée sur les progrès mêmes réalisés par l'agriculture française, depuis dix ans, que le siècle actuel ne s'achèvera pas sans que ce résultat ne soit atteint, et tandis que, suivant les prévisions de M. Wood Davis, les États-Unis, dont le développement a été si extraordinairement rapide, n'auront plus à nous envoyer que du coton et du tabac, nous serons assez heureux, sans doute, pour combler, sur les marchés étrangers, une bonne partie du déficit en blé qu'ils ne pourront plus fournir.

L'association de la science, du capital et du travail réalisera ce grand progrès, nous en avons la conviction, pour peu que propriétaires, exploitants et capitalistes consentent à s'instruire et à s'associer en vue de doter l'agriculture des ressources qui ont élevé les autres industries nationales au rang qu'a révélé une fois de plus l'Exposition universelle de 1889.

ANNEXES.

Nous réunissons dans les tableaux VIII, IX et X les documents les plus certains et les plus récents sur la production du blé dans le monde.

Le tableau VIII donne la production totale du froment dans le monde entier, année par année, dans la dernière période décennale. (W. Davis.)

TABLEAU VIII. — PRODUCTION TOTALE DU FROMENT DANS LE MONDE,
DURANT LA DERNIÈRE PÉRIODE DÉCENNALE.

	EN HECTOLITRES.		EN HECTOLITRES.
	nombre rond.		nombre rond.
1881............	718,580,000	1886............	742,569,000
1882............	822,533,000	1887............	823,986,000
1883............	745,113,000	1888............	793,455,000
1884............	822,533,000	1889............	744,386,000
1885............	754,927,000	1890............	794,182,000

Production moyenne { de 1881 à 1885.................... 772,737,000
{ de 1886 à 1890.................... 796,431,000

MOYENNE des dix années................. 776,372,000

Le tableau IX présente, d'après les renseignements puisés à d'autres sources dignes de foi, une statistique de la récolte du monde en 1891 et rapproche les chiffres afférents à la dernière campagne de ceux de la production du froment en 1889 et en 1890. Voici, pour ces trois années, quelle aurait été, exprimée en millions d'hectolitres, la production totale du froment, par pays :

TABLEAU IX. — 1. EUROPE.

DÉSIGNATION DES PAYS.	1891.	1890.	1889.
	millions d'hectol.	millions d'hectol.	millions d'hectol.
France.................................	82,200	119,248	113,815
Autriche...............................	14,500	15,515	13,195
Hongrie................................	44,950	54,520	53,297
Belgique...............................	3,625	6,960	6,625
Bulgarie...............................	14,065	10,875	12,470
A REPORTER...................	159,340	207,118	199,412

DÉSIGNATION DES PAYS.	1891.	1890.	1889.
	million d'hectol.	millions d'hectol.	millions d'hectol.
Report.....................	159,340	207,118	199,412
Danemark.....................	1,305	1,421	1,525
Allemagne.....................	33,350	36,975	30,812
Grèce.....................	3,350	4,350	3,987
Hollande.....................	1,305	2,030	1,885
Italie.....................	44,805	46,980	38,425
Norvège.....................	145	145	145
Portugal.....................	2,900	2,900	2,900
Roumanie.....................	17,400	20,300	15,767
Russie.....................	67,570	79,373	74,907
Serbie.....................	3,625	3,625	2,175
Espagne.....................	25,375	26,535	26,680
Suède.....................	1,160	1,305	1,342
Suisse.....................	1,450	1,450	1,160
Turquie d'Europe.....................	11,600	12,325	11,600
Angleterre.....................	25,375	27,405	27,505
Total en Europe..................	400,055	474,237	440,227

2. Hors d'Europe.

DÉSIGNATION DES PAYS.	1891.	1890.	. 1889.
	millions d'hectol.	millions d'hectol.	millions d'hectol.
Algérie.....................	7,260	7,250	5,713
Argentine (République).....................	9,975	6,525	8,700
Australie.....................	10,150	11,904	15,587
Asie-Mineure.....................	13,050	13,050	13,050
Canada.....................	17,400	13,267	9,135
Californie.....................	1,450	1,305	1,595
Chili.....................	5,800	6,525	5,437
Égypte.....................	3,915	3,625	2,537
Indes.....................	89,175	79,750	65,964
Perse.....................	7,250	7,975	8,700
Syrie.....................	4,350	4,330	4,250
États-Unis.....................	213,150	145,000	177,828
Total hors d'Europe..................	382,925	300,506	318,496
Production du monde entier..............	782,980	774,743	758,723

Ce tableau appelle quelques remarques importantes.

Il permet de constater, en premier lieu, que la vieille Europe est en déficit sur 1890, bonne année de blé, de 74 millions d'hectolitres, et de 40 millions en déficit sur 1889, tandis que le reste du monde aurait récolté un excédent de 8 millions d'hectolitres par rapport à 1890 et plus de 24 millions d'hectolitres de plus qu'en 1889. Les États-Unis d'Amérique, à eux seuls, ont vu leur production en blé progresser dans une énorme proportion : de 68 millions d'hectolitres en 1891 sur 1890 et de 36 millions d'hectolitres sur 1889. En réalité, c'est l'Amérique qui sauve, cette année, le monde de la disette, son excédent correspondant aux neuf dixièmes du déficit de l'Europe. Grâce à cette énorme production de 213 millions d'hectolitres de blé, les États-Unis assurent à peu près l'alimentation du monde. On ne saurait cependant se déclarer entièrement satisfait si l'on réfléchit, d'une part, à l'insuffisance très notable de la récolte de seigle dans les pays où cette céréale occupe un rang important dans l'alimentation humaine, de l'autre si l'on met en regard de la production en blé les besoins de la consommation constatés par les statistiques les plus récentes.

Il résulte, en effet, de cette comparaison que, pour les trois dernières années, la production a été inférieure à la consommation des quantités suivantes :

En 1889, de 23 millions et demi d'hectolitres ;

En 1890, de près de 10 millions d'hectolitres ;

En 1891, de 8 millions et demi d'hectolitres.

En effet, la consommation du monde semble pouvoir être évaluée aux chiffres suivants :

	1889.	1890.	1891.
En millions d'hectolitres	782,3	784,4	789,5
Les productions totales étaient de.	758,7	774,8	781,0
Différences	23,6	9,6	8,5

Comment ont été comblées ces différences? En grande partie par les stocks provenant des récoltes antérieures. On avait récolté près de 824 millions d'hectolitres en 1887 et la consommation n'en avait exigé que 772 millions, laissant un excédent de 52 millions d'hectolitres environ, excédent qui s'est accru, en 1888, d'environ 6 millions, soit au total un stock de 58 millions d'hectolitres de grains, couvrant et au delà le déficit des trois dernières années, qui s'élèverait, si les chiffres donnés plus haut sont exacts, à 42 millions d'hectolitres environ. En fin de compte, l'alimentation du monde est assurée, cette année, grâce à la récolte exceptionnelle des États-Unis, qui se trouvent être le véritable régulateur du prix du blé dans l'univers pour l'année 1891-1892.

Les données précédentes n'ont trait qu'au froment; le tableau X, extrait du récent mémoire (octobre 1891) de M. Wood Davis, du Kansas, donne sur la récolte en blé et en seigle (ensemble) des renseignements statistiques qui conduiraient à constater un écart de 225 millions d'hectolitres de blé et seigle entre la récolte de 1891 et les besoins du monde entier pendant l'année 1892. Nous ferons remarquer cependant que M. Davis ne tient point compte, dans ce calcul, du maïs et des autres céréales qui jouent dans certains pays un rôle important pour l'alimentation humaine.

TABLEAU X. — ÉVALUATION DE M. WOOD DAVIS
SUR L'INSUFFISANCE DE LA RÉCOLTE DE 1891 DANS LE MONDE ENTIER (FROMENT ET SEIGLE).

DÉSIGNATION.	PRODUCTION MOYENNE annuelle en millions d'hectolitres (1881-1890).	EXIGENCES EN FROMENT ET SEIGLE, pour l'année 1891-1892, en millions d'hectolitres.	ESTIMATION de LA RÉCOLTE (froment et seigle) de 1891 en millions d'hectolitres.
France.........................	139,9	151,6	99,6
Russie, Pologne et Finlande............	349,0	291,0	214,4
Austro-Hongrie.....................	102,5	96,7	90,9
Allemagne.........................	113,8	137,0	88,0
Italie.............................	44,3	54,5	43,6
Espagne..........................	44,0	47,2	37,8
Royaume-Uni......................	29,4	85,8	25,4
Roumanie.........................	16,7	10,9	16,7
Turquie, Bulgarie, Rouménie...........	18,5	16,0	18,5
Belgique..........................	13,8	24,0	9,5
Pays-Bas..........................	6,5	13,1	5,8
Suisse............................	2,9	7,6	2,5
Portugal, Serbie, Grèce, Scandinavie......	27,6	38,5	25,4
Amérique du Nord...................	182,5	154,8	214,8
Amérique du Sud	11,3	14,5	16,0
Australie.........................	12,7	11,6	14,2
Indes............................	92,0	82,1	92,7
Autres contrées....................	43,6	47,2	44,0
TOTAUX....................	1,251,0	1,284,1	1,059,8

La production moyenne annuelle (1881-1890) du froment et du seigle réunis s'élevant dans le monde entier à 1,251 millions d'hectolitres, celle du blé, pour la même période, étant de 776,400,000 hectolitres, la différence de 474,600,000 hectolitres correspondrait à la production totale du seigle. D'après les surfaces consacrées à ces deux céréales (voir le tableau III) le rendement moyen, à l'hectare, serait pour tout le globe de 10 hectol. 57 pour le blé et de 10 hectol. 82 pour le seigle.

Les tableaux XI et XII complètent les renseignements précédents, en rappelant les prix moyens du blé en France (tableau XII) et la balance commerciale de la France (d'après Ch. Bivort).

TABLEAU XI. — BALANCE COMMERCIALE DE LA FRANCE, IMPORTATION-EXPORTATION,
PENDANT LES ANNÉES 1867-1890.

ANNÉES.	BLÉ ET FARINE.		EXCÉDENTS.	
	IMPORTATION.	EXPORTATION.	IMPORTATION.	EXPORTATION.
	hectolitres.	hectolitres.	hectolitres.	hectolitres.
1890	"	"	"	"
1889	12,676,818	251,760	12,425,058	"
1888	19,000,080	312,550	18,687,500	"
1887	12,141,511	126,551	12,014,960	"
1886	13,906,984	159,448	13,747,536	"
1885	6,578,863	249,821	6,328,842	"
1884	14,736,240	298,363	14,437,787	"
1883	13,175,644	259,604	12,916,040	"
1882	15,505,727	363,623	15,142,104	"
1881	17,585,010	433,275	17,151,735	"
1880	27,200,473	407,753	26,792,720	"
1879	29,788,434	439,044	29,349,390	"
1878	18,639,746	820,233	17,819,513	"
1877	4,650,781	5,175,307	"	524,526
1876	7,119,291	3,372,014	3,747,277	"
1875	4,713,210	3,556,319	"	1,843,109
1874	10,939,867	2,280,805	8,659,062	"
1873	6,923,954	2,972,090	3,951,869	"
1872	5,659,326	3,157,202	1,502,124	"
1871	13,925,446	153,513	13,770,933	"
1870	"	"	"	"
1869	1,849,905	885,029	964,876	"
1868	11,073,245	680,680	10,392,565	"
1867	9,249,718	573,920	8,675,798	1

TABLEAU XII. — PRIX MOYENS DU BLÉ EN FRANCE (À L'HECTOLITRE)
PENDANT LES ANNÉES 1829-1891.

ANNÉES.	PRIX de l'hectolitre.	ANNÉES.	PRIX de l'hectolitre.	ANNÉES.	PRIX de l'hectolitre.
	fr. c.		fr. c.		fr. c.
1891		1884	17,76	1877	23,42
1890	20,95	1883	19,16	1876	20,64
1889	20,23	1882	21,51	1875	19,38
1888	18,65	1881	22,28	1874	24,31
1887	18,13	1880	22,90	1873	25,70
1886	16,94	1879	21,92	1872	22,90
1885	16,80	1878	23,08	1871	26,65

ANNÉES.	PRIX de l'hectolitre.	ANNÉES.	PRIX de l'hectolitre.	ANNÉES.	PRIX de l'hectolitre.
	fr.　c.		fr.　c.		fr.　c.
1870	20,48	1856	30,75	1842	19,55
1869	20,21	1855	29,32	1841	18,54
1868	26,08	1854	28,82	1840	21,84
1867	26,02	1853	22,39	1839	22,14
1866	19,59	1852	17,23	1838	19,51
1865	16,94	1851	14,48	1837	18,53
1864	17,80	1850	14,32	1836	17,32
1863	19,78	1849	15,37	1835	15,25
1862	23,24	1848	16,65	1834	15,25
1861	24,55	1847	29,01	1833	16,62
1860	20,24	1846	24,05	1832	21,85
1859	16,74	1845	19,75	1831	22,10
1858	16,75	1844	19,75	1830	22,39
1857	24,37	1843	20,46	1829	22,59

Le tableau XIII donne la représentation graphique de la production en blé du globe, d'après M. Ch. Bivort.

Il m'a semblé intéressant, malgré leurs divergences, de mettre sous les yeux des lecteurs de ce rapport cet ensemble de documents émanés de sources différentes, leur laissant le soin de les comparer et d'en tirer les déductions qui leur paraîtraient, d'après leurs propres études, les plus voisines de la vérité si difficile à atteindre dans cet ordre de questions.

ÉCHELLE DE LA PRODUCTION MOYENNE
(Par millions d'hectolitres).

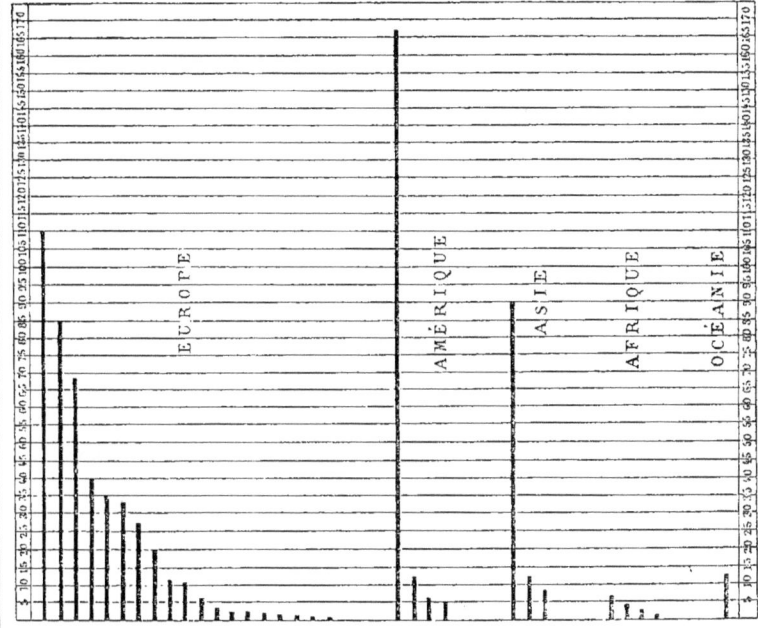

PAYS.	PRODUCTION MOYENNE. hectolitres.	PRODUCTION 1890. hectolitres.	PRODUCTION 1889. hectolitres.	BALANCE COMMERCIALE (chiffres en année moyenne). IMPORTATION. hectolitres.	BALANCE COMMERCIALE (chiffres en année moyenne). EXPORTATION. hectolitres.
EUROPE.					
France................	110,000,000	119,000,000	108,000,000	14,000,000	.
Russie (Pologne comprise)...	85,000,000	79,500,000	75,000,000	.	30,000,000
Autriche-Hongrie....	68,000,000	75,500,000	47,000,000	12,000,000	15,000,000
Italie................	40,000,000	41,000,000	36,500,000	9,000,000	.
Allemagne..........	35,000,000	36,000,000	31,000,000	7,000,000	.
Espagne..............	33,000,000	26,500,000	27,500,000	6,500,000	9,000,000
Angleterre...........	27,000,000	21,000,000	16,000,000	55,000,000	2,000,000
Roumanie............	20,000,000	20,000,000	12,000,000	.	2,000,000
Turquie d'Europe....	11,500,000	10,000,000	10,500,000	.	.
Bulgarie..............	11,000,000	9,000,000	6,800,000	6,000,000	1,300,000
Serbie................	6,500,000	6,500,000	2,860,000	.	.
Portugal.............	3,000,000	3,500,000	3,000,000	2,500,000	.
Hollande.............	2,800,000	2,200,000	2,300,000	3,500,000	.
Grèce................	9,000,000	2,000,000	2,000,000	400,000	.
Danemark............	1,700,000	1,700,000	1,800,000	600,000	.
Suède................	1,550,000	1,300,000	1,300,000	500,000	.
Suisse................	800,000	800,000	850,000	3,000,000	.
Norvège..............	350,000	300,000	300,000	400,000	.
TOTAL........	461,100,000	457,900,000	412,060,000	120,400,000	59,300,000
AMÉRIQUE.					
États-Unis............	167,000,000	165,000,000	177,000,000	.	40,000,000
Canada...............	12,500,000	14,000,000	13,000,000	.	3,000,000
République Argentine...	6,500,000	8,000,000	7,500,000	.	3,000,000
Chili..................	5,000,000	5,000,000	5,000,000	.	2,500,000
TOTAL........	191,000,000	172,000,000	202,500,000	.	48,500,000
ASIE.					
Indes.................	90,000,000	85,000,000	86,000,000	.	11,000,000
Asie Mineure.........	12,500,000	10,000,000	13,000,000	.	1,500,000
Perse.................	7,800,000	8,000,000	7,700,000	.	1,000,000
TOTAL........	110,300,000	103,000,000	106,700,000	.	13,500,000
AFRIQUE.					
Algérie...............	6,000,000	6,000,000	5,700,000	.	2,300,000
Syrie.................	4,500,000	4,500,000	4,500,000	.	1,500,000
Égypte...............	2,600,000	2,600,000	2,300,000	.	1,000,000
Tunisie...............	1,350,000	1,500,000	1,500,000	.	900,000
TOTAL........	14,950,000	14,600,000	14,000,000	.	5,700,000
OCÉANIE.					
Australie.............	12,500,000	14,500,000	15,000,000	.	4,500,000
TOTAL GÉNÉRAL........	779,850,000	752,000,000	750,250,000	120,400,000	131,500,000

TABLE DES MATIÈRES.